计算声学

声场的方程和计算方法

李太宝 著

科学出版社
北京

内 容 简 介

本书描述了在推导声波动方程的过程中对声学物理量所做的严密的数量级估计和微小量近似，给出了积分表达、抛物线近似、非线性效应等多种表达形式的声方程，讨论了各方程的一维和多维、时域和频域等多种数值计算方法，并提供计算源程序和计算结果，书后附有参考文献。本书内容全面，过程详细，可读性和实践指导性强，形成了有特点的声学和计算方法的知识框架。

本书以声学领域的本科生、研究生和专业研究人员为主要读者对象，也可供其他数学和物理领域中涉及数值计算问题的人员参考。

图书在版编目（CIP）数据

计算声学：声场的方程和计算方法/李太宝著. —北京：科学出版社，2005

ISBN 978-7-03-013743-2

Ⅰ. 计…　Ⅱ. 李…　Ⅲ. ①声场-方程②声场-计算方法　Ⅳ. O422.2

中国版本图书馆 CIP 数据核字（2004）第 073997 号

责任编辑：胡　凯/责任校对：张　琪

责任印制：徐晓晨/封面设计：王　浩

科学出版社 出版

北京东黄城根北街 16 号

邮政编码：100717

http://www.sciencep.com

北京凌奇印刷有限责任公司印刷

科学出版社发行　各地新华书店经销

*

2005 年 1 月第　一　版　　开本：720×1000　1/16

2024 年 4 月第五次印刷　　印张：18 1/4

字数：342 000

定价：128.00 元

（如有印装质量问题，我社负责调换）

前　　言

声学在科学技术领域、国防、日常生活等多方面的广泛应用使这门历史悠久的科学至今仍保持活力。声学的实际应用问题很少能有严密的理论解析解，但是，得力于计算机运行速度的日益提高，今天即使用身边普通的微机也能得到声学问题的数值计算解。这就大大提高了声学应用于实际问题的能力，也促进了这门科学的进一步发展。

声学的研究方向很多，比如强超声应用、超声检测、建筑声学、噪声控制、水声、声空化、冲击波、光声效应、声表面波、电声、语音信号处理等。本书仅限于讨论声场，而且主要是兆赫频率超声场的问题。这是因为作者过去长期从事医学超声方面的研究，对声场问题关心比较多。因为声学各个分支的研究现在越来越要求高度的定量化，而其中声场状况的分析是定量化的基础，所以说声场问题在声学中有重要意义。

进行声场计算要考虑的问题很多，在各项具体的研究中入手的角度和深度又往往各不相同，研究人员常常感到需要一个整体的视野和知识框架。国内现有的一些教材和参考书已经相当全面地介绍了传统的声学理论基础。不过，它们主要讨论平面波声场的问题，较少深入涉及声源开口、传播的非线性效应等实际情况。引导已有声学基础知识的年青科研人员进入当前研究应用前沿问题的书藉更不多见。本书尽量不重复述说已有参考书中给出了的基本概念和定义，而希望由重要问题的方程推导入门，探讨其物理本质、数值计算中的问题和实际应用方向，提供给读者一个更高层次的声学知识框架。本书在关键问题上提供计算源程序以便读者了解计算问题的细节。书后附有参考文献。本书内容全面综合、数理逻辑严密，具有可读性、新颖性和实用性相结合的特点，有助于读者实现从声学基础到研究前沿的跨越。

最后，作者感谢教育部“长江学者奖励计划”和南京大学提供了使作者完成本书的机会。

李太宝

2003 年 10 月南京大学

目　　录

第 1 章　声场的方程

声场的数学方程描述了声现象的物理本质。既然本书讨论声场的数值计算方法,那么首先就需要了解声场方程的各种可能形式。本章讨论空气、水等流体介质中与声场方程有关的重要概念。

1.1　理想流体中微小声波的基本方程

声波动是声传播介质的物质运动,由牛顿质点动力学体系描述得到流体运动基本方程。

1.1.1　流体中的声波和方程

流体介质在宏观上是连续的。以牛顿质点动力学的观点,流体介质可以看成是由许多紧密相连的微小体积元 $\mathrm{d}V$ 组成的。每个体积元内的介质集中在一点,质量为 $\rho\mathrm{d}V$。在声扰动下,质点在平衡位置附近振动,又引起周围其他质点的振动,从而使振动由近而远传播,这种传播称之为声波。存在声波的空间称为声场。声场的特征量有声压变化量 p、质点速度 $\vec{v}$、密度变化量 ρ 和温度变化量 T。根据牛顿质点动力学的理论可以得到描述这些特征量在空间上和时间上变化的数学方程。

首先考虑无吸收衰减、无黏性、无热传导的理想流体中的微小声波。不考虑黏性时:①没有声能转化为热能等能量形态变化,没有总能量的损耗;②在流体介质中没有切向力,也就没有横波发生。微小声波时:①没有非线性波形畸变导致的非线性吸收;②没有定向声场引起介质定向流动的问题。多大的声波才算是“微小声波”呢?空气中人的最大可听声压值也只不过约 28Pa(120dB),产生的密度变化为 $\Delta\rho=0.24\mathrm{g/m^3}$,比静态时要小 2×10^{-4}。房间中的高声谈话声在相距 1m 处只有约 0.05~0.1Pa,显然属于微小声波。不过,医学超声图像诊断系统的声源表面初始声压通常为 0.5MPa,在焦点域的最大声压达 1~5MPa。在医学超声治疗系统中声源焦点域的最大声压更高达 10MPa 以上。这些都比静态标准大气压(0.1MPa)或人体体内压(如上腕血压舒张压的典型值为 800mm 汞柱,与 760mm 汞柱的标准大气压差不多)高得多,就不能作为微小声波处理了。

描述理想流体中微小声波的基本方程由运动方程、质量守恒方程(或称为连续性方程)、物态方程三个方程组成,写为

$$
\begin{cases}
\rho\left(\dfrac{\partial \vec{v}}{\partial t} + \vec{v} \cdot \nabla \vec{v}\right) = -\nabla p \\
\dfrac{\partial \rho}{\partial t} + \nabla \cdot (\rho \vec{v}) = 0 \\
p = p(\rho, T)
\end{cases}
\tag{1.1.1}
$$

共有三个方程决定 p、$\vec{v}$ 和 ρ 三个变量。

1.1.2 物态方程

微小体积元 $\mathrm{d}V$ 由于声压的作用被压缩和膨胀，介质密度 ρ 和温度 T 发生变化。不过，通常认为体积元的压缩和膨胀过程的周期比热传导需要的时间短得多，在这个周期内体积元内外的热量来不及传递交换。所以，声传播过程被认为是绝热过程，p 与 T 无关，仅是 ρ 的函数

$$
p = p(\rho) \tag{1.1.2}
$$

在静态附近的一次近似展开写为

$$
p = P - P_0 = \left(\frac{\partial P}{\partial \rho}\right)_{\rho_0} \left[\frac{\rho - \rho_0}{\rho_0}\right] \tag{1.1.3}
$$

其中对 ρ 的一阶偏微分系数是一个常系数为

$$
\left(\frac{\partial P}{\partial \rho}\right)_{\rho_0} = c_0^2 \tag{1.1.4}
$$

于是有

$$
p = c_0^2(\rho - \rho_0) \tag{1.1.5}
$$

1.1.3 欧拉体系、拉格朗日体系和移流加速度

在流体运动基本方程(1.1.1)中，比较难以理解的是其运动方程中的“质点加速度”不仅含有$\dfrac{\partial \vec{v}}{\partial t}$，还含有另一项常被称为“移流加速度”的成分 $\vec{v}\cdot\nabla\vec{v}$（第 11 章有为什么称之为“移流加速度”的讨论）。据一些流体力学和声学书中描述，当速度既是时间的函数也是空间位置的函数时，只是质点空间位置的变化就可能取得一个速度增量而得到加速度 $\vec{v}\cdot\nabla\vec{v}$。这在数学上表达为

$$
\frac{\mathrm{D}\vec{v}(t, \vec{u})}{\mathrm{D}t} = \frac{\partial \vec{v}}{\partial t} + \frac{\partial \vec{v}}{\partial \vec{u}} \frac{\partial \vec{u}}{\partial t} = \frac{\partial \vec{v}}{\partial t} + \vec{v} \cdot \nabla \vec{v} \tag{1.1.6}
$$

怎样理解

$$
\frac{\mathrm{D}\vec{v}(t, \vec{u})}{\mathrm{D}t}, \qquad \frac{\partial \vec{v}}{\partial t}, \qquad \vec{v} \cdot \nabla \vec{v} \tag{1.1.7}
$$

这三个“加速度”的物理意义呢？

声场是讲“场”的问题。“场”是讲物理量在空间分布和时间变化上的特性。我

们通常所说的“声场中的质点速度 $\vec{v}$”还有其他变化量 p,ρ 都是“场”量，是空间位置的物理量，在数学描述中使用静止空间的坐标 x,y,z 和时间 t（称为欧拉体系）。但是，表述物体运动特性的牛顿第二定律中诸如加速度和作用力等的物理量是就特定质点上的坐标系（称为拉格朗日体系）而言的。如图 1-1，在马拉松比赛中以放置于某一固定地点的速度计测量通过该点的运动员们的速度得到的就相当于“声场中的质点速度”。显然，除非每一个运动员的速度在任何时候都一样变化，以这样的测量记录是不能去计算某个运动员（如 A）的加速度的；运动员 A 的加速度只能由 A 本身自带的速度计测量的速度求得。

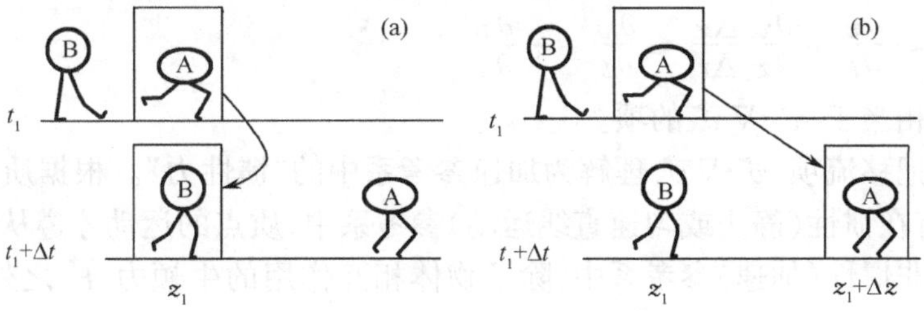

图 1-1　静止空间坐标系（欧拉体系）和质点坐标系（拉格朗日体系）

就此进一步做数学上的定量描述。设在任意位置 z 和任意时刻 t 的运动员速度为

$$v = v_0\cos(\omega t - kz) \tag{1.1.8}$$

在时刻 t_1 运动员 A 通过 z_1 点，其速度为

$$v_{A(t_1)} = v_0\cos(\omega t_1 - kz_1) \tag{1.1.9}$$

而在时刻 $t_1+\Delta t$ 运动员 B 通过 z_1 点，其速度为

$$v_{B(t_1+\Delta t)} = v_0\cos[\omega(t_1+\Delta t) - kz_1] \tag{1.1.10}$$

如以式(1.1.9)和(1.1.10)这两个速度之差给出“加速度”（注意，加了引号）则为

$$\frac{\Delta v}{\Delta t} \approx \frac{v_0}{\Delta t}\left\{\cos[\omega(t_1+\Delta t) - kz_1] - \cos(\omega t_1 - kz_1)\right\}$$

$$\approx -\frac{v_0}{\Delta t}2\sin(\omega t_1 - kz_1)\sin\frac{\omega\Delta t}{2} \tag{1.1.11}$$

之所以“加速度”被加了引号，是因为它仅意味着相隔时间 Δt 通过同一位置 z_1 的两个运动员 A 与 B 的速度差而已，既不是 A 的加速度也不是 B 的加速度。严格来说它并没有加速度的含义，不适用牛顿第二定律。只是当 Δt 不大时，它可能反映了 A，B 两者各自加速度的平均值或可能是 A，B 各自加速度的近似值而已。

再来分析同一运动员的加速度。设在时刻 t_1 运动员 A 通过 z_1 点，速度为

$$v_{A(t_1)} = v_0\cos(\omega t_1 - kz_1) \tag{1.1.12}$$

在时刻 $t_1+\Delta t$ 时 A 运动到 $z_1+\Delta z$ 点,速度变为

$$v_{A(t_1+\Delta t)} = v_0\cos[\omega(t_1+\Delta t) - k(z_1+\Delta z)] \tag{1.1.13}$$

以这两个速度之差给出加速度(适用牛顿第二定律)为

$$\begin{aligned} a &= \frac{v_0}{\Delta t}\left\{\cos[\omega(z_1 t+\Delta t) - k(z_1+\Delta z)] - \cos(\omega t_1 - kz_1)\right\} \\ &\approx -\frac{v_0}{\Delta t}2\sin(\omega t_1 - kz_1)\sin\frac{\omega\Delta t - k\Delta z}{2} \\ &\approx \frac{\partial v}{\partial t} + \frac{\partial v}{\partial z}\frac{\Delta z}{\Delta t} \approx \frac{\partial v}{\partial t} + v\frac{\partial v}{\partial z} \end{aligned} \tag{1.1.14}$$

这就出现了相当于 $\vec{v}\cdot\nabla\vec{v}$ 的项。

也可以把移流项 $\vec{v}\cdot\nabla\vec{v}$ 理解为加速参考系中的"惯性力"。根据质点动力学的知识,只有在惯性(静止或匀速直线运动)参考系中,质点的运动才遵从牛顿运动定律。而在非惯性(加速)参考系中,除了物体相互作用的牛顿力 $\vec{F}$ 之外,还要引入所谓"惯性力"$\vec{f}=m\vec{a}_0$,牛顿运动定律才在形式上仍然成立,写为

$$\vec{F} - \vec{f} = m\vec{a}' \tag{1.1.15}$$

取非惯性参考系坐标原点 O'在运动中的质点上,取静止参考系坐标原点 O 在地面固定点,$\vec{a}_0$ 是运动的原点 O'在时刻 t_1 时相对于"静止"的原点 O 的惯性加速度

$$a_0 = \frac{\Delta v|_{t_1}}{\Delta t} = \frac{\partial v}{\partial z}\frac{\partial z}{\partial t} = v\frac{\partial v}{\partial z} \tag{1.1.16}$$

可见惯性加速度相当于移流项 $\vec{v}\cdot\nabla\vec{v}$。这就是说式(1.1.7)所列的三个"加速度"分别相当于在质点上的非惯性(加速)参考系的加速度,静止参考系中的加速度和惯性加速度。

实际上移流项是非常小的。以水中频率 1.5/(2π)MHz、声压幅度 1MPa(标准大气压的 10 倍)的平面波条件,有

$$\left|\frac{\partial v}{\partial t}\right| \approx \omega v_0 = \frac{\omega p_0}{\rho_0 c_0} \propto 10^6 \tag{1.1.17}$$

和

$$\left|\frac{v\partial v}{\partial z}\right| \approx kv_0^2 = \frac{kp_0^2}{(\rho_0 c_0)^2} \propto 10^3 \tag{1.1.18}$$

可见,移流项$\frac{v\partial z}{\partial z}$是一个小于$\frac{\partial v}{\partial t}$的千分之一的高次微小量。另外,工业上能做到的空气中($\rho_0=1.29\text{kg/m}^3$, $c_0=332\text{m/s}$)连续波的最高强度约为 1W/cm^2(声压幅度 $p_0\approx 2.05\times 10^3\text{Pa}$,即便是超声频率也可能对人耳产生损伤),对此有

$$\left|\frac{v\partial v/\partial z}{\partial v/\partial t}\right| \approx \frac{kp_0^2/(\rho_0 c_0)^2}{\omega p_0/(\rho_0 c_0)} = \frac{p_0}{\rho_0 c_0^2} \approx 0.014 \tag{1.1.19}$$

比之上述水中声波条件下的比值也只是大了一个数量级。考虑到日常生活中的声压为 $p_0 \approx 0.1\text{Pa}(74\text{dB})$,这个比值当然就更小了。

所以,通常移流项是可以忽略的。

1.1.4 忽略了移流加速度项的一维线性声方程

设声波在 z 方向上传播(声压、质点速度和密度仅在 z 方向上有变化),限于讨论微小声波(省略移流项和其他二次微小项)。由式(1.1.1)和(1.1.5),流体运动基本方程写为

$$\rho_0 \frac{\partial v}{\partial t} = -\frac{\partial p}{\partial z} \tag{1.1.20}$$

$$\frac{\partial p}{\partial t} = -\rho_0 \frac{\partial v}{\partial z} \tag{1.1.21}$$

$$p = c_0^2(\rho - \rho_0) \tag{1.1.22}$$

将式(1.1.22)(物态方程)代入式(1.1.21)消去 ρ 后得

$$\begin{cases} \rho_0 \dfrac{\partial v}{\partial t} = -\dfrac{\partial p}{\partial z} \\ \dfrac{1}{c_0^2}\dfrac{\partial p}{\partial t} = -\rho_0 \dfrac{\partial v}{\partial z} \end{cases} \tag{1.1.23}$$

有时也见到以体积弹性率

$$\kappa = c_0^2 \rho_0 \tag{1.1.24}$$

将式(1.1.23)中的第二个方程写为

$$\frac{\partial p}{\partial t} = -\kappa \frac{\partial v}{\partial z} \tag{1.1.25}$$

的形式。

1.1.5 声压、质点速度、速度势之间的关系

由声压变化 p 可求得质点速度 v。反之,亦可由质点速度 v 求得 p。他们之间的关系由运动方程给出

$$v = -\frac{1}{\rho_0}\int \frac{\partial p}{\partial z}\mathrm{d}t \tag{1.1.26}$$

$$p = -\rho_0 \int \frac{\partial v}{\partial t}\mathrm{d}z \tag{1.1.27}$$

引进速度势 ϕ,则可表达为

$$v = -\frac{\partial \phi}{\partial z} \tag{1.1.28}$$

$$p = \rho_0 \frac{\partial \phi}{\partial t} \tag{1.1.29}$$

对在 $+z$ 方向行进的单一频率 ω 的平面波

$$\phi = \phi_0 \mathrm{e}^{\mathrm{j}(\omega t - kz)} \tag{1.1.30}$$

有

$$v = \mathrm{j}k\phi \tag{1.1.31}$$

$$p = \mathrm{j}\omega\rho_0\phi \tag{1.1.32}$$

于是,声压和质点速度之间的关系为

$$v = \frac{p}{\rho_0 c_0} \tag{1.1.33}$$

由上式可知声压和质点速度是同相位的。至于 $-z$ 方向行进的平面声波,则有

$$v = -\frac{p}{\rho_0 c_0} \tag{1.1.34}$$

1.1.6 与声方程相似的气象预报方程和水流方程

流体运动基本方程不仅仅适用于声波。与声波这种微观而快速的疏密运动相比,气象学中大气气团的胀缩运动是一种宏观而缓慢的运动,具有与流体运动基本方程(1.1.1)相似的形式。不同之处只是大气方程中需要加进重力、科里奥利力等外力,还要受非压缩性($\partial\rho/\partial t = 0$)条件、热力学第一法则(描述热的吸收释放和温度变化)、水蒸气收支平衡(水循环)三个方程的限制。数值天气预报就是由这些方程推测气压(p)、风速($\vec{v}$)、气温(T)和降水等现象。

流体力学中水流动的问题与声波相比也是宏观而缓慢的运动。在非压缩性($\partial\rho/\partial t = 0$)和定常性($\partial\vec{v}/\partial t = 0$)条件下,运动方程和质量守恒方程分别简化为

$$\begin{cases} \rho\vec{v}\cdot\nabla\vec{v} = -\nabla p \\ \nabla\cdot\vec{v} = 0 \end{cases} \tag{1.1.35}$$

既然散度为零,$\vec{v}$ 可以看作是一个势场(流场)中的方向矢量。流体力学中的问题通常是给出压力 p 后由上述方程求流速 $\vec{v}$。

所以,声场数值计算的方法同样适用于气象预报和流体运动的计算。

1.2 声波动方程

由流体运动基本方程可以得到声波动方程。

1.2.1　方程的导出

流体运动基本方程(1.1.23)是含声压 p 和质点速度 v 两个变量的一阶偏微分方程组。前一式中有 v 对时间 t 的导数，两边对空间求导得

$$\frac{\partial}{\partial z}\left(\rho_0 \frac{\partial v}{\partial t} = -\frac{\partial p}{\partial z}\right) \quad \rightarrow \quad \rho_0 \frac{\partial^2 v}{\partial z \partial t} = -\frac{\partial^2 p}{\partial z^2} \tag{1.2.1}$$

后一式中有 v 对空间 z 的导数，两边对时间求导得

$$\frac{\partial}{\partial t}\left[\frac{1}{c_0^2}\frac{\partial p}{\partial t} = -\rho_0 \frac{\partial v}{\partial z}\right] \quad \rightarrow \quad \frac{1}{c_0^2}\frac{\partial^2 p}{\partial t^2} = -\rho_0 \frac{\partial^2 v}{\partial t \partial z} \tag{1.2.2}$$

式(1.2.1)和(1.2.2)中均含有

$$\rho_0 \frac{\partial^2 v}{\partial z \partial t} \tag{1.2.3}$$

两式整理消去该项后得

$$\frac{1}{c_0^2}\frac{\partial^2 p}{\partial t^2} - \frac{\partial^2 p}{\partial z^2} = 0 \tag{1.2.4}$$

以上推导也可以推广到三维情形(见第9章)得声波动方程

$$\frac{1}{c_0^2}\frac{\partial^2 p}{\partial t^2} - \nabla^2 p = 0 \tag{1.2.5}$$

∇^2 为拉普拉斯算子。

1.2.2　声波动方程的解(1)：无限平面波

声波动方程(1.2.5)只是给出了声波传播必须遵循的一般规律。至于具体场合的声传播特性还必须结合声源和边界条件才能确定。最简单的一个例子是把在一个无限大介质中单一方向行进，单一频率 ω 的声波

$$p = P(z)e^{j\omega t} \tag{1.2.6}$$

代入声波动方程(1.2.4)得

$$\frac{\partial^2 P(z)}{\partial z^2} + \frac{\omega^2}{c_0^2}P(z) = 0 \tag{1.2.7}$$

其解为

$$P(z) = Ae^{-jkz} + Be^{jkz} \tag{1.2.8}$$

代入式(1.2.6)后得

$$p = Ae^{j(\omega t - kz)} + Be^{j(\omega t + kz)} \tag{1.2.9}$$

右式第一项是沿 $+z$ 方向，第二项是沿 $-z$ 方向行进的平面声波。

有关平面波的其他几个表达形式有：

(1) 设 $x-z$ 平面上行进的平面波与 z 轴夹角为 θ。在讨论平面波倾斜入射到中心轴与 z 轴平行的圆柱形材料的声散射问题时需要这样描述入射平面波。引入声波行进的波矢量

$$\vec{k} = k\cos\theta\hat{z} + k\sin\theta\hat{x} \tag{1.2.10}$$

和坐标矢量

$$\vec{r} = \hat{z} + \hat{x} \tag{1.2.11}$$

该平面波写为

$$p = A\mathrm{e}^{\mathrm{j}(\omega t - \vec{k}\cdot\vec{r})} = A\mathrm{e}^{\mathrm{j}[\omega t - k(z\cos\theta + x\sin\theta)]} \tag{1.2.12}$$

(2) 设一平面波行进在空气中时有一阵风(风速 U,与 $+z$ 方向成一角度 α)吹过,或是在海洋中,一股洋流(流速 U,与 $+z$ 方向成一角度 α)中行进的平面波。原来声的传播速度在各个方向上都等于 c_0,但风或洋流破坏了空间的各向同性。类似情况也可能出现在研究单向异性分布材料的声特性和多普勒现象中。声传播速度在 $+z$ 方向上变为

$$c_z = c_0 + U\cos\alpha \tag{1.2.13}$$

在 $+x$ 方向上变为

$$c_x = c_0 + U\sin\alpha \tag{1.2.14}$$

此种情形下的平面波在引入向量

$$\vec{k} = k_z\cos\theta\hat{z} + k_x\sin\theta\hat{x} \tag{1.2.15}$$

后写为

$$p = A\mathrm{e}^{\mathrm{j}(\omega t - \vec{k}\cdot\vec{r})} = A\mathrm{e}^{\mathrm{j}[\omega t - (k_z z\cos\theta + k_x x\sin\theta)]} \tag{1.2.16}$$

其中

$$k_z = \frac{\omega}{c_0 + U\cos\alpha}, \qquad k_x = \frac{\omega}{c_0 + U\sin\alpha} \tag{1.2.17}$$

1.2.3 声波动方程的解(2):匹配层

平面声波透过中间层的问题有实际应用背景,涉及主要的物理概念而数学上又不很难,有助于理解有关声波的理论解析过程。

在医学超声中,作为传感器的压电晶片声阻抗约为 $34\times10^6\mathrm{kg}/(\mathrm{m}^2\cdot\mathrm{s})$,而人体组织的声阻抗仅有 $1.5\times10^6\mathrm{kg}/(\mathrm{m}^2\cdot\mathrm{s})$。如直接由压电晶片向人体组织发射声波,在分界面处的声压反射系数为

$$R = \frac{Z_2 - Z_1}{Z_2 + Z_1} = \frac{34 - 1.5}{34 + 1.5} = 91.5\% \tag{1.2.18}$$

大部分超声能量不能进入人体组织中去。通常必须在压电晶片和人体组织之间插入声阻抗匹配层。

如图 1-2,厚度为 d,特性阻抗为 $Z_2=\rho_2c_2$的中间层置于特性阻抗分别为 $Z_1=\rho_1c_1$ 和 $Z_3=\rho_3c_3$ 的两个无限介质间。平面声波由介质1垂直入射到中间层左侧界面上,一部分反射回来,另一部分透射入中间层;当声波行进到中间层右侧界面上时,又有一部分反射回中间层,其余部分透射入介质3。考虑$+z$方向(入射)和$-z$方向(反射)行进的声波成分,介质1,2,3中的声压分别写为

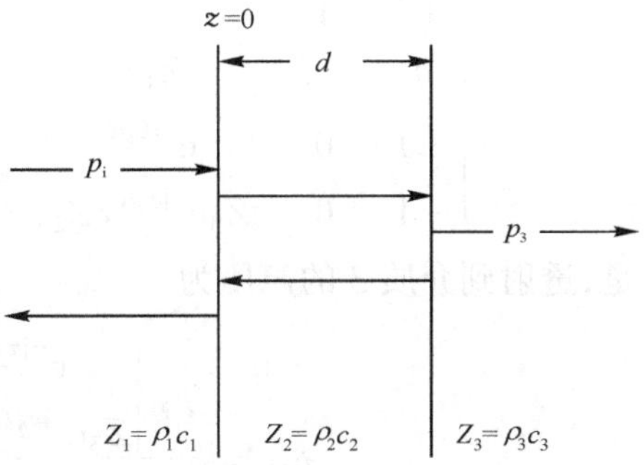

图1-2　两个不同声阻抗的介质间插入声匹配层

$$p_1=p_{i0}e^{j(\omega t-k_1z)}+Be^{j(\omega t+k_1z)} \tag{1.2.19}$$

$$p_2=Ce^{j(\omega t-k_2z)}+De^{j(\omega t+k_2z)} \tag{1.2.20}$$

$$p_3=p_{30}e^{j[\omega t-k_3(z-d)]} \tag{1.2.21}$$

各处均为平面波,于是相应的质点速度由式(1.1.33)和式(1.1.34)写为

$$v_1=\frac{p_{i0}e^{j(\omega t-k_1z)}}{Z_1}-\frac{Be^{j(\omega t+k_1z)}}{Z_1} \tag{1.2.22}$$

$$v_2=\frac{Ce^{j(\omega t-k_2z)}}{Z_2}-\frac{De^{j(\omega t+k_2z)}}{Z_2} \tag{1.2.23}$$

$$v_3=\frac{p_{30}e^{j[\omega t-k_3(z-d)]}}{Z_3} \tag{1.2.24}$$

由 $z=0$ 处声压连续($p_1=p_2$)与法向质点速度连续($v_1=v_2$)的边界条件得

$$p_{i0}+B=C+D \tag{1.2.25}$$

$$\frac{p_{i0}}{Z_1}-\frac{B}{Z_1}=\frac{C}{Z_2}-\frac{D}{Z_2} \tag{1.2.26}$$

同样,由 $z=d$ 处的边界条件得

$$Ce^{-jk_2d}+De^{jk_2d}=p_{30} \tag{1.2.27}$$

$$\frac{Ce^{-jk_2d}}{Z_2}-\frac{De^{jk_2d}}{Z_2}=\frac{p_{30}}{Z_3} \tag{1.2.28}$$

以矩阵形式重写(1.2.25)~(1.2.28)四个方程得

$$\begin{bmatrix} 0 & 1 & -1 & -1 \\ 0 & -1 & -Z_1/Z_2 & Z_1/Z_2 \\ -1 & 0 & e^{-jk_2d} & e^{jk_2d} \\ -1 & 0 & Z_3e^{-jk_2d}/Z_2 & -Z_3e^{jk_2d}/Z_2 \end{bmatrix} \begin{bmatrix} p_{30} \\ B \\ C \\ D \end{bmatrix} = \begin{bmatrix} -p_{i0} \\ 0 \\ 0 \\ 0 \end{bmatrix} \tag{1.2.29}$$

于是,透射到介质 3 的声压为

$$p_{30} = \frac{p_{i0}\begin{vmatrix} e^{-jk_2d} & e^{jk_2d} \\ Z_3e^{-jk_2/d}/Z_2 & -Z_3e^{jk_2d}/Z_2 \end{vmatrix}}{\Delta} \tag{1.2.30}$$

Δ 是矩阵式(1.2.29)中的系数行列式。解这个行列式得到声波由介质 1 到介质 3 的声压透射系数 p_{30}/p_{i0}。具体分析式(1.2.30)可知对前述压电晶片向人体组织发射声波的问题而言,中间插以声阻抗为

$$Z_2 = \sqrt{Z_1Z_3} = \sqrt{34 \times 1.5} \approx 7.14 \times 10^6 \text{kg}/(\text{m}^2 \cdot \text{s}) \tag{1.2.31}$$

厚度为声波波长的 1/4 的中间匹配层时,声压透过系数为 1。

不过,这一结果只是对单一频率的连续波而言。声匹配层的声压透过系数随频率变化的特性限制透过信号的带宽。一般单层匹配层只能提供 45%的 3dB 带宽。

1.2.4 偏微分方程的一般式

流体运动基本方程(1.1.23)和声波动方程(1.2.4)都是线性偏微分方程。二阶线性偏微分方程的一般式为

$$a_{11}\frac{\partial^2 p}{\partial x^2} + 2a_{12}\frac{\partial^2 p}{\partial x \partial y} + a_{22}\frac{\partial^2 p}{\partial y^2} + b_1\frac{\partial p}{\partial x} + b_2\frac{\partial p}{\partial y} + cu = f \tag{1.2.32}$$

根据其系数分为椭圆型(描述处于物理平衡和定常态的情况,如静电磁场)

$$\Delta = a_{12}^2 - a_{11}a_{22} < 0 \tag{1.2.33}$$

抛物型(描述不可逆现象,如物质扩散,热传导)

$$\Delta = a_{12}^2 - a_{11}a_{22} = 0 \tag{1.2.34}$$

双曲型(描述时间可逆的物理过程,如波的传播,对流等)

$$\Delta = a_{12}^2 - a_{11}a_{22} > 0 \tag{1.2.35}$$

可见,流体运动基本方程为一阶线性双曲型方程组,声波动方程为二阶线性双曲型方程。

双曲型方程问题在一定条件下可转化为抛物型方程问题(这将在下两节详细讨论)。以双曲型方程或抛物型方程表达的场,发生在某个位置的影响是局部的,所以可以步进求解,较多用差分法。双曲型方程问题也能转化为椭圆型方程问题。如在声波为单一频率成分时,取

$$p = P(z)\mathrm{e}^{-\mathrm{j}\omega t} \tag{1.2.36}$$

(大写的 P 区别小写的 p,表示频域单一频率成分的声压幅度和初始相位)代入声波动方程后成为如下的二阶椭圆型方程

$$\frac{\partial^2 P(z)}{\partial z^2} + \frac{\omega^2}{c_0^2} P(z) = 0 \tag{1.2.37}$$

在椭圆型方程表达的场中,某个位置的影响范围遍及全场,所以必须全场同时计算,多用有限元法。

1.2.5 柱坐标系和球坐标系中的声波动方程

讨论圆对称源产生的声场和圆对称物体的声散射时常用柱坐标系。拉普拉斯算子在柱坐标系中为

$$\nabla^2 = \frac{1}{r}\frac{\partial}{\partial r}\left(r\frac{\partial}{\partial r}\right) + \frac{1}{r^2}\frac{\partial^2}{\partial \theta^2} + \frac{\partial^2}{\partial z^2} \tag{1.2.38}$$

于是声波动方程(1.2.5)写成

$$\frac{1}{r}\frac{\partial}{\partial r}\left(r\frac{\partial p}{\partial r}\right) + \frac{1}{r^2}\frac{\partial^2 p}{\partial \theta^2} + \frac{\partial^2 p}{\partial z^2} - \frac{1}{c^2}\frac{\partial^2 p}{\partial t^2} = 0 \tag{1.2.39}$$

当声场在 θ 方向上没有变化时简化为

$$\frac{1}{r}\frac{\partial}{\partial r}\left(r\frac{\partial p}{\partial r}\right) + \frac{\partial^2 p}{\partial z^2} - \frac{1}{c^2}\frac{\partial^2 p}{\partial t^2} = 0 \tag{1.2.40}$$

对单一频率的声波更简化为

$$\frac{1}{r}\frac{\partial}{\partial r}\left(r\frac{\partial P}{\partial r}\right) + \frac{\partial^2 P}{\partial z^2} + k^2 P^2 = 0 \tag{1.2.41}$$

$+z$ 方向行进的波的解写为

$$p(r,z) = C_0 H_0^{(2)}\left(\sqrt{k^2 - k_z^2}\, r\right)\mathrm{e}^{\mathrm{j}(\omega t - k_z z)} \tag{1.2.42}$$

拉普拉斯算子在球坐标系中为

$$\nabla^2 = \frac{1}{r^2}\frac{\partial}{\partial r}\left(r^2\frac{\partial}{\partial r}\right) + \frac{1}{r^2\sin\theta}\frac{\partial}{\partial \theta}\left(\sin\theta\frac{\partial}{\partial \theta}\right) + \frac{1}{r^2\sin^2\theta}\frac{\partial^2}{\partial \phi^2} \tag{1.2.43}$$

于是声波动方程(1.2.5)写成

$$\frac{1}{r^2}\frac{\partial}{\partial r}\left(r^2\frac{\partial p}{\partial r}\right) + \frac{1}{r^2\sin\theta}\frac{\partial}{\partial \theta}\left(\sin\theta\frac{\partial p}{\partial \theta}\right) + \frac{1}{r^2\sin^2\theta}\frac{\partial^2 p}{\partial \phi^2} - \frac{1}{c^2}\frac{\partial^2 p}{\partial t^2} = 0 \tag{1.2.44}$$

如为各向同性空间中点声源的声场,在 θ,φ 方向上没有变化,式(1.2.44)简化为

$$\frac{1}{r^2}\frac{\partial}{\partial r}\left(r^2\frac{\partial p}{\partial r}\right) - \frac{1}{c^2}\frac{\partial^2 p}{\partial t^2} = 0 \tag{1.2.45}$$

即

$$\frac{1}{c^2}\frac{\partial^2(rp)}{\partial t^2}-\frac{\partial^2(rp)}{\partial r^2}=0 \tag{1.2.46}$$

方程(1.2.46)的解之一是由原点向外的波

$$p(r)=\frac{A}{r}\mathrm{e}^{\mathrm{j}(\omega t-kr)} \tag{1.2.47}$$

球面波声场中的质点速度为

$$v(r)=-\frac{1}{\mathrm{j}\omega\rho_0}\frac{\partial p}{\partial r}=\frac{A}{\mathrm{j}\omega\rho_0}\left(\frac{1}{r}+\mathrm{j}k\right)\frac{\mathrm{e}^{\mathrm{j}(\omega t-kr)}}{r} \tag{1.2.48}$$

于是声阻抗为

$$Z=\frac{p}{v}=\frac{\mathrm{j}\omega\rho r_0}{1+\mathrm{j}kr} \tag{1.2.49}$$

当 $r\to\infty$ 时与平面波的形式一致。

1.3 声波动方程的抛物线近似

声波动方程含有时间和空间的二次偏微分项。如声波在某个特定方向上的成分比较大,由抛物线近似可以消去声波动方程中对时间的二阶偏微分项。抛物线近似后时间微分降为一阶易于处理,数值计算不易发散。

1.3.1 先取波数 k_z 的近似

在直角坐标系中三维空间的声波动方程写为

$$\frac{\partial^2 p}{\partial x^2}+\frac{\partial^2 p}{\partial y^2}+\frac{\partial^2 p}{\partial z^2}-\frac{1}{c_0^2}\frac{\partial^2 p}{\partial t^2}=0 \tag{1.3.1}$$

设将声压 p 分解成各个方向行进的平面波成分,以 $P(k_x,k_y,k_z,\omega)$表示平面波成分的幅度和初始相位。$P(k_x,k_y,k_z,\omega)$由 p 的傅里叶变换

$$P(k_x,k_y,k_z,\omega)=\int_{-\infty}^{\infty}\int_{-\infty}^{\infty}\int_{-\infty}^{\infty}\int_{-\infty}^{\infty}p(x,y,z,t)\mathrm{e}^{\mathrm{j}(k_x x+k_y y+k_z z+\omega t)}\mathrm{d}x\mathrm{d}y\mathrm{d}z\mathrm{d}t \tag{1.3.2}$$

给出。反之,由平面波合成声波则通过逆傅里叶变换式

$$p(x,y,z,t)=\frac{1}{(2\pi)^4}\int_{-\infty}^{\infty}\int_{-\infty}^{\infty}\int_{-\infty}^{\infty}\int_{-\infty}^{\infty}P(k_x,k_y,k_z,\omega)\mathrm{e}^{-\mathrm{j}(k_x x+k_y y+k_z z+\omega t)}\mathrm{d}k_x\mathrm{d}k_y\mathrm{d}k_z\mathrm{d}\omega \tag{1.3.3}$$

将式(1.3.3)代入式(1.3.1)得到

$$k_x^2+k_y^2+k_z^2=k^2 \tag{1.3.4}$$

这就是声波动方程在频率域的表达形式。

式(1.3.4)也可改写为

$$k_z = \pm\sqrt{k^2 - k_x^2 - k_y^2} = \pm k\sqrt{1 - \frac{k_x^2 + k_y^2}{k^2}} \tag{1.3.5}$$

根据 Muir 平方根展开关系[1]，函数

$$R = \sqrt{1 - x^2} \tag{1.3.6}$$

可以由递进式

$$R_{n+1} = 1 - \frac{x^2}{1 + R_n}, \qquad R_0 = 1 \tag{1.3.7}$$

近似拟合，分别给出 0 级近似(5°近似)

$$R_0 = 1 \tag{1.3.8}$$

1 级近似(15°近似)

$$R_1 = 1 - \frac{x^2}{2} \tag{1.3.9}$$

2 级近似(45°近似)

$$R_2 = 1 - \cfrac{x^2}{2 - \cfrac{x^2}{2}} \tag{1.3.10}$$

3 级近似(60°近似)

$$R_2 = 1 - \cfrac{x^2}{2 - \cfrac{x^2}{2 - \cfrac{x^2}{2}}} \tag{1.3.11}$$

图 1-3 显示各级近似与原函数式(1.3.6)的拟合程度。

由此，如式(1.3.5)取 0 级近似，则有

$$k_z \approx \pm k \tag{1.3.12}$$

只保留 z 方向上的波数成分，即声波是沿 z 轴方向传播的。上式取负号作逆傅里叶变换得如下的声波动方程(1.3.1)的 0 级近似形式

$$\frac{\partial p}{\partial z} + \frac{1}{c_0}\frac{\partial p}{\partial t} = 0 \tag{1.3.13}$$

它的解为

$$p = A e^{j(\omega t - kz)} \tag{1.3.14}$$

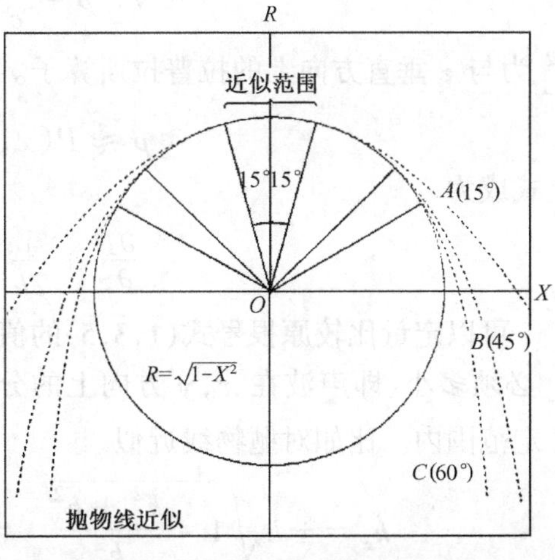

图 1-3　函数 $R = \sqrt{1 - x^2}$ 各级近似的拟合程度

如式(1.3.5)取1级近似(也称为抛物线近似拟合),则有

$$k_z = \pm k\left[1 - \frac{k_x^2 + k_x^2}{2k^2}\right] \tag{1.3.15}$$

上式取负号作逆傅里叶变换后得如下的声波动方程的1级近似形式

$$\frac{\partial^2 p}{\partial z \partial t} - \frac{c_0}{2}\left(\frac{\partial^2 p}{\partial x^2} + \frac{\partial^2 p}{\partial y^2}\right) + \frac{1}{c_0^2}\frac{\partial^2 p}{\partial t^2} = 0 \tag{1.3.16}$$

再进一步作参数变换

$$t' = t - z/c_0 \tag{1.3.17}$$

即将

$$p(t', z) = p(t - z/c, z) \tag{1.3.18}$$

代入1级近似方程(1.3.16)。有关的微分运算过程和结果如下

$$\frac{\partial p}{\partial z} \Rightarrow \frac{\partial p}{\partial z} + \frac{\partial p}{\partial t'}\frac{\partial t'}{\partial z} = \frac{\partial p}{\partial z} - \frac{\partial p}{\partial t'}\frac{1}{c} \tag{1.3.19}$$

$$\frac{\partial^2 p}{\partial z \partial t} \Rightarrow \frac{\partial^2 p}{\partial t' \partial z} - \frac{\partial^2 p}{\partial t'^2}\frac{1}{c} \tag{1.3.20}$$

$$\frac{\partial^2 p}{\partial t^2} = \frac{\partial^2 p}{\partial t'^2} \tag{1.3.21}$$

代入后对时间的二阶偏微分项恰好被消去,仅剩下对时间的一阶偏微分,即

$$\frac{\partial^2 p}{\partial z \partial t'} - \frac{c}{2}\left(\frac{\partial^2 p}{\partial x^2} + \frac{\partial^2 p}{\partial y^2}\right) = 0 \tag{1.3.22}$$

上式有时也写为

$$\nabla_\perp^2 p - \frac{2}{c}\frac{\partial^2 p}{\partial z \partial t'} = 0 \tag{1.3.23}$$

$\nabla_\perp^2$ 为与 z 垂直方向上的拉普拉斯算子。对单一频率 ω 的声波

$$p \approx P(x, y)\mathrm{e}^{-\mathrm{j}(\omega t - kz)} \tag{1.3.24}$$

上式成为

$$\frac{\partial P}{\partial z} + \frac{\mathrm{j}}{2k}\nabla_\perp^2 P = 0 \tag{1.3.25}$$

可以定量比较原根号式(1.3.5)的值和它的各级近似的值的差,从而确定 k_x,k_y 必须多小(即声波在 x,y 方向上的分量必须多小),才能够将近似误差控制在一定范围内。比如对抛物线近似

$$k_z = \pm k\sqrt{1 - \frac{k_x^2 + k_y^2}{k^2}} \quad \Leftrightarrow \quad k_z = \pm k\left[1 - \frac{k_x^2 + k_x^2}{2k^2}\right] \tag{1.3.26}$$

如 z 方向以外的平面波成分的最大值为

$$k_{\max} = \sqrt{k_x^2 + k_y^2} \tag{1.3.27}$$

那么,展开式第三项小于 $\pi/50$ 的条件是

$$k_{\max} \leqslant \left(\frac{8\pi k^3}{50z}\right)^{1/4} \tag{1.3.28}$$

在高强度超声加热治疗肿瘤的设备中通常使用大开口的聚焦声源,如以声源中央部与焦点的连线为 z 轴,在声源边缘部向焦点传播的声波就可能有较大的 z 方向以外(x, y 方向)的分量。

作为参考这里也给出对 2 级近似

$$k_z = \pm k\left[1 - \cfrac{\cfrac{k_x^2 + k_x^2}{k^2}}{2 - \cfrac{k_x^2 + k_x^2}{2k^2}}\right] \tag{1.3.29}$$

作逆傅里叶变换后得到的声波动方程的近似形式

$$\frac{\partial^3 p}{\partial z \partial t^2} - \frac{c^2}{4}\left(\frac{\partial^2}{\partial x^2} + \frac{\partial^2}{\partial y^2}\right)\frac{\partial p}{\partial z} + \frac{3c^2}{4}\left(\frac{\partial^2}{\partial x^2} + \frac{\partial^2}{\partial y^2}\right)\frac{\partial p}{\partial t} - \frac{1}{c^2}\frac{\partial^2 p}{\partial t^2} = 0 \tag{1.3.30}$$

和作参数变换 $t' = t - z/c_0$ 消去对时间的两次偏微分后的结果

$$\frac{\partial^3 p}{\partial z \partial t'^2} - \frac{c^2}{4}\left(\frac{\partial^2}{\partial x^2} + \frac{\partial^2}{\partial y^2}\right)\frac{\partial p}{\partial z} + \frac{c}{2}\left(\frac{\partial^2}{\partial x^2} + \frac{\partial^2}{\partial y^2}\right)\frac{\partial p}{\partial t'} = 0 \tag{1.3.31}$$

2 级近似比较复杂,在声场计算中一般不用。

1.3.2　先作参数变换 $t' = t - z/c$

1.3.1 小节先取 z 方向波数 k_z 的近似展开,然后再作参数变换 $t' = t - z/c$。也可以先对声波动方程作参数变换。将

$$p(t', z) = p(t - z/c_0, z) \tag{1.3.32}$$

代入三维空间的声波动方程。有关的微分运算参照式(1.3.19)~(1.3.21)以及

$$\begin{aligned}\frac{\partial^2 p}{\partial z^2} &\Rightarrow \frac{\partial}{\partial z}\left(\frac{\partial p}{\partial z}\right) + \frac{\partial}{\partial t'}\left(\frac{\partial p}{\partial z}\right)\frac{\partial t'}{\partial z} + \frac{\partial}{\partial z}\left(-\frac{\partial p}{\partial t'}\frac{1}{c_0}\right) + \frac{\partial}{\partial t'}\left(-\frac{\partial p}{\partial t'}\frac{1}{c_0}\right)\frac{\partial t'}{\partial z} \\ &= \frac{\partial^2 p}{\partial z^2} - \frac{2}{c_0}\frac{\partial^2 p}{\partial t' \partial z} + \frac{1}{c_0^2}\frac{\partial^2 p}{\partial t'^2}\end{aligned} \tag{1.3.33}$$

代入声波动方程整理后得

$$\nabla_{\perp}^2 p + \frac{\partial^2 p}{\partial z^2} - \frac{2}{c}\frac{\partial^2 p}{\partial z \partial t'} = 0 \tag{1.3.34}$$

对声波动方程作参数变换 $t' = t - z/c$ 的物理意义在于换到一个在声波行进方向($+z$ 方向)以声波的传播速度行进的移动坐标系上描述声波动方程。如声波在 x, y 方向上的分量不大,主要是在 $+z$ 方向上行进的,那么在原坐标系(z, t)中随

z 变化的相位项在现在的移动坐标系(z,t')中消失了,只剩下空间变化不大的幅度项。于是,可以忽略对 z 的二次微分项得

$$\nabla_{\perp}^{2} p - \frac{2}{c}\frac{\partial^{2} p}{\partial z \partial t'} = 0 \tag{1.3.35}$$

这与 1.3.1 小节的结果相同,但 1.3.1 小节的方法能定量讨论抛物线近似的近似程度。

资料:声的单位

(1) 分贝

声压大小一般不用绝对值表示,而用与基本量的比较 SPL(sound pressure level)

$$\mathrm{SPL(dB)} = 20\ \lg \frac{\sqrt{\langle p^2 \rangle}}{p_{\mathrm{e}}} = 20\ \lg = \frac{p_0}{\sqrt{2} p_{\mathrm{e}}} \tag{1.a1}$$

表示。p_0 为连续波的振幅。在空气中

$$p_{\mathrm{e}} = 2 \times 10^{-5}\mathrm{Pa} \tag{1.a2}$$

在水中

$$p_{\mathrm{e}} = 10^{-6}\mathrm{Pa} \tag{1.a3}$$

同样,声场的强度大小用 SPL(sound pressure level)表示

$$SIL/\mathrm{dB} = 10\ \lg \frac{I}{I_{\mathrm{e}}} \tag{1.a4}$$

其中

$$I = \frac{p_0^2}{2\rho_0 c_0}, \qquad I_{\mathrm{e}} = \frac{p_{\mathrm{e}}^2}{\rho_0 c_0} \tag{1.a5}$$

(2) 感度

接受器的感度常写为 -120dB, re. 1V/Pa 的形式,表示声压 1Pa 时可测得电压 1V 为 0dB, -120dB 即为 10^{-6}V/Pa。水中发生声空化的声压为 1 个大气压($p_0 = 1.013 \times 10^5$Pa),如使用此接受器可测得电压信号幅度为 0.1V。

第 2 章　差分法基础

声场计算中可使用的数值计算方法很多,如差分法、有限元、边界元等。差分法的优点是简单方便,尤其是时域差分法对反射、透射等一些基本的声学现象不需另作特殊考虑。不过,差分法在相容性、稳定性、收敛性、精度、边界条件处理等问题上所作的理论分析比较难懂[2,122]。本章省却繁杂的理论分析,集中叙说差分法的主要方法。

2.1　一阶线性双曲型方程

无论流体运动的基本方程,还是声波动方程都是双曲型偏微分方程。偏微分方程数值解法的第一步就是将偏微分系数用有限差分近似,转换成代数方程处理。

2.1.1　一维问题的差分格式

一维一阶线性双曲型方程的一般形式为

$$\frac{\partial p}{\partial t} + a\frac{\partial p}{\partial z} = 0 \tag{2.1.1}$$

如图 2-1,在 z 方向相距 h 取离散点,时间的离散间隔为 T。式(2.1.1)中对 z 的一阶偏微分的差分近似能有以下几种不同形式:

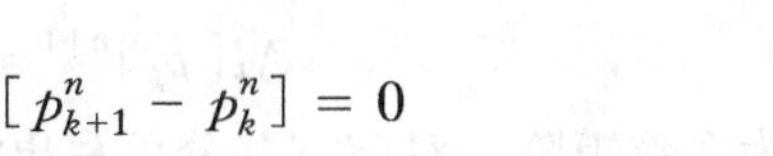

图 2-1　一维空间的离散点:$z=kh$,$t=nT$

(1) 前方差($a<0$ 时,$|aT/h|\leqslant 1$ 稳定)

$$\frac{p_k^{n+1}-p_k^n}{T} + \frac{a}{h}[p_{k+1}^n - p_k^n] = 0 \tag{2.1.2}$$

(2) 后方差($a>0$,$|aT/h|\leqslant 1$ 时稳定)

$$\frac{p_k^{n+1}-p_k^n}{T} + \frac{a}{h}[p_k^n - p_{k-1}^n] = 0 \tag{2.1.3}$$

(3) 中心差(恒不稳定)

$$\frac{p_k^{n+1}-p_k^n}{T} + \frac{a}{h}\left[\frac{p_{k+1}^n - p_{k-1}^n}{2}\right] = 0 \tag{2.1.4}$$

以前方差式(2.1.2)为例。将所有 n 时间层的值移到等号右边后重写式

(2.1.2)为

$$p_k^{n+1} = \left(1 + \frac{aT}{h}\right)p_k^n - \frac{aT}{h}p_{k+1}^n \tag{2.1.5}$$

等号左边只有 $n+1$ 时间层的一个值 p_k^{n+1}。由 n 层上的值 p_k^n 可直接计算得到 $n+1$层上的值 p_k^{n+1}。重复这样的过程就能计算出 $p_k^{n+2}, p_k^{n+3}, \cdots$,这种格式称为显格式。把所有空间离散点对应的差分方程(2.1.5)写成矩阵方程形式则有

$$[p_k]^{n+1} = W[p_k]^n \tag{2.1.6}$$

W 为系数矩阵。显格式计算方便简单,但往往稳定性较差,步进长度较小。一般,当空间离散间隔比 p 的变动尺度(比如波长)足够小(比如几十分之一)时计算才可能稳定和收敛。

式(2.1.2)～(2.1.4)中是取已知 n 时间层的值写出对 z 的偏微分的差分近似。也可取未知的 $n+1$ 时间层的值写为:

(1) 前方差(条件稳定)

$$\frac{p_k^{n+1} - p_k^n}{T} + \frac{a}{h}[p_{k+1}^{n+1} - p_k^{n+1}] = 0 \tag{2.1.7}$$

(2) 后方差(条件稳定)

$$\frac{p_k^{n+1} - p_k^n}{T} + \frac{a}{h}[p_k^{n+1} - p_{k-1}^{n+1}] = 0 \tag{2.1.8}$$

(3) 中心差(绝对稳定)

$$\frac{p_k^{n+1} - p_k^n}{T} + \frac{a}{h}\left[\frac{p_{k+1}^{n+1} - p_{k-1}^{n+1}}{2}\right] = 0 \tag{2.1.9}$$

同样以前方差为例。将所有 n 时间层的值移到式(2.1.7)等号右边后重写为

$$\left(1 - \frac{aT}{h}\right)p_k^{n+1} + \frac{aT}{h}p_{k+1}^{n+1} = p_k^n \tag{2.1.10}$$

由于等式左边有 $n+1$ 层的两个值 p_k^{n+1}, p_{k+1}^{n+1},由右边 n 层上的值不能直接计算 $n+1$ 层上的值 p_k^{n+1},这种格式称为隐格式。隐格式的一般形式为

$$M[p_k]^{n+1} = W[p_k]^n \tag{2.1.11}$$

M 和 W 为系数矩阵。对前方差分可写出 M 和 W 分别为

$$M = \begin{bmatrix} 1-r & r & 0 & \cdot & 0 \\ 0 & 1-r & r & 0 & \cdot \\ \cdot & \cdot & \cdot & \cdot & \cdot \\ \cdot & \cdot & 0 & 1-r & r \\ 0 & \cdot & \cdot & 0 & 1-r \end{bmatrix}, \quad W = \begin{bmatrix} 1 & 0 & \cdot & \cdot & 0 \\ 0 & 1 & 0 & \cdot & \cdot \\ \cdot & \cdot & \cdot & \cdot & \cdot \\ \cdot & \cdot & 0 & 1 & 0 \\ 0 & \cdot & \cdot & 0 & 1 \end{bmatrix} \tag{2.1.12}$$

其中

$$r = aT/h \tag{2.1.13}$$

求 $n+1$ 层上的值一般必须求系数矩阵 M 的逆矩阵得

$$[p_k]^{n+1} = M^{-1}W[p_k]^n \tag{2.1.14}$$

不过,以前方差得到的隐格式差分方程为例,其矩阵形式为

$$\begin{bmatrix} 1-r & r & 0 & \cdot & 0 \\ 0 & 1-r & r & 0 & \cdot \\ \cdot & \cdot & \cdot & \cdot & \cdot \\ \cdot & \cdot & 0 & 1-r & r \\ 0 & \cdot & \cdot & 0 & 1-r \end{bmatrix} \begin{bmatrix} p_1 \\ p_2 \\ \cdot \\ p_{N-1} \\ p_N \end{bmatrix}^{n+1} = \begin{bmatrix} p_1 \\ p_2 \\ \cdot \\ p_{N-1} \\ p_N \end{bmatrix}^{n} \tag{2.1.15}$$

其中,系数矩阵是一个上三角矩阵。后方差得到的隐格式差分方程的系数矩阵是一个下三角矩阵。声场计算中出现的系数矩阵一般都能在转换为上三角矩阵(或下三角矩阵)后用较简单的代数方法求解,不需要求逆矩阵(第 4 章给出详细步骤)。

隐格式差分方程求解并不都是绝对稳定的(比如前述的前方差和后方差就是条件稳定)。不过,如果是绝对稳定的,计算的步进长度几乎不影响其稳定性,就可以选取较大的步进长度。空间上的离散间隔有时可以取到 p 的变动尺度(比如波长)的 1/4。一般可以先分别取空间、时间变动尺度的 1/2 和 1/4 作为步进长度,比较两种情况下的计算结果。如两者结果的差别不大则选取的步进长度足够;如差别比较大,就要再尝试更小的步进长度。

差分近似可以理解为原函数以 T 和 h 为微小变化量作泰勒展开后取有限项的近似。无论显格式或隐格式,以上前、后、中心差形式被略去的项都比时间、空间离散间隔 T 和 h 更高阶,记为 $O(T,h)$。对同样的差分形式,取越小的 T 和 h,差分近似解的误差就越小。另一方面,不同的差分形式也可能有不同等级的误差项,如:

(1) Lax-Friedrichs 格式[显格式,在空间上取三个离散点($k-1,k,k+1$)的值。不管 a 的正负,$|aT/h|\leqslant 1$ 时稳定]

$$\frac{p_k^{n+1}-(p_{k+1}^n+p_{k-1}^n)/2}{T}+\frac{a}{h}\left[\frac{p_{k+1}^n-p_{k-1}^n}{2}\right]=0 \qquad O(T,h^2) \tag{2.1.16}$$

(2) Leap-frog 格式[显格式,在时间上取三层($n-1,n,n+1$)的值。$|aT/h|\leqslant 1$时稳定]

$$\frac{p_k^{n+1}-p_k^{n-1}}{2T}+\frac{a}{h}\left[\frac{p_{k+1}^n-p_{k-1}^n}{2}\right]=0 \qquad O(T^2,h^2) \tag{2.1.17}$$

(3) Crank-Nicholson 格式[隐格式,更是在空间上取三个离散点($k-1,k,k+1$),时间取三层($n-1,n,n+1$)的值。绝对稳定]

$$\frac{p_k^{n+1}-p_k^n}{T}+\frac{a}{h}\cdot\frac{1}{2}\left[\frac{p_{k+1}^{n+1}-p_{k-1}^{n+1}}{2}+\frac{p_{k+1}^n-p_{k-1}^n}{2}\right]=0 \qquad O(T^2,h^2) \tag{2.1.18}$$

由此可见,权衡简繁与计算精度的高低差分形式可能有多种选择。

2.1.2 多维问题的差分格式

上述讨论可以推广到多维问题。例如,对二维问题

$$\frac{\partial p}{\partial t}+a\frac{\partial p}{\partial x}+b\frac{\partial p}{\partial y}=0 \tag{2.1.19}$$

在直角坐标系的各个坐标轴方向上作间隔 h 的离散网格。网格交点处为格子点,格子点处时刻 n 的声压值记为 $p_{i,j}^{n}$。于是以 Lax-Friedrichs 格式(显格式差分)为例,差分近似式为

$$\frac{p_{i,j}^{n+1}-\frac{1}{2}\left[\frac{p_{i+1,j}^{n}+p_{i-1,j}^{n}}{2}+\frac{p_{i,j+1}^{n}+p_{i,j-1}^{n}}{2}\right]}{T}+\frac{a}{h}\left[\frac{p_{i+1,j}^{n}-p_{i-1,j}^{n}}{2}\right]$$
$$+\frac{b}{h}\left[\frac{p_{i,j+1}^{n}-p_{i,j-1}^{n}}{2}\right]=0 \tag{2.1.20}$$

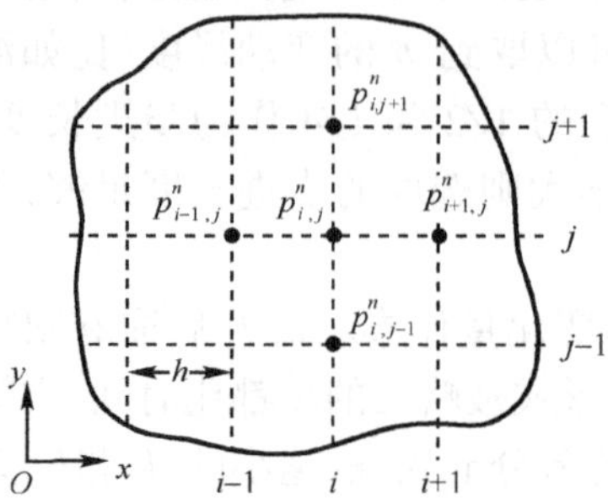

图 2-2 二维空间离散点:
$x=ih, y=jh, t=nT$

式(2.1.20)条件稳定,可用步长只是一维时的1/2。

虽然也可以参考前面一维方程的方法写出隐格式差分,但由于是二维方程,代数方程将含有未知 $n+1$ 时间层的五个空间离散点的值(三维方程的隐格式则有七个),因而解逆矩阵的工作量很大。一个方法是将高维差分格式分解为可简单求解的低维差分格式。例如,式(2.1.21)所示称为 Peaceman-Rachford 格式将二维问题分解成两个一维 Crank-Nicholson 格式(隐格式)分别计算

$$\begin{cases}\dfrac{p_{i,j}^{n+1/2}-p_{i,j}^{n}}{T}+\dfrac{1}{2}\left[\dfrac{a}{h}\dfrac{p_{i+1,j}^{n+1/2}-p_{i-1,j}^{n+1/2}}{2}+\dfrac{b}{h}\dfrac{p_{i,j+1}^{n}-p_{i,j-1}^{n}}{2}\right]=0\\[2ex]\dfrac{p_{i,j}^{n+1}-p_{i,j}^{n+1/2}}{T}+\dfrac{1}{2}\left[\dfrac{a}{h}\dfrac{p_{i+1,j}^{n+1/2}-p_{i-1,j}^{n+1/2}}{2}+\dfrac{b}{h}\dfrac{p_{i,j+1}^{n+1}-p_{i,j-1}^{n+1}}{2}\right]=0\end{cases} \tag{2.1.21}$$

如已知时间 $n-1$ 和 n 层的值,由第一式可以求得中间过渡层 $n+1/2$ 的值 $p_{i,j}^{n+1/2}$。然后,再由第二式得到 $p_{i,j}^{n+1}$。每一式中只出现前后两个时间层,所以只需一套存储单元。两式中分别仅含 x 或 y 方向上的空间差分,所以只需分别在一个方向上解一个与一维情况相同大小的三对角方程组。其计算量较小,差分误差

均为 $O(T^2,h^2)$,绝对稳定。

这种将高维差分格式分解为低维差分格式计算的方法对显格式也不是不可以尝试。只是对显格式而言,不存在计算大的逆矩阵的问题。

对三维问题

$$\frac{\partial p}{\partial t}+a_1\frac{\partial p}{\partial x}+a_2\frac{\partial p}{\partial y}+a_3\frac{\partial p}{\partial z}=0 \tag{2.1.22}$$

其 Lax-Friedrichs 格式差分为

$$\frac{p_{i,j,k}^{n+1}-\frac{1}{3}\left[\frac{p_{i+1,j,k}^n+p_{i-1,j,k}^n}{2}+\frac{p_{i,j+1,k}^n+p_{i,j-1,k}^n}{2}+\frac{p_{i,j,k+1}^n+p_{i,j,k-1}^n}{2}\right]}{T}$$
$$+\frac{a_1}{h}\left[\frac{p_{i+1,j,k}^n-p_{i-1,j,k}^n}{2}\right]+\frac{a_2}{h}\left[\frac{p_{i,j+1,k}^n-p_{i,j-1,k}^n}{2}\right]+\frac{a_3}{h}\left[\frac{p_{i,j,k+1}^n-p_{i,j,k-1}^n}{2}\right]=0 \tag{2.1.23}$$

可用步长只是一维时的 1/3。

表达声波动现象的流体运动基本方程为一阶双曲型方程组。它的差分格式留待第 3 章专门讨论。

2.2　二阶线性双曲型方程

一维二阶线性双曲型方程的一般形式为

$$\frac{\partial^2 p}{\partial t^2}-a^2\frac{\partial^2 p}{\partial z^2}=0 \tag{2.2.1}$$

它的显格式差分近似为

$$\frac{p_k^{n+1}-2p_k^n+p_k^{n+1}}{T^2}-\frac{a^2}{h^2}[p_{k+1}^n-2p_k^n+p_{k-1}^n]=0 \qquad O(T^2,h^2) \tag{2.2.2}$$

其稳定的充分必要条件是 $aT/h<1$。引入符号

$$\delta_t^2p_k^n=p_k^{n+1}-2p_k^n+p_k^{n-1} \tag{2.2.3}$$

$$\delta_z^2p_k^n=p_{k+1}^n-2p_k^n+p_{k-1}^n \tag{2.2.4}$$

后,式(2.2.2)可以简写为

$$\frac{\delta_t^2p_k^n}{T^2}-\frac{a^2}{h^2}\delta_z^2p_k^n=0 \tag{2.2.5}$$

差分方程(2.2.2)写成矩阵形式为

$$\begin{bmatrix} p_1 \\ p_2 \\ \cdot \\ p_{N-1} \\ p_N \end{bmatrix}^{n+1} = \begin{bmatrix} 2-2r & -r & 0 & \cdot & 0 \\ -r & 2-2r & -r & 0 & \cdot \\ \cdot & \cdot & \cdot & \cdot & \cdot \\ \cdot & 0 & -r & 2-2r & -r \\ 0 & \cdot & 0 & -r & 2-2r \end{bmatrix} \begin{bmatrix} p_1 \\ p_2 \\ \cdot \\ p_{N-1} \\ p_N \end{bmatrix}^{n} - \begin{bmatrix} p_1 \\ p_2 \\ \cdot \\ p_{N-1} \\ p_N \end{bmatrix}^{n-1} \tag{2.2.6}$$

或简写为

$$[p_k]^{n+1} = M[p_k]^n - [p_k]^{n-1} \tag{2.2.7}$$

可见,如 p_k^{n-1},p_k^n 已知可计算得到 p_k^{n+1}。

一维二阶声波动方程也有隐格式差分形式。引进不同时间层($n-1, n, n+1$)的权平均系数可以将显格式与隐格式两者统一写到一个表达式中

$$\frac{\delta_t^2 p_k^n}{T^2} - \frac{a^2}{h^2}[\theta\delta_z^2 p_k^{n+1} + (1-2\theta)\delta_z^2 p_k^n + \theta\delta_z^2 p_k^{n-1}] = 0 \tag{2.2.8}$$

当 $\theta=0$ 时就是前面提到的显格式式(2.2.5)。而当 $\theta\neq0$ 时为隐格式,$\theta\geqslant1/4$ 时绝对稳定。通常取 $\theta=1/2$ 以使等号右方括号中的第二项为零,于是有

$$\frac{\delta_t^2 p_k^n}{T^2} - \frac{a^2}{h^2}\left[\frac{\delta_z^2 p_k^{n+1} + \delta_z^2 p_k^{n-1}}{2}\right] = 0 \tag{2.2.9}$$

写成矩阵形式为

$$\begin{bmatrix} 1+r & -r/2 & 0 & \cdot & 0 \\ -r/2 & 1+r & -r/2 & 0 & \cdot \\ \cdot & \cdot & \cdot & \cdot & \cdot \\ \cdot & 0 & -r/2 & 1+r & -r/2 \\ 0 & \cdot & 0 & -r/2 & 1+r \end{bmatrix} \begin{bmatrix} p_1 \\ p_2 \\ \cdot \\ p_{N-1} \\ p_N \end{bmatrix}^{n+1}$$

$$= 2\begin{bmatrix} p_1 \\ p_2 \\ \cdot \\ p_{N-1} \\ p_N \end{bmatrix}^{n} - \begin{bmatrix} 1+r & -r/2 & 0 & \cdot & 0 \\ -r/2 & 1+r & -r/2 & 0 & \cdot \\ \cdot & \cdot & \cdot & \cdot & \cdot \\ \cdot & 0 & -r/2 & 1+r & -r/2 \\ 0 & \cdot & 0 & -r/2 & 1+r \end{bmatrix} \begin{bmatrix} p_1 \\ p_2 \\ \cdot \\ p_{N-1} \\ p_N \end{bmatrix}^{n-1} \tag{2.2.10}$$

其中

$$r = \frac{a^2 T^2}{2h^2} \tag{2.2.11}$$

其系数矩阵是一个强对角占优的矩阵。可以将系数矩阵转换为三角矩阵后递进得 p_k^{n+1}(第 4 章给出详细步骤)。

也可以将一个二阶方程转化为一阶方程组再作差分近似。设

$$u = \frac{\partial p}{\partial t}, \qquad w = a\frac{\partial p}{\partial z} \tag{2.2.12}$$

代入二阶方程(2.2.1)后得

$$\begin{cases} \dfrac{\partial u}{\partial t} - a\dfrac{\partial w}{\partial z} = 0 \\ \dfrac{\partial w}{\partial t} - a\dfrac{\partial u}{\partial z} = 0 \end{cases} \tag{2.2.13}$$

这与一维流体运动基本方程的形式完全相同。可见,声波动方程由流体运动基本方程推导得到;反之,由声波动方程也可以得到流体运动基本方程。

二维二阶线性双曲型方程的一般形式为

$$\frac{\partial^2 p}{\partial t^2} - a^2\left(\frac{\partial^2 p}{\partial x^2} + \frac{\partial^2 p}{\partial y^2}\right) = 0 \qquad (a > 0) \tag{2.2.14}$$

其差分近似的显格式可参考前述一维方程的讨论写出。同样,它的隐格式也可分解为如下每一步只在一个方向上计算的低维差分格式

$$\begin{cases} \dfrac{p_{i,j}^{n+1/2} - 2p_{i,j}^{n} + p_{i,j}^{n-1}}{T^2} - \dfrac{a^2}{h^2}\left[\dfrac{\delta_x^2 p_{i,j}^{n+1/2} + \delta_x^2 p_{i,j}^{n-1}}{2} + \delta_y^2 p_{i,j}^{n-1}\right] = 0 \\ \dfrac{p_{i,j}^{n+1} - p_{i,j}^{n+1/2}}{T^2} - \dfrac{a^2}{h^2}\left[\dfrac{\delta_y^2 p_{i,j}^{n+1} - \delta_y^2 p_{i,j}^{n-1}}{2}\right] = 0 \end{cases} \tag{2.2.15}$$

二维二阶方程也可以转换为一阶方程组求解。设

$$u = \frac{\partial p}{\partial t}, \qquad w_x = a\frac{\partial p}{\partial x}, \qquad w_y = a\frac{\partial p}{\partial y} \tag{2.2.16}$$

代入二维二阶方程(2.2.14)后得

$$\begin{cases} \dfrac{\partial u}{\partial t} - a\dfrac{\partial w_x}{\partial x} - a\dfrac{\partial w_y}{\partial y} = 0 \\ \dfrac{\partial w_x}{\partial t} - a\dfrac{\partial u}{\partial x} = 0 \\ \dfrac{\partial w_y}{\partial t} - a\dfrac{\partial u}{\partial y} = 0 \end{cases} \tag{2.2.17}$$

这也正是二维流体运动基本方程的形式。

最后,在第 10 章将看到在椭球坐标系中声波动方程变成如下变系数形式的方程

$$\frac{\partial^2 p}{\partial t^2} - a^2\left(\frac{\partial}{\partial x}b(x)\frac{\partial p}{\partial x} + \frac{\partial}{\partial y}d(y)\frac{\partial p}{\partial y}\right) = 0 \tag{2.2.18}$$

一般,只要注意变系数部分的离散点必须和与其为相乘关系的偏微分的离散点相

同,其他并无不同。例如,其中将对 x 的微分的差分近似写为

$$\frac{\partial}{\partial x}b(x)\frac{\partial p}{\partial x}=\frac{b_{i+1/2}\dfrac{p_{i+1,j}-p_{i,j}}{h}-b_{i-1/2}\dfrac{p_{i,j}-p_{i-1,j}}{h}}{h}+O(h^2)$$
$$=\frac{b_{i+1/2}p_{i+1,j}-(b_{i+1/2}+b_{i-1/2})p_{i,j}+b_{i-1/2}p_{i-1,j}}{h^2}+O(h^2)$$
$$(2.2.19)$$

2.3 抛物型方程

在讨论了一维和多维双曲型方程差分近似的基础上,本节叙述一维和多维抛物型方程差分近似的主要结论。

2.3.1 一维抛物型方程的差分格式

一维抛物型方程

$$\frac{\partial p}{\partial t}-a^2\frac{\partial^2 p}{\partial z^2}=f(z,t) \qquad (2.3.1)$$

的经典显格式差分(当 $a^2T/h^2\leqslant 1/2$ 时稳定)为

$$\frac{p_k^{n+1}-p_k^n}{T}-\frac{a^2}{h^2}\delta_z^2 p_k^n=f_k^n \qquad O(T,h^2) \qquad (2.3.2)$$

同式的经典隐格式差分(绝对稳定)为

$$\frac{p_k^{n+1}-p_k^n}{T}-\frac{a^2}{h^2}\delta_z^2 p_k^{n+1}=f_k^n \qquad O(T,h^2) \qquad (2.3.3)$$

Crank-Nicholson 格式(经典显、隐格式的等加权结合,绝对稳定)为

$$\frac{p_k^{n+1}-p_k^n}{T}-\frac{a^2}{h^2}\left[\frac{\delta_z^2 p_k^{n+1}+\delta_z^2 p_k^n}{2}\right]=f_k^n \qquad O(T^2,h^2) \qquad (2.3.4)$$

Crank-Nicholson 格式的差分近似较经典显格式和经典隐格式有更好的计算精度。

2.3.2 多维抛物型方程的差分格式

二维抛物型方程

$$\frac{\partial p}{\partial t}-a^2\left(\frac{\partial^2 p}{\partial x^2}+\frac{\partial^2 p}{\partial y^2}\right)=0 \qquad (2.3.5)$$

的经典显格式差分为

$$\frac{p_{i,j}^{n+1}-p_{i,j}^n}{T}-\frac{a^2}{h^2}[\delta_x^2 p_{i,j}^n+\delta_y^2 p_{i,j}^n]=0 \qquad O(T,h^2) \qquad (2.3.6)$$

也可比照写出三维抛物型方程的显格式差分式。一般，m 维空间抛物型方程的显格式都是条件稳定的，稳定条件是 $a^2T/h^2 \leqslant 1/(2m)$。

二维抛物型方程的经典隐格式(绝对稳定)为

$$\frac{p_{i,j}^{n+1}-p_{i,j}^{n}}{T}-\frac{a^2}{h^2}[\delta_x^2 p_{i,j}^{n+1}+\delta_y^2 p_{i,j}^{n+1}]=0 \qquad O(T,h^2) \tag{2.3.7}$$

以下 Crank-Nicholson 格式(经典显、隐格式的等加权结合，绝对稳定)可进一步改善计算精度

$$\frac{p_{i,j}^{n+1}-p_{i,j}^{n}}{T}-\frac{a^2}{h^2}\left[\frac{\delta_x^2 p_{i,j}^{n+1}+\delta_x^2 p_{i,j}^{n}}{2}+\frac{\delta_y^2 p_{i,j}^{n+1}+\delta_y^2 p_{i,j}^{n}}{2}\right]=0 \qquad O(T,h^2) \tag{2.3.8}$$

同样，二维抛物型方程的 Crank-Nicholson 差分格式也可以分解成如下 Peaceman-Rachford 格式(绝对稳定)，每一步只在一个方向上分别计算一维 Crank-Nicholson 格式(隐格式)

$$\begin{cases}\dfrac{p_{i,j}^{n+1/2}-p_{i,j}^{n}}{T}-\dfrac{a^2}{h^2}\left[\dfrac{\delta_x^2 p_{i,j}^{n+1/2}+\delta_y^2 p_{i,j}^{n}}{2}\right] \\[2ex] \dfrac{p_{i,j}^{n+1}-p_{i,j}^{n+1/2}}{T}-\dfrac{a^2}{h^2}\left[\dfrac{\delta_x^2 p_{i,j}^{n+1/2}+\delta_y^2 p_{i,j}^{n+1}}{2}\right]\end{cases} \qquad O(T,h^2) \tag{2.3.9}$$

但对三维抛物型方程不能写出与 Peaceman-Rachford 格式相似的形式。

二维抛物型方程的隐格式还有另外几种形式，它们在计算量、精度、绝对稳定方面并无不同，形式上可以推广到三维抛物型方程的差分：

(1) Douglas 格式

$$\begin{cases}\dfrac{p_{i,j}^{n+1/2}-p_{i,j}^{n}}{T}-\dfrac{a^2}{h^2}\left[\dfrac{\delta_x^2 p_{i,j}^{n+1/2}+\delta_x^2 p_{i,j}^{n}}{2}+\delta_y^2 p_{i,j}^{n}\right]=0 \\[2ex] \dfrac{p_{i,j}^{n+1}-p_{i,j}^{n+1/2}}{T}-\dfrac{a^2}{h^2}\left[\dfrac{\delta_y^2 p_{i,j}^{n+1}-\delta_y^2 p_{i,j}^{n}}{2}\right]=0\end{cases} \qquad O(T^2,h^2) \tag{2.3.10}$$

有时也看到

$$\begin{cases}\dfrac{p_{i,j}^{n+1/2}-p_{i,j}^{n}}{T}-\dfrac{a^2}{h^2}\left[\dfrac{\delta_x^2 p_{i,j}^{n+1/2}+\delta_x^2 p_{i,j}^{n}}{2}+\delta_y^2 p_{i,j}^{n}\right]=0 \\[2ex] \dfrac{p_{i,j}^{n+1}-p_{i,j}^{n}}{T}-\dfrac{a^2}{h^2}\left[\dfrac{\delta_x^2 p_{i,j}^{n+1/2}+\delta_x^2 p_{i,j}^{n}}{2}+\dfrac{\delta_y^2 p_{i,j}^{n+1}+\delta_y^2 p_{i,j}^{n}}{2}\right]=0\end{cases} \tag{2.3.11}$$

的形式，只是将式(2.3.10)中的第一式与第二式相加作为式(2.3.11)的第二式而已。两种表达方式中第二式都包含 $n, n+1/2, n+1$ 三个时间层的值，故计算中

需要两套存储单元。

(2) Yanenko 格式

$$
\begin{cases}
\dfrac{p_{i,j}^{n+1/4}-p_{i,j}^{n}}{T}-\dfrac{a^2}{h^2}\dfrac{\delta_x^2 p_{i,j}^{n+1/4}}{2} \\
\dfrac{p_{i,j}^{n+1/2}-p_{i,j}^{n+1/4}}{T}-\dfrac{a^2}{h^2}\dfrac{\delta_y^2 p_{i,j}^{n+1/2}}{2} \\
\dfrac{p_{i,j}^{n+1}-p_{i,j}^{n}}{T}-\dfrac{a^2}{h^2}\left[\delta_x^2 p_{i,j}^{n+1/2}+\delta_y^2 p_{i,j}^{n+1/2}\right]
\end{cases}
\tag{2.3.12}
$$

的基本思想是：首先由前二式以稳定性较好的一阶精度格式计算出 $n+1/2$ 时间层的近似值，再由第三式(显格式)用二阶精度计算出 $n+1$ 层的值。

Douglas 格式和 Yanenko 格式在形式上可以推广到三维情形。例如，对三维抛物型方程

$$
\frac{\partial p}{\partial t}-a^2\left(\frac{\partial^2 p}{\partial x^2}+\frac{\partial^2 p}{\partial y^2}+\frac{\partial^2 p}{\partial z^2}\right)=f(x,y,z,t) \tag{2.3.13}
$$

能够给出：

(a) Douglas 格式

$$
\begin{cases}
\dfrac{p_{i,j,k}^{n+1/3}-p_{i,j,k}^{n}}{T}-\dfrac{a^2}{h^2}\left[\dfrac{\delta_x^2 p_{i,j,k}^{n+1/3}+\delta_x^2 p_{i,j,k}^{n}}{2}+\delta_y^2 p_{i,j,k}^{n}+\delta_z^2 p_{i,j,k}^{n}\right]=0 \\
\dfrac{p_{i,j,k}^{n+2/3}-p_{i,j,k}^{n+1/3}}{T}-\dfrac{a^2}{h^2}\left[\dfrac{\delta_y^2 p_{i,j,k}^{n+2/3}-\delta_y^2 p_{i,j,k}^{n}}{2}\right]=0 \qquad O(T^2,h^2) \\
\dfrac{p_{i,j,k}^{n+1}-p_{i,j,k}^{n+2/3}}{T}-\dfrac{a^2}{h^2}\left[\dfrac{\delta_z^2 p_{i,j,k}^{n+1}-\delta_z^2 p_{i,j,k}^{n}}{2}\right]=0
\end{cases}
\tag{2.3.14}
$$

(b) Yanenko 格式

$$
\begin{cases}
\dfrac{p_{i,j,k}^{n+1/6}-p_{i,j,k}^{n}}{T}-\dfrac{a^2}{h^2}\dfrac{\delta_x^2 p_{i,j,k}^{n+1/6}}{2} \\
\dfrac{p_{i,j,k}^{n+1/3}-p_{i,j,k}^{n+1/6}}{T}-\dfrac{a^2}{h^2}\dfrac{\delta_y^2 p_{i,j,k}^{n+1/3}}{2} \\
\dfrac{p_{i,j,k}^{n+1/2}-p_{i,j,k}^{n+1/3}}{T}-\dfrac{a^2}{h^2}\dfrac{\delta_z^2 p_{i,j,k}^{n+1/2}}{2} \qquad O(T^2,h^2) \\
\dfrac{p_{i,j,k}^{n+1}-p_{i,j,k}^{n}}{T}-\dfrac{a^2}{h^2}\left[\delta_x^2 p_{i,j,k}^{n+1/2}+\delta_y^2 p_{i,j,k}^{n+1/2}+\delta_z^2 p_{i,j,k}^{n+1/2}\right]
\end{cases}
\tag{2.3.15}
$$

最后，在一些曲线正交坐标系中对声波动方程作抛物线近似时，也可能出现形如

$$\frac{\partial p}{\partial t} - a^2\left(\frac{\partial^2 p}{\partial x^2} + \frac{\partial^2 p}{\partial y^2}\right) + b\left(\frac{\partial p}{\partial x} + \frac{\partial p}{\partial}\right) = 0 \tag{2.3.16}$$

的一、二阶偏微分共存的方程。它既含描述"热传导"现象的抛物型（二阶空间微分项），又含描述"热对流"现象的双曲型（一阶空间微分项）。该方程的显格式差分近似式可以仿照前面的方法写出，没有其他需要特殊考虑的问题。隐格式差分的一种方法是将二阶空间微分项和一阶空间微分项分别处理，即首先对方程

$$\frac{\partial p}{\partial t} - a^2\left(\frac{\partial^2 p}{\partial x^2} + \frac{\partial^2 p}{\partial y^2}\right) = 0 \tag{2.3.17}$$

仿照二维二阶双曲型方程的 Peaceman-Rachford 格式写出差分形式

$$\begin{cases} \dfrac{p_{i,j}^{n+1/4} - p_{i,j}^{n}}{T} - \dfrac{a^2}{h^2}\left[\dfrac{\delta_x^2 p_{i,j}^{n+1/4} + \delta_y^2 p_{i,j}^{n}}{2}\right] \\ \dfrac{p_{i,j}^{n+1/2} - p_{i,j}^{n+1/4}}{T} - \dfrac{a^2}{h^2}\left[\dfrac{\delta_x^2 p_{i,j}^{n+1/4} + \delta_y^2 p_{i,j}^{n+1/2}}{2}\right] \end{cases} \quad O(T^2, h^2) \tag{2.3.18}$$

计算得到中间层 $n+1/2$ 的值 $p_{i,j}^{n+1/2}$后，再对方程

$$\frac{\partial p}{\partial t} + b\left(\frac{\partial p}{\partial x} + \frac{\partial p}{\partial y}\right) = 0 \tag{2.3.19}$$

仿照二维一阶双曲型方程的 Peaceman-Rachford 格式写出差分形式

$$\begin{cases} \dfrac{p_{i,j}^{n+3/4} - p_{i,j}^{n+1/2}}{T} + \dfrac{a}{h}\cdot\dfrac{1}{2}\left[\dfrac{p_{i+1,j}^{n+3/4} - p_{i-1,j}^{n+3/4}}{2}\right] + \dfrac{b}{h}\cdot\dfrac{1}{2}\left[\dfrac{p_{i,j+1}^{n+1/2} - p_{i,j-1}^{n+1/2}}{2}\right] = 0 \\ \dfrac{p_{i,j}^{n+1} - p_{i,j}^{n+3/4}}{T} + \dfrac{a}{h}\cdot\dfrac{1}{2}\left[\dfrac{p_{i+1,j}^{n+3/4} - p_{i-1,j}^{n+3/4}}{2}\right] + \dfrac{b}{h}\cdot\dfrac{1}{2}\left[\dfrac{p_{i,j+1}^{n+1} - p_{i,j-1}^{n+1}}{2}\right] = 0 \end{cases} \quad O(T^2, h^2) \tag{2.3.20}$$

计算得 $n+1$ 时间层的值 $p_{i,j}^{n+1}$。上面每一式都是绝对稳定的，最后合成的解也是绝对稳定的。

2.4　椭圆型方程

声波动方程在时间域是双曲型的，而在频率域是椭圆型的。所以，在讨论了双曲型方程和抛物型方程的差分计算后，进一步了解椭圆型方程的特殊问题有助于全面理解声场计算和差分法。

以一维声波动方程为例。椭圆型方程(1.2.37)的差分近似式为

$$k^2 P_k + \frac{P_{k+1} - 2P_k + P_{k-1}}{h^2} = 0 \qquad O(h^2) \tag{2.4.1}$$

引入参数

$$r = h^2k^2 - 2 \tag{2.4.2}$$

后整理得

$$rP_k + P_{k+1} + P_{k-1} = 0 \tag{2.4.3}$$

式(2.4.3)中在双曲型方程和抛物型方程的差分计算中作为反复递进变量的时间层完全消失了。

那么,可以随便另外确定一个递进变量吗?例如,可以仿照前面在时间上递进那样,将含 $k+1$ 的元放在等式左边而其余项移到右边,重写上式为

$$P_{k+1} = -rP_k - P_{k-1} \tag{2.4.4}$$

从而以 k 为递进变量,即由 $k, k-1, \cdots$处的值 $p_k, p_{k-1}, \cdots$确定 $k+1$ 处的值 p_{k+1} 吗?

这是不行的!差分计算中的递进变量似乎具有某种实质上的物理意义,不能随便选取;或者说,差分的递进计算只适用于描述局部变化由近及远的传播过程(双曲型方程和抛物型方程),而不适用于求解达到定常状态的场(椭圆型方程)。不过,前者是一个设想,后者更像是一个结论而不是理由。有兴趣的读者请进一步参考有关书籍。

对差分方程(2.4.3)的正确求解方法是:在每个离散点 k 都形成一个含三个未知数 P_{k-1}, P_k, P_{k+1}的代数方程。有 N 个离散点($k=1,\cdots,N$)就形成 N 个方程的联立方程组,以矩阵形式写为

$$\begin{bmatrix} 1 & r & 1 & 0 & \cdot & \cdot & 0 \\ 0 & 1 & r & 1 & 0 & \cdot & \cdot \\ \cdot & \cdot & \cdot & \cdot & \cdot & \cdot & \cdot \\ \cdot & \cdot & 0 & 1 & r & 1 & 0 \\ 0 & \cdot & \cdot & 0 & 1 & r & 1 \end{bmatrix} \begin{bmatrix} P_1 \\ P_2 \\ \cdot \\ P_{N-1} \\ P_N \end{bmatrix} = 0 \tag{2.4.5}$$

由式(2.4.5)可解得 $P_k(k=1,\cdots,N)$。方程(2.4.5)等号右边为零,形式上是一个奇异方程组,而数学上奇异方程组只有当系数行列式的值为零时才有非零解。下面一例说明,在引入边界条件后式(2.4.5)就不是一个奇异方程组而存在有意义的解了。

设 N 个离散点($k=1,\cdots,N$)外两端点($k=0, k=N+1$)分别有值 $P_0=G_0$ 和 $P_{N+1}=G_2$。在点 $k=1$ 和 $k=N$ 处的差分方程分别为

$$rP_1 + P_2 + G_0 = 0 \tag{2.4.6}$$

$$rP_N + G_2 + P_{N-1} = 0 \tag{2.4.7}$$

于是,对应于 N 个离散点的差分方程为

$$\begin{bmatrix} r & 1 & 0 & \cdot & 0 \\ 1 & r & 1 & 0 & \cdot \\ \cdot & \cdot & \cdot & \cdot & \cdot \\ \cdot & 0 & 1 & r & 1 \\ 0 & \cdot & 0 & 1 & r \end{bmatrix} \begin{bmatrix} P_1 \\ P_2 \\ \cdot \\ P_{N-1} \\ P_N \end{bmatrix} = \begin{bmatrix} -G_0 \\ 0 \\ \cdot \\ 0 \\ -G_2 \end{bmatrix} \tag{2.4.8}$$

这样的方程组可解且解是唯一的。换句话说,方程的定解取决于边界条件。解意味着空间区域的定常幅度分布状况。

总而言之,双曲型方程和抛物型方程的差分计算是时间递进形式的,等式右边是已知时间层的各空间离散点的值;而椭圆型方程的差分计算完全不是时间递进形式的,等式右边是各边界点的值。

下一个例子进一步完整说明了椭圆型方程差分计算求解的详细过程。

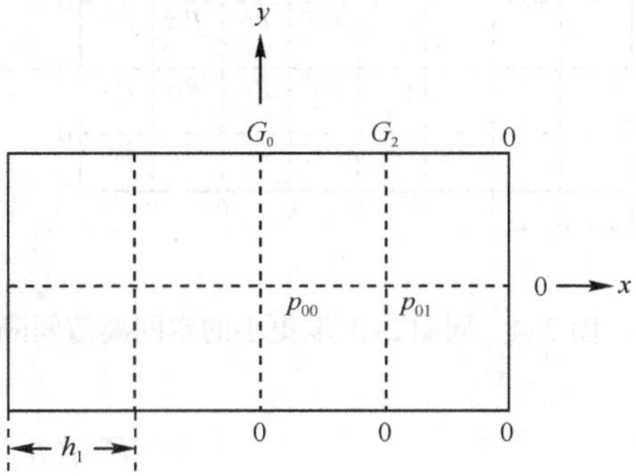

图 2-3　椭圆型方程计算例中的空间离散点和边界条件

如图 2-3 是一个只取了极少几个离散点的空间区域。区域内的场以 y 轴为对称轴左右对称,满足二维椭圆型方程

$$k^2 P + \left(\frac{\partial^2 P}{\partial x^2} + \frac{\partial^2 P}{\partial y^2} \right) = 0 \tag{2.4.9}$$

边界除标示的 G_0, G_2 外其余为零。

在区域内的两个离散点处可写出两个差分方程,分别为

$$k^2 P_{00} + \frac{P_{01} - 2P_{00} + P_{01}}{h_1^2} + \frac{G_0 - 2P_{00} + 0}{h_1^2} = 0$$

$$k^2 P_{01} + \frac{P_{00} - 2P_{01} + 0}{h_1^2} + \frac{G_2 - 2P_{01} + 0}{h_1^2} = 0 \tag{2.4.10}$$

整理后为

$$\begin{cases} rP_{00} + 2P_{01} = -G_0 \\ P_{00} + rP_{01} = -G_2 \end{cases} \tag{2.4.11}$$

或以矩阵形式写为

$$\begin{bmatrix} r & 2 \\ 1 & r \end{bmatrix} \begin{bmatrix} P_{00} \\ P_{01} \end{bmatrix} = \begin{bmatrix} -G_0 \\ -G_2 \end{bmatrix} \tag{2.4.12}$$

解这个矩阵方程可得

$$P_{00} = -\frac{rG_0 - 2G_2}{r^2 - 2} \tag{2.4.13}$$

$$P_{01} = -\frac{rG_2 - G_0}{r^2 - 2} \tag{2.4.14}$$

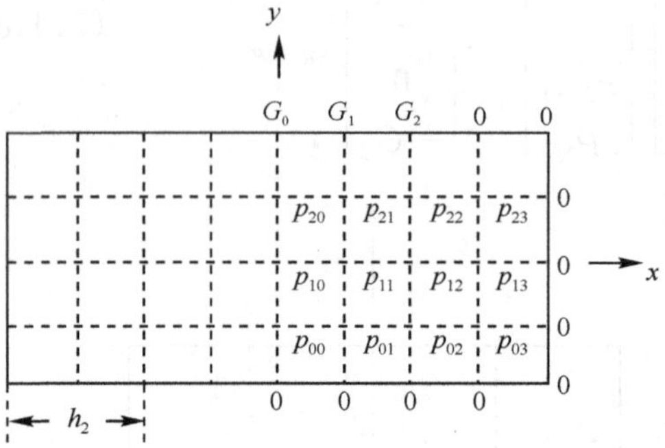

图 2-4 同图 2-3,取更小的空间离散间隔

上述椭圆型方程差分近似的误差量级为空间离散间隔的平方,就上例而言即为 $O(h_1^2)$。有两种方法可以得到更好的精度:一个是取更小的空间离散间隔,这样就要增加计算量和存储容量;另一个是考虑误差在局部是线性的,用两个不同的空间离散间隔 h_1, h_2(比如就上一问题,再如图 2-4取 $h_2 = h_1/2$)分别得差分方程求解得到 $P_{i,j}(h_1)$和 $P_{i,j}(h_2)$,然后外插估计误差 $h\to 0$ 的函数值(图 2-5)

$$P_{i,j} = \frac{P_{i,j}(h_1)h_2^2 - P_{i,j}(h_2)h_1^2}{h_2^2 - h_1^2} \tag{2.4.15}$$

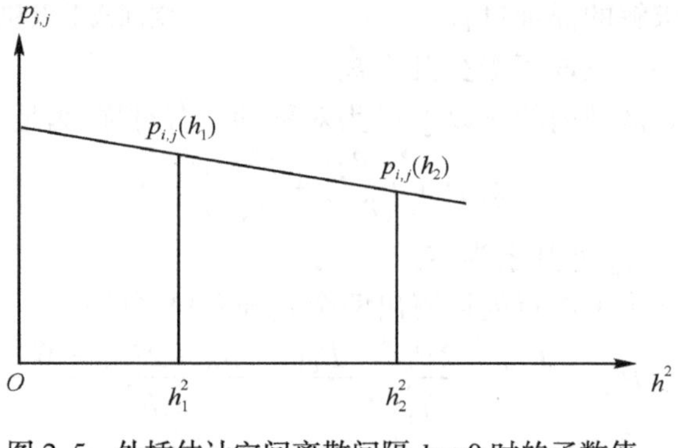

图 2-5 外插估计空间离散间隔 $h\to 0$ 时的函数值

这往往也能得到较好的结果。这样的方法也可以在双曲型方程和抛物型方程的差分数值计算中尝试。

解联立方程组需要求逆矩阵,好在椭圆型方程差分式的系数矩阵也是强对角占优的矩阵,可以转化为三角矩阵后递进求解。另外还可以用 Jacobi 反复迭代法求解。由差分方程(2.4.11)写迭代式为

$$\begin{aligned} P_{00}^{n+1} &= -[2P_{01}^n + G_0]/r \\ P_{01}^{n+1} &= -[P_{00}^n + G_2]/r \end{aligned} \tag{2.4.16}$$

式(2.4.16)中的上标 n 只是表示迭代次数而没有时间层的意义。给定任意的迭代初值 $P_{i,j}^0$后就可以用上式逐步计算得到$P_{i,j}^1, P_{i,j}^2, \cdots$。如迭代收敛,则到满足

精度要求 $\left|P_{i,j}^{n}-P_{i,j}^{n-1}\right|<\varepsilon$ 时停止计算，取 $P_{i,j}=P_{i,j}^{n}$ 为解。Jacobi 反复迭代法虽然在计算上可能耗时多，也不一定收敛，但不需要求逆矩阵，编程相对较简单。如果对结果作些预测进而选取较好的初值则计算也容易收敛。

2.5 初始条件和边界条件

差分方程求解的递进计算在开始时需要由实际问题给出初始值。实际问题或者计算时间和存储容量的限制使得计算空间总是有界的，也需要给出边界条件。

2.5.1 初始条件

物理量 p 的初始条件表达为

$$\begin{cases} p(t=0,z)=\varphi(x) \\ \dfrac{\partial p}{\partial t}(t=0,z)=\psi(x) \end{cases} \tag{2.5.1}$$

与微分方程的离散差分近似一样，初始条件也可以写成如下的离散差分形式

$$\begin{cases} p_k^0=\varphi_k \\ \dfrac{p_k^1-p_k^0}{T}=\psi_k \end{cases} \tag{2.5.2}$$

但是，式(2.5.2)的第二式含一阶导数，误差项为 $O(T)$。如微分方程的差分近似（比如取 Leap-frog 格式）的误差项为 $O(T^2)$，误差项较大的初始条件会拖累整个差分计算的精度。改善的方法之一是仿照 Leap-frog 格式也将初始条件中对时间的导数写为

$$\frac{p_k^1-p_k^{-1}}{2T}=\psi_k \qquad O(T^2) \tag{2.5.3}$$

不过，式(2.5.3)含比初始时间($n=0$)更早的时间($n=-1$)的值 p_k^{-1}。以一维二阶双曲型声波动方程为例，在声波动方程的差分式中令 $n=0$，得

$$\frac{p_k^1-2p_k^0+p_k^{-1}}{T^2}-a^2\frac{p_{k+1}^0-2p_k^0+p_{k-1}^0}{h^2}=0 \tag{2.5.4}$$

将式(2.5.4)与(2.5.3)作为 p_k^{-1} 和 p_k^1 两个未知变量的联立方程组求解 p_k^1，得

$$p_k^1=\frac{T^2}{2h^2}(\varphi_{k+1}+\varphi_{k-1})+\left(1-\frac{T^2}{h^2}\right)\varphi_k+\psi_k T \tag{2.5.5}$$

式(2.5.5)就与 p_k^{-1} 无关了。于是，初始条件可由以下形式给出

$$\begin{cases} p_k^0=\varphi_k \\ p_k^1=\dfrac{T^2}{2h^2}(\varphi_{k+1}+\varphi_{k-1})+\left(1-\dfrac{T^2}{h^2}\right)\varphi_k+\psi_k T \end{cases} \tag{2.5.6}$$

2.5.2 边界条件

当边界恰好在离散点上时,对边界条件

$$\begin{cases} p(t, z=0)=\mu(t) \\ \dfrac{\partial p}{\partial x}(t, z=0)=v(t) \end{cases} \tag{2.5.7}$$

的差分近似也与初始条件的差分近似的处理一样,写为

$$\begin{cases} p_0^n=\mu^n \\ \dfrac{p_1^n-p_0^n}{h}=v^n \end{cases} \tag{2.5.8}$$

含一阶导数的第二式的误差项为 $O(h)$。可仿照 Leap-frog 格式也将对空间的导数写为

$$\frac{p_1^n-p_{-1}^n}{2h}=v^n \qquad O(h^2) \tag{2.5.9}$$

其中,需要给出边界($k=0$)以外位置($k=-1$)的值 p_{-1}^n。以一维二阶双曲型声波动方程为例,在声波动方程的差分式中令 $k=0$,得

$$\frac{p_0^{n+1}-2p_0^n+p_0^{n-1}}{T^2}-a^2\frac{p_1^n-2p_0^n+p_{-1}^n}{h^2}=0 \tag{2.5.10}$$

将式(2.5.10)与(2.5.9)作为 p_{-1}^n和 p_1^n 两个未知变量的联立方程组求解 p_1^n,得

$$p_1^n=\frac{T^2}{2h^2}[\mu^{n+1}+\mu^{n-1}]+\left(1-\frac{T^2}{h^2}\right)\mu^n+v^nT \tag{2.5.11}$$

这就与 p_{-1}^n无关了。于是,边界条件可由以下形式给出

$$\begin{cases} p_0^n=\mu^n \\ p_1^n=\dfrac{T^2}{2h^2}[\mu^{n+1}+\mu^{n-1}]+\left(1-\dfrac{T^2}{h^2}\right)\mu^n+v^nT \end{cases} \tag{2.5.12}$$

当边界不恰好在离散点上时,方程在边界近旁的离散点的差分近似受边界的影响。如图 2-6 所示,设边界条件给出 y 方向上与离散点 i,j 相距 βh 的 U 处有值 p_U^n,x 方向上与 i,j 相距 αh 的 V 处有值 p_V^n。可以用线性或二次曲线插值的方法给出离散点(i,j)处空间微分$\nabla^2 p$ 的差分近似。设 $p_{i-1,j}^n, p_{i,j}^n(x=x_0), p_V^n$ 在二次曲线

$$p^n(x)=a(x-x_0)^2+b(x-x_0)+c \tag{2.5.13}$$

上,即有

$$p_{i-1,j}^n=ah^2-bh+c \tag{2.5.14}$$

$$p_{i,j}^n=c \tag{2.5.15}$$

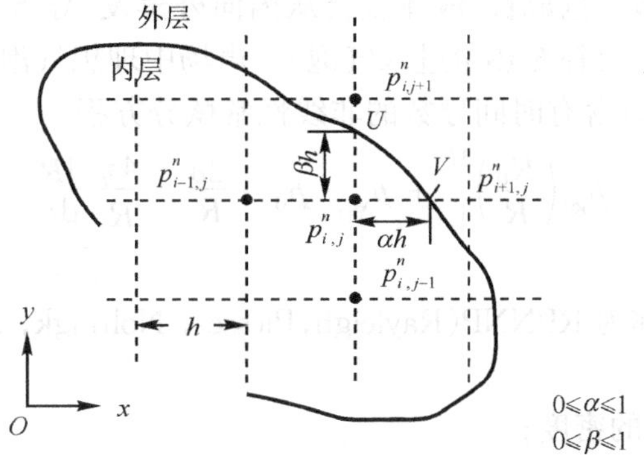

图 2-6 边界不恰好在离散点时的差分方程

$$p_V^n = a(\alpha h)^2 + b(\alpha h) + c \tag{2.5.16}$$

由这三个方程联立可以确定系数 a,b,c。其中,a 解得为

$$a = \frac{\alpha p_{i-1,j}^n - (1+\alpha)p_{i,j}^n + p_V^n}{\alpha(1+\alpha)h^2} \tag{2.5.17}$$

另外,从式(2.5.13)可知

$$a = \frac{1}{2}\frac{\partial^2 p}{\partial x^2}\bigg|_{x=x_0} \tag{2.5.18}$$

所以,有

$$\frac{\partial^2 p}{\partial x^2}\bigg|_{x=x_0} \approx 2\frac{\alpha p_{i-1,j}^n - (1+\alpha)p_{i,j}^n + p_V^n}{\alpha(1+\alpha)h^2} \tag{2.5.19}$$

同样的分析可以得到

$$\frac{\partial^2 p}{\partial^2 y}\bigg|_{y=y_0} = 2\frac{\beta p_{i,j-1}^n - (1+\beta)p_{i,j}^n + p_U^n}{\beta(1+\beta)h^2} \tag{2.5.20}$$

这就是说,当边界不是恰好在离散点上时对应于边界近旁离散点的差分方程改由式(2.5.19)和(2.5.20)给出即可。

2.6 常微分方程的 Runga Kutta 数值解和气泡振动

声场中气泡的振动和与其有关的 Runga Kutta 数值解法也是声计算中比较有代表性的问题。

设声波的波长远大于气泡半径 R,气泡在声波激励下仅有半径方向上的径向变化。变化中蒸气压保持常数,流体黏性率为常数,又没有气体出入的气泡称为理

以下为以 RPNNP 方程计算气泡在声波作用下的半径变化的程序。对照程序和 RPNNP 方程看式(2.6.10),有助于了解和实际使用 Runga Kutta 数值解的方法。

```
      REAL*4 X(2048),Y(2048),T(2048)
C
C ===Pressure of Acoustic wave===
C
      A=50.0E3
C
C ===Frequency===
C
      F=2.0E6
C
      DT=1.0/F/100.0
      N=2048
      DO 1 I=1,N
        T(I)=I*DT
        X(I)=A*SIN(2.0*3.1415926*F*T(I))
    1 CONTINUE
C
C ===Incident acoustic wave X===
C
        CALL GRAFX10(T,X,N,Z1,Z2,Z3,Z4,Z5,Z6,1)
C
        CALL BUBBLE(X,Y,F,N,DT,T,A)
C
C ===Scattered wave Y by an air bubble===
C
        CALL GRAFX10(T,Y,N,Z1,Z2,Z3,Z4,Z5,Z6,1)
      END
C
      SUBROUTINE BUBBLE(X,Y,F,N,DT,T,A)
      REAL*4 X(*),Y(*),T(*)
      REAL*8 RD,SIGMA,ITA,C,PU,RDG,CPG,CG,P0,R0
      REAL*8 R,DR,Q,P,K,S,GAMA,OMEGA,DELTA
      DATA RD,SIGMA,ITA,C/998.0D0,0.072D0,0.001D0,1500.0D0/
      DATA PU,GAMA,RDG,CPG/ 2.33D3,1.0D0,1.3D0,1000.0D0/
      DATA CG,P0,DELTA/0.024D0,1.01D5,0.0D0/
```

```
      OMEGA = DBLE(2.0 * 3.1415926 * F)
C
C === Radius of air bubble ===
C
      R0 = 1.0D-6
C
      R = R0
      DR = 0.0D0
      Q = 0.0D0
      P = 0.0D0
      DO 1 L = 2,N-2,2
        K = DBLE(2.0 * DT) * DR
          S = 0.5D0 * K-Q
            R = R+S
              Q = Q+3.0D0 * S-0.5D0 * K
        K = DBLE(2.0 * DT) * DR
          S = (1.0D0-DSQRT(0.5D0)) * (K-Q)
            R = R+S
              Q = Q+3.0D0 * S-(1.0D0-DSQRT(0.5D0)) * K
        K = DBLE(2.0 * DT) * DR
          S = (1.0D0+DSQRT(0.5D0)) * (K-Q)
            R = R+S
              Q = Q+3.0D0 * S-(1.0D0+DSQRT(0.5D0)) * K
        K = DBLE(2.0 * DT) * DR
          S = 1.0D0/6.0D0 * K-1.0D0/3.0D0 * Q
            R = R+S
              Q = Q+3.0D0 * S-0.5D0 * K
C
        K = DBLE(2.0 * DT) * ((2.0D0 * SIGMA/R0 + P0 - PU) * (R0/R) * * (3.0D0 * GAMA)
     #      + PU - P0 - 2.0D0 * SIGMA/R  - 4.0D0 * ITA * DR/R
     #      - DELTA * OMEGA * RD * R * DR  - 1.5D0 * RD * DR * DR  - DBLE(X(L  )))/(RD * R)
          S = 0.5D0 * K-P
            DR = DR+S
              P = P+3.0D 0 * S-0.5D0 * K
        K = DBLE(2.0 * DT) * ((2.0D0 * SIGMA/R0 + P0 - PU) * (R0/R) * * (3.0D0 * GAMA)
     #      + PU  - P0  - 2.0D0 * SIGMA/R  - 4.0D0 * ITA * DR/R
     #      - DELTA * OMEGA * RD * R * DR  - 1.5D0 * RD * DR * DR  - DBLE(X(L+1)))/(RD * R)
          S = (1.0D0-DSQRT(0.5D0)) * (K-P)
```

```
          DR = DR + S
            P = P + 3.0D0 * S - (1.0D0 - DSQRT(0.5D0)) * K
      K = DBLE(2.0 * DT) * ((2.0D0 * SIGMA/R0 + P0 - PU) * (R0/R) * * (3.0D0 * GAMA)
     #     + PU  - P0  - 2.0D0 * SIGMA/R  - 4.0D0 * ITA * DR/R
     #     - DELTA * OMEGA * RD * R * DR  - 1.5D0 * RD * DR * DR  - DBLE(X(L+1)))/(RD * R)
        S = (1.0D0 + DSQRT(0.5D0)) * (K - P)
          DR = DR + S
            P = P + 3.0D0 * S - (1.0D0 + DSQRT(0.5D0)) * K
      K = DBLE(2.0 * DT) * ((2.0D0 * SIGMA/R0 + P0 - PU) * (R0/R) * * (3.0D0 * GAMA)
     #     + PU  - P0  - 2.0D0 * SIGMA/R  - 4.0D0 * ITA * DR/R
     #     - DELTA * OMEGA * RD * R * DR  - 1.5D0 * RD * DR * DR  - DBLE(X(L+2)))/(RD * R)
        S = 1.0D0/6.0D0 * K - 1.0D0/3.0D0 * P
          DR = DR + S
            P = P + 3.0D0 * S - 0.5D0 * K
      T(L/2) = L * DT
      Y(L/2) = SNGL(R)
  1 CONTINUE
    N = (N - 2)/2
C
    OMEGA0 = SNGL(3.0D0 * GAMA/(RD * R0 * * 2) * (P0 - PU + 2.0D0 * SIGMA/R0)
  #      - 2.0D0 * SIGMA/(RD * R0 * * 3) - 4.0D0 * ITA * * 2/(RD * * 2 * R0 * * 4))
    OME = SNGL(OMEGA * * 2)/OMEGA0
    A1 = A/(SNGL(RD * R0 * * 2) * OMEGA0)/
  #         SQRT((1.0 - OME) * * 2 + OME * SNGL(DELTA * * 2))
    A2 = 0.5 * A1 * * 2/SQRT((1.0 - 4.0 * OME) * * 2 + 4.0 * OME * SNGL(DELTA * * 2)) *
  #         SQRT(2.5 * OME + SNGL((3.0D0 * GAMA * (P0 + 2.0D0 * SIGMA/R0)
  #          * (3.0D0 * GAMA + 1.0D0) - 4.0D0 * SIGMA/R0)/
  #         (2.0D0 * RD * R0 * * 2))/OMEGA0 + OME * SNGL(DELTA * * 2))
    RATIO = A2/A1
    WRITE( * ,'(2F15.6)') SQRT(OMEGA0)/(2.0 * 3.1415926),RATIO
    RETURN
    END
```

第3章　时域差分法——流体中的声场

声场计算不仅要了解数理方程和离散差分的一般方法论，还必须知晓实际技能，才能理解数值计算方法的可能性和局限性。本章详细讨论计算理想流体中声场的时域差分法，显示怎样表现一些基本的声现象。

3.1　一维空间的声场

在第1章中给出描述均匀介质中一维声振动的流体运动基本方程为

$$\begin{cases} \rho_0 \dfrac{\partial v}{\partial t} = -\dfrac{\partial p}{\partial z} \\ \dfrac{1}{c_0^2}\dfrac{\partial p}{\partial t} = -\rho_0 \dfrac{\partial v}{\partial z} \end{cases} \tag{3.1.1}$$

这种多变量方程组的离散差分方法在第2章中被特意避开而留待在本章讨论。

3.1.1　后方差格式

首先，取离散点的空间间隔为 h，时间间隔为 T，以后方差形式写(3.1.1)中两式的差分近似为

$$\begin{cases} \rho_0 \dfrac{v_k^{n+1} - v_k^n}{T} = -\dfrac{p_k^n - p_{k-1}^n}{h} \\ \dfrac{1}{c_0^2}\dfrac{p_k^{n+1} - p_k^n}{T} = -\rho_0 \dfrac{v_k^n - v_{k-1}^n}{h} \end{cases} \tag{3.1.2}$$

上式中，p 和 v 的离散点都取在相同的空间位置 k 和时间层 n，完全重叠。式(3.1.2)含时间层 n 的项移到等号右边后变为

$$\begin{cases} v_k^{n+1} = v_k^n - \dfrac{T}{\rho_0 h}[p_k^n - p_{k-1}^n] \\ p_k^{n+1} = p_k^n - \dfrac{T\rho_0 c_0^2}{h}[v_k^n - v_{k-1}^n] \end{cases} \tag{3.1.3}$$

在空间各离散点 k 处以声压 p 求质点速度 v，以质点速度 v 求声压 p，反复这样的步骤就可以求得在各个时刻的声场。

如离散点的空间间隔 h 和时间间隔 T 满足关系

$$h = c_0 T \tag{3.1.4}$$

则有

$$\frac{T}{\rho_0 h} = \frac{1}{\rho_0 c_0} = \frac{1}{Z_0}, \qquad \frac{T\rho_0 c_0^2}{h} = \rho_0 c_0 = Z_0 \tag{3.1.5}$$

其中,Z_0 为传播介质的声阻抗。对 $+z$ 方向行进的单一频率平面波,v,p 间的关系写为

$$v_k^n = \frac{p_k^n}{Z_0}, \qquad p_k^n = Z_0 v_k^n \tag{3.1.6}$$

将其代入方程组(3.1.3)得到

$$\begin{cases} p_k^{n+1} = p_{k-1}^n \\ v_k^{n+1} = v_{k-1}^n \end{cases} \tag{3.1.7}$$

或更一般地写为

$$\begin{cases} p_k^{n+l} = p_{k-l}^n \\ v_k^{n+l} = v_{k-l}^n \end{cases} \tag{3.1.8}$$

这意味着波形随着时间变化($n \to n+l$)在 $+z$ 方向行进($k-l \to k$)。可见,后方差计算的结果与声传播的物理现象是完全一致的。

但是,如直接写后方差形式的计算程序为

```
v2[k] = v1[k] - (p1[k] - p1[k-1])/z0;
p2[k] = p1[k] - (v1[k] - v1[k-1]) * z0;
```

无论取多小的时间间隔 T,计算值也会急速增大直至发散。如变更计算顺序为

```
v2[k] = v1[k] - p1[k]/z0;
p2[k] = p1[k] - v1[k] * z0;
v2[k] = v2[k] + p1[k-1]/z0;
p2[k] = p2[k] + v1[k-1] * z0;
```

在 $k<1000$,$n<1000$ 时没有发现计算值不正常。对此,作者没有深究,好像是由于变更计算顺序使得加减运算保持足够的有效位数。另外,尝试在(3.1.3)的第一式计算后,使用刚求得的 $n+1$ 时间层的 v_k^{n+1} 于第二式计算 p_k^{n+1},即

$$\begin{cases} v_k^{n+1} = v_k^n - \dfrac{T}{\rho_0 h}[p_k^n - p_{k-1}^n] \\ p_k^{n+1} = p_k^n - \dfrac{T\rho_0 c_0^2}{h}[v_k^{n+1} - v_{k-1}^{n+1}] \end{cases} \tag{3.1.9}$$

计算程序为

```
for(k = 1;k<kmax;k++){
    v2[k] = v1[k] - (p1[k] - p1[k-1])/z0;
}
for(k = 1;k<kmax;k++){
    p2[k] = p1[k] - (v2[k] - v2[k-1]) * z0;
}
```

这也不能改变计算很快发散的问题。

后方差格式有内在的不稳定性。

3.1.2 Lax-Friedrichs 格式

如式(3.1.1)以显格式的“Lax-Friedrichs 格式”差分写为

$$\begin{aligned}\rho_0\frac{v_k^{n+1}-\dfrac{v_{k+1}^n+v_{k-1}^n}{2}}{T}&=-\frac{p_{k+1}^n-p_{k-1}^n}{2h}\\\frac{1}{c_0^2}\frac{p_k^{n+1}-\dfrac{p_{k+1}^n+p_{k-1}^n}{2}}{T}&=-\rho_0\frac{v_{k+1}^n-v_{k-1}^n}{2h}\end{aligned}\tag{3.1.10}$$

p 和 v 的离散点也都在相同的空间位置 k 和时间层 n 上，完全重叠。将式(3.1.10)中含时间层 n 的项移到方程右边后有

$$\begin{aligned}v_k^{n+1}&=\frac{v_{k+1}^n+v_{k-1}^n}{2}-\frac{1}{Z_0}\left[\frac{p_{k+1}^n-p_{k-1}^n}{2}\right]\\p_k^{n+1}&=\frac{p_{k+1}^n+p_{k-1}^n}{2}-Z_0\left[\frac{v_{k+1}^n-v_{k-1}^n}{2}\right]\end{aligned}\tag{3.1.11}$$

相应的计算程序写为

```
v2[k] = (v1[k+1] + v1[k-1])/2.0 - (p1[k+1] - p1[k-1])/z0/2.0;
p2[k] = (p1[k+1] + p1[k-1])/2.0 - (v1[k+1] - v1[k-1]) * z0/2.0;
```

由此计算得到波形在 $+z$ 方向上随时间增大而行进的正常结果。声传播的计算问题似乎因此解决了。

声场的数值计算除了声的传播外，还需要解决声源点处波形的发生、决定传播方向、特定点处的反射、透射和吸收等一套处理方法。那么，继续就 Lax-Friedrichs 格式来看这些问题。

首先，设初始波形的时序列存放在 p0[n]和 v0[n]，声源点在 ks。在 ks 发生右方行进波形只要代入同相的质点速度与声压的初始条件即可。如图 3-1，声源点 ks 的值是声源振动波形加上行进波波形。如不加上行进波波形，即

```
ks = kmax/2;
for(n = 0;n< nmax;n++){
    v1[ks] = v0[n];
    p1[ks] = p0[n];
    ------
```

在 ks 还是发生右方行进波形的，只要经过此点的任何左来右往的波形均将在此点湮没(即完全被吸收)。在 ks 发生左方行进波形只要令质点速度与声压异号(如图 3-2)。如在 ks 向左右两边发出声波，则令质点速度为零即可(如图 3-3)。

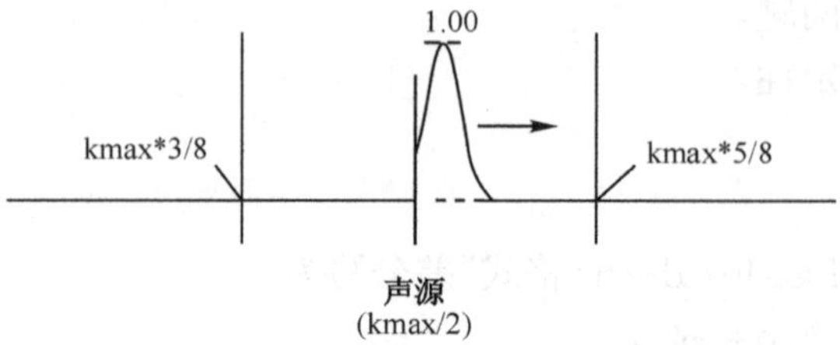


```
for(n=0;n<nmax; n++){
  p1[ks]+=p0[n];
  v1[ks]+=v0[n];
  ……
```

图 3-1 声源点发出右方行进波

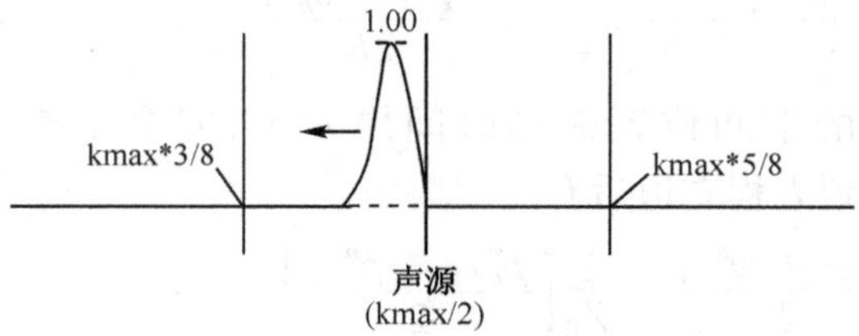


```
for(n=0;n<nmax; n++){
  p1[ks]+=p0[n];
  v1[ks]+=-v0[n];
  ……
```

图 3-2 声源点发出左方行进波

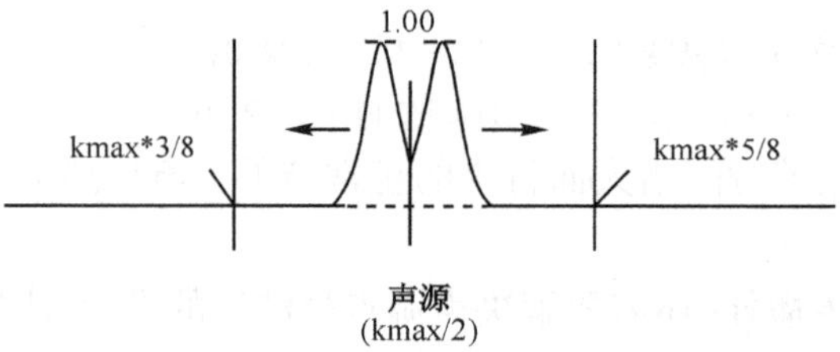


```
for(n=0;n<nmax; n++){
    v0[n]=0;
    p0[n]=2*p0[n];
    ……
```

图 3-3 声源点发出左右两方向行进波

通常,作为对无限远处的近似,希望在两端($k=0$ 和 $k=\text{kmax-1}$)是全吸收边界效果。Lax-Friedrichs 格式的计算中不需对两端作任何特殊处理而放任那里的声压和质点速度为零,就有全吸收的边界效果。更一般的,在任何点处,如果令质点速度和声压为零,都意味着行进波(无论左或右方向行进波)在此点被全吸收。程序为

```
//100 % absorption at the point
  v1[ke] = 0;
  p1[ke] = 0;
  for(k = 1;k< max-1;k++){
      v2[k] = (v1[k+1] + v1[k-1])/2.0 - (p1[k+1] - p1[k-1])/2.0/z[k];
      p2[k] = (p1[k+1] + p1[k-1]/2.0 - (v1[k+1] - v1[k-1])/2.0 * z[k];
```

```
}
------
```

在流体与刚体壁交界的全反射面，流体质点法向速度为零($v_n=0$)，但离散的差分格式不能在固液界面处简单地令 $v_n=0$，而常常采用镜面反射法，在交界面的另一侧虚设镜面离散点使其质点速度取异号。Lax-Friedrichs 格式的计算中，令质点速度在某点取异号将使行进波在该点被同相全反射(如图 3-4)；令声压在某点取异号将使行进波在该点被反相全反射(如图 3-5)。

```
//100 % in-phase reflecion at the point
  v1[ke] = - v1[ke];
  for(k = 1;k<kmax-1;k ++ ){
      v2[k] = (v1[k + 1] + v1[k - 1])/2.0 - (p1[k + 1] - p1[k - 1])/2.0/z[k];
      p2[k] = (p1[k + 1] + p1[k - 1])/2.0 - (v1[k + 1] - v1[k - 1])/2.0 * z[k];
  }
  ------
```

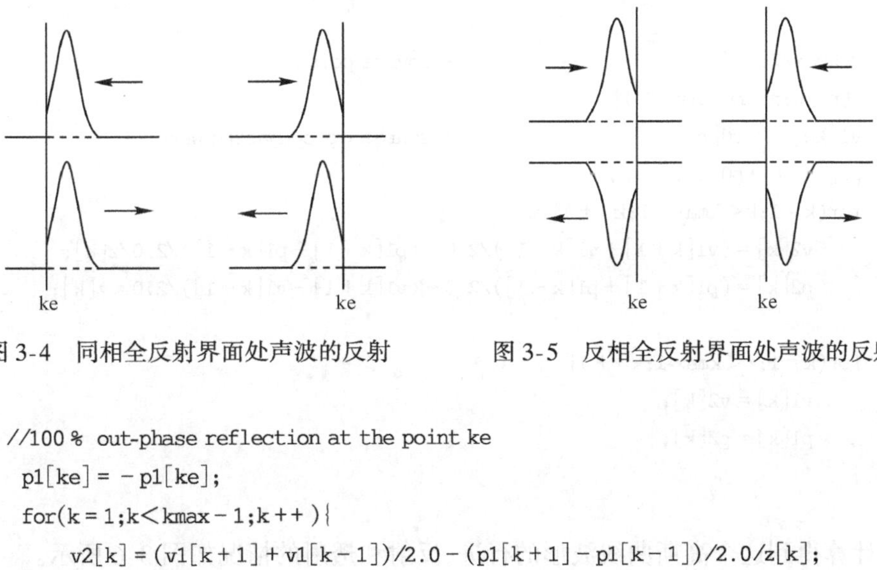

图 3-4　同相全反射界面处声波的反射　　图 3-5　反相全反射界面处声波的反射

```
//100 % out-phase reflection at the point ke
  p1[ke] = - p1[ke];
  for(k = 1;k<kmax - 1;k ++ ){
      v2[k] = (v1[k + 1] + v1[k - 1])/2.0 - (p1[k + 1] - p1[k - 1])/2.0/z[k];
      p2[k] = (p1[k + 1] + p1[k - 1])/2.0 - (v1[k + 1] - v1[k - 1])/2.0 * z[k];
  }
------
```

对介于全吸收和全反射之间的情况，只要给出不同的声阻抗值 z[k]，就可以由 Lax-Friedrichs 格式计算得到相应的反射波和透射波的振幅和相位成分。如时间上不断步进，就计算出整个空间多次回波的情形。设 kr1 = kmax * 3/8 和 kr2 = kmax * 5/8 之间的声阻抗为 z1，而其他部分的声阻抗为其 1/3。一个高斯曲线波形由点 ks = kmax/2 发出，向右方行进。计算程序的主要部分为

```
p0[n] = exp( - a * y * y);                  //initial waveform
------
for(n = 0;n<nmax;n++){
  v0[n] = p0[n]/z1;                         //plane wave condition
}
kr1 = kmax * 3/8;                           //mediu boundary 1
kr2 = kmax * 5/8;                           //mediu boundary 2
for(k = 0;k<kmax;k++){
  v1[k] = 0.0;
  p1[k] = 0.0;
  if(k< = kr1 || k> = kr2){
    z[k] = z1/3;
  } else {
    z[k] = z1;
  }
}
ks = kmax/2;                                //source point
for(n = 0;n<nmax;n++){
  v1[ks] + = v0[n];                         //source + propagating wave
  p1[ks] + = p0[n];                         //
  for(k = 1;k<kmax - 1;k++){
      v2[k] = (v1[k + 1] + v1[k - 1])/2.0 - (p1[k + 1] - p1[k - 1])/2.0/z[k];
      p2[k] = (p1[k + 1] + p1[k - 1])/2.0 - (v1[k + 1] - v1[k - 1])/2.0 * z[k];
  }
  for(k = 1;k<kmax-1;k++){
      v1[k] = v2[k];
      p1[k] = p2[k];
  }
}
```

由此计算得到这个高斯曲线波形的行进、反射和透射的情况如图 3-6 所示。

既然点 kr1 = kmax * 3/8 和 kr2 = kmax * 5/8 为不同介质的界面点,其声阻抗的比值为 1:3,按理论公式在这些点处的反射系数和透射系数分别为

$$R = \frac{Z_0 - Z_1}{Z_0 + Z_1} = \frac{1/3 - 1}{1/3 + 1} = -0.5 \tag{3.1.12}$$

和

$$T = \frac{2Z_0 Z_1}{Z_0 + Z_1} = \frac{2/3}{1/3 + 1} = 0.5 \tag{3.1.13}$$

图 3-6 显示的波的反射和透射情况(包括幅度和相位)都符合理论公式的结果。但

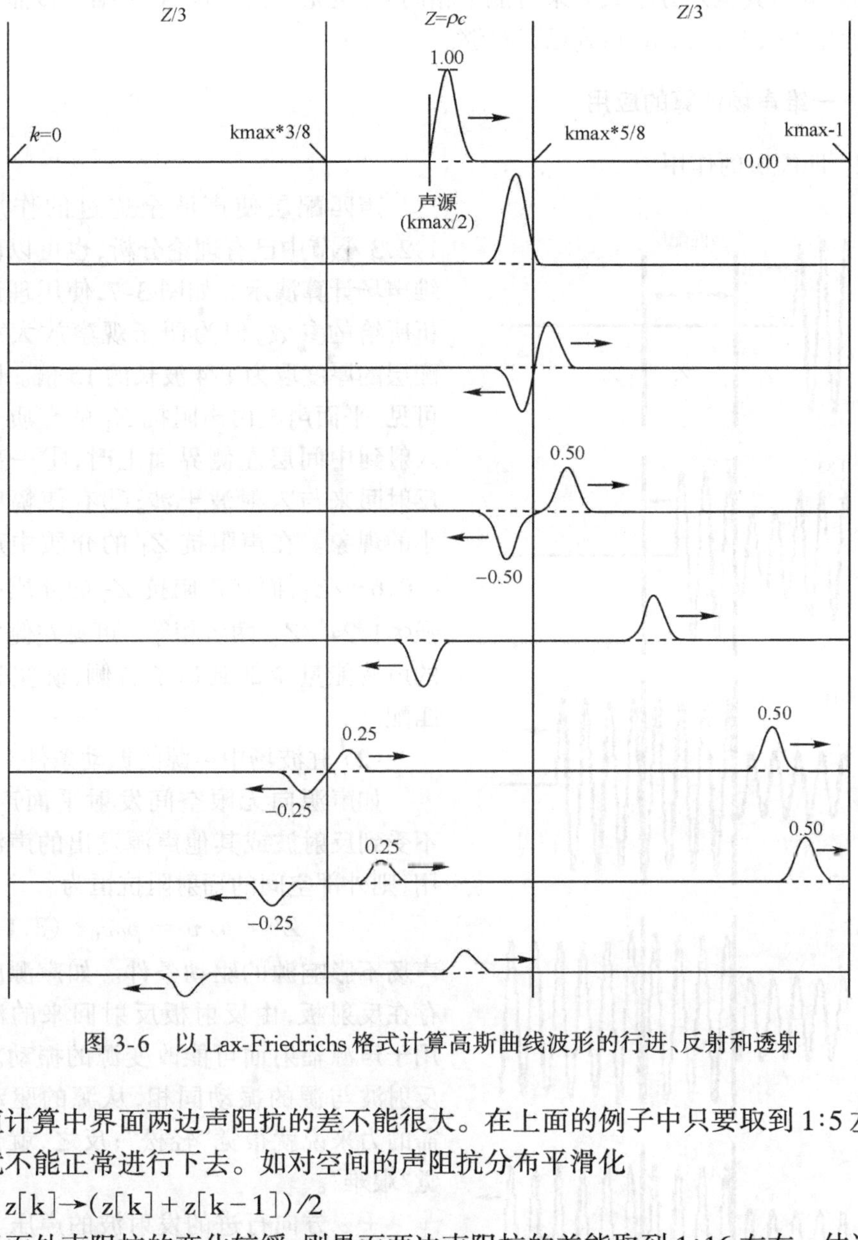

图 3-6　以 Lax-Friedrichs 格式计算高斯曲线波形的行进、反射和透射

数值计算中界面两边声阻抗的差不能很大。在上面的例子中只要取到 1∶5 左右计算就不能正常进行下去。如对空间的声阻抗分布平滑化

$$z[k] \rightarrow (z[k] + z[k-1])/2$$

使界面处声阻抗的变化较缓,则界面两边声阻抗的差能取到 1∶16 左右。估计这还应该与传播波形的频率特性或者离散点密度有关。

以上关于声源点处波形的发生、决定传播方向、特定点处的反射、折射和吸收等的数值处理方法对 Lax-Friedrichs 格式有效,也相当简便(不过,后面将会讨论到

同样的处理对其他差分格式效果可能不相同,甚至完全相反)。对一维声传播问题来说,使用 Lax-Friedrichs 格式已经足够。

3.1.3　一维声场计算的应用

(1) 匹配层的作用

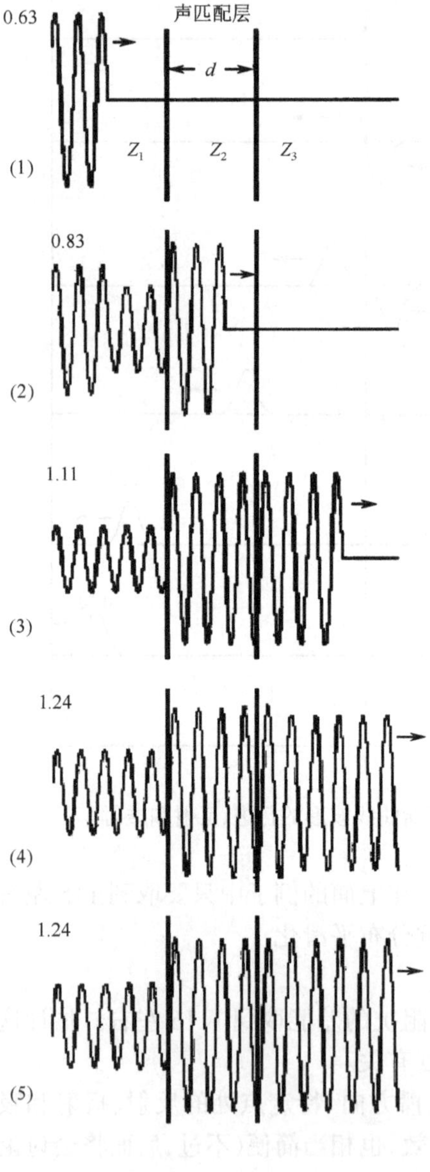

图 3-7　声匹配层使声波全透过的计算演示

声匹配层使声波全透过的作用在 1.2.3 小节中已有理论分析,也可以由一维声场计算演示。如图 3-7,使用理论分析所给的参数,但为便于观察放大声匹配层的厚度取为 1/4 波长的 15 倍。图中可见,平面声波由声阻抗 Z_1 的介质垂直入射到中间层左侧界面上时,①一部分反射回来与入射波干涉;②有使幅度变小的现象。在声阻抗 Z_1 的介质中声强 $\propto 0.63^2/Z_1$,而在声阻抗 Z_2 的介质中声强 $\propto 1.24^2/Z_2$,两者相等。可见左侧发出的声波能量全部到达了右侧,确实达到匹配。

(2) 驻波场中声源的振动条件

如声源向无限空间发射平面声波,不受到反射波或其他声源发出的声波作用,则外部空间的辐射阻抗恒为

$$Z = p/v = \rho_0 c_0 \quad (3.1.14)$$

声场不影响源的驱动条件。如声源前方存在反射板,由反射板反射回来的波作用于声源辐射面可能改变源的振动。如反射波与源的振动同相,从源的驱动所需的力来说就很觉“轻松”;反之,就会很觉“艰难”。

$+z$ 方向行进的发射波的声压与质点速度间满足

$$p_k^n\Big|_{+z} = Zv_k^n\Big|_{+z} \quad (3.1.15)$$

$-z$ 方向行进的反射波的声压与质点速度间满足

$$p_k^n\Big|_{-z} = -Zv_k^n\Big|_{-z} \tag{3.1.16}$$

$\Big|_{+z}$和$\Big|_{-z}$分别表示 $+z$ 方向和 $-z$ 方向行进的波。一般而言，在某一离散点的声波可能是 $+z$ 方向行进的波与 $-z$ 方向行进的波的和(如驻波)，可以在全区域的每一点分离出这两种成分。由

$$\begin{cases} p_k^n = p_k^n\Big|_{+z} + p_k^n\Big|_{-z} \\ v_k^n = v_k^n\Big|_{+z} + v_k^n\Big|_{-z} = \dfrac{p_k^n\Big|_{+z}}{Z} - \dfrac{p_k^n\Big|_{-z}}{Z} \end{cases} \tag{3.1.17}$$

可以得到

$$\begin{cases} p_k^n\Big|_{+z} = \dfrac{p_k^n + Zv_k^n}{2} \\ v_k^n\Big|_{+z} = \dfrac{p_k^n\Big|_{+z}}{Z} \end{cases} \qquad \begin{cases} p_k^n\Big|_{-z} = \dfrac{p_k^n - Zv_k^n}{2} \\ v_k^n\Big|_{-z} = -\dfrac{p_k^n\Big|_{-z}}{Z} \end{cases} \tag{3.1.18}$$

那么，在有反射波作用时声源振动面感受到的外部空间的阻抗(声辐射阻抗)为

$$Z_k^n = \frac{p_k^n}{v_k^n} = \frac{p_k^n\Big|_{+z} + p_k^n\Big|_{-z}}{v_k^n\Big|_{+z} + v_k^n\Big|_{-z}} \tag{3.1.19}$$

随发射波与反射波之间的振幅和相位发生变化。如声源开口在驻波“节”，反射波的振幅与发射声波的振幅相同而相位相反时，声辐射阻抗为∞。一般，不同的声辐射阻抗会改变声源的振动条件，就需要重新计算电声驱动系统的输出；反之，要在不同的辐射阻抗时保持同样的振动，就要调整声源的电声驱动条件。

3.1.4 Lax-Friedrichs 格式的问题

在以上程序例中取空间间隔 h 和时间间隔 T 满足关系

$$h = c_0 T \tag{3.1.20}$$

对平面波来说有

$$Z_0 v_{k+1}^n = p_{k+1}^n, \qquad Z_0 v_{k-1}^n = p_{k-1}^n \tag{3.1.21}$$

将式(3.1.21)代入 Lax-Friedrichs 格式得

$$p_k^{n+1} = \frac{p_{k+1}^n + p_{k-1}^n}{2} - Z_0\frac{v_{k+1}^n - v_{k-1}^n}{2} = \frac{p_{k+1}^n + p_{k-1}^n}{2} - \frac{p_{k+1}^n - p_{k-1}^n}{2}$$
$$= p_{k-1}^n \tag{3.1.22}$$

即 $n+1$ 时间 k 处的声压等于 $n-1$ 时间 $k-1$ 处的声压。这反映了声的传播过程，与频率无关。也只有在式(3.1.20)的条件下，计算才在相当长的时间步进后也

不发散,波形在传播中不发生变化,与抽样点密度无关(见图 3-8)。

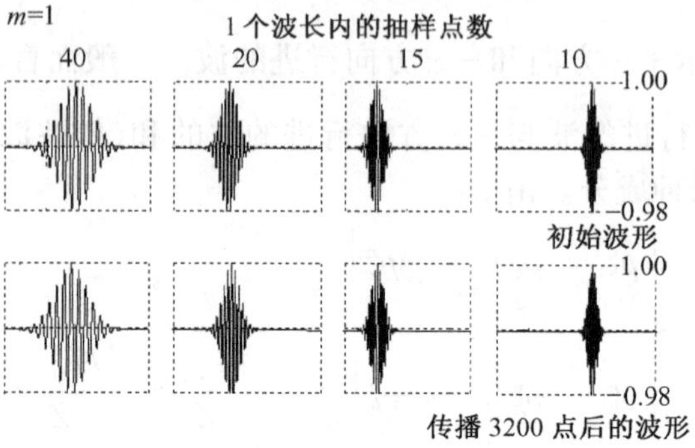

图 3-8 在 $h = c_0 T$ 条件下波形在传播中不发生变化,与抽样点密度无关

有些情况下需要取

$$h = mc_0 T, \quad (m > 1) \tag{3.1.23}$$

例如,当模拟在不同声速介质中传播的声波时,根据声速值需要取不同的 m 才能表现出波形不同的行进速度。还有在二、三维情况下满足稳定性的可用步长只是一维情况下的 1/2,1/3,也必须取 $m = 2$ 或 $m = 3$。这时,式(3.1.3)以“Lax-Friedrichs 格式”差分写为

$$\begin{cases} v_k^{n+1} = \dfrac{v_{k+1}^n + v_{k-1}^n}{2} - \dfrac{1}{mZ_0}\left[\dfrac{p_{k+1}^n - p_{k-1}^n}{2}\right] \\ p_k^{n+1} = \dfrac{p_{k+1}^n + p_{k-1}^n}{2} - \dfrac{Z_0}{m}\left[\dfrac{v_{k+1}^n - v_{k-1}^n}{2}\right] \end{cases} \tag{3.1.24}$$

但是,Lax-Friedrichs 格式取 $m \neq 1$ 会出现两个问题:

(1) 随时间步进波形会逐渐变宽变小

分析式(3.1.24),有

$$\begin{aligned} p_k^{n+1} &= \frac{p_{k+1}^n + p_{k-1}^n}{2} - \frac{Z_0}{m}\frac{v_{k+1}^n - v_{k-1}^n}{2} \\ &= \frac{p_{k+1}^n + p_{k-1}^n}{2} - \frac{p_{k+1}^n - p_{k-1}^n}{2m} \\ &= \frac{(m-1)p_{k+1}^n + (m+1)p_{k-1}^n}{2m} \\ &= \frac{p_{k+1}^n + 3p_{k-1}^n}{4} \quad (m = 2) \end{aligned} \tag{3.1.25}$$

当 $m \neq 1$ 时,每次时间上的步进所计算的是对前一时刻声压值的空间加权平均,而平均相当于低通滤波会使波形衰减。可见,特别是对高频(频率高而抽样点少)的成分,即便每一次衰减系数很小,一次次反复计算也会使振幅逐渐变小,使狭小的

波形变宽。计算显示即使在一个周期中有40个抽样点,也没有改变这样的趋势。

(2) 随着时间步进会发生不稳定

如图3-9,计算到 $n=1600$ 时看上去仍为高斯包络的脉冲,到 $n=2000$ 时出现异样,而到 $n=2400$ 时就更趋于发散。

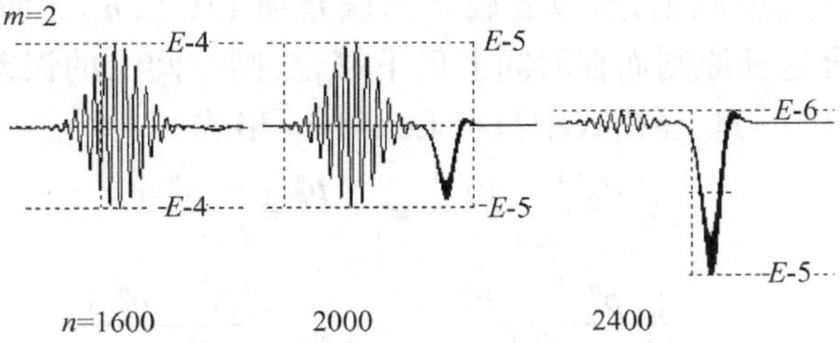

图3-9 在 $h=mc_0T(m>1)$ 条件下波形在传播中变形、发散的情况

所以,以上讨论的Lax-Friedrichs格式原则上只能取 $m=1$。这是一个致命的缺陷。

3.1.5 Leap-frog格式

为什么后方差格式和Lax-Friedrichs格式会出现问题呢?

检查后方差给出的差分方程(3.1.2)等号两边的离散点位置发现:等号右边的空间微分是由离散点 k 和 $k-1$ 处的值给出的,所以严格地说应是空间 $k+1/2$ 处的微分值;但等号左边的时间微分却不是由空间 k 处的值给出的。这就是说等号两边的空间差分近似不是取在同一个空间位置。在时间上也有同样的问题:等号右边的时间微分值是 n 时刻的,而左边的时间微分值却是 $n+1/2$ 时刻的。等号两边的时间差分近似不是取在同一时刻。

再看Lax-Friedrichs格式给出的差分方程

$$\begin{cases} \rho_0 \dfrac{v_k^{n+1} - \dfrac{v_{k+1}^n + v_{k-1}^n}{2}}{T} = -\dfrac{p_{k+1}^n - p_{k-1}^n}{2h} \\ \dfrac{1}{c_0^2} \dfrac{p_k^{n+1} - \dfrac{p_{k+1}^n + p_{k-1}^n}{2}}{T} = -\rho_0 \dfrac{v_{k+1}^n - v_{k-1}^n}{2h} \end{cases} \tag{3.1.26}$$

检查一下就知道:等号两边的差分取在了同一空间位置 k(比后方差格式有所进步),但仍然不是取在同一时刻的。

原来计算中的发散不仅是由于所选差分格式可能不符合稳定条件,而且也是由于一个"小小的差错"——等号两边的差分近似在空间和时间上取在不同的离散点上。虽然只相差了空间离散间隔 h 和(或)时间离散间隔 T 的一半,也不能置之不理。否则,一时好像“正常”,更长时间后会发生不正常;一维计算中不发散,二维计算中可能从某个不确定的点开始发散。总之,在选定各变量的离散点位置时要坚持这样一个原则:方程等号两边的差分在空间和时间上都应该取在相同的离散点。

在第1章给出的一阶双曲型方程的各种差分形式中,前、后、中心差在时间和空间上都不符合这项原则,所以有较大的误差项 $O(T,h)$。而 Lax-Friedrichs 格式在空间上符合这项原则而在时间上仍不符合,则空间上的误差得到改善而时间上依旧,为 $O(T,h^2)$。显格式中只有 Leap-frog 格式

$$\begin{cases}\rho_0 \dfrac{v_k^{n+1}-v_k^{n-1}}{2T}=-\dfrac{p_{k+1}^n-p_{k-1}^n}{2h}\\ \dfrac{1}{c_0^2}\dfrac{p_k^{n+1}-p_k^{n-1}}{2T}=-\rho_0\dfrac{v_{k+1}^n-v_{k-1}^n}{2h}\end{cases}\tag{3.1.27}$$

在时间和空间上都符合这项原则,因而有较小的误差项 $O(T^2,h^2)$。检查隐格式中的 Crank-Nicholson 格式式(2.1.18)可以看到它也符合这项原则,现在可以这样理解 Crank-Nicholson 格式:在这个格式等号右边之所以取时间 $n+1$ 和 n 的空间微分的平均值就是要得到时间 $n+1/2$ 的空间微分,以在时间上与等号左边相同。同样,也可以检查第1章中所给出的其他二阶双曲型方程、抛物型方程的差分形式是否符合这项原则。

以这样的观点来看, Leap-frog 格式应不会像后方差格式和 Lax-Friedrichs 格式那样发散,实际上它也的确无论是在一维计算还是二维计算中都有很好的表现。式(3.1.27)计算一维声场的程序可以写为

```
for(k=0;k<kmax;k++){
  v1[k]=0;
  p1[k]=0;
  v2[k]=0;
  p2[k]=0;
}
for(n=0;n<nmax;n++){
    p1[1]=2*p0[n];
    v1[1]=2*v0[n];
    for(k=1;k<kmax-1;k++){
      v3[k]=v1[k]-(p2[k+1]-p2[k-1])/z0;
    }
    for(k=1;k<kmax-1;k++){
      p3[k]=p1[k]-(v2[k+1]-v2[k-1])*z0;
    }
    for(k=1;k<kmax-1;k++){
```

```
            v1[k] = v2[k];
            p1[k] = p2[k];
            v2[k] = v3[k];
            p2[k] = p3[k];
        }
    }
```

不过,通常引入如图 3-10 所示的半时间层 $n+1/2$ 和半空间点 $k+1/2$,将 p 和 v 的离散点在时间和空间上交替配置。

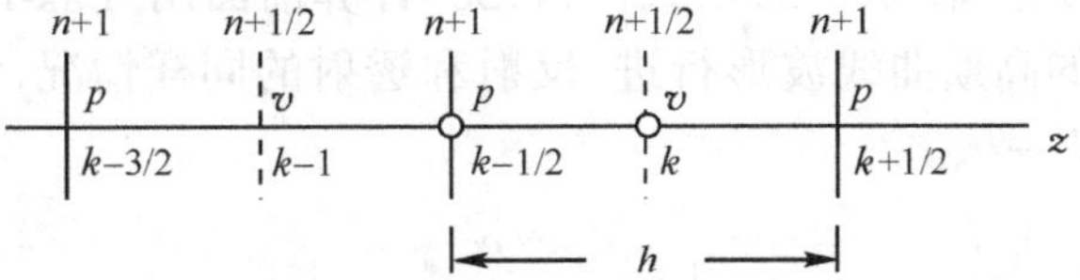

图 3-10　一维空间两个变量的半离散点和交叉配置

于是式(3.1.27)重写为

$$\begin{cases}\rho_0\dfrac{v_k^{n+1/2}-v_k^{n-1/2}}{T}=-\dfrac{p_{k+1/2}^{n}-p_{k-1/2}^{n}}{h}\\[2mm] \dfrac{1}{c_0^2}\dfrac{p_{k-1/2}^{n+1}-p_{k-1/2}^{n}}{T}=-\rho_0\dfrac{v_k^{n+1/2}-v_{k-1}^{n+1/2}}{h}\end{cases}\tag{3.1.28}$$

将式(3.1.28)中旧时间层的量都移到等号右边,使用空间间隔 h 和时间间隔 T 间的关系式

$$h=mc_0T\tag{3.1.29}$$

整理得

$$\begin{cases}v_k^{n+1/2}=v_k^{n-1/2}-\dfrac{p_{k+1/2}^{n}-p_{k-1/2}^{n}}{mZ_0}\\[2mm] p_{k-1/2}^{n+1}=p_{k-1/2}^{n}-\dfrac{Z_0[v_k^{n+1/2}-v_{k-1}^{n+1/2}]}{m}\end{cases}\tag{3.1.30}$$

写计算程序时要小心处理带有上标量 n, $n+1/2$, $n+1$ 和下标量 $k-1$, k, $k+1/2$的量在数组中的位置,不能随便排列。如等号左边量在数组中赋予

$$v_k^{n+1/2}\rightarrow \mathrm{v1[k]}$$
$$p_{k-1/2}^{n+1}\rightarrow \mathrm{p1[k]}$$

于是等号右侧其他量的位置相应为

$$p_{k+1/2}^{n}\rightarrow \mathrm{p1[k+1]}$$
$$v_{k-1}^{n+1/2}\rightarrow \mathrm{v1[k-1]}$$

从而式(3.1.30)的计算程序写为

```
------
for(k=0;k<kmax-1;k++){
    v1[k]-=(p1[k+1]-p1[k])/z[k]/m;
}
for(k=1;k<kmax;k++){
    p1[k]-=(v1[k]-v1[k-1])*z[k]/m;
}
------
```

只要一套存储单元。取 $m=2$,以式(3.1.30)计算前面用“Lax-Friedrichs 格式”计算过(见图 3-6)的高斯曲线波形行进、反射和透射的同样情况,结果如图 3-11 所示,与声传播现象一致。

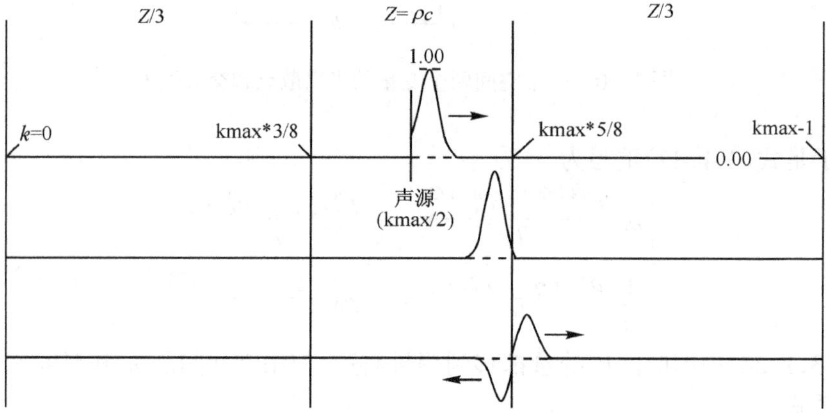

图 3-11 以 Leap-frog 格式计算高斯曲线波形的行进、反射和透射

只要符合“方程等号两边的差分在空间和时间上都应该取在相同的离散点”这个原则,Leap-frog 格式除式(3.1.30)和以上程序形式外可以有其他不同的形式,比如

$$\begin{cases} \rho_0 \dfrac{v_k^{n+1/2}-v_k^{n-1/2}}{T} = -\dfrac{p_{k+1/2}^n - p_{k-1/2}^n}{h} \\ \dfrac{1}{c_0^2}\dfrac{p_{k+1/2}^{n+1}-p_{k+1/2}^n}{T} = -\rho_0\dfrac{v_{k+1}^{n+1/2}-v_k^{n+1/2}}{h} \end{cases} \tag{3.1.31}$$

或者

$$\begin{cases} \rho_0 \dfrac{v_k^{n+1}-v_k^{n}}{T} = -\dfrac{p_{k+1/2}^{n+1/2} - p_{k-1/2}^{n+1/2}}{h} \\ \dfrac{1}{c_0^2}\dfrac{p_{k+1/2}^{n+1/2}-p_{k+1/2}^{n-1/2}}{T} = -\rho_0\dfrac{v_{k+1}^{n}-v_k^{n}}{h} \end{cases} \tag{3.1.32}$$

考虑诸量在数组中的位置后写计算程序为

```
------
for(k=1;k<kmax;k++){
    v1[k]-=(p1[k]-p1[k-1])/z[k]/m;
}
for(k=0;k<kmax-1;k++){
    p1[k]-=(v1[k+1]-v1[k])*z[k]/m;
}
------
```

使用 Leap-frog 格式的一维声场计算有如下特性：

(1) 当 $m=1$ 时

如全空间阻抗不变，即使波形在一个周期中只取 10 个离散点也仍然保持不变正常移动；但如有阻抗从 Z 到 $Z/3$ 的突变界面点，则在突变点处发散。

(2) 当 $m\neq1$ 时

即便有阻抗从 Z 到 $Z/3$ 的突变界面点，在突变点处也得到符合史耐尔定律的反射和透射波形(包括振幅和相位)。当 $m=2$，一个周期中有 40 个抽样点时，突变点两侧的阻抗比值如不超过 1∶13 就不会发散。但是，如一个周期波中抽样点过少，则形如存在空间加权平均的作用使波形在时间步进中逐渐变小变宽(如图 3-12)。

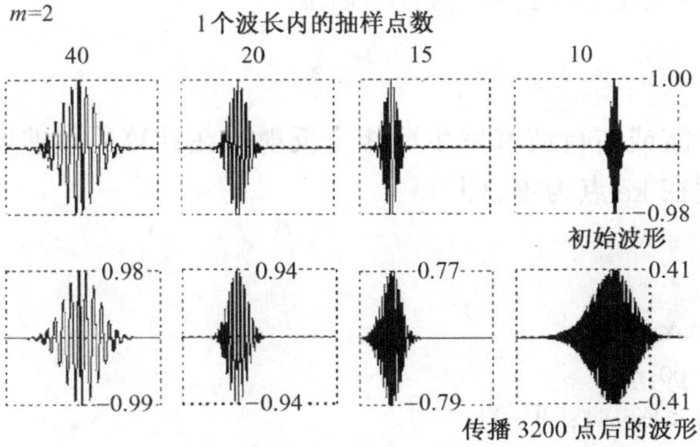

图 3-12　在 $h=mc_0T(m=2)$条件下不同抽样点密度的波形在传播中的变化

声源点处波形的发生、传播方向、特定点处的反射、折射和吸收等的数值处理方法与 Lax-Friedrichs 格式中讨论过的不同。同样的处理可能产生完全不同的效果。

• 波行进方向：

对平面波来说在同一时间和同一空间位置的声压和质点速度有

```
p0[n] = exp( - a * y * y) * cos(2.0 * pi * f0 * y);
v0[n] = p0[n]/z0;
```

Leap-frog 格式中声压和质点速度(如 $p_{k-1/2}^{n}$ 和 $v_{k}^{n+1/2}$)不在同一离散点,有半个时空离散间隔差。将平面波的声压和质点速度分别赋予空间不同的离散点,即

```
p1[ks] + = p0[n];
v1[ks] + = v0[n];
```

在幅度和相位上就不能完全满足平面波条件。计算的确显示从声源点出来的波除大部分为右行波外,还有一个幅度很小的左行波。当然,可以修正半个时空离散间隔差产生的声压和质点速度的幅度差和相位差使完全满足平面波条件,但在二、三维问题中难度增大。通常不强求在源点附近就使波形单方向行进,只赋予 p(或 v)初始波形。

• 全反射边界:

在计算质点速度之前令声压在 ke 点为零,即

```
------
ks = kmax/2;
for(n = 0;n < nmax;n ++ ){
    p1[ks] + = p0[n];
    p1[ke] = 0;
    for(k = 0;k < kmax-1;k ++ ){
        v1[k] - = (p1[k + 1] - p1[k])/z[k]/m;
    }
------
```

那么,无论对左行波或右行波都发生反相全反射。在计算质点速度之后(计算声压之前)令质点速度在 ke 点为零,即

```
------
ks = kmax/2;
for(n = 0;n < nmax;n ++ ){
    p1[ks] + = p0[n];
    for(k = 0;k < kmax-1;k ++ ){
        v1[k] - = (p1[k + 1] - p1[k])/z[k]/m;
    }
    v1[ke] = 0;
------
```

则无论对左行波或右行波都发生同相全反射。可见,如计算中不改变左端点声压为零,右端点质点速度为零的初始化赋值,波形将在右端点同相全反射,左端点反相全反射。

• 吸收边界:

一维声波动方程为

$$\frac{\partial^2 p}{\partial z^2}-\frac{1}{c_0^2}\frac{\partial^2 p}{\partial t^2}=0 \tag{3.1.33}$$

形式上式(3.1.33)可因式分解写为

$$\left(\frac{\partial p}{\partial z}+\frac{1}{c_0}\frac{\partial p}{\partial t}\right)\left(\frac{\partial p}{\partial z}-\frac{1}{c_0}\frac{\partial p}{\partial t}\right)=0 \tag{3.1.34}$$

前一因子与左方($-z$ 方向)行进波有关,后一因子与右方($+z$ 方向)行进波有关。在区域左侧界面 $z=0$ 处不产生反射波(右方行进波)的边界条件为

$$\left.\left(\frac{\partial p}{\partial z}-\frac{1}{c_0}\frac{\partial p}{\partial t}\right)\right|_{z=0}=0 \tag{3.1.35}$$

反之,在区域右侧边界 $z=a$ 处不产生反射波(左方行进波)的边界条件为

$$\left.\left(\frac{\partial p}{\partial z}+\frac{1}{c_0}\frac{\partial p}{\partial t}\right)\right|_{z=a}=0 \tag{3.1.36}$$

以左侧边界处为例,前一式在空间位置 k 和时间 $n+1/2$ 离散(为产生 n 和下一时刻 $n+1$ 间,$k-1/2$ 和界内 $k+1/2$ 点间的关系式)后的差分形式为

$$\frac{p_{k+1/2}^{n+1/2}-p_{k-1/2}^{n+1/2}}{h}-\frac{1}{c_0}\frac{p_k^{n+1}-p_k^n}{T}=0 \tag{3.1.37}$$

为了消去式(3.1.37)中的时间半整数点 $n+1/2$ 时的 $p_{\cdots}^{n+1/2}$ 值(因为计算中仅有时间整数点的 $p_{\cdots}^{n}$)和空间整数点 k 处的 $p_k^{\cdots}$(因为计算中仅有空间半整数点的 $p_{k+1/2}^{\cdots}$),用线性插值关系写式(3.1.37)为

$$\frac{\dfrac{p_{k+1/2}^{n+1}+p_{k+1/2}^{n}}{2}-\dfrac{p_{k-1/2}^{n+1}+p_{k-1/2}^{n}}{2}}{h}-\frac{1}{c_0}\,\frac{\dfrac{p_{k+1/2}^{n+1}+p_{k-1/2}^{n+1}}{2}-\dfrac{p_{k+1/2}^{n}+p_{k-1/2}^{n}}{2}}{T}=0 \tag{3.1.38}$$

整理得

$$p_{k+1/2}^{n+1}+p_{k+1/2}^{n}-p_{k-1/2}^{n+1}-p_{k-1/2}^{n}-m\left(p_{k+1/2}^{n+1}+p_{k-1/2}^{n+1}-p_{k+1/2}^{n}-p_{k-1/2}^{n}\right)=0 \tag{3.1.39}$$

和

$$(1-m)p_{k+1/2}^{n+1}+(1+m)p_{k+1/2}^{n}-(1+m)p_{k-1/2}^{n+1}-(1-m)p_{k-1/2}^{n}=0 \tag{3.1.40}$$

最后得

$$p_{k-1/2}^{n+1}=p_{k+1/2}^{n}+\frac{1-m}{1+m}\left(p_{k+1/2}^{n+1}-p_{k-1/2}^{n}\right) \tag{3.1.41}$$

这就是左方行进波在左方边界全吸收的离散差分条件。同样,在右侧边界处,式(3.1.36)在时间 $n+1/2$ 和空间位置 $k-1$ 离散(为产生 n 和下一时刻 $n+1$ 间,界

内 $k-3/2$ 点和 $k-1/2$ 间的关系式)后得到

$$p_{k-1/2}^{n+1}+p_{k-1/2}^{n}-p_{k-3/2}^{n+1}-p_{k-3/2}^{n}+m(p_{k-1/2}^{n+1}+p_{k-3/2}^{n+1}-p_{k-1/2}^{n}-p_{k-3/2}^{n})=0 \tag{3.1.42}$$

$$(1+m)p_{k-1/2}^{n+1}+(1-m)p_{k-1/2}^{n}-(1-m)p_{k-3/2}^{n+1}-(1+m)p_{k-3/2}^{n}=0 \tag{3.1.43}$$

和

$$p_{k-1/2}^{n+1}=p_{k-3/2}^{n}+\frac{1-m}{1+m}[p_{k-3/2}^{n+1}-p_{k-1/2}^{n}] \tag{3.1.44}$$

这就是右方行进波在右方边界全吸收的离散差分条件。

将一个空间数组 p1[k](0<=k<=kmax-1)的两端设为吸收边界的程序如下

```
for(k=0;k<kmax;k++){
    if(k==0){
        p0p1=p1[k+1]-(v1[k+1]-v1[k])*z[k+1]/m;
        p1[k]=p1[k+1]+(double)(1-m)/(1+m)*(p0p1-p1[k]);
    }else if(k==kmax-1){
        p1[k]=pkmaxm2+(double)(1-m)/(1+m)*(p1[k-1]-p1[k]);
    }else{
        if(k==kmax-2)pkmaxm2=p1[k];
        p1[k]-=(v1[k]-v1[k-1])*z[k]/m;          //original
    }
}
```

如图 3-13,当时域波形的一个周期内抽样点为 40 时,从吸收边界反射回来的波的振幅在 0.5% 以下。一般,抽样点越多,反射成分越小。

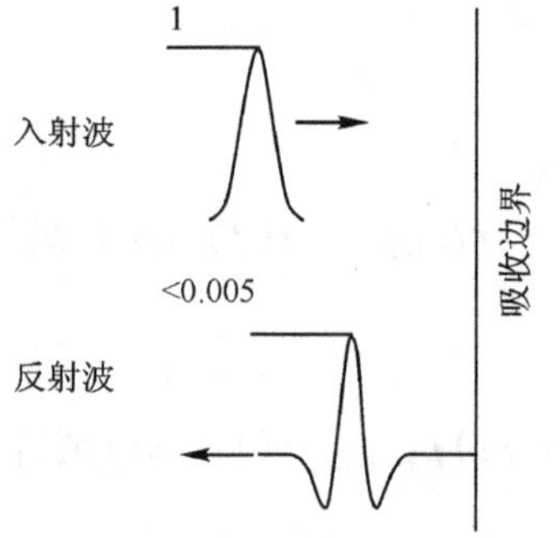

图 3-13 吸收边界处理后仍然存在的反射波

3.2 多维空间声传播

描述均匀介质中二维声场特性的流体运动基本方程为

$$\begin{cases} \rho_0 \dfrac{\partial v_x}{\partial t} = - \dfrac{\partial p}{\partial x} \\ \rho_0 \dfrac{\partial v_z}{\partial t} = - \dfrac{\partial p}{\partial z} \\ \dfrac{1}{c_0^2} \dfrac{\partial p}{\partial t} = - \rho_0 \left(\dfrac{\partial v_x}{\partial x} + \dfrac{\partial v_z}{\partial z} \right) \end{cases} \tag{3.2.1}$$

3.2.1 Leap-frog 格式的离散差分

前面已经讨论过如取 $m=2$ 不能用 Lax-Friedrichs 格式，而 Leap-frog 格式只要一个周期中抽样点大于 40 则是可行的。为使“方程等号两边的差分在空间和时间上都应该取在相同的离散点”，三个变量 v_x, v_z, p 的离散点一定要交叉配置（当然，配置方式不是唯一的）。在 x, z 方向上取相等的离散间隔，即

$$h_x = h_z = mc_0 T \tag{3.2.2}$$

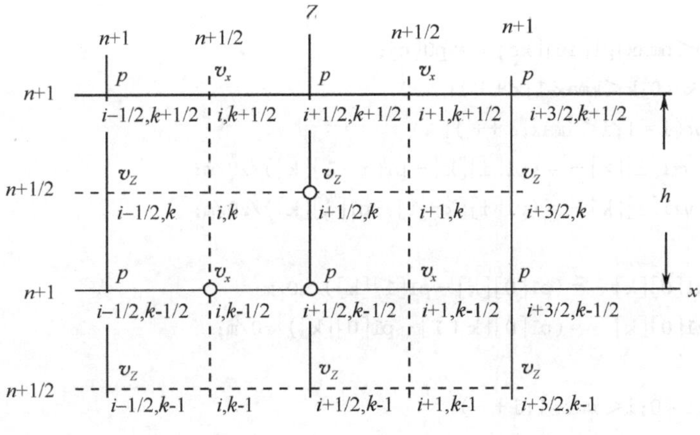

图 3-14 二维空间中三个变量 v_x, v_z, p 离散点的交叉配置

使用如图 3-14 所示的离散点写出式(3.2.1)的 Leap-frog 格式差分为

$$\begin{cases} v_x\Big|_{i,k-1/2}^{n+1/2} = v_x\Big|_{i,k-1/2}^{n-1/2} - \dfrac{p_{i+1/2,k-1/2}^{n} - p_{i-1/2,k-1/2}^{n}}{mZ_0} \\ v_z\Big|_{i+1/2,k}^{n+1/2} = v_z\Big|_{i+1/2,k}^{n-1/2} - \dfrac{p_{i+1/2,k+1/2}^{n} - p_{i+1/2,k-1/2}^{n}}{mZ_0} \\ p_{i+1/2,k-1/2}^{n+1} = p_{i+1/2,k-1/2}^{n} - Z_0 \\ \qquad \dfrac{\left[v_x\Big|_{i+1,k-1/2}^{n+1/2} - v_x\Big|_{i,k-1/2}^{n+1/2}\right] + \left[v_z\Big|_{i+1/2,k}^{n+1/2} - v_z\Big|_{i+1/2,k-1}^{n+1/2}\right]}{m} \end{cases} \tag{3.2.3}$$

方程中表示空间位置的下标量和数组元的关系取为

$$\left.\begin{matrix} p_{i+1/2,k-1/2} \rightarrow \mathrm{p1[i][k]} \\ p_{i-1/2,k-1/2} \quad \mathrm{p1[i-1][k]} \end{matrix}\right\rangle v_x\big|_{i,k-1/2} \rightarrow \mathrm{vx1[i][k]}$$

$$\left.\begin{matrix} p_{i+1/2,k+1/2} \rightarrow \mathrm{p1[i][k+1]} \\ p_{i+1/2,k-1/2} \quad \mathrm{p1[i][k]} \end{matrix}\right\rangle v_z\big|_{i+1/2,k} \rightarrow \mathrm{vz1[i][k]}$$

如将 $i=0$ 的面处理为对称面，即

$$v_x\big|_{-1,k-1/2} = -v_x\big|_{+1,k-1/2}, \qquad p_{-1/2,k-1/2} = p_{+1/2,k-1/2} \tag{3.2.4}$$

计算程序写为

```
for(n=0;n<nmax;n++){
    ------
    if(n<nmax)p1[is][ks]+=p0[n];
    for(k=0;k<kmax-1;k++){
      for(i=1;i<imax;i++){
        vx1[i][k]-=(p1[i][k]-p1[i-1][k])/z0/m;
        vz1[i][k]-=(p1[i][k+1]-p1[i][k])/z0/m;
      }
      vx1[0][k]-=(p1[0][k]-p1[1][k])/z0/m;
      vz1[0][k]-=(p1[0][k+1]-p1[0][k])/z0/m;
    }
    for(i=0;i<imax-1;i++){
      for(k=1;k<kmax;k++){
        p1[i][k]-=(vx1[i+1][k]-vx1[i][k]+vz1[i][k]-vz1[i][k-1])*z0/m;
      }
    }
    ------
}
```

图 3-15 为计算得到的点声源发出短脉冲波的传播情况。

在柱坐标、球坐标等其他正交坐标系中进行声方程的差分计算，也只要适当确定各个分量在时间和空间的离散点分布交叉配置,分析方法是完全一样的。

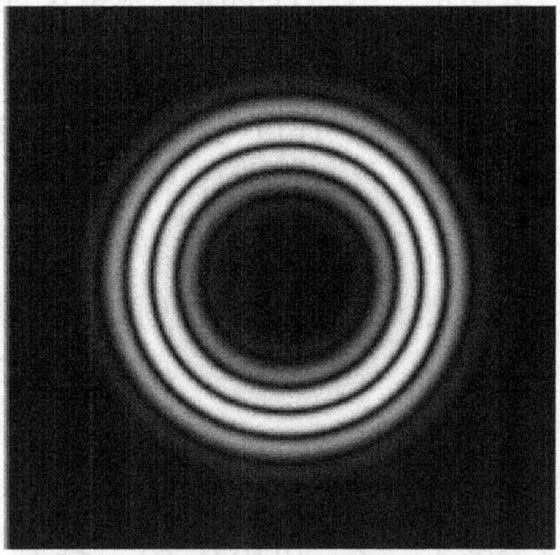

图3-15 点声源发出的短脉冲波

3.2.2 吸收边界

二维声波动方程为

$$\frac{\partial^2 p}{\partial x^2}+\frac{\partial^2 p}{\partial z^2}-\frac{1}{c_0^2}\frac{\partial^2 p}{\partial t^2}=0 \quad (3.2.5)$$

以算符

$$\frac{1}{c_0}\frac{\partial}{\partial t}\to \mathrm{j}k,\qquad \frac{\partial}{\partial x}\to \mathrm{j}k_x \quad (3.2.6)$$

替换即可将式(3.2.5)转换到频域,并在形式上因式分解为

$$\left(\frac{\partial p}{\partial z}+\mathrm{j}k\sqrt{1-k_x^2/k^2}\,p\right)\left(\frac{\partial p}{\partial z}-\mathrm{j}k\sqrt{1-k_x^2/k^2}\,p\right)=0 \quad (3.2.7)$$

其中,前一因子与下方行进波有关,后一因子与上方行进波有关。在区域下侧边界($z=0$)处不产生反射波(上方行进波)的边界条件为后者等于零,即

$$\left(\frac{\partial p}{\partial z}-\mathrm{j}k\sqrt{1-k_x^2/k^2}\,p\right)\Big|_{z=0}=0 \quad (3.2.8)$$

以此为例,对根号项进行泰勒级数展开则有

$$\left(\frac{\partial p}{\partial z}-\mathrm{j}k\left[1-\frac{k_x^2}{2k^2}+\cdots\right]p\right)\Big|_{z=0}=0 \quad (3.2.9)$$

如取式(3.2.9)的第一项作为一阶近似有

$$\left(\frac{\partial p}{\partial z}-\mathrm{j}kp\right)\Big|_{z=0}=0 \quad (3.2.10)$$

再转换回时域后有

$$\left(\frac{\partial p}{\partial z}-\frac{1}{c_0}\frac{\partial p}{\partial t}\right)\Big|_{z=0}=0 \quad (3.2.11)$$

这与一维声波的情况式(3.1.35)一样。在大多数场合下一阶近似吸收边界条件就足够了。

如近似保留到第二项则有

$$\left(\mathrm{j}k\frac{\partial p}{\partial z}+k^2p-\frac{1}{2}k_x^2p\right)\Big|_{z=0}=0 \quad (3.2.12)$$

转换回时域后有

$$\left[\frac{1}{c_0}\frac{\partial^2 p}{\partial z\partial t}-\frac{1}{c_0^2}\frac{\partial^2 p}{\partial t^2}+\frac{1}{2}\frac{\partial^2 p}{\partial x^2}\right]\Big|_{z=0}=0 \quad (3.2.13)$$

对上述含二阶微分的吸收边界条件，可以利用 Mur 在电磁场问题中讨论过的方法降为含 p,v 分量的一阶微分的方程，从而简化数值计算式[4]。那就是以式(3.2.1)中质点速度 v_x 代入式(3.2.13)：

$$\left(\frac{\partial^2 p}{\partial z\partial t}-\frac{1}{c_0}\frac{\partial^2 p}{\partial t^2}-\frac{Z_0}{2}\frac{\partial^2 v_x}{\partial x\partial t}\right)\bigg|_{z=0}=0 \tag{3.2.14}$$

将上式对 t 积分(设初始时刻场为零)得

$$\left(\frac{\partial p}{\partial z}-\frac{1}{c_0}\frac{\partial p}{\partial t}-\frac{Z_0}{2}\frac{\partial v_x}{\partial x}\right)\bigg|_{z=0}=0 \tag{3.2.15}$$

与一阶近似吸收边界条件式(3.2.11)比较，Mur 二阶近似吸收边界条件仅比一阶近似多了一项一阶微分项(上式括号中的第三项)。将该项在时间 $n+1$ 和空间点 $i+1/2,k-1/2$ 离散，用线性插值关系消去其中整数点 $n+1$ 时的值(v_x 仅在半整数时间点有计算值)，即

$$\begin{aligned}\frac{\partial v_x}{\partial x}\bigg|_{i+1/2,k-1/2}^{n+1}&=\frac{v_x\big|_{i+1,k-1/2}^{n+1}-v_x\big|_{i,k-1/2}^{n+1}}{h}\\&=\frac{v_x\big|_{i+1,k-1/2}^{n+3/2}+v_x\big|_{i+1,k-1/2}^{n+1/2}-v_x\big|_{i,k-1/2}^{n+3/2}-v_x\big|_{i,k-1/2}^{n+1/2}}{2h}\end{aligned} \tag{3.2.16}$$

代入式(3.2.15)整理得

$$\begin{aligned}p_{i+1/2,k-1/2}^{n+1}=&\ p_{i+1/2,k+1/2}^{n}+\frac{1-m}{1+m}\left[p_{i+1/2,k+1/2}^{n+1}-p_{i+1/2,k-1/2}^{n}\right]\\&-\frac{mZ_0}{2(1+m)}\left(v_x\big|_{i+1,k-1/2}^{n+3/2}+v_x\big|_{i+1,k-1/2}^{n+1/2}-v_x\big|_{i,k-1/2}^{n+3/2}-v_x\big|_{i,k-1/2}^{n+1/2}\right)\end{aligned} \tag{3.2.17}$$

这就是下方行进波在下方边界面全吸收的离散条件。

如所计算的空间为 $0\leqslant z\leqslant a,0\leqslant x\leqslant b$ 的矩形区域，则对其他上、左、右三边可得相似结果。在上侧边界($z=a$)处

$$\left(\frac{\partial p}{\partial z}+\frac{1}{c_0}\frac{\partial p}{\partial t}+\frac{Z_0}{2}\frac{\partial v_x}{\partial x}\right)\bigg|_{z=a}=0 \tag{3.2.18}$$

有

$$\begin{aligned}p_{i+1/2,k-1/2}^{n+1}=&\ p_{i+1/2,k-3/2}^{n}+\frac{1-m}{1+m}\left[p_{i+1/2,k-3/2}^{n+1}-p_{i+1/2,k-1/2}^{n}\right]\\&+\frac{mZ_0}{2(1+m)}\left(v_x\big|_{i+1,k-1/2}^{n+3/2}+v_x\big|_{i+1,k-1/2}^{n+1/2}-v_x\big|_{i,k-1/2}^{n+3/2}-v_x\big|_{i,k-1/2}^{n+1/2}\right)\end{aligned} \tag{3.2.19}$$

同样，在左侧边界处($x=0$)

$$\left(\frac{\partial p}{\partial x} - \frac{1}{c_0}\frac{\partial p}{\partial t} - \frac{Z_0}{2}\frac{\partial v_z}{\partial z}\right)\Big|_{x=0} = 0 \tag{3.2.20}$$

有

$$p^{n+1}_{i+1/2,k-1/2} = p^{n}_{i+3/2,k-1/2} + \frac{1-m}{1+m}\left[p^{n+1}_{i+3/2,k-1/2} - p^{n}_{i+1/2,k-1/2}\right]$$
$$- \frac{mZ_0}{2(1+m)}\left(v_z\Big|^{n+3/2}_{i+1/2,k} + v_z\Big|^{n+1/2}_{i+1/2,k} - v_z\Big|^{n+3/2}_{i+1/2,k} - v_z\Big|^{n+1/2}_{i+1/2,k-1}\right) \tag{3.2.21}$$

其中,式(3.2.21)括号中第三项的微分项的差分为

$$\frac{\partial v_z}{\partial z}\Big|^{n+1}_{i+1/2,k-1/2} = \frac{v_z\Big|^{n+1}_{i+1/2,k} - v_z\Big|^{n+1}_{i/2,k-1}}{h}$$
$$= \frac{v_z\Big|^{n+3/2}_{i+1/2,k} + v_z\Big|^{n+1/2}_{i+1/2,k} - v_z\Big|^{n+3/2}_{i+1/2,k} - v_z\Big|^{n+1/2}_{i+1/2,k-1}}{2h} \tag{3.2.22}$$

在右侧边界处($x = b$)

$$\left(\frac{\partial p}{\partial x} + \frac{1}{c_0}\frac{\partial p}{\partial t} + \frac{Z_0}{2}\frac{\partial v_z}{\partial z}\right)\Big|_{x=b} = 0 \tag{3.2.23}$$

有

$$p^{n+1}_{i+1/2,k-1/2} = p^{n}_{i-1/2,k-1/2} + \frac{1-m}{1+m}\left[p^{n+1}_{i-1/2,k-1/2} - p^{n}_{i+1/2,k-1/2}\right]$$
$$+ \frac{mZ_0}{2(1+m)}\left(v_z\Big|^{n+3/2}_{i+1/2,k} + v_z\Big|^{n+1/2}_{i+1/2,k} - v_z\Big|^{n+3/2}_{i+1/2,k} - v_z\Big|^{n+1/2}_{i+1/2,k-1}\right) \tag{3.2.24}$$

将一个矩形区域的四周设为吸收边界的程序为

```
for(k = 0;k<kmax-1;k++){
  for(i = 1;i<imax;i++){
    vx1[i][k] -= (p1[i][k] - p1[i-1][k])/z0/m;
    vz1[i][k] -= (p1[i][k+1] - p1[i][k])/z0/m;
  }
}
for(i = 0;i<imax;i++){
  for(k = 0;k<kmax;k++){
    if(i == 0){
      p0p1 = p1[i+1][k] - (vx1[i+2][k] - vx1[i+1][k]
                         + vz1[i+1][k] - vz1[i+1][k-1]) * z0/m;
      p1[i][k] = p1[i+1][k] + (1.0-m)/(1+m) * (p0p1 - p1[i][k]);
    }else if(i == imax-1){
      p1[i][k] = pimaxm2[k] + (1.0-m)/(1+m) * (p1[i-1][k] - p1[i][k]);
```

```
    }else if(k==0){
      p0p1=p1[i][k+1]-(vx1[i+1][k+1]-vx1[i][k+1]
                       +vz1[i][k+1]-vz1[i][k])*z0/m;
      p1[i][k]=p1[i][k+1]+(1.0-m)/(1+m)*(p0p1-p1[i][k]);
    }else if(k==kmax-1){
      p1[i][k]=pkmaxm2[i]+(1.0-m)/(1+m)*(p1[i][k-1]-p1[i][k]);
    }else {
      if(i==imax-2) pimaxm2[k]=p1[i][k];
      if(k==kmax-2) pkmaxm2[i]=p1[i][k];

      p1[i][k]-=(vx1[i+1][k]-vx1[i][k]                    //original
                 +vz1[i][k]-vz1[i][k-1])*z0/m;
    }
  }
}
```

图 3-16 显示 Mur 一阶近似吸收边界处理前后波的反射情况,可见处理后反射波得到有效的抑制。

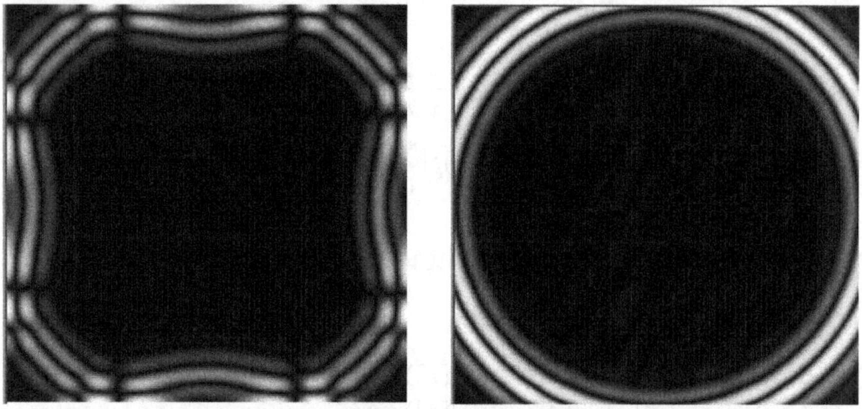

图 3-16　Mur 一阶近似吸收边界处理前后波的反射情况

下表列出不同入射角时由“吸收壁”引起的残留反射波与入射波的比值(该比值与抽样点的密集程度有关)。

吸收边界的其他处理方法还有近几年发展的完全匹配层处理方法[5]。

吸收壁上的反射率

入射角/(°)	0	5	15	30	45	85
1 级近似	0	0.002	0.017	0.072	0.172	0.84
2 级近似	0	0	0	0.005	0.03	0.7

3.2.3　区域角点的处理

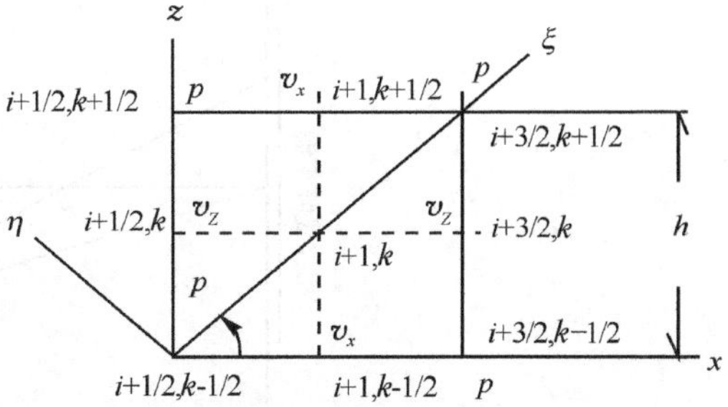

图 3-17　二维离散区域角点处的全吸收处理

在角点$(i+1/2,k-1/2)$处如使用前述吸收“壁”条件将涉及边界以外的离散点的值。因此,在角点需要寻求另外的处理手法。如图 3-17,以角点为原心将原 x-z 坐标系旋转 45°建立新的ξ-η 坐标系。设角点处的吸收边界与 η 轴平行。于是,在 ξ-η 坐标系中 Mur 一阶近似吸收边界条件为

$$\left(\frac{\partial p}{\partial \xi}-\frac{1}{c_0}\frac{\partial p}{\partial t}\right)\Big|_{z=0}=0 \tag{3.2.25}$$

仿照前述吸收“壁”的离散差分步骤,式(3.2.25)在时间 $n+1/2$ 和 $i+1,k$ 点的离散差分写为

$$\frac{p^{n+1/2}_{i+3/2,k+1/2}-p^{n+1/2}_{i+1/2,k-1/2}}{\sqrt{2}h}-\frac{1}{c_0}\frac{p^{n+1}_{i+1,k}-p^{n}_{i+1,k}}{T}=0 \tag{3.2.26}$$

为了消去其中时间半整数点和空间整数点处 p 的值,在 ξ-η 坐标系中使用如下线性插值关系

$$p^n_{i+1,k}=\frac{p^n_{i+1/2,k-1/2}+p^n_{i+3/2,k+1/2}}{2} \tag{3.2.27}$$

$$p^{n+1/2}_{i+3/2,k+1/2}=\frac{p^{n+1}_{i+3/2,k+1/2}+p^{n}_{i+3/2,k+1/2}}{2} \tag{3.2.28}$$

最后得

$$p^{n+1}_{i+1/2,k-1/2}=p^n_{i+3/2,k+1/2}+\frac{\sqrt{2}-m}{\sqrt{2}+m}\left[p^{n+1}_{i+3/2,k+1/2}-p^{n}_{i+1/2,k-1/2}\right] \tag{3.2.29}$$

对其他方位角点的处理与此相同。三维吸收边界的处理与二维情况的推导也相同[6]。

3.2.4　二维声场计算的应用:聚焦声束特性

医学超声图像诊断设备中的声发射和接受传感器通常被看作为一个线阵。如图 3-18,设线阵置于 x 轴,发射载频为 f_0 的声波

$$p^n_{i,0}=\mathrm{e}^{-a(t-t_0)^2}\sin(2\pi f_0 t) \tag{3.2.30}$$

其中,指数函数为信号包络,a 决定包络的宽窄($a=0$ 时为连续波)。给予阵列上位于 x 的源不同的时间因子使由声阵列发出的声束聚焦扫描,写为

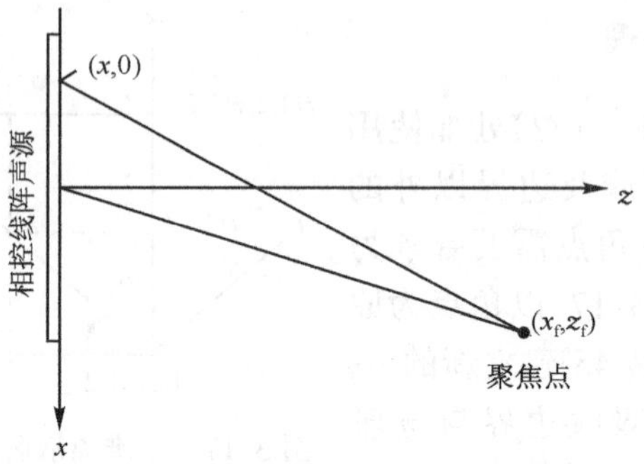

图 3-18　医学超声图像诊断设备中的线阵传感器和声束的聚焦扫描

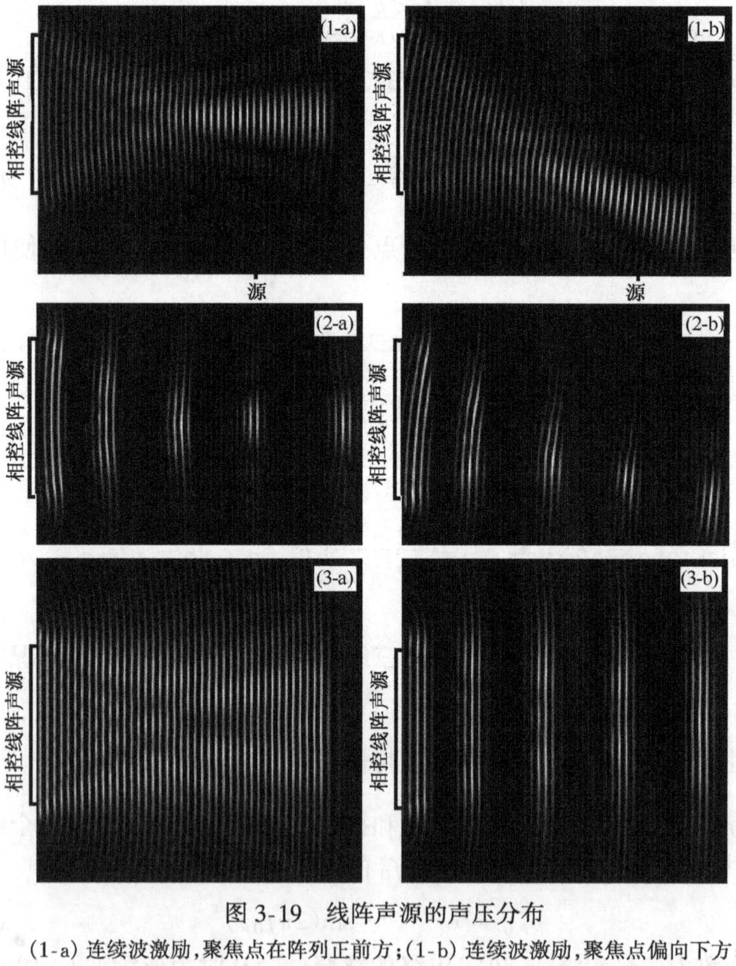

图 3-19　线阵声源的声压分布

(1-a) 连续波激励，聚焦点在阵列正前方；(1-b) 连续波激励，聚焦点偏向下方；
(2-a) 断续脉冲波激励，聚焦点在阵列正前方；(2-b) 断续脉冲波激励，聚焦点偏向下方；
(3-a) 连续波激励，不聚焦；　(3-b) 脉冲波激励，不聚焦

$$t = nT + \frac{\sqrt{z_f^2 + (x - x_f)^2} - \sqrt{z_f^2 + x_f^2}}{c_0} \tag{3.2.31}$$

设声传播介质为水，阵列全长 2cm，聚焦深度 $z_f = 5$cm。图 3-19 分别显示连续波或断续的脉冲波由阵列发射时，①聚焦点在阵列正前方($x_f = 0$)；②聚焦点向 $+x$ 方向偏转 1cm($x_f = 1$cm)；③不聚焦的声束情况。从图中可以看到聚焦和不聚焦、连续波和脉冲波聚焦的显著差别。

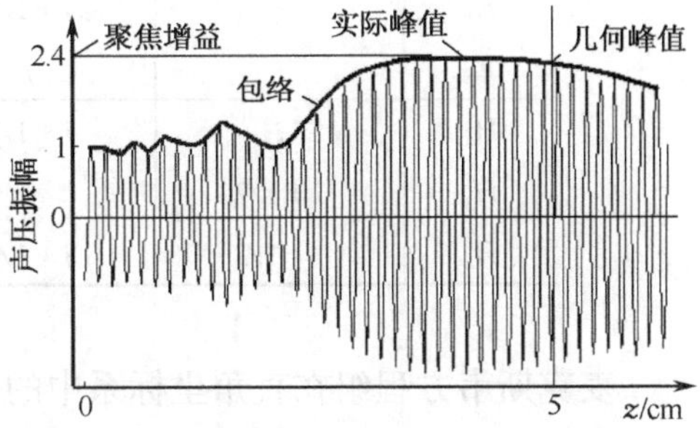

图 3-20　阵列正前方聚焦发射连续波时阵列中心轴上的声压分布

图 3-20 为阵列正前方聚焦发射连续波时阵列中心轴上的声压分布。声场中最大声压振幅为阵列表面声压的 2.4 倍，这通常称为聚焦增益。还有声场中出现最大声压振幅的距离小于几何聚焦距离 z_f。这是因为源孔径太小时，聚焦增益起作用的速度不足于抵消源作为"点"声源声压随距离按 $1/r$ 减小的速度。只有在大孔径下聚焦增益起主导作用时，声场中出现最大声压振幅的距离才等于几何聚焦距离(在第 6 章中将作定量讨论)。

资料：电磁场的计算问题

声学中的差分计算方法可以同样应用到电磁场等其他领域的计算问题中。虽然已经有很多商用计算软件包，但价格都非常昂贵。了解了基本算法后其实很多情况自己编程计算并不难。

电磁场的麦克斯韦方程组

$$\begin{cases} \nabla \times \vec{H} = \varepsilon \dfrac{\partial \vec{E}}{\partial t} + \sigma \vec{E} \\ \nabla \times \vec{E} = -\mu \dfrac{\partial \vec{H}}{\partial t} - \sigma_m \vec{H} \end{cases} \tag{3.a1}$$

与描述声场特性的流体运动的基本方程形式相似。在电磁场的 FDTD 离散中关于电场和磁场各离散点的空间排布有著名的 Yee 元胞[7]，使每一个磁场分量由四个电场分量环绕，每一个电场分量由四个磁场分量环绕。这种空间取样方法符合电磁场的传播特性，还有利于法拉第感应定律和安培环路定律的计算。其中一个约定为

	x	y	z	
E_x	$i+1/2$	j	k	
E_y	i	$j+1/2$	k	n
E_z	i	j	$k+1/2$	
H_x	i	$j+1/2$	$k+1/2$	
H_y	$i+1/2$	j	$k+1/2$	$n+1/2$
H_z	$i+1/2$	$j+1/2$	k	

麦克斯韦方程组在直角坐标系中的一个分量为

$$\frac{\partial H_y}{\partial x}-\frac{\partial H_x}{\partial y}=\varepsilon\frac{\partial E_z}{\partial t}+\sigma E_z \tag{3.a2}$$

依上述 Yee 元胞在时间 $n+1/2$ 和空间 $i+1/2,j,k$ 作 FDTD 差分离散得到

$$\frac{H_y\Big|_{i+1,j,k+1/2}^{n+1/2}-H_y\Big|_{i,j,k+1/2}^{n+1/2}}{h}-\frac{H_x\Big|_{i,j+1,k+1/2}^{n+1/2}-H_x\Big|_{i,j,k+1/2}^{n+1/2}}{h}$$

$$=\varepsilon\frac{E_z\Big|_{i+1/2,j,k}^{n+1}-E_z\Big|_{i+1/2,j,k}^{n}}{T}+\sigma\frac{E_z\Big|_{i+1/2,j,k}^{n+1}+E_z\Big|_{i+1/2,j,k}^{n}}{2} \tag{3.a3}$$

在等式(3.a3)右边第二项已经用线性插值关系消去了时间半整数点 $n+1/2$ 处 E_z 的值。进一步整理可得

$$E_z\Big|_{i+1/2,j,k}^{n+1}=\frac{2\varepsilon-\sigma T}{2\varepsilon+\sigma T}E_z\Big|_{i+1/2,j,k}^{n}$$

$$+\frac{2T}{2\varepsilon+\sigma T}\left[\frac{H_y\Big|_{i+1,j,k+1/2}^{n+1/2}-H_y\Big|_{i,j,k+1/2}^{n+1/2}}{h}-\frac{H_x\Big|_{i,j+1,k+1/2}^{n+1/2}-H_x\Big|_{i,j,k+1/2}^{n+1/2}}{h}\right] \tag{3.a4}$$

第 4 章　差分法——固体中的声场

弹性固体中的声场问题只有对简单几何形状的实心圆柱、柱壳、球、球壳和板、块才可能有解析解，通常，地震波的传播等实际问题几乎都无法解析，只能以数值计算的方法讨论。

4.1　直角坐标系中的二维问题

弹性固体中的声波除有如同理想流体中的纵波外还有横波和在液固界面处的表面波。不过，与理想流体中的情况相同，弹性固体中声场的数值计算可以由一阶微分方程组，也可以由二阶声波动方程进行。

4.1.1　一阶微分方程组

由于边界条件由变位和应力给出，通常固体中的声场变量也常用变位(或质点速度)和应力。首先考虑二维问题。固体中的声方程共有五个方程，写为

$$\rho \frac{\partial}{\partial t}\begin{bmatrix} v_x \\ v_z \end{bmatrix} = \begin{bmatrix} \dfrac{\partial \sigma_{xx}}{\partial x} + \dfrac{\partial \sigma_{xz}}{\partial z} \\ \dfrac{\partial \sigma_{zz}}{\partial_z} + \dfrac{\partial \sigma_{xz}}{\partial x} \end{bmatrix} \tag{4.1.1}$$

$$\frac{\partial}{\partial t}\begin{bmatrix} \sigma_{xx} \\ \sigma_{zz} \\ \sigma_{xz} \end{bmatrix} = \begin{bmatrix} c_{11} & c_{13} & 0 \\ c_{13} & c_{11} & 0 \\ 0 & 0 & c_{55} \end{bmatrix} \begin{bmatrix} \dfrac{\partial v_x}{\partial x} \\ \dfrac{\partial v_z}{\partial z} \\ \dfrac{\partial v_x}{\partial z} + \dfrac{\partial v_z}{\partial x} \end{bmatrix} \tag{4.1.2}$$

其中的变量 σ, v 为应力和质点速度，对应流体运动基本方程中的变量 p, v。式(4.1.1)和(4.1.2)的离散差分计算可以借鉴流体中声场的离散差分计算方法，首先由 σ^n 求 $v^{n+1/2}$

$$\begin{cases} v_x\Big|_{i,k-1/2}^{n+1/2} = v_x\Big|_{i,k-1/2}^{n-1/2} + \dfrac{T}{\rho}\left[\dfrac{\sigma_{xx}\Big|_{i+1/2,k-1/2}^{n} - \sigma_{xx}\Big|_{i-1/2,k-1/2}^{n}}{h} + \dfrac{\sigma_{xz}\Big|_{i,k}^{n} - \sigma_{xz}\Big|_{i,k-1}^{n}}{h}\right] \\ v_z\Big|_{i+1/2,k}^{n+1/2} = v_z\Big|_{i+1/2,k}^{n-1/2} + \dfrac{T}{\rho}\left[\dfrac{\sigma_{zz}\Big|_{i+1/2,k+1/2}^{n} - \sigma_{zz}\Big|_{i+1/2,k-1/2}^{n}}{h} + \dfrac{\sigma_{xz}\Big|_{i+1,k}^{n} - \sigma_{xz}\Big|_{i,k}^{n}}{h}\right] \end{cases}$$

(4.1.3)

再由 $v^{n+1/2}$求 σ^{n+1}

$$
\begin{cases}
\sigma_{xx}\Big|_{i+1/2,k-1/2}^{n+1}=\sigma_{xx}\Big|_{i+1/2,k-1/2}^{n}+T\left[c_{11}\dfrac{v_x\Big|_{i+1,k-1/2}^{n+1/2}-v_x\Big|_{i,k-1/2}^{n+1/2}}{h}+c_{13}\dfrac{v_z\Big|_{i+1/2,k}^{n+1/2}-v_z\Big|_{i+1/2,k-1}^{n+1/2}}{h}\right]\\
\sigma_{zz}\Big|_{i+1/2,k-1/2}^{n+1}=\sigma_{zz}\Big|_{i+1/2,k-1/2}^{n}+T\left[c_{13}\dfrac{v_x\Big|_{i+1,k-1/2}^{n+1/2}-v_x\Big|_{i,k-1/2}^{n+1/2}}{h}+c_{11}\dfrac{v_z\Big|_{i+1/2,k}^{n+1/2}-v_z\Big|_{i+1/2,k-1}^{n+1/2}}{h}\right]\\
\sigma_{xz}\Big|_{i,k}^{n+1}=\sigma_{xz}\Big|_{i,k}^{n}+Tc_{55}\left[\dfrac{v_x\Big|_{i,k+1/2}^{n+1/2}-v_x\Big|_{i,k-1/2}^{n+1/2}}{h}+\dfrac{v_z\Big|_{i+1/2,k}^{n+1/2}-v_z\Big|_{i-1/2,k}^{n+1/2}}{h}\right]
\end{cases}
\tag{4.1.4}
$$

反复式(4.1.3)和(4.1.4)的计算就能求得各个时间层的 σ, v。编程时需要确定上述差分方程中各变量对应的数组元位置。通常将方程等号左边的各变量对应于数组中位置[i][k]的元,即

$$
\begin{aligned}
&v_x\Big|_{i,k-1/2} && \text{vx[i][k]}\\
&v_z\Big|_{i+1/2,k} && \text{vz[i][k]}\\
&\sigma_{xx}\Big|_{i+1/2,k-1/2} \longrightarrow && \text{tx[i][k]}\\
&\sigma_{zz}\Big|_{i+1/2,k-1/2} && \text{tz[i][k]}\\
&\sigma_{xz}\Big|_{i,k} && \text{txz[i][k]}
\end{aligned}
$$

于是对式(4.1.3)可以整理排列出下列对应关系

$$
\begin{aligned}
&\sigma_{xx}\Big|_{i+1/2,k-1/2}\longrightarrow \text{tx[i][k]}\\
&\sigma_{xx}\Big|_{i-1/2,k-1/2}\qquad \text{tx[i - 1][k]}\\
&\qquad\qquad\qquad\qquad\qquad v_x\Big|_{i,k-1/2}\longrightarrow \text{vx[i][k]}\\
&\sigma_{xz}\Big|_{i,k}\longrightarrow \text{txz[i][k]}\\
&\sigma_{xz}\Big|_{i,k-1}\qquad \text{txz[i][k - 1]}
\end{aligned}
$$

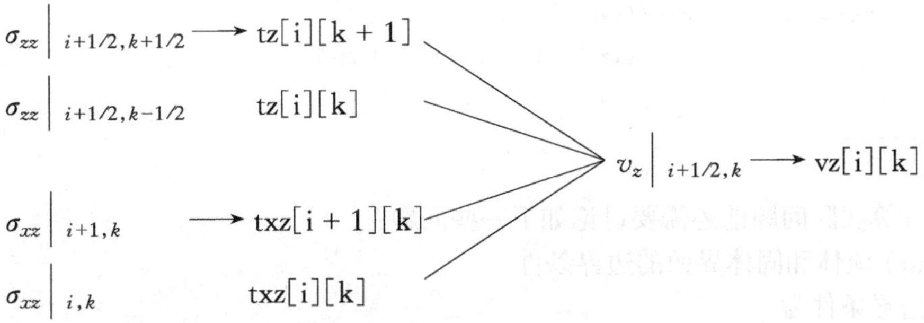

对式(4.1.4)也能够排列出类似的对应关系。

于是,取步长 $h = mc_{\mathrm{P}}T$,由式(4.1.3)和(4.1.4)的计算程序如下

```
for(n=0;n<nmax;n++){
  ------
   tz[is][ks]+=t0[n];
   for(k=1;k<kmax-1;k++){
     for(i=1;i<imax-1;i++){
        vx[i][k]+=(( tx[i][k]-tx[i-1][k])
                  +(txz[i][k]-txz[i][k-1]))/rp/cp/m;
        vz[i][k]+=(( tz[i][k+1]-tz[i][k])
                  +(txz[i+1][k]-txz[i][k]))/rp/cp/m;
     }
    vx[0][k]+=(( tx[0][k]- tx[1][k])
              +(txz[0][k]-txz[0][k-1]))/rp/cp/m;
    vz[0][k]+=(( tz[0][k+1]- tz[0][k])
              +(txz[1][k]-txz[0][k]))/rp/cp/m;
   }
   for(k=1;k<kmax-1;k++){
    for(i=1;i<imax-1;i++){
        tx[i][k]+=(c11*(vx[i+1][k]-vx[i][k])
                  +c13*(vz[i][k]-vz[i][k-1]))/cp/m;
        tz[i][k]+=(c13*(vx[i+1][k]-vx[i][k])
                  +c11*(vz[i][k]-vz[i][k-1]))/cp/m;
        txz[i][k]+=c55*((vx[i][k+1]-vx[i][k])
                  +(vz[i][k]-vz[i-1][k]))/cp/m;
    }
    tx[0][k]+=(c11*(vx[1][k]-vx[0][k])
              +c13*(vz[0][k]-vz[0][k-1]))/cp/m;
    tz[0][k]+=(c13*(vx[1][k]-vx[0][k])
              +c11*(vz[0][k]-vz[0][k-1]))/cp/m;
```

```
        txz[0][k] + = c55 * ((vx[0][k+1] - vx[0][k])
                    + (vz[0][k] - vz[1][k]))/cp/m
        }
    ------
}
```

计算实际问题前还需要讨论如下一些问题:

(1) 流体和固体界面的边界条件

边界条件为

(a) 流体内声压 p 等于固体内垂直应力 σ_{nn};

(b) 流体内界面法向的质点速度等于固体内界面法向的质点速度(或流体内界面法向的位移等于固体内界面法向的位移)。

如图 4-1,在理想流体条件下无切变力作用,当计算界面固体一侧的离散点时流体中平行于边界的所有成分(图中虚线框表示的项)不产生作用。

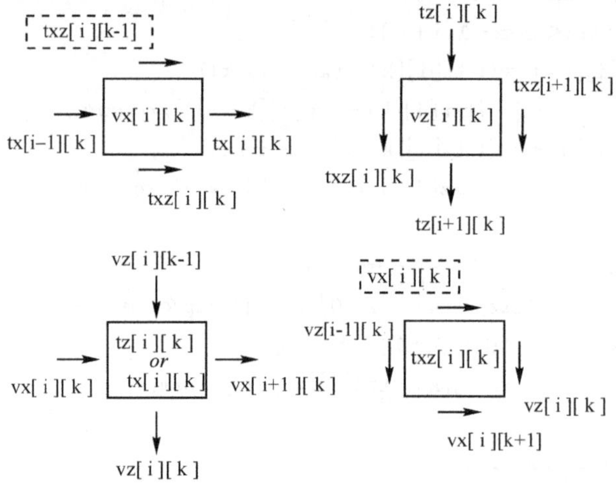

图 4-1 界面处流体中的声场量对固体中各声场量的影响

界面附近处各变量的离散点对应的数组元如图 4-2 所示。

于是,界面液体一侧的离散点处与界面平行方向的质点速度为

$$v_x\Big|_{i,ks-1/2}^{n+1/2} = v_x\Big|_{i,ks-1/2}^{n-1/2} + \frac{T}{\rho}\left[\frac{\sigma_{xx}\Big|_{is+1/2,ks-1/2}^{n} - \sigma_{xx}\Big|_{i-1/2,ks-1/2}^{n}}{h} + \frac{-\sigma_{xz}\Big|_{i,ks-1}^{n}}{h}\right] \tag{4.1.5}$$

界面固体一侧的离散点处与界面平行方向的切向应力为

$$\sigma_{xz}\Big|_{i,ks}^{n+1}=\sigma_{xz}\Big|_{i,ks}^{n}+Tc_{55}\left[\frac{v_x\Big|_{i,ks+1/2}^{n+1/2}}{h}+\frac{v_z\Big|_{i+1/2,ks}^{n+1/2}-v_z\Big|_{i-1/2,ks}^{n+1/2}}{h}\right] \tag{4.1.6}$$

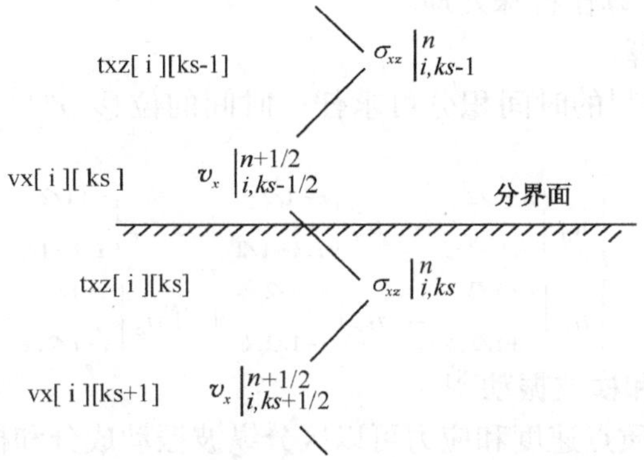

图4-2　流体-固体界面处质点速度和应力对应的数组元

(2) 流体和弹性固体中声传播速度差的处理

在前面3.1.4小节中提到过在声速不同的流体介质中离散差分可以取不同的$m(h=mc_0T)$表现波形不同的行进速度。这样的处理方法对固体也一样。设流体中的声速度与弹性固体中的纵波速度的比值为g(为保证计算式的稳定性必须使$g\leqslant 1$。因为固体中的纵波速度往往更大些,所以以固体中的纵波速度为分母)。流体中的声场计算式写为

$$\begin{cases} v_x\Big|_{i,k-1/2}^{n+1/2}=v_x\Big|_{i,k-1/2}^{n-1/2}-\dfrac{p_{i+1/2,k-1/2}^{n}-p_{i-1/2,k-1/2}^{n}}{mZ_0}g \\ v_z\Big|_{i+1/2,k}^{n+1/2}=v_z\Big|_{i+1/2,k}^{n-1/2}-\dfrac{p_{i+1/2,k+1/2}^{n}-p_{i+1/2,k-1/2}^{n}}{mZ_0}g \\ p_{i+1/2,k-1/2}^{n+1}=p_{i+1/2,k-1/2}^{n}- \\ \qquad Z_0\dfrac{\left[v_x\Big|_{i+1,k-1/2}^{n+1/2}-v_x\Big|_{i,k-1/2}^{n+1/2}\right]+\left[v_z\Big|_{i+1/2,k}^{n+1/2}-v_z\Big|_{i+1/2,k-1}^{n+1/2}\right]}{m}g \end{cases} \tag{4.1.7}$$

(3) 对称面的处理

如固体以$i=0$为对称面,可以利用对称条件

$$\sigma_x\Big|_{-1/2,k-1/2}=\sigma_x\Big|_{+1/2,k-1/2} \tag{4.1.8}$$

$$\sigma_{xz}\Big|_{-1/2,k-1/2}=-\sigma_{xz}\Big|_{+1/2,k-1/2} \tag{4.1.9}$$

$$v_x\Big|_{-1,k-1/2} = -\, v_x\Big|_{+1,k-1/2} \tag{4.1.10}$$

$$v_z\Big|_{-1/2,k} = v_z\Big|_{+1/2,k} \tag{4.1.11}$$

对离散点 $i=0$ 的计算作特殊处理。

(4) 位移的计算

由质点速度 v^{n+1}的时间积分可求任一时间的位移 u^{n+1},以离散差分式表达为

$$\begin{cases} u_x\Big|_{i,k-1/2}^{n+1/2} = u_x\Big|_{i,k-1/2}^{n-1/2} + Tv_x\Big|_{i,k-1/2}^{n+1/2} \\ u_z\Big|_{i+1/2,k}^{n+1/2} = u_z\Big|_{i+1/2,k}^{n-1/2} + Tv_z\Big|_{i+1/2,k}^{n+1/2} \end{cases} \tag{4.1.12}$$

(5) 纵波振动和横波振动[8]

由计算得到的质点速度和应力可以区分纵波振动成分和横波振动成分。引入标量(纵波)势函数 Φ 和向量(横波)势函数 $\vec{H}(H_x, H_y, H_z)$,则二维问题中的质点速度表达为

$$(v_x, v_z) = \left(\frac{\partial \Phi}{\partial x} - \frac{\partial H_y}{\partial z}, \frac{\partial \Phi}{\partial z} + \frac{\partial H_y}{\partial x}\right) \tag{4.1.13}$$

于是有

$$\begin{cases} \dfrac{\partial v_x}{\partial x} + \dfrac{\partial v_z}{\partial z} = \dfrac{\partial^2 \Phi}{\partial x^2} - \dfrac{\partial^2 H_y}{\partial x \partial z} + \dfrac{\partial^2 \Phi}{\partial^2 z} + \dfrac{\partial^2 H_y}{\partial z \partial x} = \dfrac{\partial^2 \Phi}{\partial x^2} + \dfrac{\partial^2 \Phi}{\partial^2 z} \\ -\dfrac{\partial v_x}{\partial z} + \dfrac{\partial v_z}{\partial x} = -\dfrac{\partial^2 \Phi}{\partial z \partial x} + \dfrac{\partial^2 H_y}{\partial z^2} + \dfrac{\partial^2 \Phi}{\partial x \partial z} + \dfrac{\partial^2 H_y}{\partial x^2} = \dfrac{\partial^2 H_y}{\partial x^2} + \dfrac{\partial^2 H_y}{\partial^2 z} \end{cases} \tag{4.1.14}$$

使用纵波和横波势函数的声波动方程于式(4.1.14)等号右边得

$$\begin{cases} \dfrac{\partial v_x}{\partial x} + \dfrac{\partial v_z}{\partial z} = \dfrac{1}{c_{\mathrm{P}}^2} \dfrac{\partial^2 \Phi}{\partial t^2} \\ -\dfrac{\partial v_x}{\partial z} + \dfrac{\partial v_z}{\partial x} = \dfrac{1}{c_{\mathrm{S}}^2} \dfrac{\partial^2 H_y}{\partial t^2} \end{cases} \tag{4.1.15}$$

如以中心差分计算式(4.1.15)则有

$$\begin{cases} \Phi_{i+1/2,k-1/2}^{n+1} = \Phi_{i+1/2,k-1/2}^{n} + c_{\mathrm{P}} T \\ \qquad \left[\dfrac{v_x\Big|_{i+1,k-1/2}^{n} - v_x\Big|_{i,k-1/2}^{n}}{h} + \dfrac{v_z\Big|_{i+1/2,k}^{n} - v_z\Big|_{i+1/2,k-1}^{n}}{h}\right] \\ \dot{H}_y\Big|_{i,k}^{n+1} = \dot{H}_y\Big|_{i,k}^{n} + c_{\mathrm{S}} T \\ \qquad \left[-\dfrac{v_x\Big|_{i,k+1/2}^{n} - v_x\Big|_{i,k-1/2}^{n}}{h} + \dfrac{v_z\Big|_{i+1/2,k}^{n} - v_z\Big|_{i-1/2,k}^{n}}{h}\right] \end{cases} \tag{4.1.16}$$

其中

$$\begin{cases} \dot{\Phi} = \dfrac{1}{c_{\mathrm{P}}} \dfrac{\partial \Phi}{\partial t} \\ \dot{H}_y = \dfrac{1}{c_{\mathrm{S}}} \dfrac{\partial \dot{H}_y}{\partial t} \end{cases} \tag{4.1.17}$$

从而,可以以离散差分法计算式(4.1.17),即

$$\begin{cases} \Phi^{n+1}_{i+1/2,k-1/2} = \Phi^{n}_{i+1/2,k-1/2} + c_{\mathrm{P}} T \dot{\Phi}^{n+1}_{i+1/2,k-1/2} \\ H_y \Big|^{n+1}_{i,k} = H_y \Big|^{n}_{i,k} + c_{\mathrm{S}} T \dot{H}_y \Big|^{n+1}_{i,k} \end{cases} \tag{4.1.18}$$

得到标量速度势和向量速度势,再进一步得到纵波振动成分和横波振动成分。

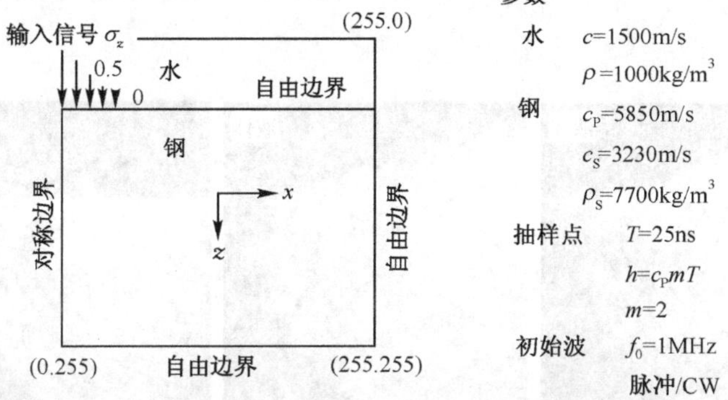

图 4-3　计算方块固体中声场的模型

一个计算模型如图 4-3。上部 1/4 区间为水,下部 3/4 区间为钢,左边为对称面。在对称面附近的水-钢界面处对钢表面施加一垂直应力(横方向上逐渐递减以避免突变)。图 4-4 和 4-5 分别为脉冲激励和连续正弦波激励的计算结果。图中对声场量的幅度进行了对数压缩以能显示出水和钢两种介质中不同幅度的声波。可见,声波进入固体后除了纵波(P)外,也激励起横波(S),并且有表面波(L)。在脉冲激励时,水中的 T_z 分量(相当于声压)在激励脉冲后有小的拖尾。这是因为抽样点过少的缘故(在固体中一个周期内取了 40 个抽样点,但在水中为 $40g<40$)。

超声探伤中为了提高效率常用阵列式传感器进行相位聚焦扫描。由上述给出的数值计算方法也不难计算和显示出这样一个聚焦相控扫描阵列在固体中产生的声场。

包括黏性和热效应的讨论见参考文献[9],[10]

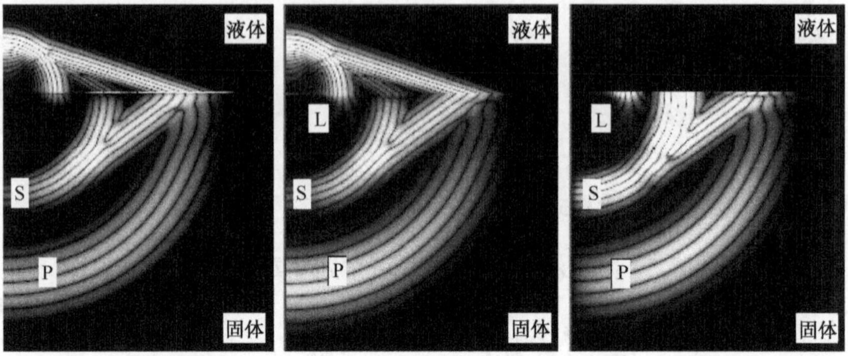

图 4-4　脉冲激励时固体和液体中的声波

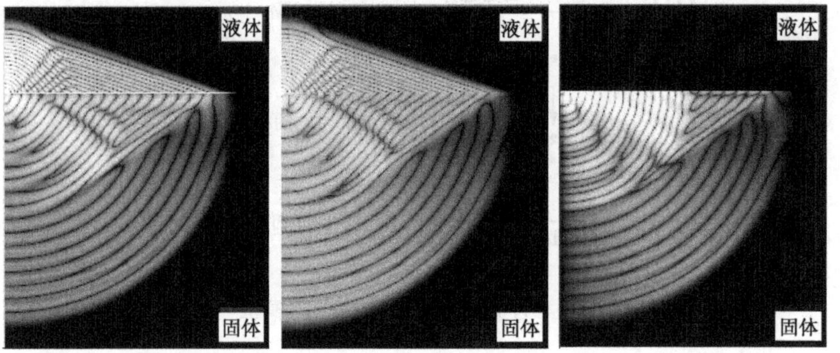

图 4-5　连续正弦波激励时固体和液体中的声波

4.1.2　二阶声波动方程

描述各向同性弹性固体中介质运动的运动方程,也就是声波动方程为

$$(\lambda + 2\mu)\nabla\nabla \cdot \vec{u} - \mu\nabla \times \nabla \times \vec{u} = \rho \frac{\partial^2 \vec{u}}{\partial t^2} \tag{4.1.19}$$

其中,$\vec{u}$ 为质点位移,弹性固体的特性用弹性(Lamé)常数:λ 和 μ(切变模量)表示。弹性固体的特性也可以用纵波速度 c_1 和横波速度 c_2 表示,则式(4.1.19)写为

$$c_1^2 \nabla\nabla \cdot \vec{u} - c_2^2 \nabla \times \nabla \times \vec{u} = \frac{\partial^2 \vec{u}}{\partial t^2} \tag{4.1.20}$$

有关式(4.1.20)的详细推导过程将在第 7 章讨论。由流体运动基本方程到以质点

位移为变量的声波动方程的演变过程可以写为

$$\begin{cases}\rho_0 \dfrac{\partial \vec{v}}{\partial t} = -\nabla p \\ \dfrac{1}{c_0^2}\dfrac{\partial p}{\partial t} = -\rho_0 \nabla \cdot \vec{v}\end{cases} \rightarrow \begin{cases}\rho_0 \dfrac{\partial^2 \vec{u}}{\partial t^2} = -\nabla p \\ \dfrac{p}{c_0^2} = -\rho_0 \nabla \cdot \vec{u}\end{cases} \rightarrow \quad \frac{\partial^2 \vec{u}}{\partial t^2} - c_0^2 \nabla\nabla \cdot \vec{u} = 0 \tag{4.1.21}$$

比较(4.1.20)和(4.1.21)两个方程可知，流体介质的声波动方程可以看成是固体声波方程在 $\mu=0$(或 $c_2=0$)时的一个特殊情形。所以，流体和固体中的声场可以统一用式(4.1.20)表达。流体中的声场计算可以先求得声压 p，由

$$\rho_0 \frac{\partial \vec{v}}{\partial t} = -\nabla p \quad \rightarrow \quad \vec{u} = -\frac{1}{\rho_0}\nabla \iint p \mathrm{d}t \mathrm{d}t' \propto \nabla p \tag{4.1.22}$$

再讨论位移状况。图 4-6 显示流体中点声源声场的声压，由声压求得的位移各分量的情况。反之，由于

$$c_0^2 \nabla \cdot \vec{v} = -\frac{1}{\rho_0}\frac{\partial p}{\partial t} \quad \rightarrow \quad p = -\rho_0 c_0^2 \nabla \cdot \vec{u} \tag{4.1.23}$$

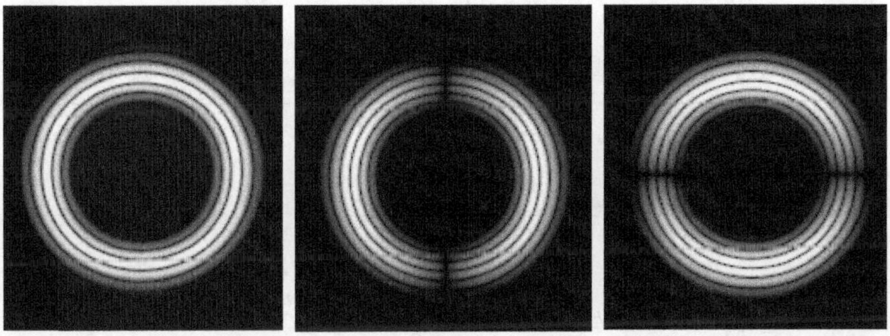

P　　U_x　　U_z

图 4-6　流体中点声源声场的声压和位移分量(水平方向为 x，竖直方向为 z)

也可以由位移分量求得声压。在二维坐标系中，声波动方程(4.1.20)的分量形式为

$$\begin{cases}\dfrac{\partial^2 u_x}{\partial t^2} = c_1^2 \dfrac{\partial^2 u_x}{\partial x^2} + (c_1^2 - c_2^2)\dfrac{\partial^2 u_z}{\partial x \partial z} + c_2^2 \dfrac{\partial^2 u_x}{\partial z^2} \\ \dfrac{\partial^2 u_z}{\partial t^2} = c_2^2 \dfrac{\partial^2 u_z}{\partial x^2} + (c_1^2 - c_2^2)\dfrac{\partial^2 u_x}{\partial x \partial z} + c_1^2 \dfrac{\partial^2 u_z}{\partial z^2}\end{cases} \tag{4.1.24}$$

在 3.1.5 小节中已经叙述过方程等号两边的差分必须在同一离散点进行，那就必须交叉配置各变量的离散点。如各变量的离散点不交叉配置，比如式(4.1.24)的差分方程写为

$$\begin{cases} \dfrac{u_x\Big|_{i,k}^{n+1} - 2u_x\Big|_{i,k}^{n} + u_x\Big|_{i,k}^{n-1}}{T^2} = c_1^2\dfrac{u_x\Big|_{i+1,k}^{n} - 2u_x\Big|_{i,k}^{n} + u_x\Big|_{i-1,k}^{n}}{h_x^2} \\ \qquad + c_1^2\dfrac{u_z\Big|_{i+1,k+1}^{n} - u_z\Big|_{i+1,k-1}^{n} - u_z\Big|_{i-1,k+1}^{n} + u_z\Big|_{i-1,k-1}^{n}}{4h_zh_x} \\ \dfrac{u_z\Big|_{i,k}^{n+1} - 2u_z\Big|_{i,k}^{n} + u_z\Big|_{i,k}^{n-1}}{T^2} = c_1^2\dfrac{u_z\Big|_{i+1,k}^{n} - 2u_z\Big|_{i,k}^{n} + u_z\Big|_{i-1,k}^{n}}{h_x^2} \\ \qquad + c_1^2\dfrac{u_x\Big|_{i+1,k+1}^{n} - u_x\Big|_{i+1,k-1}^{n} - u_x\Big|_{i-1,k+1}^{n} + u_x\Big|_{i-1,k-1}^{n}}{4h_zh_x} \end{cases} \tag{4.1.25}$$

计算得到如图 4-7(在中心点 u_z 脉冲驱动)的结果,内部菱形是发散的痕迹。如图 4-8 各变量的离散点交叉配置,写出如下差分方程

$$\begin{cases} \dfrac{u_x\Big|_{i,k}^{n+1/2} - 2u_x\Big|_{i,k}^{n-1/2} + u_x\Big|_{i,k}^{n-3/2}}{T^2} = c_1^2\dfrac{u_x\Big|_{i+1,k}^{n-1/2} - 2u_x\Big|_{i,k}^{n-1/2} + u_x\Big|_{i-1,k}^{n-1/2}}{h_x^2} \\ \qquad + c_1^2\dfrac{u_z\Big|_{i+1/2,k+1/2}^{n} - u_z\Big|_{i+1/2,k-1/2}^{n} - u_z\Big|_{i-1/2,k+1/2}^{n} + u_z\Big|_{i-1/2,k-1/2}^{n}}{h_zh_x} \\ \dfrac{u_z\Big|_{i+1/2,k-1/2}^{n+1} - 2u_z\Big|_{i+1/2,k-1/2}^{n} + u_z\Big|_{i+1/2,k-1/2}^{n-1}}{T^2} \\ \qquad = c_1^2\dfrac{u_z\Big|_{i+3/2,k-1/2}^{n} - 2u_z\Big|_{i+1/2,k-1/2}^{n} + u_z\Big|_{i-1/2,k-1/2}^{n}}{h_x^2} \\ \qquad + c_1^2\dfrac{u_x\Big|_{i+1,k}^{n+1/2} - u_x\Big|_{i+1,k-1}^{n+1/2} - u_x\Big|_{i,k}^{n+1/2} + u_x\Big|_{i,k-1}^{n+1/2}}{h_zh_x} \end{cases} \tag{4.1.26}$$

则计算得到如图 4-9(中心点 u_z 脉冲驱动)的合理结果。

取步长 $h_x = h_z = mc_PT$,包括固体的计算程序如下

```
for(k = 1;k< kmax - 1;k ++ ){
  for(i = 1;i< imax - 1;i ++ ){
     ux2[i][k] = - ux0[i][k] + 2 * ux1[i][k]
             + (ux1[i + 1][k] - 2 * ux1[i][k] + ux1[i - 1][k]
 + (1 - cs/cp * cs/cp) * (uz1[i][k + 1] - uz1[i][k]
```

```
                    - uz1[i-1][k+1] + uz1[i-1][k])
    + cs/cp * cs/cp * (ux1[i][k+1] - 2 * ux1[i][k] + ux1[i][k-1])
                    )/(m * m);
    }
}
for(k = 1;k<kmax - 1;k++){
  for(i = 1;i< imax - 1;i++){
      uz2[i][k] = - uz0[i][k] + 2 * uz1[i][k]
   + (cs/cp * cs/cp * (uz1[i+1][k] - 2 * uz1[i][k] + uz1[i-1][k])
 + (1 - cs/cp * cs/cp) * (ux1[i+1][k] - ux1[i+1][k-1]
                    - ux1[i][k] + ux1[i][k-1])
                    + uz1[i][k+1] - 2 * uz1[i][k] + uz1[i][k-1]
   )/(m * m);
   }
}
```

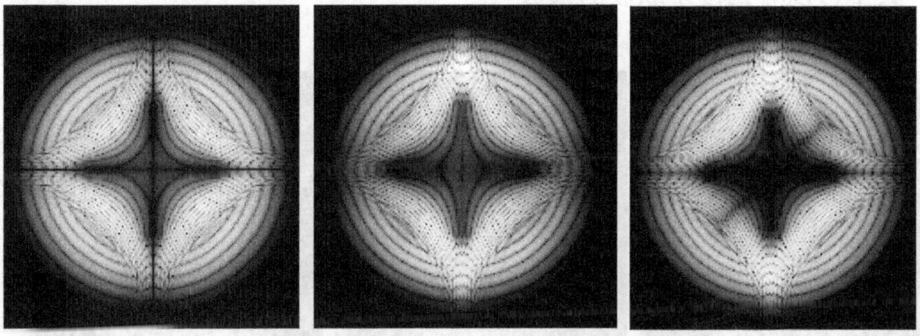

图 4-7　方程(4.1.24)等号两边的差分在空间和时间上不在相同离散位置上的计算结果(流体,内部菱形状是发散的痕迹)

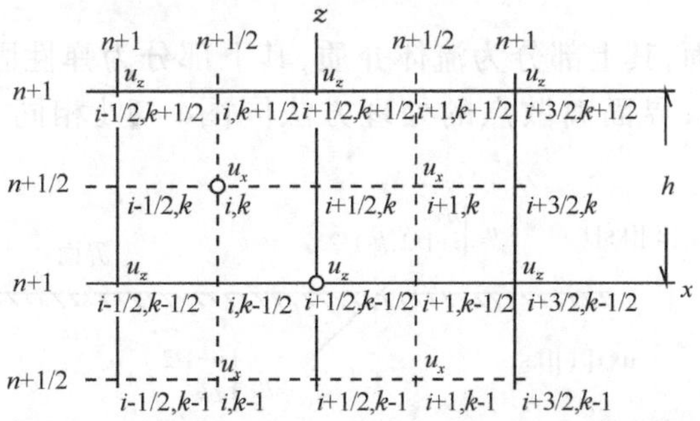

图 4-8　二维空间中两个变量 u_x, u_z 离散点的交叉配置

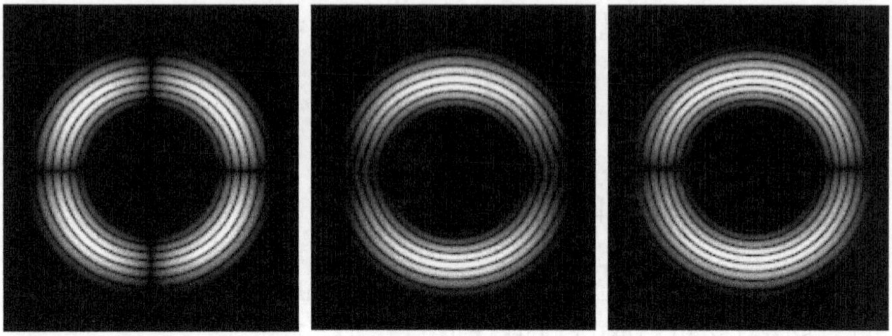

U_x　　U_z　　P

图 4-9　方程(4.1.24)等号两边的差分在空间和时间上不在相同离散位置上的计算结果(流体)

如在固体中央有一脉冲振动点源(u_z 驱动),则得到如图 4-10 的位移和应力分布。其中可以看到慢于纵波的横波。

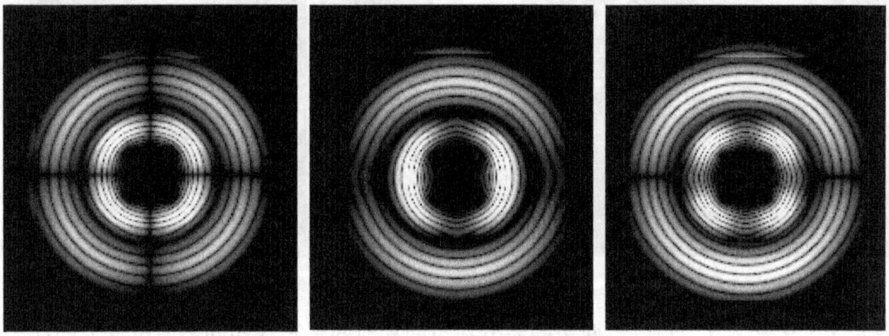

U_x　　U_z　　P

图 4-10　固体中央有一脉冲振动点源(u_z 驱动)时的位移和应力

设 $k=\mathrm{ks}$ 为界面,其上部分为流体介质,其下部分为弹性固体。图 4-11 显示界面离散点的情况,界面离散点的处理方法同图4-2处相同。图4-12和4-13显

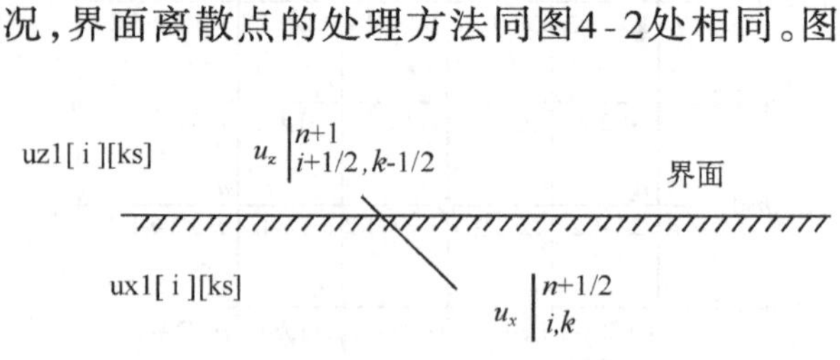

图 4-11　流体-固体界面处位移 u_x, u_z 对应的数组元

示在液体和固体界面以 uz 驱动或 ux 驱动的计算结果。

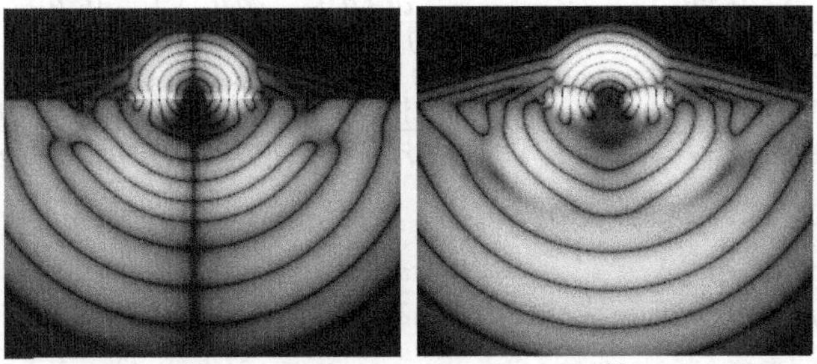

U_x　　　　U_z

图 4-12　uz 驱动的计算结果

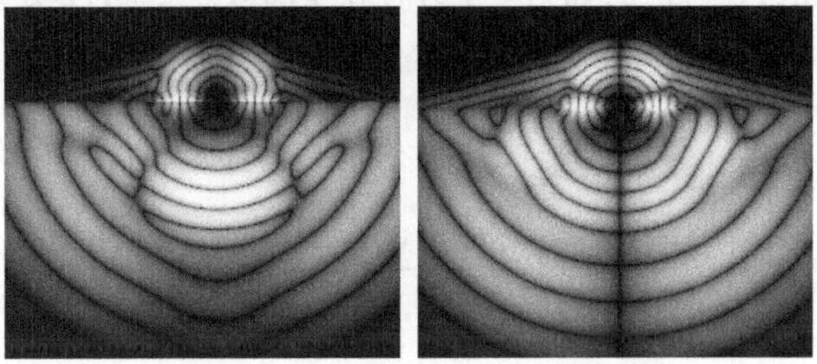

U_x　　　　U_z

图 4-13　ux 驱动的计算结果

在液体与固体界面传播的表面波引起的质点运动的轨迹为椭圆。这也可以在上述数值计算结果中得到检验。

4.2　柱坐标系中的固体声波方程

经常需要在不同于直角坐标系的其他正交坐标系中计算声场。与直角坐标系不同,其他正交坐标系中的声波动方程常是变系数偏微分方程,有时会出现一些特殊问题。比如,柱坐标系中的声波动方程的系数中含有 $1/r$,在 $r=0$ 处存在奇异点,于是,离散点的选取需要特殊考量。

设声波振动在 θ 方向上无变化。在圆柱坐标系中声波动方程的 r,z 分量为

$$\begin{cases}(\lambda+2\mu)\dfrac{\partial}{\partial r}\left[\dfrac{1}{r}\dfrac{\partial(ru_r)}{\partial r}+\dfrac{\partial u_z}{\partial z}\right]+\mu\left[\dfrac{\partial}{\partial z}\left(\dfrac{\partial u_r}{\partial z}-\dfrac{\partial u_z}{\partial r}\right)\right]=\rho\dfrac{\partial^2 u_r}{\partial t^2}\\(\lambda+2\mu)\dfrac{\partial}{\partial z}\left[\dfrac{1}{r}\dfrac{\partial(ru_r)}{\partial r}+\dfrac{\partial u_z}{\partial z}\right]-\mu\left[\dfrac{1}{r}\dfrac{\partial}{\partial r}r\left(\dfrac{\partial u_r}{\partial z}-\dfrac{\partial u_z}{\partial r}\right)\right]=\rho\dfrac{\partial^2 u_z}{\partial t^2}\end{cases}\tag{4.2.1}$$

将弹性系数 λ,μ 换以纵波速度 c_1 和横波速度 c_2，即为

$$\begin{cases} c_1^2\dfrac{\partial}{\partial r}\left[\dfrac{1}{r}\dfrac{\partial(ru_r)}{\partial r}+\dfrac{\partial u_z}{\partial z}\right]+c_2^2\left[\dfrac{\partial}{\partial z}\left(\dfrac{\partial u_r}{\partial z}-\dfrac{\partial u_z}{\partial r}\right)\right]=\dfrac{\partial^2 u_r}{\partial t^2} \\ c_1^2\dfrac{\partial}{\partial z}\left[\dfrac{1}{r}\dfrac{\partial(ru_r)}{\partial r}+\dfrac{\partial u_z}{\partial z}\right]-c_2^2\left[\dfrac{1}{r}\dfrac{\partial}{\partial r}r\left(\dfrac{\partial u_r}{\partial z}-\dfrac{\partial u_z}{\partial r}\right)\right]=\dfrac{\partial^2 u_z}{\partial t^2} \end{cases} \tag{4.2.2}$$

或整理为

$$\begin{cases} c_1^2\dfrac{\partial}{\partial r}\left(\dfrac{1}{r}\dfrac{\partial(ru_r)}{\partial r}\right)+(c_1^2-c_2^2)\dfrac{\partial^2 u_z}{\partial z\partial r}+c_2^2\dfrac{\partial^2 u_r}{\partial z^2}=\dfrac{\partial^2 u_r}{\partial t^2} \\ c_2^2\dfrac{1}{r}\dfrac{\partial}{\partial r}\left(r\dfrac{\partial u_z}{\partial r}\right)+(c_1^2-c_2^2)\dfrac{\partial}{\partial z}\left(\dfrac{1}{r}\dfrac{\partial(ru_r)}{\partial r}\right)+c_1^2\dfrac{\partial^2 u_z}{\partial z^2}=\dfrac{\partial^2 u_z}{\partial t^2} \end{cases} \tag{4.2.3}$$

式(4.2.3)系数中含有因子 $1/r$，在 $r=0$ 处为无穷大。设变量 r,z 的离散间隔分别为 $h_r,h_z(r=ih_r,z=kh_z)$，如第一个方程在半离散点 $i+1/2$ 处差分，方程等号左边第一项对 r 的差分为

$$\begin{aligned}\left[\frac{\partial}{\partial r}\frac{1}{r}\frac{\partial(ru_r)}{\partial r}\right]_{i+1/2}&=\frac{1}{h_r}\left[\frac{1}{r}\frac{\partial(ru_r)}{\partial r}\bigg|_{i+1}-\frac{1}{r}\frac{\partial(ru_r)}{\partial r}\bigg|_{i}\right]\\&=\frac{1}{h_r}\left[\frac{r_{i+3/2}u_r\big|_{i+3/2}-r_{i+1/2}u_r\big|_{i+1/2}}{r_{i+1}h_r}-\frac{r_{i+1/2}u_r\big|_{i+1/2}-r_{i-1/2}u_r\big|_{i-1/2}}{r_ih_r}\right]\end{aligned} \tag{4.2.4}$$

当 $i=0$ 时有分母为零的项，这是不行的。但如在整数离散点 i 处差分就可以避开这种情况。由此，式(4.2.3)中的第一个方程必须在整数离散点 i 处差分。那么，第二个方程就只有在半离散点 $i+1/2$ 处差分。幸好，第二个方程中对 r 微分的两项

$$\frac{1}{r}\frac{\partial}{\partial r}\left(r\frac{\partial u_z}{\partial r}\right) \tag{4.2.5}$$

和

$$\frac{\partial}{\partial z}\left(\frac{1}{r}\frac{\partial(ru_r)}{\partial r}\right) \tag{4.2.6}$$

在 $i+1/2$ 处差分时不出现分母为零的项。于是，可选取如图 4-14 的离散点配置。在离散点 i,k 处式(4.2.3)第一个方程中各项的差分为

$$\begin{aligned}\left[\frac{\partial}{\partial r}\frac{1}{r}\frac{\partial(ru_r)}{\partial r}\right]_{i,k}&=\frac{1}{h_r}\left[\frac{1}{r}\frac{\partial(ru_r)}{\partial r}\bigg|_{i+1/2,k}-\frac{1}{r}\frac{\partial(ru_r)}{\partial r}\bigg|_{i-1/2,k}\right]\\&=\frac{1}{h_r}\left[\frac{r_{i+1}u_r\big|_{i+1,k}-r_iu_r\big|_{i,k}}{r_{i+1/2}h_r}-\frac{r_iu_r\big|_{i,k}-r_{i-1}u_r\big|_{i-1,k}}{r_{i-1/2}h_r}\right]\end{aligned} \tag{4.2.7}$$

$$\left.\frac{\partial^2 u_z}{\partial r \partial z}\right|_{i,k} = \frac{u_z\Big|_{i+1/2,k+1/2} - u_z\Big|_{i+1/2,k-1/2} - u_z\Big|_{i-1/2,k+1/2} + u_z\Big|_{i-1/2,k-1/2}}{h_r h_z} \tag{4.2.8}$$

$$\left.\frac{\partial^2 u_r}{\partial z^2}\right|_{i,k} = \frac{u_r\Big|_{i,k+1} - 2u_r\Big|_{i,k} + u_r\Big|_{i,k-1}}{h_z^2} \tag{4.2.9}$$

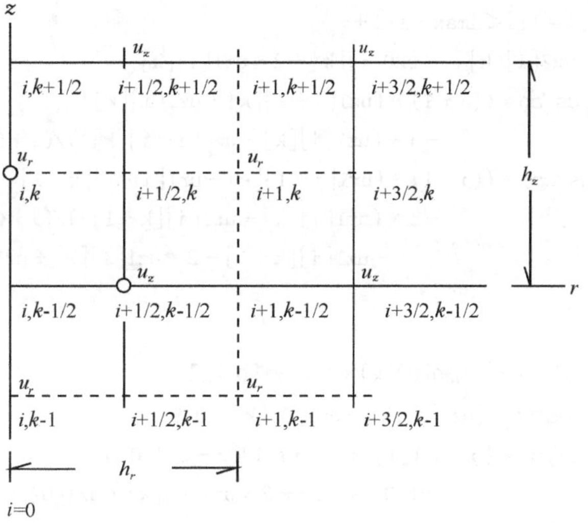

图4-14 两个变量 u_r, u_z 离散点的交叉配置(置 u_r 于圆柱坐标系的 z 轴上)

在离散点 $i+1/2, k-1/2$ 处第二个方程中各项的差分为

$$\left[\frac{\partial}{\partial z}\frac{1}{r}\frac{\partial(ru_r)}{\partial r}\right]_{i+1/2,k-1/2} = \frac{1}{r}\frac{\partial}{\partial r}\left[r\frac{\partial u_r}{\partial z}\right]_{i+1/2,k-1/2}$$
$$= \frac{1}{r_{i+1/2}h_r}\left[r\frac{\partial u_r}{\partial z}\Big|_{i+1,k-1/2} - r\frac{\partial u_r}{\partial z}\Big|_{i,k-1/2}\right]$$
$$= \frac{r_{i+1}\left(u_r\Big|_{i+1,k} - u_r\Big|_{i+1,k-1}\right) - r_i\left(u_r\Big|_{i,k} - u_r\Big|_{i,k-1}\right)}{r_{i+1/2}h_r h_z} \tag{4.2.10}$$

$$\left[\frac{1}{r}\frac{\partial}{\partial r}r\frac{\partial u_z}{\partial r}\right]_{i+1/2,k-1/2} = \frac{1}{r_{i+1/2}h_r}\left[r\frac{\partial u_z}{\partial r}\Big|_{i+1,k-1/2} - r\frac{\partial u_z}{\partial r}\Big|_{i,k-1/2}\right]$$
$$= \frac{r_{i+1}\left(u_z\Big|_{i+3/2,k-1/2} - u_z\Big|_{i+1/2,k-1/2}\right) - r_i\left(u_z\Big|_{i+1/2,k-1/2} - u_z\Big|_{i-1/2,k-1/2}\right)}{r_{i+1/2}h_r^2} \tag{4.2.11}$$

进而可以写出完整的差分方程。如果固体的形状和激励源都是圆对称的,声场以圆柱轴 $i=0$ 为中心对称,则有

$$u_r\Big|_{-1,k}=u_r\Big|_{1,k},\quad u_z\Big|_{-1/2,k-1/2}=u_z\Big|_{1/2,k-1/2},\quad r_{-1/2}=r_{1/2},\quad r_{-1}=r_1 \tag{4.2.12}$$

取步长 $h_r=h_z=mc_PT$,计算程序的主要部分写为

```
        for(k=1;k<kmax-1;k++){
            for(i=1;i<imax-1;i++){
                uz2[i][k]=-uz0[i][k]+2*uz1[i][k]
    +(cs/cp*cs/cp*((i+1)*(uz1[i+1][k]-uz1[i][k])
                          -i*(uz1[i][k]-uz1[i-1][k]))/(i+0.5)
  +(1-cs/cp*cs/cp)*((i+1)*(ur1[i+1][k]-ur1[i+1][k-1]
                          -i*(ur1[i][k]-ur1[i][k-1]))/(i+0.5)
                             +uz1[i][k+1]-2*uz1[i][k]+uz1[i][k-1]
    )/(m*m);
            }
            uz2[0][k]=-uz0[0][k]+2*uz1[0][k]
    +(cs/cp*cs/cp*(uz1[1][k]-uz1[0][k])/0.5
  +(1-cs/cp*cs/cp)*(g*ur1[1][k]-ur1[1][k-1])/0.5
                         +uz1[0][k+1]-2*uz1[0][k]+uz1[0][k-1]
    )/(m*m);
    }
  for(k=1;k<kmax-1;k++){
      for(i=1;i<imax-1;i++){
          ur2[i][k]=-ur0[i][k]+2*ur1[i][k]
           +( (((i+1)*ur1[i+1][k]-i*ur1[i][k])/(i+0.5)
                -(i*ur1[i][k]-(i-1)*ur1[i-1][k])/(i-0.5))
  +(1-cs/cp*cs/cp)*(uz1[i][k+1]-uz1[i][k]
                     -uz1[i-1][k+1]+uz1[i-1][k])
     +cs/cp*cs/cp*(ur1[i][k+1]-2*ur1[i][k]+g*ur1[i][k-1])
          )/(m*m)};
    }
   ur2[0][k]=-ur0[0][k]+2*ur1[0][k]
               +((ur1[1][k]-ur1[1][k])/0.5
+(1-cs/cp*cs/cp)*(uz1[0][k+1]-uz1[0][k]
                    -uz1[1][k+1]+uz1[1][k])
     +cs/cp*cs/cp*(ur1[0][k+1]-2*ur1[0][k]+ur1[0][k-1])
                   )/(m*m);
    }
```

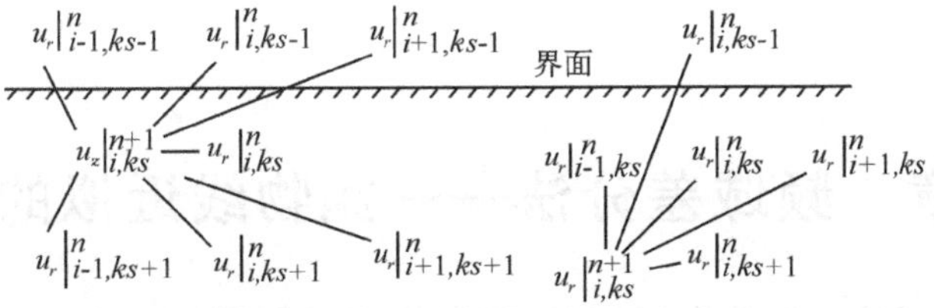

图 4-15　流体-固体界面处位移 u_r, u_z 对应的数组元

在流体和固体的界面需要代入边界条件:液体内界面法向的位移等于固体内界面法向的位移。如界面垂直于 z 轴,则波动的 z 方向分量可以传递到另一介质中,而 r 方向分量不能传递。如图 4-15,在下方固体中计算位移涉及到上方流体中的 r 分量时应设这些分量的作用为零。

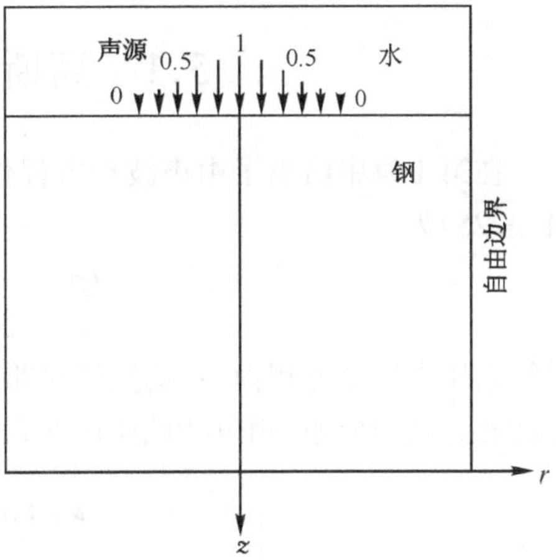

图 4-16　计算圆柱形固体中声场的模型

一个中心圆对称的计算模型如图 4-16所示。固体介质为钢,周围为水,声源 $p(t)$是一个频率 5MHz,1 个周期的脉冲波,在 z 方向以位移激励(即 u_z)。其他参数与图 4-3 给出的相同。差分计算中的时间离散间隔为波长的 1/40。图 4-17为计算结果。

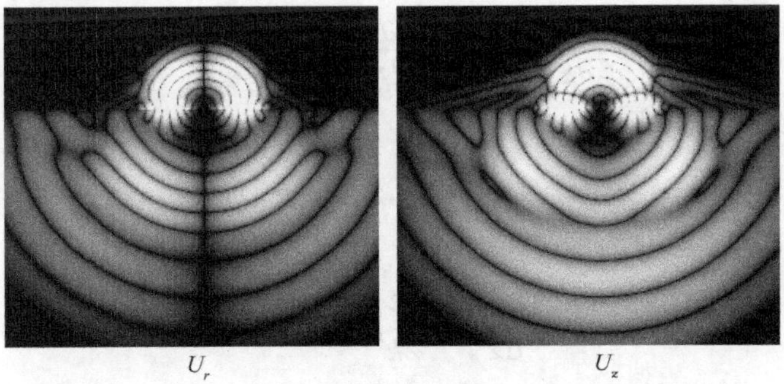

U_r　　U_z

图 4-17　脉冲激励时圆柱形固体和液体中的声波

第 5 章　频域差分法——抛物线近似的声场

当声源为圆对称高斯分布振幅时,以抛物线近似后的声方程计算声场极为简便。对一般声源,抛物线近似后的声方程一般用隐格式差分,差分方程的系数矩阵为强对角矩阵,求解不需求逆矩阵。

5.1　高斯分布源的声场

在第 1 章中给出了由声波动方程作抛物线近似的推导过程,重写频域表达式(1.3.25)为

$$\frac{\partial p}{\partial z} + \frac{\mathrm{j}}{2k} \nabla_{\perp}^{2} p = 0 \tag{5.1.1}$$

尽管它比声波动方程简单,仍然还是难有严密解析解。如声源开口圆对称,径向振幅特性为高斯分布,相位特性使声在几何轴上的固定距离 D 聚焦,即

$$p \Big|_{z=0} = p_0 \exp(-Ar^2) \exp\left(-\frac{\mathrm{j}kr^2}{2D}\right) \tag{5.1.2}$$

时能够得到声场的解析解或计算量极小的数值计算解。

5.1.1　解析解

由于源和声场都是圆对称的,在圆柱坐标系中式(5.1.1)写为

$$\frac{\partial p}{\partial z} + \frac{\mathrm{j}}{2k}\left(\frac{1}{r}\frac{\partial}{\partial r} r \frac{\partial p}{\partial r}\right) = 0 \tag{5.1.3}$$

等式两边作 0 次汉克尔变换

$$P(s) = \int_0^{\infty} p(r,z) J_0(sr) r \mathrm{d}r \tag{5.1.4}$$

得到

$$\frac{\mathrm{d}P}{\mathrm{d}z} + \mathrm{j}\frac{s^2}{2k} P = 0 \tag{5.1.5}$$

方程(5.1.5)的一般解为

$$P(s,z) = C\mathrm{e}^{-\mathrm{j}\frac{s^2}{2k}z} \tag{5.1.6}$$

其中,C 为边界条件决定的常数。如给出源开口 $z=0$ 处的初始声压振幅为 $p(r,0)$,则

$$C = P\Big|_{z=0} = \int_0^a p(r,0)J_0(sr)r\mathrm{d}r \tag{5.1.7}$$

于是由逆汉克尔变换得到空间声压分布为

$$p(r,z) = \int_0^\infty P(s,z)J_0(rs)s\mathrm{d}s = \int_0^\infty\int_0^a p(r',0)\mathrm{e}^{-\mathrm{j}\frac{s^2}{2k}z}J_0(r's)J_0(rs)r's\mathrm{d}r'\mathrm{d}s \tag{5.1.8}$$

使用积分公式

$$\int_0^\infty x\mathrm{e}^{-\mathrm{j}ax^2}J_0(bx)J_0(cx)\mathrm{d}x = \frac{\mathrm{j}}{2a}\mathrm{e}^{-\mathrm{j}\frac{b^2+c^2}{4a}}J_0\left(\frac{bc}{2a}\right) \tag{5.1.9}$$

式(5.1.8)积分得

$$p(r,z) = -\frac{\mathrm{j}k}{z}\mathrm{e}^{\mathrm{j}\frac{kr}{2z}}\int_0^a p(r',0)\mathrm{e}^{\mathrm{j}\frac{kr'^2}{2z}}J_0\left(\frac{krr'}{z}\right)r'\mathrm{d}r' \tag{5.1.10}$$

式(5.1.10)中的积分对有限开口(半径 a)的声源为复杂函数的有限区间积分,通常不能解析。

如源开口 $z=0$ 处的初始声压振幅为高斯分布,即

$$p\Big|_{z=0} = p_0\exp(-Ar^2)\exp\left(-\frac{\mathrm{j}kr^2}{2D}\right),\qquad 0<r<\infty \tag{5.1.11}$$

则待定常数 C 可计算得到

$$C = p_0\int_0^\infty \mathrm{e}^{-Ar^2}\mathrm{e}^{-\mathrm{j}\frac{kr^2}{2D}}J_0(sr)r\mathrm{d}r = \frac{p_0}{-2A+\mathrm{j}k/D}\mathrm{e}^{-\frac{s^2}{2(-2A+\mathrm{j}k/D)}} \tag{5.1.12}$$

其中,使用了积分公式

$$\int_0^\infty x\mathrm{e}^{-ax^2}J_0(bx)\mathrm{d}x = \frac{1}{2a}\mathrm{e}^{-\frac{b^2}{4a}} \tag{5.1.13}$$

于是逆汉克尔变换的式(5.1.8)写为

$$p(r,z) = \int_0^\infty P(s,z)J_0(rs)s\mathrm{d}s = \frac{p_0}{-2A+\mathrm{j}k/D}\int_0^\infty \mathrm{e}^{-\mathrm{j}\frac{zs}{2k}-\frac{s^2}{2(-2A+\mathrm{j}k/D)}}J_0(rs)s\mathrm{d}s \tag{5.1.14}$$

同样使用积分公式(5.1.13)得

$$p(r,z) = -\mathrm{j}\frac{p_0k}{h(z)}\mathrm{e}^{\mathrm{j}\frac{kr^2}{2z}\left(1+\mathrm{j}\frac{k}{h(z)}\right)} \tag{5.1.15}$$

其中

$$h(z) = -2Az - \mathrm{j}k\left(1-\frac{z}{D}\right) \tag{5.1.16}$$

可见,垂直于声轴的任何断面的径向声压振幅分布也是高斯分布的。

5.1.2 计算量极小的数值计算解

另一方面,抛物线近似后的声方程(5.1.3)的一般解(将解代入方程可以得到

验证)是

$$p(r,z) = \frac{C_2}{z + C_1}\exp\left[-\frac{\mathrm{j}kr^2}{2(z + C_1)}\right] \tag{5.1.17}$$

其中,C_1,C_2 是复常数,与 z,r 无关。一般,任意圆对称源的声场可以表达成上述一般解(取不同的 C_1,C_2)的组合。

如源开口 $z=0$ 处的初始声压振幅为高斯分布,式(5.1.17)和(5.1.15)表达同一声场,于是有

$$C_1 = \frac{\mathrm{j}k}{2\left(A - \dfrac{\mathrm{j}k}{2D}\right)} \tag{5.1.18}$$

由于是高斯振幅分布的源和场,声压也可以写为

$$p(r,z) = p(z)\exp(-ar^2) \tag{5.1.19}$$

其中,$P(z)$为圆中心轴 $r=0$ 上的声压。比较式(5.1.19)和(5.1.17)有

$$a = \frac{k}{2(z + C_1)} \tag{5.1.20}$$

将式(5.1.19)代入声方程(5.1.3)得

$$\frac{\mathrm{d}P(z)}{\mathrm{d}z} = \mathrm{j}\,\frac{2a}{k}P(z) \tag{5.1.21}$$

这给出声轴上声压变化的一阶导数。于是,利用这个一阶导数进行差分计算(以 h 为步长)有

$$\begin{cases} P(z = 0) = p_0 \\ P(z + h) = P(z) + \dfrac{\mathrm{d}P}{\mathrm{d}z}h = P(z)\left(1 + \mathrm{j}\,\dfrac{2a}{k}h\right) \end{cases} \tag{5.1.22}$$

可以求得各个深度 z 的$P(z)$值,结合式(5.1.18)、(5.1.19)和(5.1.20)得到整个声场。式(5.1.22)中每一步的计算只是求两个复数的乘积而已,以一般带有乘法运算的计算器也足以胜任。

对单一频率成分的声波而言,既然已经有了解析解式(5.1.15),上述数值解即便计算量很小也无必要。但是,在处理非线性声学效应引起的高次谐波时数值解就显出其优越性。

5.2 强对角系数矩阵转化为三角矩阵的算法

5.1 节讨论的圆对称声场问题是一个特例。对一般声源而言抛物线近似后的声方程一般用隐格式差分求解。求解时需要将强对角系数矩阵转换为三角矩阵。

5.2.1 二维矩形空间

以二维声场的计算为例,抛物线近似后的声方程为

$$\frac{\partial p}{\partial z}+\frac{\mathrm{j}}{2k}\frac{\partial^2 p}{\partial x^2}=0 \tag{5.2.1}$$

设对 x 的二阶偏微分的离散差分形式写为

$$\frac{\partial^2 p}{\partial x^2}\approx\frac{\theta[p_{i+1,k+1}-2p_{i,k+1}+p_{i-1,k+1}]+(1-\theta)[p_{i+1,k}-2p_{i,k}+p_{i-1,k}]}{h_x^2} \tag{5.2.2}$$

其中,θ 是一个决定差分形式的参数。计算结果表明:① 当 $\theta=0$ 时计算发散;② 当$\theta=0.5$时计算在较大距离(特别是焦点区域)后开始出现明显误差;③ 当 $\theta=1$ 时为隐格式,计算的稳定性好亦可取较大的步进长度。

取 $\theta=1$ 时,式(5.2.1)的差分形式为

$$\frac{p_{i,k+1}-p_{i,k}}{h_z}+\frac{\mathrm{j}}{2k}\frac{p_{i+1,k+1}-2p_{i,k+1}+p_{i-1,k+1}}{h_x^2}=0 \tag{5.2.3}$$

整理后重写为

$$p_{i+1,k+1}+qp_{i,k+1}+p_{i-1,k+1}=s_i \tag{5.2.4}$$

其中

$$q=-(2+r) \tag{5.2.5}$$

$$s_i=-rp_{i,k} \tag{5.2.6}$$

$$r=\frac{\mathrm{j}2kh_x^2}{h_z} \tag{5.2.7}$$

设 x 方向上有M 个离散点。M 个方程写成如下矩阵形式

$$\begin{bmatrix} q & 1 & 0 & 0 & . & . \\ 1 & q & 1 & 0 & . & . \\ 0 & 1 & q & 1 & . & . \\ . & . & . & . & . & . \\ . & . & 0 & 1 & q & 1 \\ . & . & 0 & 0 & 1 & q \end{bmatrix}\begin{bmatrix} p_1 \\ p_2 \\ p_3 \\ . \\ . \\ p_M \end{bmatrix}_{k+1}=\begin{bmatrix} s_1 \\ s_2 \\ s_3 \\ . \\ . \\ s_M \end{bmatrix}_k \tag{5.2.8}$$

或

$$Z[p_i]_{k+1}=[s_i]_k \tag{5.2.9}$$

Z 为系数矩阵。如能求得系数矩阵的逆矩阵,则

$$[p_i]_{k+1}=Z^{-1}[s_i]_k \tag{5.2.10}$$

在同一介质空间中系数矩阵不变,所以只需要计算一次逆矩阵。但对不均匀介质,每一步进的计算中,总要重新计算一次逆矩阵。M 常取到数百,求逆算法要花费非常多的时间。所幸的是,式(5.2.8)中的矩阵为强对角矩阵,可用较简单的代数方法转化为三角矩阵。

将式(5.2.8)中的系数矩阵的第一行诸元除以 $-q$ 后加到第二行，于是有

$$\begin{bmatrix} q & 1 & 0 & . \\ 0 & q-1/q & 1 & . \\ . & . & . & . \end{bmatrix}\begin{bmatrix} p_1 \\ p_2 \\ . \end{bmatrix} = \begin{bmatrix} s_1 \\ s_2 - s_1/q \\ . \end{bmatrix} \tag{5.2.11}$$

系数矩阵在第二行第一列的元变为零。逐行进行相似的计算，直至最后消去所有行对角元左边的系数“1”后得到如下的上三角系数矩阵方程

$$\begin{bmatrix} Q_{1,1} & 1 & 0 & 0 & . & 0 \\ 0 & Q_{2,2} & 1 & 0 & . & . \\ 0 & 0 & Q_{3,3} & 1 & . & . \\ . & . & . & . & . & . \\ . & . & 0 & 0 & Q_{M-1,M-1} & 1 \\ 0 & . & 0 & 0 & 0 & Q_{M,M} \end{bmatrix}\begin{bmatrix} p_1 \\ p_2 \\ p_3 \\ . \\ . \\ p_M \end{bmatrix}_{k+1} = \begin{bmatrix} S_1 \\ S_2 \\ S_3 \\ . \\ . \\ S_M \end{bmatrix}_k \tag{5.2.12}$$

其中的元 $Q_{i,j}, S_{i,j}$ 由下面的递进式给出

$$\begin{cases} Q_{1,1} = q \\ Q_{i,i} = q - 1/Q_{i-1,i-1}, \qquad i = 2,\cdots,M \end{cases} \tag{5.2.13}$$

$$\begin{cases} S_1 = s_1 \\ S_i = s_i - S_{i-1}/Q_{i-1,i-1}, \qquad i = 2,\cdots,M \end{cases} \tag{5.2.14}$$

上三角系数矩阵方程的求解由最下一行开始。首先求 p_M，然后由下而上逐次求得 $p_{M-1},\cdots,p_i,\cdots,p_1$，即

$$\begin{cases} p_M = S_M/Q_{M,M} \\ p_i = \dfrac{S_i - p_{i+1}}{Q_{i,i}}, \qquad i = M-1,\cdots,1 \end{cases} \tag{5.2.15}$$

以上算法的程序如下

```
static double Qr[300],Qi[300],Sr[300],Si[300];
static double sr[300],si[300],pr[300],pi[300],p[300][1800];
double c0,f0,hx,hz,ri,qr,qi,temp,z,cr,ci,pmax;
double x,angle,zfocus,R;
int i,imax,k,kmax,j,m;
imax = 300;
kmax = 600;
c0 = 1500.0;
f0 = 3500000;
hx = c0/f0/3.2;
hz = c0/f0/6.5;
```

```
for(i=0;i<imax;i++){
    pr[i]=0;
    pi[i]=0;
    if(i>imax/3 && i<2*imax/3){
        x=(i-imax/2)*hx;
        angle=-0.0*3.14159/180.0;
        zfocus=0.02*cos(angle);
        R=sqrt(zfocus*zfocus+x*x+2*zfocus*x*sin(angle))-zfocus;
        pr[i]=cos(2*3.1415926*f0/c0*R);
        pi[i]=sin(2*3.1415926*f0/c0*R);
    }
}
ri=4*3.1415926*f0/c0*hx*hx/hz;
qr=-2;
qi=-ri;
Qr[0]=qr;
Qi[0]=qi;
for(i=1;i<imax;i++){
    temp=Qr[i-1]*Qr[i-1]+Qr[i-1]+Qi[i-1]*Qi[i-1];
    Qr[i]=Qr[0]-Qr[i-1]/temp;
    Qi[i]=Qi[0]+Qi[i-1]/temp;
}
for(i=0;i<imax;i++){
    temp=Qr[i]*Qr[i]+Qi[i]*Qi[i];
    Qr[i]= Qr[i]/temp;
    Qi[i]=-Qi[i]/temp;
}
  z=0;
  for(k=0;k<kmax;k++){
    z+=hz;
    for(i=0;i<imax;i++){
        sr[i]= ri*pi[i];
        si[i]=-ri*pr[i];
    }
    for(i=1;i<imax;i++){
        Sr[i]=sr[i]-(Sr[i-1]*Qr[i-1]-Si[i-1]*Qi[i-1]);
        Sr[i]=si[i]-(Si[i-1]*Qr[i-1]+Sr[i-1]*Qi[i-1]);
    }
```

```
    pr[imax-1] = Sr[imax-1] * Qr[imax-1] - Si[imax-1] * Qi[imax-1];
    pi[imax-1] = Si[imax-1] * Qr[imax-1] + Sr[imax-1] * Qi[imax-1];
    for(i = imax-2;i> = 0;i--){
        cr = Sr[i] - pr[i+1];
        ci = Si[i] - pi[i+1];
        pr[i] = cr * Qr[i] - ci * Qi[i];
        pi[i] = ci * Qr[i] + cr * Qi[i];
    }
    for(i = 0;i<imax;i++){
        p[i][k] = sqrt(pr[i] * pr[i] + pi[i] * pi[i]);
    }
}
pmax = 0.0;
for(i = 0;i<imax;i++){
    for(k = 0;k<kmax;k++){
        if(P[i][k]>pmax)pmax = p[i][k];
    }
}
for(k = 0;k<kmax;k++){
    for(i = 0;i<imax;i++){
        j = (int)(p[i][k]/pmax * 255.0);
        pThisDC->SetPixel(k,2 * i,RGB(j,j,j));
        pThisDC->SetPixel(k,2 * i+1,RGB(j,j,j));
    }
}
```

程序的主要部分共使用 8 个字长 M 的一维实数数组，每一步进需要 $10\times M$ 次乘积运算和 $8\times M$ 次加减运算。即使取 M 大至数百，以今天一般的个人电脑来计算也只需要 10 秒左右的时间。

以抛物线近似的声方程计算声场时要注意：① 步进方向上的离散间距 h_z 一般不要大于横方向的离散间距 h_x；② 声源开口对声场计算点的张角不要大于 30°；③ 如边缘不作全吸收处理，横方向上必须取比声源长度大得多的计算总长度减小边缘反射的影响。图 5-1 中的虚线为使用流体运动基本方程(非抛物线近似)时域差分法计算得到的源中心对称轴上的声压幅度，实线为横方向上计算总长度取声源长度 L 的 1.5 倍或 3.5 倍，空间离散间隔取声波长的 1/2 或 1/12 时以上述抛物线近似的声方程在频域计算得到的源中心对称轴上的声压。在近场区域两者的不一致正是由于声源开口对声场计算点的张角大于 30°的缘故。除近场外，当计算总长度为声源长度的 3.5 倍，空间离散间隔为声波长的 1/2 时两者符合得相当好。特别要注意：④ 图 5-2 显示使用流体运动基本方程(非抛物线近似)时域差分计算得到的声场和使用抛物线近似的声方程计算得到的声场。可见以抛物线近似的声方程计算声场时声束指向几乎只能在源正前方而不能偏转，否则计算得到的声束最大声压点不正确，偏转特性也不正确。

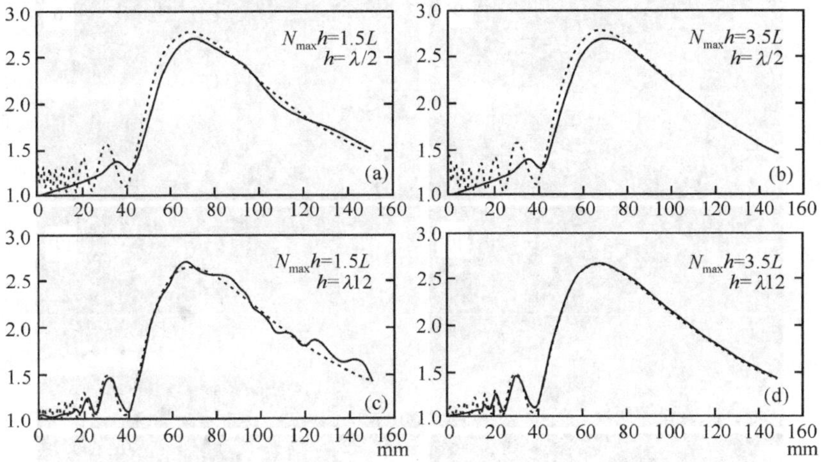

图 5-1　空间离散间隔 $h_x = h_z = h$ 和一定声源长度下计算范围的影响

5.2.2　对称空间

如位于 x 轴上的声源以某一点为中心对称，由此产生的声场也是对称的。那么，利用其对称条件就只需计算一半空间中的声场分布。取 $i=1$ 为对称点，即有 $p_0 = p_2$，于是系数矩阵写为

$$\begin{bmatrix} q & 2 & 0 & 0 & . & . \\ 1 & q & 1 & 0 & . & . \\ 0 & 1 & q & 1 & . & . \\ . & . & . & . & . & . \\ . & . & 0 & 1 & q & 1 \\ . & . & 0 & 0 & 1 & q \end{bmatrix}_k \tag{5.2.16}$$

第一行中的系数 2 就是因为利用了对称条件 $p_0 = p_2$。将这个系数矩阵转化为三角矩阵求解的步骤与前面讨论的完全相同，除了由下而上逐次计算到最上面一行时计算式为

$$Q_{2,2} = q - 2/Q_{1,1} \tag{5.2.17}$$

$$p_1 = \frac{S_1 - 2p_2}{Q_{1,1}} \tag{5.2.18}$$

外,其他行的计算式与前完全相同。

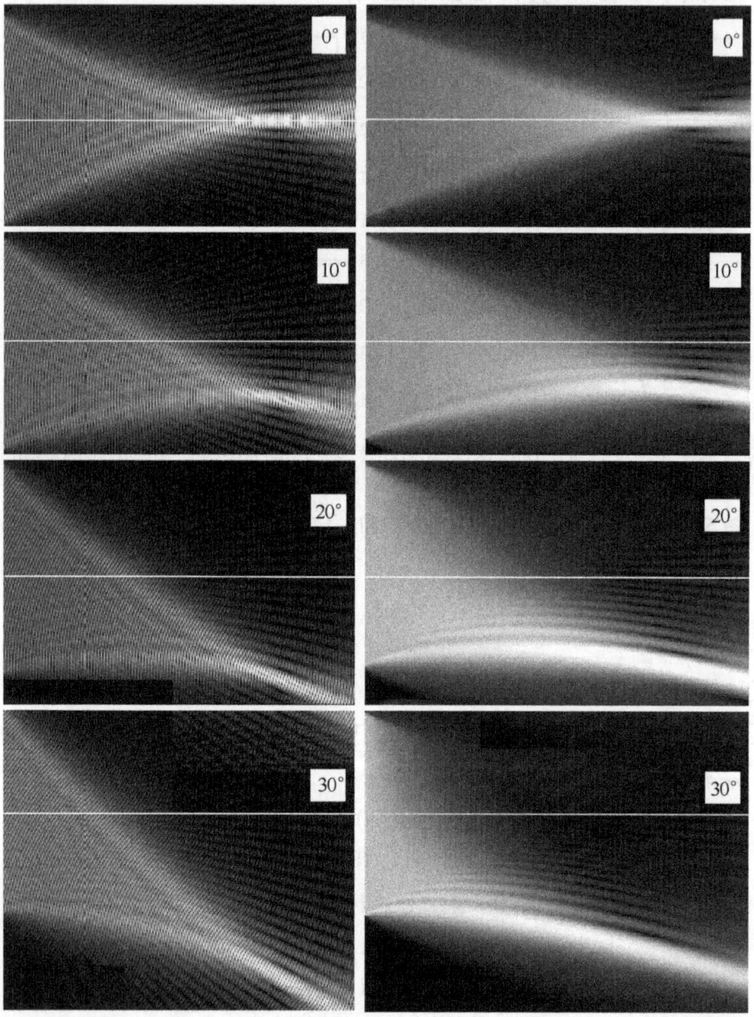

图 5-2 流体运动的基本方程时域差分法计算的声场(左)和抛物线近似方程计算的声场(右)

两者对比可知,只有在声束指向源正前方的场合才能以抛物线近似计算声场

对圆对称声源的声场,抛物线近似后的声方程(5.1.3)中空间微分的差分形式为

$$\frac{1}{r}\frac{\partial}{\partial r}r\frac{\partial p}{\partial r} \approx \frac{(i+0.5)(p_{i+1,k+1}-p_{i,k+1})/h_r-(i-0.5)(p_{i,k+1}-p_{i-1,k+1})/h_r}{ih_r}$$

$$=\frac{(1+0.5/i)p_{i+1,k+1}-2p_{i,k+1}+(1-0.5/i)p_{i-1,k+1}}{h_r^2} \tag{5.2.19}$$

由于分母上存在 i,源的中心($i=0$)好像是奇异点。但由于 $p_{-1,k+1}=p_{+1,k+1}$,于是有

$$\frac{1}{r}\frac{\partial}{\partial r}r\frac{\partial p}{\partial r}\bigg|_{i=0} \approx \frac{2p_{1,k+1}-2p_{0,k+1}}{h_r^2} \tag{5.2.20}$$

声方程的差分形式整理后为

$$a_i p_{i+1,k+1}+qp_{i,k+1}+b_i p_{i-1,k+1}=s_i \tag{5.2.21}$$

其中

$$\begin{aligned} q &= -(2+r) \\ s_i &= -rp_{i,k} \end{aligned} \tag{5.2.22}$$

$$\begin{cases} a_0 = 2 \\ a_i = (1+0.5/i), \qquad i\neq 0 \end{cases} \tag{5.2.23}$$

$$\begin{cases} b_0 = 0 \\ b_i = (1-0.5/i), \qquad i\neq 0 \end{cases} \tag{5.2.24}$$

将全部离散点处的差分方程写成矩阵形式为

$$\begin{bmatrix} q & 2 & 0 & 0 & \cdot & \cdot \\ a_2 & q & b_2 & 0 & \cdot & \cdot \\ 0 & a_3 & q & b_3 & \cdot & \cdot \\ \cdot & \cdot & \cdot & \cdot & \cdot & \cdot \\ \cdot & \cdot & 0 & a_{M-1} & q & b_{M-1} \\ \cdot & \cdot & 0 & 0 & a_M & q \end{bmatrix}\begin{bmatrix} p_1 \\ p_2 \\ p_3 \\ \cdot \\ \cdot \\ p_M \end{bmatrix}_{k+1} = \begin{bmatrix} s_1 \\ s_2 \\ s_3 \\ \cdot \\ \cdot \\ s_M \end{bmatrix}_k \tag{5.2.25}$$

将式(5.2.25)中的系数矩阵转化为三角矩阵的步骤与前面讨论的也完全相同,只不过原来矩阵元的值为 1 的地方现在被代之以 a_i, b_i。各递进计算式在形式上有相应变化,重写为

$$\begin{cases} Q_{1,1} = q \\ Q_{22} = q-2a_2/Q_{1,1} \\ Q_{i,i} = q-b_{i-1}a_i/Q_{i-1,i-1}, \qquad i\neq 1,2 \end{cases} \tag{5.2.26}$$

$$\begin{cases} S_1 = s_1 \\ S_i = s_i-a_i S_{i-1}/Q_{i-1,i-1}, \qquad i\neq 1 \end{cases} \tag{5.2.27}$$

和

$$\begin{cases} p_M = S_M/Q_{M,M}, & i = M \\ p_i = \dfrac{S_i - b_i p_{i+1}}{Q_{i,i}}, & i \neq M,1 \\ p_1 = \dfrac{S_1 - 2p_2}{Q_{1,1}}, & i = 1 \end{cases} \tag{5.2.28}$$

5.2.3 三维空间

实际应用中有时也需要计算三维声场。比如,超声波医疗诊断图像系统的声传感器的声放射面多为矩形,在直交方向(x,y)有不同的聚焦距离。

在三维空间中抛物线近似的声方程写为

$$\frac{\partial p}{\partial z} + \frac{\mathrm{j}}{2k}\left(\frac{\partial^2 p}{\partial x^2} + \frac{\partial^2 p}{\partial y^2}\right) = 0 \tag{5.2.29}$$

同前,设在 x,y 方向的离散间隔相同($h_x = h_y = h$),在 z 方向的间隔为 h_z。式(5.2.29)的差分方程为

$$p_{i+1,j,k+1} + p_{i,j+1,k+1} - (4+r)p_{i,j,k+1} + p_{i-1,j,k+1} + p_{i.j-1,k+1} = -rp_{i,j,k} \tag{5.2.30}$$

其中

$$r = \frac{\mathrm{j}2kh_x^2}{h_z} \tag{5.2.31}$$

整理后为

$$p_{i+1,j,k+1} + p_{i,j+1,k+1} + qp_{i,j,k+1} + p_{i-1,j,k+1} + p_{i,j-1,k+1} = s_{i,j} \tag{5.2.32}$$

其中

$$q = -(4+r) \tag{5.2.33}$$

$$s_{i,j} = -rp_{i,j} \tag{5.2.34}$$

每一个离散点处的离散方程涉及自身的值及其同列上下相邻行、同行左右相邻列的 5 个离散点的值(如图 5-3)。

如图 5-4,以 x,y 平面 3 行 4 列($N_i = 3, N_j = 4$)的离散点网格为例。将各行诸元依序串在一起使这个二维网格转换为含 $N_i \times N_j = 3 \times 4 = 12$ 个离散点的一维点阵,即

$$P = [p_{1,1}, p_{1,2}, p_{1,3}, p_{1,4}, p_{2,1}, p_{2,2}, p_{2,3}, p_{2,4}, p_{3,1}, p_{3,2}, p_{3,3}, p_{3,4}]^{\mathrm{T}} \tag{5.2.35}$$

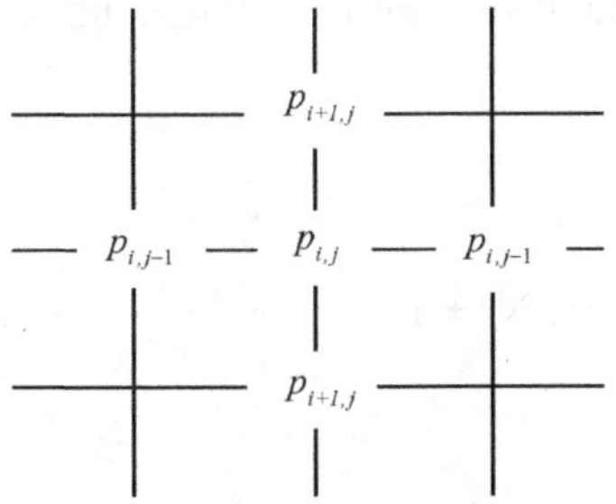

图 5-3　二维平面上的离散点和周围的 4 个元

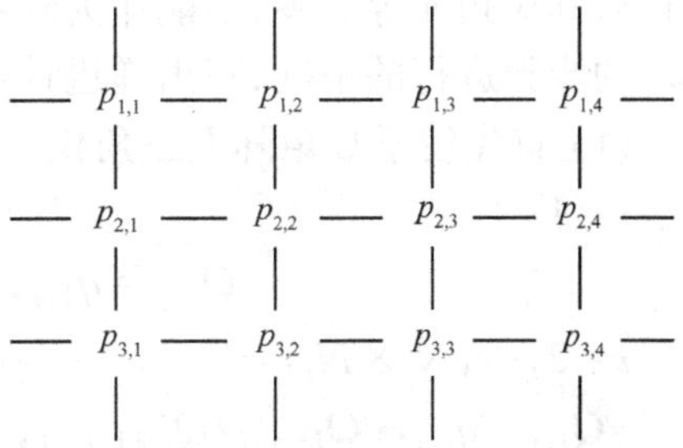

图 5-4　x,y 平面的 3 行 4 列离散点网格

原来二维网格中同列上下行的两个离散点在一维点阵中出现在前后相距 $N_j=4$ 的地方，不难写出其系数矩阵和方程组为

$$
\begin{bmatrix}
q & 1 & 0 & 0 & 1 & & & & & & & 0\\
1 & q & 1 & 0 & 0 & 1 & & & & & & \\
0 & 1 & q & 1 & 0 & 0 & 1 & & & & & \\
0 & 0 & 1 & q & 0 & 0 & 0 & 1 & & & & \\
1 & 0 & 0 & 0 & q & 1 & 0 & 0 & 1 & & & \\
 & 1 & 0 & 0 & 1 & q & 1 & 0 & 0 & 1 & & \\
 & & 1 & 0 & 0 & 1 & q & 1 & 0 & 0 & 1 & \\
 & & & 1 & 0 & 0 & 1 & q & 0 & 0 & 0 & 1\\
 & & & & 1 & 0 & 0 & 0 & q & 1 & 0 & 0\\
 & & & & & 1 & 0 & 0 & 1 & q & 1 & 0\\
 & & & & & & 1 & 0 & 0 & 1 & q & 1\\
0 & & & & & & & 1 & 0 & 0 & 1 & q
\end{bmatrix}
\begin{bmatrix}
p_{1,1}=P_1\\ p_{1,2}=P_2\\ p_{1,3}=P_3\\ p_{1,4}=P_4\\ p_{2,1}=P_5\\ p_{2,2}=P_6\\ p_{2,3}=P_7\\ p_{2,4}=P_8\\ p_{3,1}=P_9\\ p_{3,2}=P_{10}\\ p_{3,3}=P_{11}\\ p_{3,4}=P_{12}
\end{bmatrix}_{k+1}
=
\begin{bmatrix}
s_{1,1}=d_1\\ s_{1,2}=d_2\\ s_{1,3}=d_3\\ s_{1,4}=d_4\\ s_{2,1}=d_5\\ s_{2,2}=d_6\\ s_{2,3}=d_7\\ s_{2,4}=d_8\\ s_{3,1}=d_9\\ s_{3,2}=d_{10}\\ s_{3,3}=d_{11}\\ s_{3,4}=d_{12}
\end{bmatrix}_{k}
\tag{5.2.36}
$$

系数矩阵中矩形区域 4 个角点对应的行里有 3 个不为零的元；区域边缘的离散点对应的行里有 4 个不为零的元；其他行里均有 5 个不为零的元。将系数矩阵转化为上三角矩阵的方法与前面讨论过的相同。只是现在对角元下方有 2 个非零(等于 1)元需要消去。在将第 1 行乘以 $-1/q$ 加到第 2 行去以消去第 2 行中的第 1 个非零(等于 1)元时，第 2 行中对角元后的 $N_j=4$ 个元都可能变为非零。而在将第 1 行乘以 $-1/q$ 加到第 $N_j+1=5$ 行去以消去 $N_j+1=5$ 行中的第 1 个非零(等于 1)元时，该行从第 2 个起计 8 个元都可能变为非零。在对角元左侧的诸元都需要在以后行的上三角化中逐步消去。暂不考虑这样的运算可能导致上三角化进行到某

一行时其对角元等于零,不能作为除数,而使得以下各行的上三角化不能依前面叙述过的步骤进行的情况,写出递进计算步骤为:

(1) 首先使系数矩阵上三角化

$i=1$:

$$Q_{1,j}=q_{1,j}, \qquad j=1,\cdots,N_j+1 \tag{5.2.37}$$

$i=2,\cdots,N_i\times N_j$:

$$\begin{cases} Q_{i,j}=q_{i,j}-Q_{i-1,j}/Q_{i-1,i-1}, \\ Q_{i+N_j-1,j}=q_{i+N-1_j,j}-Q_{i-1,j}/Q_{i-1,i-1}, \end{cases} \qquad j=i,\cdots,i+N_j-1<N_i\times N_j \tag{5.2.38}$$

$Q_{i,j}$和$q_{i,j}$在编程时取同一数组。

(2) 然后在 z 方向的步进循环中计算

$$d_i=-rP_i, \qquad i=1,\cdots,N_i\times N_j \tag{5.2.39}$$

和

$$D_1=d_1, \qquad i=1$$

$$\begin{cases} D_i=d_i-d_{i-1}Q_{i-1,j}/Q_{i-1,i-1} \\ D_{i+N_i-1}=d_{i+N_i-1}-d_{i-1}Q_{i-1,j}/Q_{i-1,i-1}, \end{cases} \qquad i=2,\cdots,N_i\times N_j \tag{5.2.40}$$

D_i 和 d_i 在编程时取同一数组。

(3) 最后由下而上($i=N_i\times N_j,\cdots,1$)逐次求得所有 P_i

$$P_i=\frac{D_i-\sum\limits_{j=i+1}^{i+N_j<N_i\times N_j}Q_{i,j}P_j}{Q_{i,i}} \tag{5.2.41}$$

参照前面一维情况时的程序结构可知,每一步进需要约$8N_j\times N_j\times N_i$次乘积运算和$4N_j\times N_j\times N_i$次加减运算。由于最后 P_i 计算式中$\sum$的计算,使得其计算量要比一维情况下取相同离散点数($N_j\times N_i$)的计算量大得多。另外,更致命的问题是,即使 N_i,N_j 各取一个不算大的数,如 100(对 1MHz 频率,水中半波长为 0.75mm 而言,相当于 75mm × 75mm 的区域)系数矩阵就需要约$(N_i\times N_j)\times(N_i\times N_j)=100$M个复数的存储空间,这是不现实的。其实,既然系数矩阵的每一行中只有对角元左右共$2N_j+1$个元不为零,取一个$(2N_j+1)\times(N_i\times N_j)$的两维复数数组(约 4M 个实数)就可以存储全部有用信息,加上适当“寻址”(系数矩阵中的位置和存储位置的对应)也可以进行计算。

“寻址”的具体做法如下:

(a) 取一$(N_j+1)\times(2N_j+1)$的二维数组 $C_{i,j}$存进系数矩阵中 1 至 N_j+1 行中的 1 至 $2N_j+1$ 个元的数,即

$$C_{i,j}=\begin{bmatrix} q & 1 & 0 & 0 & 1 & 0 & 0 & 0 & 0 \\ 1 & q & 1 & 0 & 0 & 1 & 0 & 0 & 0 \\ 0 & 1 & q & 1 & 0 & 0 & 1 & 0 & 0 \\ 0 & 0 & 1 & q & 1 & 0 & 0 & 1 & 0 \\ 1 & 0 & 0 & 1 & q & 1 & 0 & 0 & 1 \end{bmatrix} \tag{5.2.42}$$

更一般的,写为

$$C_{i,j}=\begin{bmatrix} c_{1,1} & c_{1,2} & c_{1,3} & c_{1,4} & c_{1,5} & c_{1,6} & c_{1,7} & c_{1,8} & c_{1,9} \\ c_{2,1} & c_{2,2} & c_{2,3} & c_{2,4} & c_{2,5} & c_{2,6} & c_{2,7} & c_{2,8} & c_{2,9} \\ c_{3,1} & c_{3,2} & c_{3,3} & c_{3,4} & c_{3,5} & c_{3,6} & c_{3,7} & c_{3,8} & c_{3,9} \\ c_{4,1} & c_{4,2} & c_{4,3} & c_{4,4} & c_{4,5} & c_{4,6} & c_{4,7} & c_{4,8} & c_{4,9} \\ c_{5,1} & c_{5,2} & c_{5,3} & c_{5,4} & c_{5,5} & c_{5,6} & c_{5,7} & c_{5,8} & c_{5,9} \end{bmatrix} \tag{5.2.43}$$

(b) 找出第 1 列诸元 $c_{i,1}(i=1,\cdots,N_j)$中最大绝对值所在的行,将该行与第 1 行对调。肯定不会出现所有 $c_{i,1}$都为零的情况,否则对应点的声压值就不能唯一确定。这种对调也避免了对角元为零而不能作为除数的情况。

(c) 在对调后的矩阵 $C_{i,j}$中,以第 1 行乘以 $-c_{i,1}/c_{1,1}$再加到其他各行去以使 $c_{i,1}=0(i\neq 1)$。将 N_j 个除算结果$c_{i,1}/c_{1,1}$存进一个$(N_j\times N_i-1)\times N_j$ 的二维数组$(CM_{i,j})$供计算 D_i 用,将第 1 行的 $2N_j+1$ 个值存进一个$(N_j+1)\times(2N_j+1)$的二维数组$(G_{i,j})$。

(d) 然后,$C_{i,j}$中诸元向左上移动,其最右空出的一列诸元补以零,而最下一行补以系数矩阵 $Q_{i,j}$中 N_j+2 行中以对角元为中心的 $2N_j+1$ 个元的值,即成为

$$\begin{bmatrix} c_{2,2} & c_{2,3} & c_{2,4} & c_{2,5} & c_{2,6} & c_{2,7} & c_{2,8} & c_{2,9} & 0 \\ c_{3,2} & c_{3,3} & c_{3,4} & c_{3,5} & c_{3,6} & c_{3,7} & c_{3,8} & c_{3,9} & 0 \\ c_{4,2} & c_{4,3} & c_{4,4} & c_{4,5} & c_{4,6} & c_{4,7} & c_{4,8} & c_{4,9} & 0 \\ c_{5,2} & c_{5,3} & c_{5,4} & c_{5,5} & c_{5,6} & c_{5,7} & c_{5,8} & c_{5,9} & 0 \\ 1 & 0 & 0 & 1 & q & 1 & 0 & 0 & 1 \end{bmatrix} \tag{5.2.44}$$

以此作为新的 $C_{i,j}$重复上述过程。以上过程表示为

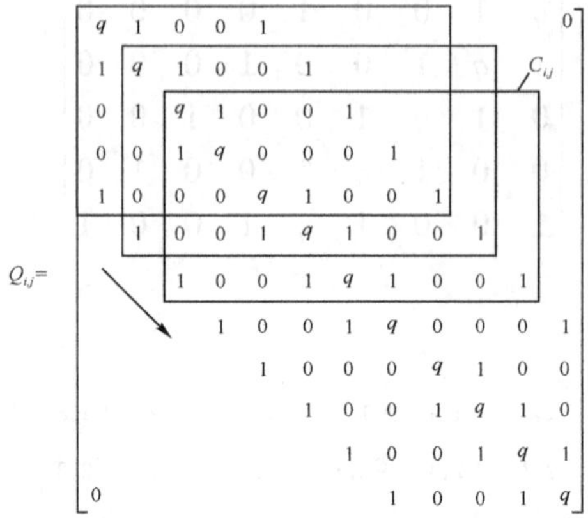

(5.2.45)

如此逐行进行,一直到补入矩阵 $Q_{i,j}$ 中的最后一行(N_j+N_i)后,还继续在 $C_{i,j}$ 的最下一行补进所有元为零的虚拟行,使有实际意义的行升至 $C_{i,j}$ 的第一行终止。

(e) 终止后,不需行交换(这也就是整数数组 L_i 能取比 N_j+N_i 少 1 的元的来由),直接将 $C_{i,j}$ 中第一行的值存进 $C_{i,j}$。

为进一步理解以上算法给出有关程序供参考

```
//matrix size
      float Pr[Nj * Ni],Dr[Nj * Ni],Gr[Nj * Ni][2 * Nj + 1],Cr[Nj + 1][2 * Nj + 1];
      float Pi[Nj * Ni],Di[Nj * Ni],Gi[Nj * Ni][2 * Nj + 1],Ci[Nj + 1][2 * Nj + 1];
      float CMr[Nj * Ni - 1][Nj + 1],Hr[2 * Nj + 1];
      float CMi[Ni * Ni - 1][Nj + 1],Hi[2 * Nj + 1];
      int L[Nj * Ni - 1];
//initial parameters
    c0 = 1500;                    //sound speed
    f0 = 3500000;                 //frequency
    h = c0/f/2;                   //step length for x,y
    hz = c0/f/8;
    ------
    ri = 4 * 3.14159 * f0/c0 * h * h/hz;
//focal source initiation at z = 0
      for(i = 0;i<Ni;i++){
          x = (i - i0) * h;
          for(j = 0;j<Nj;j++){
              y = (j - j0) * h;
              if(fabs(x)<xsourcelen &&
```

```
                    fabs(y)<ysourcelen){
                      pha = 2 * 3.14159 * f0/c0 * (x * x/Rx + y * y/Ry)/2;
                      pr[i] = cos(pha);
                      pi[i] = sin(pha);
                  }else{
                    pr[i][j] = 0;
                    pi[i][j] = 0;
                  }
//transfer to 1 - D matrix
              m = i * Nj + j;
              Pr[m] = pr[i][j];
              Pi[m] = pi[i][j];
              Dr[m] = - ri * pi[m];
              Di[m] = ri * pr[m];
            }
          }
//initial values for beginning Nj columns
        for(i = 0;i<Nj;i++){
            for(j = 0;j<2 * Nj + 1;j++){
              Cr[i][j] = 0;
              Ci[i][j] = 0;
            }
            if(i<Nj * Ni){
              m = Nj;
              if(i<Nj)m = i;
              Cr[i][m] = - 4;
              Ci[i][m] = - ri;
              if(m - Nj> = 0)Cr[i][m - Nj] = 1;
              if(m - 1 > = 0)Cr[i][m - 1] = 1;
              if(m + 1 < = 2 * Nj)Cr[i][m + 1] = 1;
              if(m + Nj< = 2 * Nj)Cr[i][m + Nj] = 1;
            }
          }
        for(i = Nj; i<Nj + Nj * Ni - 1;i++){
//initial values for (Nj + 1)th column
                for(j = 0;j<2 * Nj + 1;j++){
                    Cr[Nj][j] = 0;
                    Ci[Nj][j] = 0;
```

```
            }
            if(i <Nj * Ni){
                m = Nj;
                if(i <Nj)m = i;
                Cr[Nj][m] = -4;
                Ci[Nj][m] = -ri;
                if(m - Nj> = 0)Cr[Nj][m - Nj] = 1;
                if(m - 1 > = 0)Cr[Nj][m - 1] = 1;
                if(m + 1 < = 2 * Nj)Cr[Nj][m + 1] = 1;
            if(m + Nj< = 2 * Nj)Cr[Nj][m + Nj] = 1;
        }
//searching for the column with maximum
        Cm0Max = Cr[0][0] * Cr[0][0] + Ci[0][0] * Ci[0][0];
        mMax = 0;
        for(m = 1;m<Nj + 1;m ++ ){
                temp = Cr[m][0] * Cr[m][0] + Ci[m][0] * Ci[m][0];
                if(temp>Cm0Max){
                    Cm0Max = temp;
                    mMax = m;
                }
        }
//exchange column 0 with column m
        for(j = 0;j<2 * Nj + 1;j ++ ){
                temp = Ci[0][j];
                Cr[0][j] = Cr[mMax][j];
                Cr[mMax][j] = temp;
                temp = Ci[0][j];
                Ci[0][j] = Ci[mMax][j];
                Ci[mMax][j] = temp;
        }
//record information of the exchange
        L[i] = mMax;
//record column 0
        for(j = 0;j<2 * Nj + 1;j ++ ){
                Gr[i][j] = Cr[0][j];
                Gi[i][j] = Ci[0][j];
        }
//eliminate 1st term in other column and move upleft
```

```
            Cr00 = Cr[0][0]/Cm0Max;      //H(j) = C(0,j)/C(0,0)
            Ci00 = -Ci[0][0]/Cm0Max;
            for(j = 0;j<2 * Nj + 1;j++){
                Hr[j] = Cr[0][j] * Cr00 - Ci[0][j] * Ci00;
                Hi[j] = Ci[0][j] * Cr00 + Cr[0][j] * Ci00;
            }
                                         //CM(i,m) = C(m,0)/C(0,0)
            for(m = 1;m<Nj + 1;m++){
                CMr[i][m] = Cr[m][0] * Cr00 - Ci[m][0] * Ci00;
                CMi[i][m] = Ci[m][0] * Cr00 + Cr[m][0] * Ci00;
                                         //C(m-1,j-1) = c(m,j) - H(j) * C(m,0)
                for(j = 1;j<2 * Nj + 1;j++){
                    Cr[m-1][j-1] = Cr[m][j]
                        -(Hr[j] * Cr[m][0] - Hi[j] * Ci[m][0]);
                    Ci[m-1][j-1] = Ci[m][j]
                        -(Hi[j] * Cr[m][0] + Hr[j] * Ci[m][0]);
                }
                Cr[m-1][2 * Nj] = 0;     //set 0 to the rightest row
                Ci[m-1][2 * Nj] = 0;
            }
        }
//main loop in z direction
        for(k = 0;k<Nk,k++){
            for(i = 0;i<Nj * Ni - 1;i++){
                Cr00 = Dr[i];            //exchange D(i) by the
                Ci00 = Di[i];            //          recorded L(i)
                Dr[i] = Dr[i + L[i]];
                Di[i] = Di[i + L[i]];
                Dr[i + L[i]] = Cr00;
                Di[i + L[i]] = Ci00;     //D(i + m) -= D(i) * CM(i,m)
                for(m = 1;m<Nj + 1;m++){
                    Dr[i + m] -= Dr[i] * CMr[i][m] - Di[i] * CMi[i][m];
                    Di[i + m] -= Di[i] * CMr[i][m] + Di[i] * CMi[i][m];
                }
//calculate P
                for(i = Nj * Ni - 1;i>= 0;i--){
                    m = Nj * Ni - i;
                    if(m>2 * Ni + 1)m = 2 * Nj + 1;
```

```
            for(j=1;j<m;j++){      //Sigma
                Dr[i]-=Gr[i][j]*Pr[i+j]-Gi[i][j]*Pi[i+j];
                Di[i]-=Gi[i][j]*Pr[i+j]+Gr[i][j]*Pi[i+j];
            }
            temp=Gr[i][0]*Gr[i][0]+Gi[i][0]*Gi[i][0];
            Pr[i]=(Dr[i]*Gi[i][0]+Di[i]*Gi[i][0])/temp;
            pi[i]=(Di[i]*Gr[i][0]-Dr[i]*Gi[i][0])/temp;
            Dr[i]=-ri*pi[i];
            Di[i]= ri*pr[i];
            }
        }
    }
```

即便从节约存储容量来说这已经是很好的算法了。但如前所述,在 N_j, N_i 取 100 时,$G_{i,j}$ 还是有 4 兆个实数数据。以每个实数是单精度(4byte)计,存储空间就需要 16Mbyte;而 N_j, N_i 再各增加一倍的话,存储空间就要增加 8 倍。这还只是对一个频率成分而言,如果要在非线性介质和(或)脉冲波驱动的情况下在频率域考虑上百个频率成分,那 N_j, N_i 只能取得更小。所以,以今天的电脑水平进行三维空间的声场计算还是很困难,还需要新的技巧。

如声源在 x 和 y 方向都是对称的,利用其对称条件就只需计算 1/4 空间的声场分布。设在图 5-3 中 $p_{14}-p_{24}-p_{34}$ 和 $p_{31}-p_{32}-p_{33}-p_{34}$ 是对称轴上的离散点。系数矩阵变为

$$
\begin{bmatrix}
q & 1 & 0 & 0 & 1 & & & & & & & & 0 \\
1 & q & 1 & 0 & 0 & 1 & & & & & & & \\
0 & 1 & q & 1 & 0 & 0 & 1 & & & & & & \\
0 & 0 & 2 & q & 0 & 0 & 0 & 1 & & & & & \\
1 & 0 & 0 & 0 & q & 1 & 0 & 0 & 1 & & & & \\
 & 1 & 0 & 0 & 1 & q & 1 & 0 & 0 & 1 & & & \\
 & & 1 & 0 & 0 & 1 & q & 1 & 0 & 0 & 1 & & \\
 & & & 1 & 0 & 0 & 2 & q & 0 & 0 & 0 & 1 & \\
 & & & & 2 & 0 & 0 & 0 & q & 1 & 0 & 0 & \\
 & & & & & 2 & 0 & 0 & 1 & q & 1 & 0 & \\
 & & & & & & 2 & 0 & 0 & 1 & q & 1 & \\
0 & & & & & & & 2 & 0 & 0 & 2 & q &
\end{bmatrix}_k
\tag{5.2.46}
$$

其中,出现系数"2"就是因为利用了对称条件。它转化为三角矩阵的步骤与前面讨论的完全相同。

在超声医学诊断图像系统的声场问题中,还可以利用对称条件,分别在 x, y 方向的中心对称线上作一维计算求 x, y 方向上的声聚焦效应 $p_x(x), p_y(y)$。然

后，合成声场为 $p(x,y)\approx p_x(x)p_y(y)$。这样一来，计算速度和存储容量都不成问题。这种方法的可行性由数值计算结果得到证实。需要注意的是：在计算的每一步进中，x 方向上的聚焦效应引起对称中心点的声压(振幅和相位)变化，这也是 y 方向上对称中心点的声压变化。y 方向上的其他离散点也有同样的聚焦增益。反之 y 方向上的聚焦效应对 x 方向的影响也一样。在线性声场计算中这并不影响各自方向上的聚焦特性。但是，在考虑非线性传播效应的声场计算中则不同。

第6章 积分法——声场逆问题

积分法一般在频率域就单频成分进行。可以直接计算声场外任意一观察点处的声场，声场到观察点之间的传播介质的声参数(声速度、密度等)一般是不变的。主要应用于自由空间假设下的声传播问题，不处理边界条件和反射、折射、透射等声现象。积分法可用于求解弱散射介质中声传播的逆问题。

克希荷夫(基尔霍夫，Kirchhoff)公式是积分法的基础。

6.1 克希荷夫公式

单一频率源发出的声振动代入声波动方程后得到式(1.2.37)，重写为

$$\nabla^2 P + k^2 P = 0 \tag{6.1.1}$$

式(6.1.1)也称为亥母霍兹波动方程。特定边界条件和初始条件下式(6.1.1)的点声源响应称为格林(Green)函数 $G(\vec{r},\vec{r}')$，即

$$\nabla^2 G(\vec{r},\vec{r}') + k^2 G(\vec{r},\vec{r}') = -4\pi\delta(\vec{r}-\vec{r}') \tag{6.1.2}$$

其中，$\delta(\vec{r}-\vec{r}')$是 Dirac 脉冲函数。一旦知道了点源的场，就可以用叠加的方法得到任意源所产生的场，写为

$$P(\vec{r}) = \oiint_{S'} \left[G(\vec{r},\vec{r}') \frac{\partial P}{\partial n} - P \frac{\partial G(\vec{r},\vec{r}')}{\partial n} \right] \mathrm{d}\vec{s}' \tag{6.1.3}$$

即声压 $P(\vec{r})$可以由包含 $\vec{r}$ 在内的一个闭合面上的声压和声压的法向微分的积分得到。通常总是将面源放在闭合面上(求源的声场)或闭合面外(声波的传播)。

6.1.1 "绝对硬"平面壁前的声源

如图 6-1，无限大刚性("绝对硬")平面壁前的点声源的辐射声场在引进镜像点声源(振动的振幅相等，振动方向相反)后，可作为自由空间中的问题处理。包括点声源和镜像点声源的格林函数为

$$G(\vec{r},\vec{r}'_1,\vec{r}'_2) = \frac{1}{4\pi}\frac{\mathrm{e}^{-\mathrm{j}k|\vec{r}-\vec{r}'_1|}}{|\vec{r}-\vec{r}'_1|} + \frac{1}{4\pi}\frac{\mathrm{e}^{-\mathrm{j}k|\vec{r}+\vec{r}'_2|}}{|\vec{r}+\vec{r}'_2|} \tag{6.1.4}$$

显然当 $\vec{r}_1 \to \vec{r}$ 和 $\vec{r}_2 \to \vec{r}$ 时有

$$G(\vec{r},\vec{r}') = \frac{1}{2\pi}\frac{\mathrm{e}^{-\mathrm{j}k|\vec{r}-\vec{r}'|}}{|\vec{r}-\vec{r}'|} \tag{6.1.5}$$

为自由空间中点声源效应的两倍。对球面波的法向微分可写为

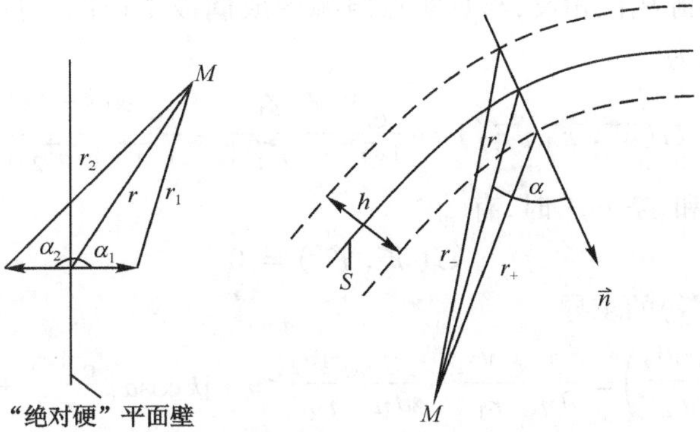

图 6-1　“绝对硬”平面壁前的点声源和镜像点声源

$$\begin{aligned}\frac{\partial}{\partial n}\frac{\mathrm{e}^{-\mathrm{j}kr}}{r} &= \lim_{r_+\to r_-}\frac{1}{\vec{r}_+-\vec{r}_-}\left(\frac{\mathrm{e}^{-\mathrm{j}kr_+}}{r_+}-\frac{\mathrm{e}^{-\mathrm{j}kr_-}}{r_-}\right)\\ &= \lim_{h\to 0}\frac{1}{h}\left[\frac{\mathrm{e}^{-\mathrm{j}k\left(r+\frac{h}{2}\cos\alpha\right)}}{r+\frac{h}{2}\cos\alpha}-\frac{\mathrm{e}^{-\mathrm{j}k\left(r-\frac{h}{2}\cos\alpha\right)}}{r-\frac{h}{2}\cos\alpha}\right]\approx -\mathrm{j}k\cos\alpha\,\frac{\mathrm{e}^{\mathrm{j}kr}}{r}\end{aligned} \tag{6.1.6}$$

那么,对 $G(\vec{r},\vec{r}'_1,\vec{r}'_2)$的求导

$$\frac{\partial}{\partial n}\left(\frac{\mathrm{e}^{-\mathrm{j}kr_1}}{r_1}+\frac{\mathrm{e}^{-\mathrm{j}kr_2}}{r_2}\right)=\frac{\partial}{\partial n}\frac{\mathrm{e}^{-\mathrm{j}kr_1}}{r_1}+\frac{\partial}{\partial n}\frac{\mathrm{e}^{-\mathrm{j}kr_2}}{r_2}\approx -\mathrm{j}k\cos\alpha_1\frac{\mathrm{e}^{\mathrm{j}kr_1}}{r_1}-\mathrm{j}k\cos\alpha_2\frac{\mathrm{e}^{\mathrm{j}kr_2}}{r_2} \tag{6.1.7}$$

当 $\vec{r}_1\to\vec{r},\vec{r}_2\to\vec{r}$ 时亦有 $\alpha_1+\alpha_2\to\pi$,代入式(6.1.7)后得

$$\frac{\partial G(\vec{r},\vec{r}')}{\partial n}=0 \tag{6.1.8}$$

于是克希荷夫公式(6.1.3)只剩第一项积分,写为

$$P(\vec{r})=\iint_S G(\vec{r},\vec{r}')\frac{\partial P}{\partial n}\mathrm{d}\hat{s}=\iint_S\frac{\mathrm{e}^{\mathrm{j}k|\vec{r}-\vec{r}'|}}{|\vec{r}-\vec{r}'|}\frac{\partial P}{\partial n}\mathrm{d}\hat{s} \tag{6.1.9}$$

式(6.1.9)通常称为惠更斯第一积分式,其意义为:无限大刚性平面壁前的声源可以分成无限多个小面元 ds,每个小面元上均匀振动,近似看成点声源,空间任意一点声压的值为各个小面元在此点贡献的和。

所谓“绝对硬”就是说在此壁面声波的法向质点速度为零,相当于流体介质中的全反射边界(固体边界)。

6.1.2　“绝对软”平面壁前的声源

设点声源放置于“绝对软”的壁前。这时镜像点方法也成立,只是镜像点声源

的相位与真实声源相位相反,与真实点声源构成偶极子声源。自由空间中偶极子声源的格林函数为

$$G(\vec{r},\vec{r}_1',\vec{r}_2') = \frac{e^{-jk|\vec{r}-\vec{r}_1'|}}{|\vec{r}-\vec{r}_1'|} - \frac{e^{-jk|\vec{r}+\vec{r}_2'|}}{|\vec{r}+\vec{r}_2'|} \tag{6.1.10}$$

显然当 $\vec{r}_1 \to \vec{r}$ 和 $\vec{r}_2 \to \vec{r}$ 时,有

$$G(\vec{r},\vec{r}') = 0 \tag{6.1.11}$$

对 $G(\vec{r},\vec{r}_1',\vec{r}_2')$的求导

$$\frac{\partial}{\partial n}\left(\frac{e^{-jkr_1}}{r_1} - \frac{e^{-jkr_2}}{r_2}\right) = \frac{\partial}{\partial n}\frac{e^{-jkr_1}}{r_1} - \frac{\partial}{\partial n}\frac{e^{-jkr_2}}{r_2} \approx -jk\cos\alpha_1\frac{e^{-jkr_1}}{r_1} + jk\cos\alpha_2\frac{e^{-jkr_2}}{r_2} \tag{6.1.12}$$

当 $\vec{r}_1 \to \vec{r}$, $\vec{r}_2 \to \vec{r}$ 时亦有 $\alpha_1 + \alpha_2 \to \pi$,代入式(6.1.12)后得

$$\frac{\partial G(\vec{r},\vec{r}')}{\partial n} = 2\frac{\partial}{\partial n}\frac{e^{-jk|\vec{r}-\vec{r}_1'|}}{|\vec{r}-\vec{r}_1'|} \tag{6.1.13}$$

于是克希荷夫公式(6.1.3)只剩第二项积分,写为

$$P(\vec{r}) = -\frac{1}{2\pi}\iint_{S_1} P\frac{\partial}{\partial n}\frac{e^{-jk|\vec{r}-\vec{r}'|}}{|\vec{r}-\vec{r}'|}d\hat{s} \tag{6.1.14}$$

上式通常称为惠更斯第二积分式,其意义为:“绝对软”壁前的声源可以分成无限多个小面元 ds,每个小面元上均匀振动,近似看成偶极子声源,空间任意一点声压的值为各个小面元在此点贡献的和。

偶极子声源的辐射声场也是随距离成反比减少的。所谓“绝对软”就是说在此壁面声波的声压为零,相当于流体介质中的全吸收边界。

6.1.3 积分法的意义:惠更斯原理

一般,声源既不在“绝对硬” 也不在“绝对软”的壁面上,而是这两种极端情况的组合。自由空间中的点声源效应(格林函数)为

$$G(\vec{r},\vec{r}') = \frac{1}{4\pi}\frac{e^{-jk|\vec{r}-\vec{r}'|}}{|\vec{r}-\vec{r}'|} \tag{6.1.15}$$

在闭合面法向方向上求导写为

$$\frac{\partial G(\vec{r},\vec{r}')}{\partial n} = \frac{1}{4\pi}\frac{\partial}{\partial n}\frac{e^{-jk|\vec{r}-\vec{r}'|}}{|\vec{r}-\vec{r}'|} \tag{6.1.16}$$

自由空间中的克希荷夫公式兼有这两项成分,意味着自由空间中任何一点的声场由两部分组成:① 包围该点的闭合面为“绝对硬”时分布其上的点声源的辐射声场;② 同样闭合面为“绝对软”时分布其上的点声源(等于自由空间中的偶极子声源)的辐射声场。这也称作惠更斯原理。

以声压和质点速度间的关系式

$$\frac{\partial p}{\partial n}\left(=-\nabla p=\rho\frac{\partial \vec{v}}{\partial t}\right)=\mathrm{j}\omega\rho\vec{V} \tag{6.1.17}$$

代入克希荷夫公式(6.1.3)后有

$$P(\vec{r})=\frac{1}{4\pi}\iint_S\left[\mathrm{j}\omega\rho\vec{V}\frac{\mathrm{e}^{-\mathrm{j}k|\vec{r}-\vec{r}_0|}}{|\vec{r}-\vec{r}_0|}-P\frac{\partial}{\partial n}\frac{\mathrm{e}^{-\mathrm{j}k|\vec{r}-\vec{r}_0|}}{|\vec{r}-\vec{r}_0|}\right]\mathrm{d}\hat{s} \tag{6.1.18}$$

这表示自由空间中任何一点的声场可以由包围该点的闭合面上的质点速度和声压得到。所以,由某一时刻的波面计算下一时刻的波面的声波传播问题(如图 6-2)一般要同时知道波面上的质点速度和声压。通常不规则的闭合面使积分计算复杂化,另外同时测定质点速度和声压也不容易。以克希荷夫公式计算声场时,总是假设将闭合面选取在声压最大的波面处(质点速度为零)或质点速度最大的波面处(声压为零),从而可以由惠更斯第一积分式或惠更斯第二积分式计算。

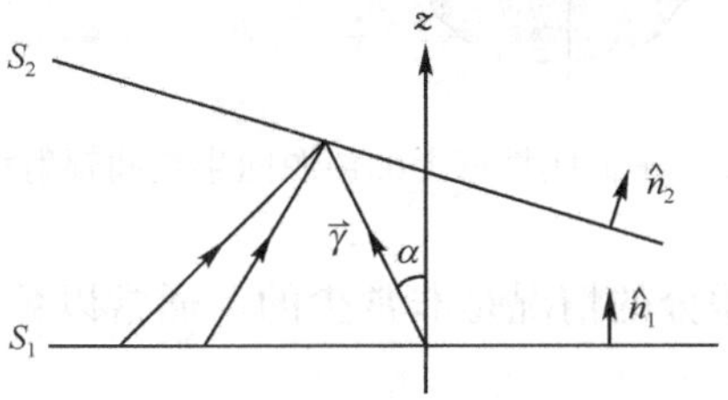

图 6-2　由某一时刻波面到下一时刻波面的声波传播

对式(6.1.18)的被积函数第二项有

$$P\frac{\partial}{\partial n}\frac{\mathrm{e}^{-\mathrm{j}k|\vec{r}-\vec{r}'|}}{|\vec{r}-\vec{r}'|}=-P\frac{1+\mathrm{j}k|\vec{r}-\vec{r}'|}{|\vec{r}-\vec{r}'|^2}\mathrm{e}^{-\mathrm{j}k|\vec{r}-\vec{r}'|}\cos\alpha$$

$$\approx-\mathrm{j}\omega\rho V\frac{\mathrm{e}^{-\mathrm{j}k|\vec{r}-\vec{r}'|}}{|\vec{r}-\vec{r}'|}\cos\alpha$$

$$=-\mathrm{j}\omega\rho\vec{V}\frac{\mathrm{e}^{-\mathrm{j}k|\vec{r}-\vec{r}'|}}{|\vec{r}-\vec{r}'|}\mathrm{d}\hat{s} \tag{6.1.19}$$

其中,α 是源振动方向与场点位置方向间的夹角。可见,式(6.1.18)的被积函数中的第二项与第一项相等,于是有

$$P(\vec{r})=\frac{1}{2\pi}\iint_S\mathrm{j}\omega\rho\vec{V}\frac{\mathrm{e}^{-\mathrm{j}k|\vec{r}-\vec{r}_0|}}{|\vec{r}-\vec{r}_0|}\mathrm{d}\hat{s} \tag{6.1.20}$$

这通常称为瑞利积分。如图 6-3,$z=0$ 处的平面刚性壁上的声源向半空间辐射声波,由瑞利积分可知空间的声压为

$$P(x,y,z) = \frac{j\omega\rho_0}{2\pi}\iint_S V(x',y')\frac{e^{-jkr}}{r}dx'dy' \tag{6.1.21}$$

其中

$$r = \sqrt{(x-x')^2+(y-y')^2+z^2} \tag{6.1.22}$$

$V(x',y')$为声源 S 面上的质点速度分布。

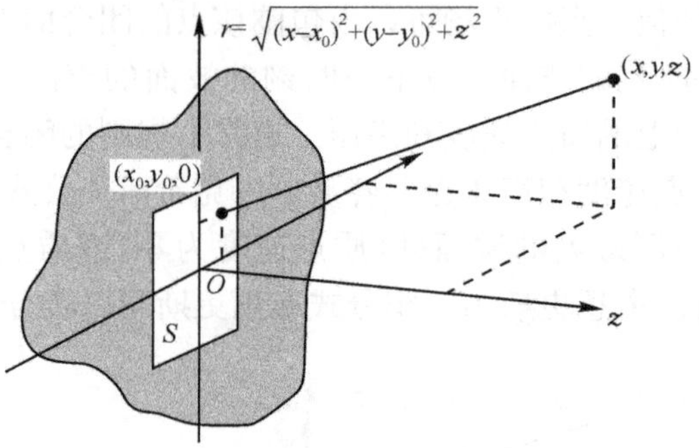

图 6-3　平面刚性壁上的声源向半空间辐射声波

瑞利积分能够解析积分的情况是非常少的。通常以数值计算方法或近似方法计算。

6.1.4 “放置平面声源于刚性平面上”的意义

常见到假设“放置平面声源于刚性平面上”，这只是为了数学上能够简化成只含一个积分项吗？

为了提高扬声器的辐射效率，要求其振动面振动时有一致的相位特性。如不是同时驱动全体振动面，而是由中心部分驱动以带动周边振动的话，那么越是高频整个振动面就越不会有一致的相位特性，辐射能量会被相互抵消。所以一般高频扬声器做不大。

声现象是传播介质疏密运动的结果。设板小而做低频振动，板前面的介质密度高时，后面密度低，于是介质由前面绕过板流到后面去的流体流动速度比振动速度还要快。这种介质流动消耗了振动的能量，影响了振动向远处的传播。所以，为提高辐射效率有必要阻隔介质流动到振动面后侧去。放声源在无限大“绝对硬的刚性壁”面前就是这样一个方法。扬声器放到音箱里声音就更响；医学超声中的传感器在压电振动材料后要加背衬材料，使振动面后侧辐射出的波衰减，而不致反射回来影响振动模拟了无限大的自由空间（当然一个附加作用是给振动以阻尼增加了带宽）；鼓的两头蒙着鼓皮，中间密封，鼓声就传得更远。这样做都是为了提高声源的辐射效率。

放置刚性平面上的平面声源的辐射声场能够以惠更斯第一积分式计算。

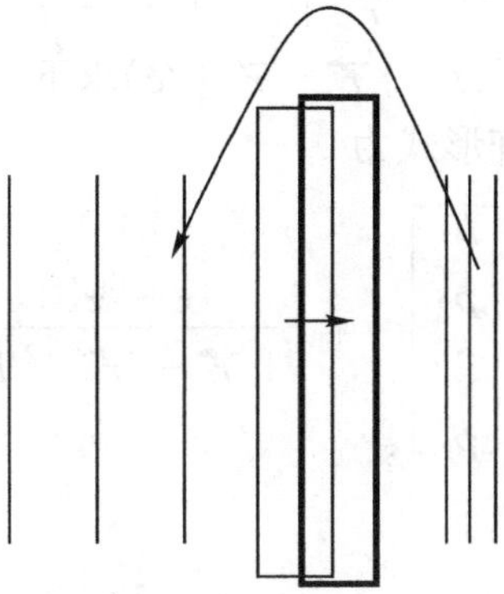

图 6-4　声源不“放置于刚性壁上”流体介质在疏密间的回流

6.1.5　时间域表达式

以惠更斯第二积分式

$$P(\vec{r},\omega) = -\frac{1}{2\pi}\iint_{S_1} P\frac{\partial}{\partial n}\frac{e^{-jk|\vec{r}-\vec{r}'|}}{|\vec{r}-\vec{r}'|}d\hat{s}$$

$$= \frac{1}{2\pi}\iint_{S_1} P\frac{1+jk|\vec{r}-\vec{r}'|}{|\vec{r}-\vec{r}'|^2}c^{-jk|\vec{r}-\vec{r}'|}\frac{|z-z'|}{|\vec{r}-\vec{r}'|}d\hat{s} \tag{6.1.23}$$

为例。它是声传播在频域的表达式。由频域和时域间的变换关系

$$P(\vec{r},\omega)e^{-jk|\vec{r}-\vec{r}'|} \quad \Leftrightarrow \quad p(\vec{r},t-|\vec{r}-\vec{r}'|/c) \tag{6.1.24}$$

和

$$jkP(\vec{r},\omega)e^{-jk|\vec{r}-\vec{r}'|} \quad \Leftrightarrow \quad \frac{1}{c}\frac{\partial}{\partial t}p(\vec{r},t-|\vec{r}-\vec{r}'|/c) \tag{6.1.25}$$

惠更斯第二积分式在时域的表达式为

$$p(\vec{r},t) = \frac{1}{2\pi}\iint_{S_1}\frac{1+|\vec{r}-\vec{r}'|\frac{\partial}{\partial t}}{|\vec{r}-\vec{r}'|^2}p(\vec{r}',t-|\vec{r}-\vec{r}'|/c)\frac{|z-z'|}{|\vec{r}-\vec{r}'|}d\hat{s} \tag{6.1.26}$$

可见,通过距离加权和时间微分算子

$$\frac{1+|\vec{r}-\vec{r}'|\dfrac{\partial}{\partial t}}{|\vec{r}-\vec{r}'|^2}\frac{|z-z'|}{|\vec{r}-\vec{r}'|} \tag{6.1.27}$$

的作用就能由已知波面 $p(\vec{r}',t-|\vec{r}-\vec{r}'|/c)$ 求下一时刻的波面 $p(\vec{r},t)$。式(6.1.26)的离散差分写成矩阵形式为

$$\begin{bmatrix}p_1\\p_2\\\vdots\\p_N\end{bmatrix}=\left[\frac{|z-z'|}{|\vec{r}-\vec{r}'|^3}\right]_{N\times N}\begin{bmatrix}p_1\\p_2\\\vdots\\p_N\end{bmatrix}_{S_1}+\left[\frac{|z-z'|}{|\vec{r}-\vec{r}'|^2T}\right]_{N\times N}\left(\begin{bmatrix}p_1\\p_2\\\vdots\\p_N\end{bmatrix}_{S_1}-\begin{bmatrix}p_1\\p_2\\\vdots\\p_N\end{bmatrix}_{S_0}\right) \tag{6.1.28}$$

如 $k|\vec{r}-\vec{r}'|\gg 1$,则有

$$p(\vec{r},t)=\frac{\partial}{\partial t}\left[-\frac{1}{2\pi}\iint_{S_1}\frac{|z-z'|}{|\vec{r}-\vec{r}'|^2}\frac{\partial}{\partial t}p(\vec{r}',t-|\vec{r}-\vec{r}'|/c)\mathrm{d}\hat{s}\right] \tag{6.1.29}$$

由时域和频域间函数运算的规则,上式方括号内函数的时间微分相当于这个函数与某一个函数 $w(t)$ 的卷积,即

$$p(\vec{r},t)=w(t)*\left[-\frac{1}{2\pi}\iint_{S_1}\frac{|z-z'|}{|\vec{r}-\vec{r}'|^2}p(\vec{r}',t+|\vec{r}-\vec{r}'|/c)\mathrm{d}\hat{s}\right] \tag{6.1.30}$$

其中,$w(t)$ 是 $W(\omega)=\mathrm{j}k(|\omega|<\omega_{\max})$ 的傅里叶变换,最简单的差分表达就是(1,−1)算子。

不过,与差分法比较,惠更斯积分的时间域计算除了数学上的趣味外没有别的值得称道的好处。

6.1.6 二维空间的克希荷夫公式

将三维自由空间中的格林函数在一个方向上(如 y)积分,利用积分关系式

$$\begin{cases}\dfrac{\mathrm{e}^{\mathrm{j}k\sqrt{d^2+(y-y')^2}}}{\sqrt{d^2+(y-y')^2}}=\displaystyle\int_{-\infty}^{\infty}\frac{\mathrm{j}}{2}H_0^{(2)}\left(\sqrt{k^2-\lambda^2}d\right)\mathrm{e}^{-\mathrm{j}\lambda(y-y')}\mathrm{d}\lambda\\[2ex]\dfrac{\mathrm{j}}{2}H_0^{(2)}\left(\sqrt{k^2-\lambda^2}d\right)=\dfrac{1}{2\pi}\displaystyle\int_{-\infty}^{\infty}\frac{\mathrm{e}^{\mathrm{j}k\sqrt{d^2+(y-y')^2}}}{\sqrt{d^2+(y-y')^2}}\mathrm{e}^{\mathrm{j}\lambda(y-y')}\mathrm{d}y\end{cases} \tag{6.1.31}$$

其中

$$d=\sqrt{(x-x')^2+(z-z')^2} \tag{6.1.32}$$

就得到二维自由空间的格林函数

$$G(\vec{r},\vec{r}') = \frac{1}{4\pi}\int_{-\infty}^{\infty} \frac{e^{jk|\vec{r}-\vec{r}'|}}{|\vec{r}-\vec{r}'|}dy = \frac{j}{4}H_0^{(2)}(kd) \tag{6.1.33}$$

于是二维空间的克希荷夫公式写为

$$P(\vec{r},\omega) = \frac{j}{4}\int_{L_1}\left[\frac{\partial P}{\partial n}H_0^{(2)}(kd) - P\frac{\partial}{\partial n}H_0^{(2)}(kd)\right]d\hat{l} \tag{6.1.34}$$

由柱函数关系式

$$\frac{\partial H_0^{(2)}(x)}{\partial x} = -H_1^{(2)}(x) \tag{6.1.35}$$

和远场近似式

$$H_n^{(2)}(x) \approx \sqrt{\frac{2}{\pi x}}e^{-j(x-n\pi/2-\pi/4)}$$

得到二维空间的瑞利积分为

$$P(x,z,\omega) \approx -\frac{\omega\rho_0}{\sqrt{2\pi k}}e^{j\pi/4}\int_L V(x')\frac{e^{-jk\sqrt{(x-x')^2+z^2}}}{\sqrt[4]{(x-x')^2+z^2}}dx' \tag{6.1.36}$$

6.2 瑞利积分

讨论声源在焦面的指向特性时常使用瑞利积分，即将源表面微元的贡献相加。如用差分法则需要从源以足够微小的步进间隔逐步计算到焦面。

6.2.1 声源的场的计算

设二维空间中，声源置于 x 轴上向 $+z$ 方向发射声波，以瑞利积分计算源中心对称轴上的声压幅度。源坐标为$(x,0)$，在源中心对称轴上的观察点坐标为$(0,z)$。在 x 和 z 方向上取相同离散间隔

$$x = ih, \qquad z = mh \tag{6.2.1}$$

则源和观察点间的距离为

$$r = \sqrt{i^2+m^2}h \tag{6.2.2}$$

于是，瑞利积分写为离散形式

$$|P(m)| \propto \left|\sum_{i=-M}^{M}V(i)\frac{\cos(k\sqrt{i^2+m^2}h) - j\sin(k\sqrt{i^2+m^2}h)}{\sqrt[4]{i^2+m^2}\sqrt{h}}\right| \tag{6.2.3}$$

其中，$V(i)$中可包括聚焦的相位条件和幅度加权系数。式(6.2.3)的计算程序如下

```
double pi,c0,f0,zfocus,aper,pre,pim;
```

```
    double zmax,dz,dx,x,R,r,p[550],z[550];
    int kzmax,ixsource,i,m;

    c0=1500.00;      //speed
    f0=1000000.0;     //frequency
    zfocus=0.05;     //focus z-coordinate
    zper=0.02;     //source aperture
    kzmax=550;     //points in z-direction
    zmax=1.4*zfocus;      //maximun zdistance
    dz=zmax/kzmax;     //delta z
    dx=dz;     //can be different
    ixsource=int(aper/dx);     //points in source aperture
    pi=3.1415926;
  //main loop
    for(m=0;m<kzmax;m++){
      z[m]=(m+1)*dz;
      pre=0.0;
      pim=0.0;
      for(i=0;i<ixsource;i++){
          x=(i-ixsource/2)*dx;
          r=sqrt(z[m]*z[m]+x*x);
          R=sqrt(zfocus*zfocus+x*x);
          pre+=cos(2*pi*f0*(r-R)/c0)/sqrt(r);
          pim-=sin(2*pi*f0*(r-R)/c0)/sqrt(r);
      }
      p[m]=sqrt(pre*pre+pim*pim);
  }
  Graf(z,p,kzmax);
}
```

图 6-5 为计算结果。

式(6.2.3)是某一频率成分的声场计算式。如源由脉冲激励则声场的计算步骤如下:

(1)以傅氏变换求激励脉冲的频谱(幅度和相位,或实部和虚部),设共有 N 个离散点;

(2)对各个频率离散点由以上程序计算空间各点的声压(为复数)。每个空间点有 N 个复数值;

(3)以激励脉冲的频谱作为权重,与(2)的结果相乘;

(4)在需要求脉冲响应的空间点处,N 个复数值由逆傅里叶变换得到时间波形。

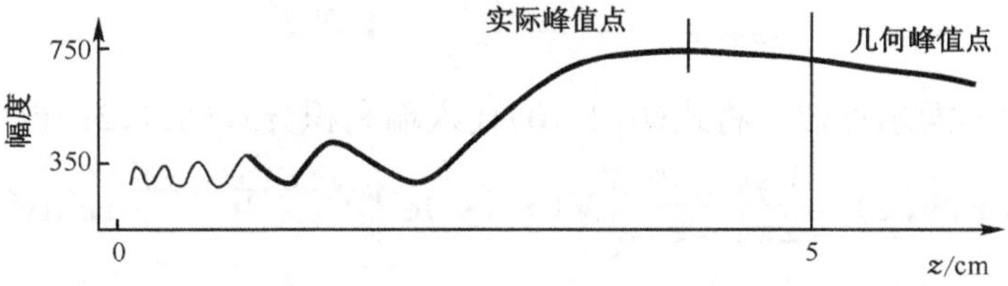

图 6-5　以瑞利积分计算的源中心对称轴上的声压幅度

6.2.2　菲涅尔近似和夫琅禾费近似

瑞利积分式

$$P(x,y,z)=\frac{\mathrm{j}\omega\rho_0}{2\pi}\iint_S V(x',y')\frac{\mathrm{e}^{-\mathrm{j}k\sqrt{(x-x')^2+(y-y')^2+z^2}}}{\sqrt{(x-x')^2+(y-y')^2+z^2}}\mathrm{d}x'\mathrm{d}y' \tag{6.2.4}$$

可以分成两个函数的卷积形式

$$P(x,y,z)=\frac{\mathrm{j}\omega\rho_0}{2\pi}\left[V(x,y)*\frac{\mathrm{e}^{-\mathrm{j}k\sqrt{x^2+y^2+z^2}}}{\sqrt{x^2+y^2+z^2}}\right] \tag{6.2.5}$$

于是可由傅里叶变换和逆傅里叶变换关系将瑞利积分写为

$$P(x,y,z)=\frac{\mathrm{j}\omega\rho_0}{2\pi}F^{-1}\left[F\{V(x,y)\}\cdot F\left\{\frac{\mathrm{e}^{-\mathrm{j}k\sqrt{x^2+y^2+z^2}}}{\sqrt{x^2+y^2+z^2}}\right\}\right] \tag{6.2.6}$$

前一个谱 $F\{V(x,y)\}$ 描述声源振动变化的谱。后一个谱

$$F\left\{\frac{\mathrm{e}^{-\mathrm{j}k\sqrt{x^2+y^2+z^2}}}{\sqrt{x^2+y^2+z^2}}\right\} \tag{6.2.7}$$

是声波传播所造成的空间变动的谱。这是一个允许声场在各个方向上有任意变动的一般式。

当

$$\frac{(x-x')^2+(y-y')^2}{z^2}\ll 1 \tag{6.2.8}$$

时，可以使用近似

$$\sqrt{1+x}\approx 1+\frac{x}{2}-\frac{x^2}{8} \tag{6.2.9}$$

将根号式展开。如仅取前两项

$$r=\sqrt{(x-x')^2+(y-y')^2+z^2}=z\sqrt{1+\frac{(x-x')^2+(y-y')^2}{z^2}}$$

$$\approx z + \frac{(x - x')^2 + (y - y')^2}{2z} \tag{6.2.10}$$

计算声场称为菲涅尔近似。将式(6.2.10)代入瑞利积分式(6.1.21)得

$$\begin{aligned}
P(x,y,z) &= \frac{\mathrm{j}\omega\rho_0}{2\pi z}\frac{\mathrm{e}^{-\mathrm{j}kz}}{z}\iint_S V(x',y')\mathrm{e}^{-\mathrm{j}k\frac{(x-x')^2+(y-y')^2}{2z}}\mathrm{d}x'\mathrm{d}y' \\
&= \frac{\mathrm{j}\omega\rho_0}{2\pi}\frac{\mathrm{e}^{-\mathrm{j}kz}}{z}\left[V(x,y) * \mathrm{e}^{-\mathrm{j}k\frac{x^2+y^2}{2z}}\right] \\
&= \frac{\mathrm{j}\omega\rho_0}{2\pi}\frac{\mathrm{e}^{-\mathrm{j}kz}}{z}F^{-1}\left[F\{V(x,y)\}\cdot F\{\mathrm{e}^{-\mathrm{j}k\frac{x^2+y^2}{2z}}\}\right]
\end{aligned} \tag{6.2.11}$$

其中,声波传播所造成的空间变动的谱式(6.2.7)近似成了

$$F\left\{\mathrm{e}^{-\mathrm{j}k\frac{x^2+y^2}{2z}}\right\} \tag{6.2.12}$$

以水中1MHz声波,源在 x-y 平面内的尺寸为 $\Delta = 10$mm,距离 $z = 20$mm 评估菲涅尔近似省略高阶微小项导致的误差。计算得

$$O(\Delta^4) = k\frac{[(x - x')^2 + (y - y')^2]^2}{8z^3} = \frac{kz}{8}\left(\frac{\Delta}{z}\right)^4 \leqslant 0.65(\mathrm{rad}) = 37.5(\mathrm{deg}) \tag{6.2.13}$$

即在整个源区域内最大37.5°的相位变化被忽略了。与之比较,菲涅尔近似给出的相位变化为

$$O(\Delta^2) = k\frac{(x - x')^2 + (y - y')^2}{2z} = \frac{kz}{2}\left(\frac{r}{2}\right)^2 \leqslant 10.5(\mathrm{rad}) = 600(\mathrm{deg}) \tag{6.2.14}$$

超过两个周期。这表明菲涅尔近似能够显示出相位变化产生的衍射效果,被忽略了的相位变化不会有大的影响。

进一步展开菲涅尔近似式(6.2.10)有

$$z + \frac{(x - x')^2 + (y - y')^2}{2z} \approx z + \frac{x^2 + y^2}{2z} - \frac{xx' + yy'}{z} + \frac{x'^2 + y'^2}{2z} \tag{6.2.15}$$

仍以水中1MHz声波,源尺寸 $\Delta' = 10$mm, $z = 20$mm 评估上式等号右边第四项(与源坐标二次项有关)产生的相位变化为

$$O(\Delta'^2) = k\frac{x'^2 + y'^2}{2z} \leqslant 600(\mathrm{deg}) \tag{6.2.16}$$

这样大的相位变化就不再能忽略。但如 z 远大于源尺寸 Δ'(如 $z = 400$mm,远场条件),则同一项变为

$$O(\Delta'^2) \leqslant 30(\mathrm{deg}) \tag{6.2.17}$$

这样大的相位变化就可以忽略了。忽略式(6.2.15)等号右边第四项即

$$r \approx z + \frac{x^2 + y^2}{2z} - \frac{xx' + yy'}{z} \tag{6.2.18}$$

将以此计算声场称为夫琅禾费近似。将式(6.2.18)代入瑞利积分式(6.1.21)得

$$\begin{aligned} P(x,y,z) &= \frac{\mathrm{j}\omega\rho_0}{2\pi z}\frac{\mathrm{e}^{-\mathrm{j}kz}}{z}\mathrm{e}^{-\mathrm{j}k\frac{x^2+y^2}{2z}}\iint_S V(x'y')\mathrm{e}^{\mathrm{j}\left(\frac{kx}{z}x'+\frac{ky}{z}y'\right)}\mathrm{d}x'\mathrm{d}y' \\ &= \frac{\mathrm{j}\omega\rho_0}{2\pi}\frac{\mathrm{e}^{-\mathrm{j}kz}}{z}\mathrm{e}^{-\mathrm{j}k\frac{x^2+y^2}{2z}}F[V(x,y)]_{k_x=\frac{kx}{z},k_y=\frac{ky}{z}} \end{aligned} \tag{6.2.19}$$

这意味着远场的振幅分布是声源面上的速度分布 $V(x',y')$ 以空间频率 $k_x = kx/z, k_y = ky/z$ 作傅里叶变换的结果。

在计算声源的声场中,菲涅尔近似和夫琅禾费近似成立的区域如图 6-6 所示。

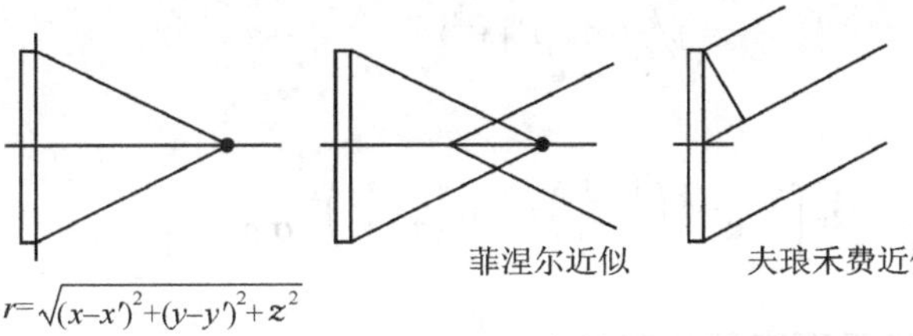

图 6-6　菲涅尔近似和夫琅禾费近似成立的区域

6.2.3　夫琅禾费近似的意义

夫琅禾费近似忽略源坐标二次项。不过,既然夫琅禾费近似是在菲涅尔近似的前提下得到的,它还受菲涅尔近似条件的限制。这意味着场坐标(x,y)也只能与源坐标(x',y')同等数量级。如果与源坐标二次项有关的项可以忽略,那么,在同样条件下其他项(与源坐标一次项有关)最大也不过是

$$k\frac{xx' + yy'}{z} \leqslant 1(\mathrm{rad}) = 57(\mathrm{deg}) \tag{6.2.20}$$

难道不也可以忽略吗?可见上述夫琅禾费近似条件下的数学推导是有问题的。

夫琅禾费近似是实际上对声源附加聚焦相位消去与源坐标二次项有关的项才得以成立的。菲涅尔近似

$$P(x,y,z) = \frac{\mathrm{j}\omega\rho_0 V}{2\pi}\frac{\mathrm{e}^{-\mathrm{j}kz}}{z}\int_{-a}^{a}\mathrm{e}^{-\mathrm{j}k\frac{(x-x')^2}{2z}}\mathrm{d}x'\int_{-b}^{b}\mathrm{e}^{-\mathrm{j}k\frac{(y-y')^2}{2z}}\mathrm{d}y' \tag{6.2.21}$$

中对 x'的积分为例有

$$\int_{-a}^{a}\mathrm{e}^{-\mathrm{j}k\frac{(x-x')^2}{2z}}\mathrm{d}x' = \mathrm{e}^{-\mathrm{j}k\frac{x^2}{2z}}\int_{-a}^{a}\mathrm{e}^{-\mathrm{j}\frac{k}{2z}(-2xx'+x'^2)}\mathrm{d}x' \tag{6.2.22}$$

如附加对点$(0,z_0)$的聚焦相位条件

$$\mathrm{e}^{\mathrm{j}\frac{kx'^2}{2z_0}} \tag{6.2.23}$$

式(6.2.22)成为

$$\mathrm{e}^{-\mathrm{j}k\frac{x^2}{2z}}\int_{-a}^{a}\mathrm{e}^{\mathrm{j}\frac{kx}{z}x'}\mathrm{d}x' \tag{6.2.24}$$

就得到夫琅禾费近似的表达式(这里已经不是“近似”了)。当然,这只在焦平面成立,对焦平面外有

$$\mathrm{e}^{-\mathrm{j}k\frac{x^2}{2z}}\int_{-a}^{a}\mathrm{e}^{-\mathrm{j}\frac{k}{z}\left(\frac{1}{z}-\frac{1}{z_0}\right)x'^2+\mathrm{j}\frac{kx}{z}x'}\mathrm{d}x' \tag{6.2.25}$$

式(6.2.25)中指数项的第一项是定点聚焦项,第二项是方向扫描项。对点(x_0, z_0)聚焦的相位条件是

$$\mathrm{e}^{\mathrm{j}\frac{k}{2z_0}(-2x_0x'+x'^2)} \tag{6.2.26}$$

声场计算式为

$$\mathrm{e}^{-\mathrm{j}k\frac{x^2}{2z}}\int_{-a}^{a}\mathrm{e}^{-\mathrm{j}\frac{k}{2}\left(\frac{1}{z}-\frac{1}{z_0}\right)x'^2+\mathrm{j}k\left(\frac{x}{z}-\frac{x_0}{z_0}\right)x'}\mathrm{d}x' \tag{6.2.27}$$

6.2.4 一样振动的矩形平面声源的声场

如图 6-7,一个在 x-y 平面上的有限大矩形声源向 $+z$ 方向发射声波。以夫琅禾费近似计算瑞利积分得空间声压为

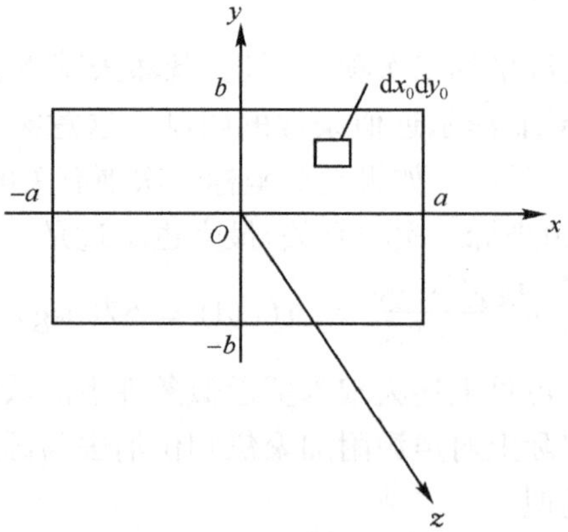

图 6-7 x,y 平面上的有限大矩形声源向 $+z$ 方向发射声波

$$P(x,y,z)=\frac{\mathrm{j}\omega\rho_0 V}{2\pi}\frac{\mathrm{e}^{-\mathrm{j}kz}}{z}\mathrm{e}^{-\mathrm{j}k\frac{x^2+y^2}{2z}}\int_{-a}^{a}\mathrm{e}^{-\mathrm{j}\frac{kx}{z}x'}\mathrm{d}x'\int_{-b}^{b}\mathrm{e}^{\mathrm{j}\frac{ky}{z}y'}\mathrm{d}y'$$

$$= -\frac{j\omega\rho_0 V}{2\pi z}e^{-jkz}e^{-jk\frac{x^2+y^2}{2z}}4ab\frac{\sin(kax/z)}{(kax/z)}\frac{\sin(kby/z)}{(kby/z)} \tag{6.2.28}$$

x, y 方向上的指向性都由 sinc 函数表达。通常也由与源中心法线的角度

$$\sin\theta_x \approx \frac{x}{z}, \qquad \sin\theta_y \approx \frac{y}{z} \tag{6.2.29}$$

写为如下形式

$$\frac{\sin(kax/z)}{(kax/z)}\frac{\sin(kby/z)}{(kby/z)} \approx \frac{\sin(ka\sin\theta_x)}{ka\sin\theta_x}\frac{\sin(ka\sin\theta_y)}{ka\sin\theta_y} \tag{6.2.30}$$

图 6-8 为以水中频率 1MHz，声源长度 20mm 的参数计算得到的 x 方向的指向性。

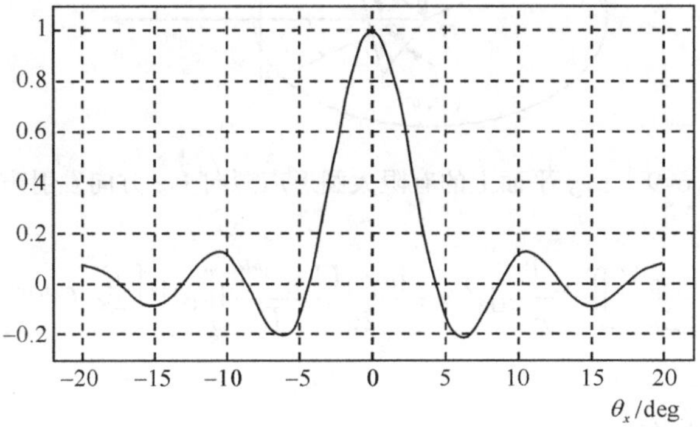

图 6-8　水中频率 1MHz，长度 20mm 的声源在焦面的聚焦特性

6.2.5　一样振动的圆对称源（无聚焦）

如图 6-9，一个在 x, y 平面上的圆形声源向 $+z$ 方向发射声波。在圆柱坐标系中重写距离因子为

$$r = \sqrt{(x-x')^2+(y-y')^2+z^2} = \sqrt{R^2+\rho^2-2R\rho\sin\theta\cos(\alpha-\varphi)} \tag{6.2.31}$$

如 $\rho \ll R$，取一次近似

$$\sqrt{1+x} \approx 1+\frac{x}{2} \tag{6.2.32}$$

得到

$$r \approx R + \frac{\rho^2}{2R} - \rho\sin\theta\cos(\alpha-\varphi) \tag{6.2.33}$$

代入瑞利积分式后空间声压为

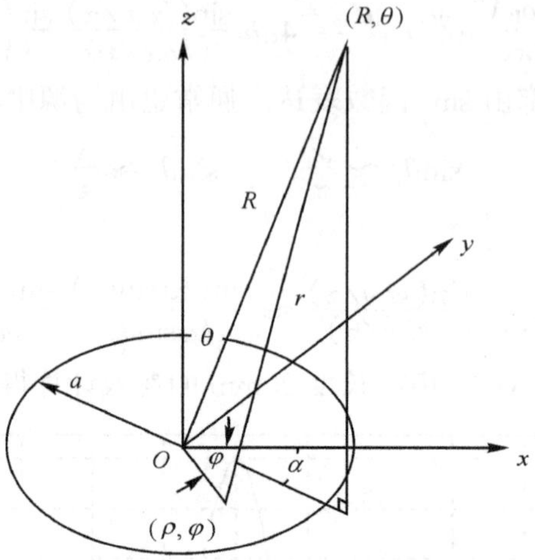

图 6-9 x,y 平面上的有限大圆形声源向 $+z$ 方向发射声波

$$P(R,\theta)=\frac{\mathrm{j}\omega\rho_0 V}{2\pi}\iint_S\frac{\mathrm{e}^{-\mathrm{j}kr}}{r}\mathrm{d}s'\approx\frac{\mathrm{j}\omega\rho_0 U}{2\pi}\frac{\mathrm{e}^{-\mathrm{j}kR}}{R}\iint_S\mathrm{e}^{-\mathrm{j}k\left[\frac{\rho^2}{2R}-\rho\sin\theta\cos(\alpha-\varphi)\right]}\rho\mathrm{d}\rho\mathrm{d}\varphi \tag{6.2.34}$$

在中心轴($\theta=0$)上有

$$P(R)=\frac{\mathrm{j}\omega\rho_0 V}{2\pi}\frac{\mathrm{e}^{-\mathrm{j}kR}}{R}\int_0^{2\pi}\int_0^a\mathrm{e}^{-\mathrm{j}k\frac{\rho^2}{2R}}\rho\mathrm{d}\rho\mathrm{d}\varphi=\frac{\mathrm{j}\omega\rho_0 U\mathrm{e}^{-\mathrm{j}kR}}{2\pi}\frac{a^2}{R}\mathrm{sinc}\left(\frac{ka^2}{4R}\right)\mathrm{e}^{-\mathrm{j}\frac{ka^2}{4R}} \tag{6.2.35}$$

使用关系式

$$\int_0^{2\pi}\mathrm{e}^{-\mathrm{j}x\cos\alpha}\mathrm{d}\alpha=2\pi J_0(x) \tag{6.2.36}$$

得到与中心轴垂直的平面($R=R_1$)内的声压指向特性为

$$\begin{aligned}P(\theta)&=\frac{\mathrm{j}\omega\rho_0 V}{2\pi}\frac{\mathrm{e}^{-\mathrm{j}kR_1}}{R_1}\int_0^{2\pi}\int_0^a\mathrm{e}^{\mathrm{j}k\left[\frac{\rho^2}{2R_1}-\rho\sin\theta\cos(\alpha-\varphi)\right]}\rho\mathrm{d}\rho\mathrm{d}\varphi\\&=\mathrm{j}\omega\rho_0 V\mathrm{e}^{-\mathrm{j}kR_1}\frac{a^2}{R_1}\frac{J_1(ka\sin\theta)}{ka\sin\theta}\mathrm{e}^{-\mathrm{j}\frac{ka^2}{4R_1}}\end{aligned} \tag{6.2.37}$$

图 6-10 是以水中频率 1MHz,声源半径 10mm 计算的指向特性 $P(\theta)$。

6.2.6 一样振动的圆凹面对称源(聚焦)

设有一样振动的圆凹面聚焦源,凹面的曲率半径为 $1/R_0$(如图 6-11)。重写距离因子为

$$r=\sqrt{(x-x')^2+(y-y')^2+z^2}-\frac{x'^2+y'^2}{2R_0}$$
$$\approx R+\frac{\rho^2}{2}\left(\frac{1}{R}-\frac{1}{R_0}\right)-\rho\sin\theta\cos(\alpha-\varphi) \tag{6.2.38}$$

代入瑞利积分式后计算得中心轴($\theta=0$)上的声压为

$$P(R)=\frac{\mathrm{j}\omega\rho_0 V\mathrm{e}^{-\mathrm{j}kR}}{2\pi}\frac{a^2}{R}\mathrm{sinc}\left(\frac{ka^2}{4}\frac{R_0-R}{RR_0}\right)\mathrm{e}^{-\mathrm{j}\frac{ka^2}{4}\frac{R_0-R}{RR_0}} \tag{6.2.39}$$

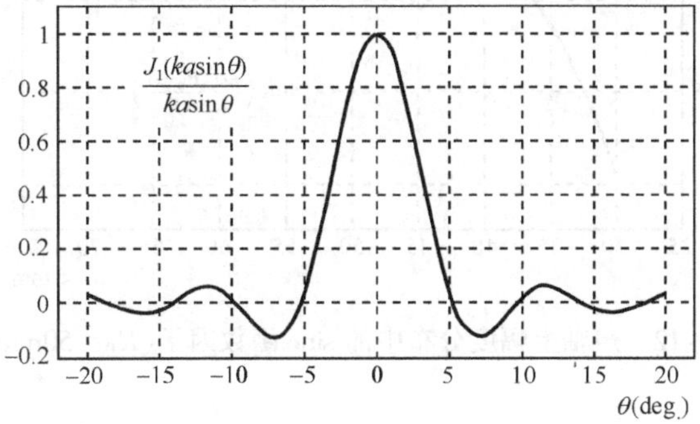

图 6-10　水中频率 1MHz,半径 10mm 的无聚焦圆形声源在焦面的聚焦特性

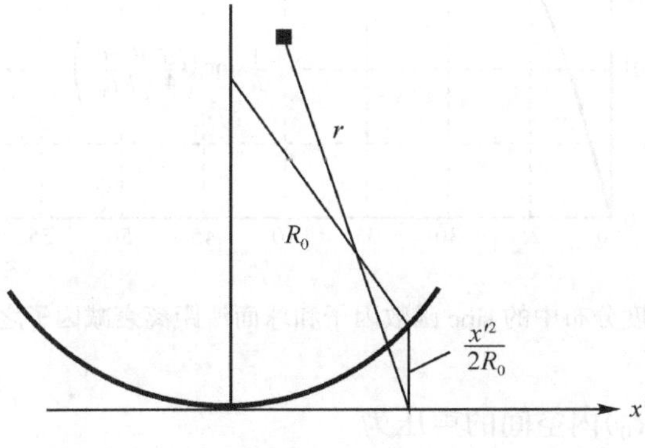

图 6-11　圆凹面聚焦源向 + z 方向发射声波

式(6.2.39)中声压的幅度特性受两个因子影响。一个是 sinc 函数,其在 $R=R_0$ 处有极大值,与源的几何半径一致;另一个是球面波的距离衰减因子 $1/R$。图 6-12显示水中频率 1MHz,声源开口半径 10mm,几何聚焦半径 $R_0=50$mm 时 sinc 函数因子的作用。图 6-13 为 sinc 函数因子与球面波距离衰减因子之积的情况。可见,最大声压点出现的位置比几何聚焦距离短约 15mm。当聚焦效果足够强(大孔径)的时候,聚焦作用远大于球面波的距离衰减因子,那样最大声压点出现的位

置和几何聚焦距离才会趋向一致。如图 6-14,当 $R_0=30\text{mm}$ 时最大声压点出现的地方比几何聚焦距离只短约 5mm。与二维空间中的聚焦声源所产生的声场的计算结果比较,三维空间中最大声压点出现的位置离几何聚焦点更远。这是由于球面波比柱面波的距离衰减影响更大的缘故。

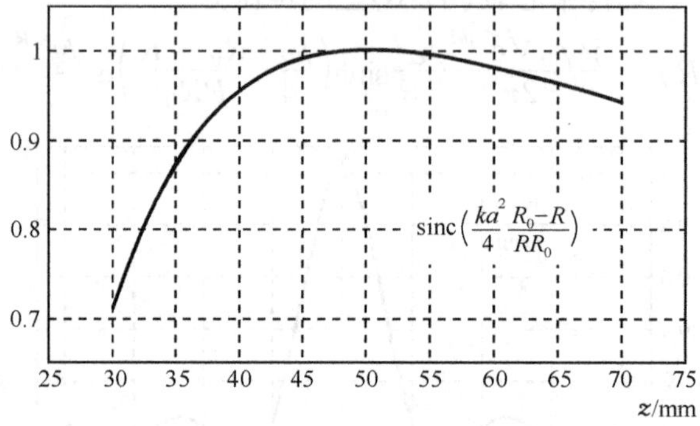

图 6-12 声轴上幅度分布中的 sinc 函数因子($R_0=50\text{mm}$)

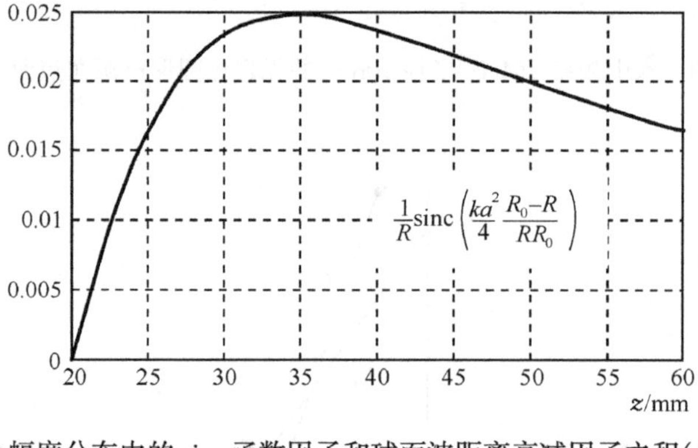

图 6-13 声轴上幅度分布中的 sinc 函数因子和球面波距离衰减因子之积($R_0=50\text{mm}$)

在焦平面($R=R_0$)内空间的声压为

$$\begin{aligned} P(\theta) &= \frac{\mathrm{j}\omega\rho_0 V}{2\pi}\frac{\mathrm{e}^{-\mathrm{j}kR_0}}{R_0}\int_0^{2\pi}\int_0^a \mathrm{e}^{\mathrm{j}k\rho\sin\theta\cos(\alpha-\varphi)}\rho\mathrm{d}\rho\mathrm{d}\varphi \\ &= \mathrm{j}\omega\rho_0 V\mathrm{e}^{-\mathrm{j}kR_0}\frac{a^2}{R_0}\frac{J_1(ka\sin\theta)}{ka\sin\theta} \end{aligned} \tag{6.2.40}$$

看上去聚焦特性与 6.2.5 小节无聚焦的圆对称源的情况完全相同。实际上,无聚焦的圆对称源的情况下使用的距离因子近似式(6.2.33)意味着结果仅在无限远处成立。

一般,圆形平面声源的波束以半角度 $\theta\approx\lambda/D$ 增宽。半径为 a,曲率半径为 D

的圆形聚焦声源的聚焦增益为

$$G = \frac{ka^2}{2D} \tag{6.2.41}$$

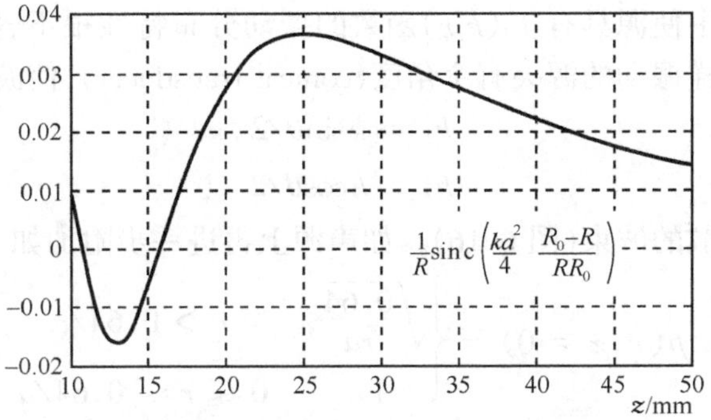

图6-14 声轴上幅度分布中的sinc函数因子和球面波距离衰减因子之积($R_0 = 30$mm)

6.2.7 贝塞尔分布声源

一般有限开口平面声源和凹面声源的声波由于衍射效应,不能在所有深度保持相同的聚焦性能,在医用超声中为此采用了复杂的电子动态聚焦技术。不过,在20世纪80年代末理论上指出如果声束的断面分布为如图6-15所示的0次第一种贝塞尔函数的形状

$$p(r,0) = J_0(k_r r)e^{j\omega t}, \qquad k_r^2 + k_z^2 = k^2 \tag{6.2.42}$$

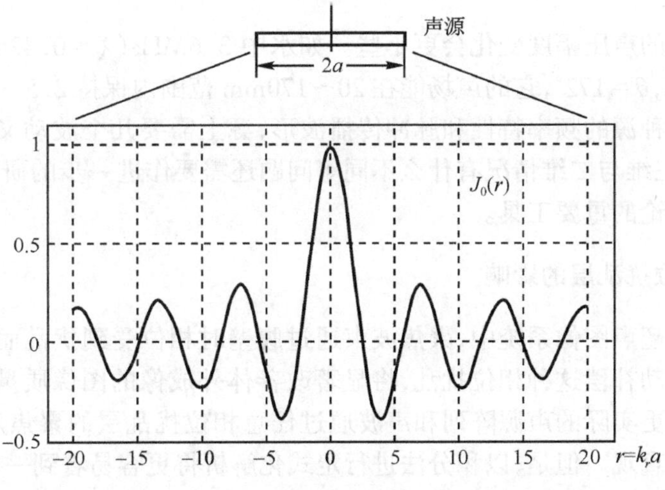

图6-15 声束的断面分布为0次第一种贝塞尔函数的形状

那么在以后的传播过程中,这个断面形状将保持下去

$$p(r,z)=J_0(k_r r)e^{-j(\omega t-k_z z)},\qquad k_r^2+k_z^2=k^2 \tag{6.2.43}$$

声束完全不发生扩散[11~13]。

在实际应用中使源具有 $J_0(k_r r)$ 函数的振动分布特性很不容易。一个简便的方法是让两块一样振动的源夹有个角度(conical transducer),使波数成分为

$$k_z = k\sin\theta/2$$
$$k_r = k\cos\theta/2 \tag{6.2.44}$$

这也能得到不扩散的波束(图 6-16)。如声源上再进一步附加如下的振幅加权

$$p(r,z=0)=\begin{cases}\sqrt{\dfrac{0.64}{ra}}, & r>0.64/a\\ 1, & 0\leqslant r\leqslant 0.64/a\end{cases} \tag{6.2.45}$$

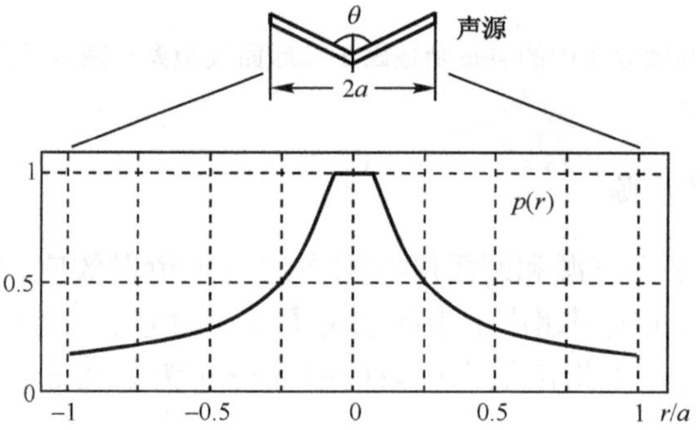

图 6-16 两块一样振动的源间有一角度近似具有 $J_0(k_r r)$ 函数的振动分布特性

则中心轴上的声压幅度变化会更小些。如水中 3.6MHz($\lambda=0.42$mm)的振动源,取 $a=12$cm,$\theta=172°$,它的声场能在 20～170mm 范围内保持 2.5～3.5mm 的半值宽度。对这种源的频率特性和脉冲传播波形,源上需要几个波动又能产生多大的波束宽度,三维与二维情况有什么不同等问题还需要作进一步的研究[14,15]。积分法计算是讨论的重要工具。

6.2.8 相位扰乱层的影响

在医学超声图像系统中,聚焦波束通过腹壁时相位受到扰乱而使聚焦性能恶化。如能自动补偿这种相位扰乱,将显著改善体外成像的图像质量。虽然数值计算能够得到更实际的声源阵列和声波通过任意相位扰乱层的聚焦声场情况,而且在视觉上更直观。但是,以积分法进行定式化解析将更容易看到一些内在规律,以至于可能在探索补偿方法中起指导作用。

如图 6-17,设有一平面波

$$p = e^{j(\omega t + kz)} \tag{6.2.46}$$

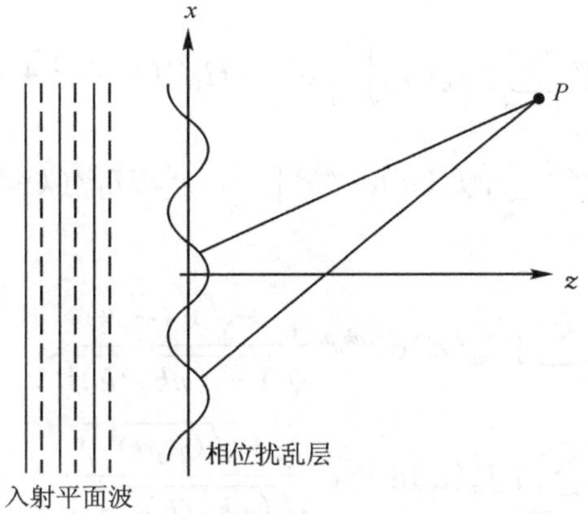

图 6-17　平面波在 $z=0$ 处透过一周期相位变动层

在 $+z$ 方向行进，在 $z=0$ 处受到一个周期相位变动 $a\cos k_d x$ 后继续传播。在刚刚经过相位变动层后（x 轴，$z=0$）声波为

$$p(x, z = 0) = e^{j\omega t + ja\cos k_d x} = p_0 e^{j\omega t}\sum_{n=-\infty}^{\infty} j^n J_n(a) e^{-jnk_d x} \tag{6.2.47}$$

如将波面看成线声源集合，各线声源发射柱面波，从 (x_1, z_1) 到 (x_2, z_2) 的波传播因子为

$$H_0^{(2)}\left(k\sqrt{(z_2 - z_1)^2 + (x_2 - x_1)^2}\right) \tag{6.2.48}$$

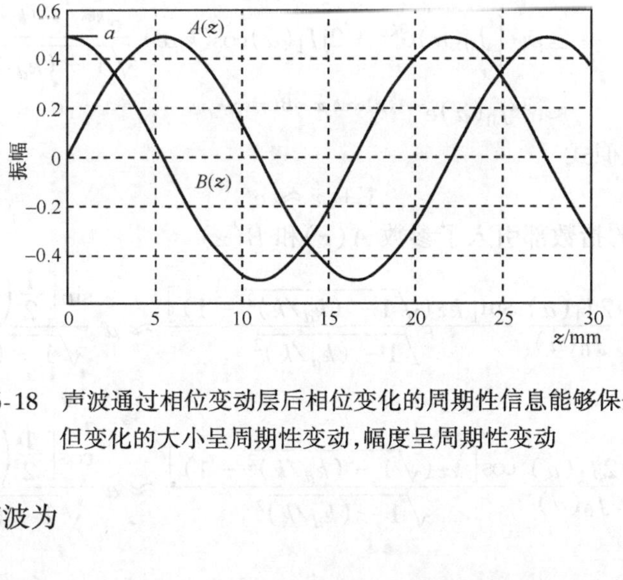

图 6-18　声波通过相位变动层后相位变化的周期性信息能够保全，但变化的大小呈周期性变动，幅度呈周期性变动

则 $z>0$ 后的声波为

$$
\begin{aligned}
p(x,z) &= \int_{-\infty}^{\infty} p(\eta,0) H_0^{(2)}(k\sqrt{z^2+(x-\eta)^2})\mathrm{d}\eta \\
&= \mathrm{e}^{\mathrm{j}\omega t}\sum_{n=-\infty}^{\infty}\mathrm{j}^n J_n(a)\int_{-\infty}^{\infty}\mathrm{e}^{-\mathrm{j}nk_d\eta}H_0^{(2)}(k\sqrt{z^2+(\eta-x)^2})\mathrm{d}\eta \\
&= \mathrm{e}^{\mathrm{j}\omega t}\sum_{n=-\infty}^{\infty}\mathrm{j}^n J_n(a)\mathrm{e}^{-\mathrm{j}nk_d x}\int_{-\infty}^{\infty}\mathrm{e}^{-\mathrm{j}nk_d\eta}H_0^{(2)}(k\sqrt{z^2+\eta^2})\mathrm{d}\eta
\end{aligned}
\tag{6.2.49}
$$

上式积分后得到

$$
p(x,z) = \mathrm{e}^{\mathrm{j}\omega t}\begin{cases}
\displaystyle\sum_{n=-\infty}^{\infty}\mathrm{j}^n J_n(a)\mathrm{e}^{-\mathrm{j}nk_d x}\frac{\mathrm{e}^{-\mathrm{j}kz\sqrt{1-(nk_d/k)^2}}}{\sqrt{1-(nk_d/k)^2}}, & |k|>|nk_d| \\
\displaystyle\sum_{n=-\infty}^{\infty}\mathrm{j}^n J_n(a)\mathrm{e}^{-\mathrm{j}nk_d x}\frac{\mathrm{e}^{-kz\sqrt{(nk_d/k)^2-1}}}{\sqrt{(nk_d/k)^2-1}}, & |k|<|nk_d|
\end{cases}
\tag{6.2.50}
$$

可见：

(1) 如相位层变化的尺度比声波的波长小，即有 $|k_d|>|k|$，则所有 $|n\geqslant 1|$ 的项随着 d 的增加，指数性地趋向 0。$n=0$ 的项为

$$
p(x,z) = \mathrm{e}^{\mathrm{j}\omega t}J_0(a) \tag{6.2.51}
$$

与空间坐标无关。这意味着此时声波不能透过这个相位层。

(2) 如相位层变化的尺度比声波的波长大，当 $a<1$ 时，忽略 $n\geqslant 2$ 的项后有

$$
\begin{aligned}
p(x,z) &\approx \mathrm{e}^{\mathrm{j}\omega t}\sum_{n=-1}^{1}\mathrm{j}^n J_n(a)\mathrm{e}^{-\mathrm{j}nk_d x}\frac{\mathrm{e}^{\mathrm{j}kz\sqrt{1-(nk_d/k)^2}}}{\sqrt{1-(nk_d/k)^2}} \\
&= \mathrm{e}^{\mathrm{j}\omega t}\left[J_0(a)\mathrm{e}^{\mathrm{j}kz} + 2\mathrm{j}J_1(a)\cos(k_d x)\frac{\mathrm{e}^{\mathrm{j}kz\sqrt{1-(k_d/k)^2}}}{\sqrt{1-(k_d/k)^2}}\right] \\
&\approx \mathrm{e}^{\mathrm{j}\omega t}J_0(a)\mathrm{e}^{-A(z)\cos k_d x+\mathrm{j}B(z)\cos k_d x}
\end{aligned}
\tag{6.2.52}
$$

其中，使用了近似式

$$
1+x\approx \mathrm{e}^x \tag{6.2.53}
$$

在式(6.2.52)的指数部引入了参数 $A(z)$ 和 $B(z)$

$$
A(z) = \frac{2J_1(a)}{J_0(a)}\frac{\sin\left[kz(\sqrt{1-(k_d/k)^2}-1)\right]}{\sqrt{1-(k_d/k)^2}} \approx a\frac{\sin\left[\frac{1}{2}\left(\frac{k_d}{k}\right)^2 kz\right]}{\sqrt{1-(k_d/k)^2}}
\tag{6.2.54}
$$

$$
B(z) = \frac{2J_1(a)}{J_0(a)}\frac{\cos\left[kz(\sqrt{1-(k_d/k)^2}-1)\right]}{\sqrt{1-(k_d/k)^2}} \approx a\frac{\cos\left[\frac{1}{2}\left(\frac{k_d}{k}\right)^2 kz\right]}{\sqrt{1-(k_d/k)^2}}
\tag{6.2.55}
$$

式(6.2.52)与 $z=0$ 处刚通过相位变动层时的式(6.2.47)比较,在 x 方向上的相位变化的周期性信息能够保全,但变化的大小 $B(z)$随 z 呈周期性变动。原来在 x 方向上声波的幅度是不变的,现在以指数 $A(z)$随 z 呈周期性变动。相位变动小的时候幅度变动大,反之亦然。扰动信息在相位和幅度间交替。由声源所接受到的振幅和相位信息估计声波传遍途中经过的相位变化层时必须考虑这样的特性。

这样的结果既揭示了"聚焦声场受相位扰乱后的补偿问题"的难度,也提供了在理论上继续探讨的线索。

6.3　积分法和差分法的比较

明确不同方法之间的差别是能够在实践中融会贯通的关键。

差分法一般用于时间域任意波形的计算;积分法一般用于频率域单频成分的计算。

差分法是微观的,每一步计算的步长在声波波长以下,逐步计算到观察点;积分法是宏观的,直接计算观察点的声场。

差分法允许传播介质中的声参数(声速度、密度)是随处可变的;积分法中传播介质的声参数(声速度、密度)一般是不变的(至多也只能处理多层结构介质,计算不同层介质分界面处的声场,然后由此计算下一层介质中的声场)。

差分法可以处理边界条件和反射、折射、透射等声现象;积分法主要应用于无限自由空间假设下的声传播问题。

差分法对声场传播的顺问题(源的声场和波传播)几乎不要任何特殊处理,没有不能解决的,无往不胜。差分法计算的结果也包括了克希荷夫公式所揭示的物理内涵。比如,没有无限大刚性壁限制和有无限大刚性壁限制两种情况下振动源(v_z 驱动)的声场由差分法计算得到如图 6-19 所示的结果。图 6-19 上半部两图显示图中央有一振动板,振动产生的声压 p(左图)和左右方向的质点速度 v_z(右图)。在声压图中偏白的辉度显示压缩(相对于平衡压为正压),而偏黑的为稀疏(负压);在质点速度图中偏白的辉度显示向右方的振动,而辉度偏黑的为向左方的振动。可见该振动板的声场表现出偶极子的振动特征。下半部两图左端有一振动板,左端其他部分在跳蛙格式中设为全反射,即为无限大刚性壁。下半部图中的声压 p 和质点速度 v_z 都较上半部图中大一倍。可见,不管有无无限大刚性壁限制差分法都适用(作者还未能由计算结果进一步定量分析没有无限大刚性壁限制时振动板两边的对流)。

作为参考,也给出 p 驱动(如爆炸)产生的声场的差分计算结果如图 6-20。

既然差分法如此有效,它还有什么不能做到的呢?积分法又还有什么优点呢?

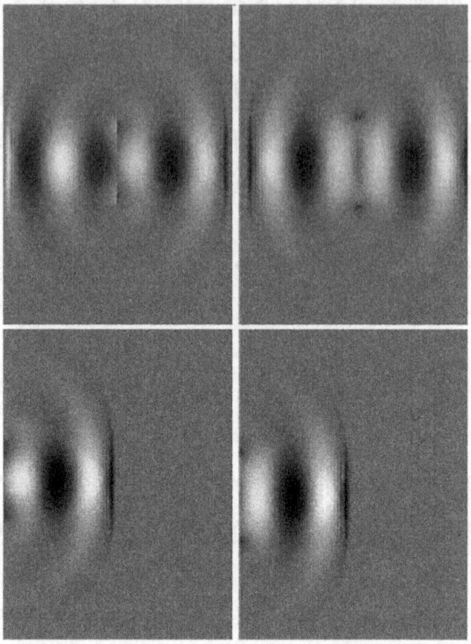

图 6-19　上部为中央一振动板产生的声压场(左)和横方向质点速度场(右)，下部为振动板放置于左侧无限大刚性壁上时的情况

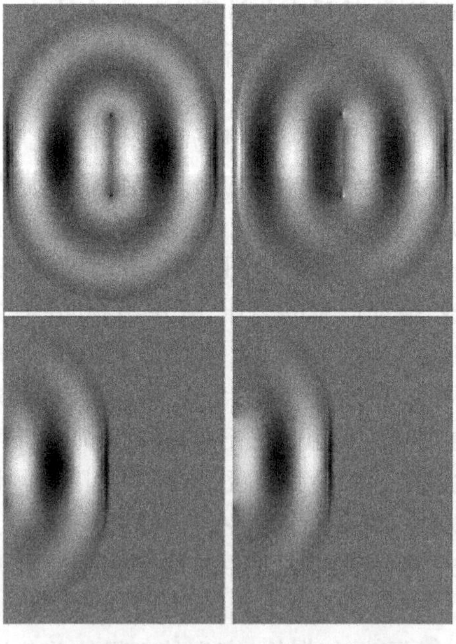

图 6-20　上部为中央一压力波产生的声压场(左)和横方向质点速度场(右)，下部为压力波发生在左侧无限大刚性壁前的情况

积分法的最大优点是适用于自由空间中声传播和弱散射的声场逆问题；差分法可以适用于自由空间中声传播的声场逆问题，但不能适用于弱散射下的声场逆问题。

6.4　声全息的计算

声全息稍晚于光全息出现，约1960年后期到1970年出现了一大研究高潮。以后研究曾落入低潮，其最大的原因是所用声波的波长较大，比起光全息来分辨率差。到20世纪70年代，E. G. Williams等提出了近距离声全息(NAH)才大大改善了超声全息的分辨率。声全息就是讲声场的传播和重建，与传播比较重建是逆问题[16~18]。

6.4.1　角谱

如图6-21，设某一时刻在平面 z' 的声波 $P(x,y,z')$ 传播到 z，由惠更斯第二积分式有

$$P(x,y,z)=\frac{1}{2\pi}\iint_{S_1}P(x',y',z')\frac{1+\mathrm{j}kr}{r^2}\frac{(z-z')}{r}\mathrm{e}^{-\mathrm{j}kr}\mathrm{d}x'\mathrm{d}y' \tag{6.4.1}$$

其中

$$r=\sqrt{(x-x')^2+(y-y')^2+(z-z')^2} \tag{6.4.2}$$

上式又可写成卷积的形式

$$P(x,y,z)=\iint_{S_1}P(x',y',z')h(x-x',y-y',z-z')\mathrm{d}x'\mathrm{d}y' \tag{6.4.3}$$

其中

$$h(x,y,z)=\frac{1+\mathrm{j}kr}{4\pi r^2}\frac{z}{r}\mathrm{e}^{\mathrm{j}kr} \tag{6.4.4}$$

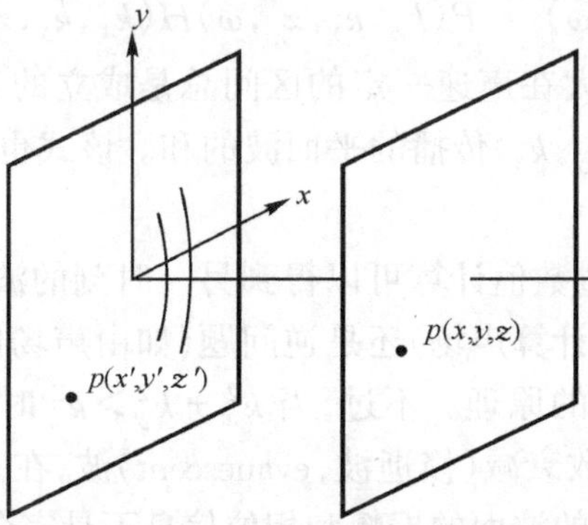

图6-21　波由平面 z' 传播到平面 z

$$r=\sqrt{x^2+y^2+z^2} \tag{6.4.5}$$

可以利用傅里叶变换计算这个卷积

$$F\{P(x,y,z)\}=F\{P(x,y,z')\}F\{h(x,y,z-z')\} \tag{6.4.6}$$

或写成

$$P(k_x,k_y,z)=P(k_x,k_y,z')H(k_x,k_y,z-z') \tag{6.4.7}$$

其中

$$\begin{aligned}H(k_x,k_y,z-z')&=\int_{-\infty}^{\infty}\int_{-\infty}^{\infty}h(x,y,z-z')\mathrm{e}^{-\mathrm{j}(k_x x+k_y y)}\mathrm{d}x\mathrm{d}y\\&=\begin{cases}\mathrm{e}^{\mathrm{j}\sqrt{k^2-k_x^2-k_y^2}(z-z')}, & k_x^2+k_y^2\leqslant k^2\\ \mathrm{e}^{-\sqrt{k_x^2+k_y^2-k^2}\,|z-z'|}, & k_x^2+k_y^2>k^2\end{cases}\end{aligned} \tag{6.4.8}$$

为传播因子 $h(x,y,z-z')$的傅里叶变换，指数部正号为 $+z$ 方向的行进波，负号为 $-z$ 方向传播的行进波。

以上结果也可将 $p(x,y,z,t)$的傅里叶变换

$$P(k_x,k_y,z,\omega)=\iiint p(x,y,z,t)\mathrm{e}^{-\mathrm{j}k_x x-\mathrm{j}k_y y-\mathrm{j}\omega t}\mathrm{d}x\mathrm{d}y\mathrm{d}t \tag{6.4.9}$$

代入声波动方程得到。代入声波动方程后有

$$\frac{\partial^2}{\partial z^2}P(k_x,k_y,z,\omega)+(k^2-k_x^2-k_y^2)P(k_x,k_y,z,\omega)=0 \tag{6.4.10}$$

它的解为

$$P(k_x,k_y,z,\omega)=P(k_x,k_y,z',\omega)\mathrm{e}^{\pm\mathrm{j}k_z|z-z|} \tag{6.4.11}$$

其中

$$k_z=\sqrt{k-k_x^2-k_y^2} \tag{6.4.12}$$

即为

$$P(k_x,k_y,z,\omega)=P(k_x,k_y,z',\omega)H(k_x,k_y,z-z') \tag{6.4.13}$$

以上结果不管 z 有多大在声速一定的区间总是成立的。这意味着任何波面可以分解成不同方向(k_x,k_y,k_z)传播的平面波的和。该式也构成了角谱法(F-K)求声场的基础[19]。

由某一时刻的波面经过数值计算可以得到另一时刻的波面，不管它是顺问题(如由声源振动面上的振动计算声场)还是逆问题(如由声场信息重建声源振动面上的振动)。这就是声全息的原理。不过，当 $k_x^2+k_y^2>k^2$ 时传播因子 $H(k_x,k_y,z-z')$为衰减非常快的指数衰减(倏逝波，evanescent)波，在一个波长以上就可以忽略了。所以，传播或重建的波面的振幅和相位信息不是完全无损的，理论上分辨率为波长大小。

6.4.2　积分法逆问题:由声场信息计算反射源的分布

由声场信息重建声源振动面上的振动,在地质探矿中由在地面接受到的声信息重建地层结构[67],在人体医学成像中由体表接受到的声信息重建人体组织形状等的问题,都属于逆问题。如图 6-22,设在 $t=0$ 时位置$(x,y,z=z')$处有一反射点(或一点源)产生向上方传播的声波 $p(x,y,z',0)$,空间声场为 $p(x,y,z,t)$,在地表$(z=0)$接受到的声场信息为 $p(x,y,0,t)$。逆问题就是由 $p(x,y,0,t)$求地下的反射源 $p(x,y,z',0)$。

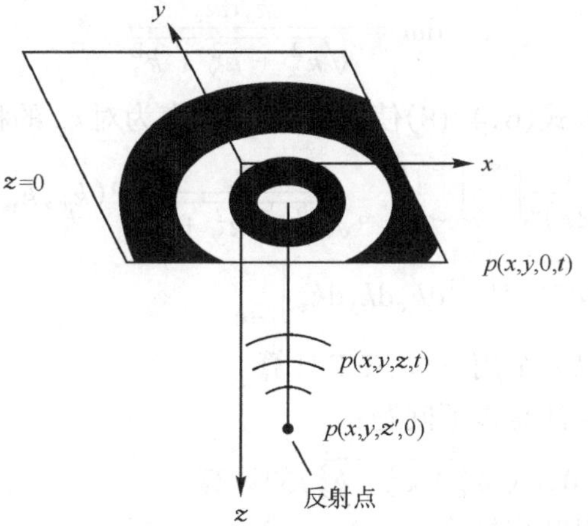

图 6-22　在地表接受到的地下点源发出的声信息

使用 6.4.1 小节讨论的结果不难给出定式化解析。按频率域的表达方式两个波面间的关系为

$$P(k_x,k_y,0,\omega)=P(k_x,k_y,z',\omega)H(k_x,k_y,-z',\omega) \tag{6.4.14}$$

将其改写为

$$P(k_x,k_y,z',\omega)=\frac{P(k_x,k_y,0,\omega)}{H(k_x,k_y,-z',\omega)} \tag{6.4.15}$$

后作逆傅里叶变换就得到地下的反射源为

$$p(x,y,z',0)=\left[\frac{1}{(2\pi)^3}\int_{-\infty}^{\infty}\int_{-\infty}^{\infty}\int_{-\infty}^{\infty}\frac{P(k_x,k_y,0,\omega)}{H(k_x,k_y,-z',\omega)}\right.$$
$$\left.e^{j(k_x x+k_y y)+j\omega t}dk_x dk_y d\omega\right]_{t=0} \tag{6.4.16}$$

如 z'足够大,传播因子 $H(k_x,k_y,-z')$中的指数衰减波消失后,有

$$\frac{1}{H(k_x,k_y,-z',\omega)}\approx\frac{1}{e^{-jk_z z'}}=e^{jk_z z'} \tag{6.4.17}$$

代入式(6.4.16)得

$$p(x,y,z',0)=\left[\frac{1}{(2\pi)^3}\int_{-\infty}^{\infty}\int_{-\infty}^{\infty}\int_{-\infty}^{\infty}P(k_x,k_y,0,\omega)\right.$$
$$\left.\mathrm{e}^{\mathrm{j}(k_x x+k_y y+k_z z')+\mathrm{j}\omega t}\mathrm{d}k_x\mathrm{d}k_y\mathrm{d}\omega\right]_{t=0} \tag{6.4.18}$$

由于四个参数 k_x,k_y,k_z,ω 间存在关系

$$\omega = c\sqrt{k_x^2+k_y^2+k_z^2} \tag{6.4.19}$$

其微分为

$$\mathrm{d}\omega = \frac{ck_z\mathrm{d}k_z}{\sqrt{k_x^2+k_y^2+k_z^2}} \tag{6.4.20}$$

可将式(6.4.20)代入式(6.4.18)使对 ω 的积分变为对 k_z 的积分,即有

$$p(x,y,z',0)=\left[\frac{1}{(2\pi)^3}\int_{-\infty}^{\infty}\int_{-\infty}^{\infty}\int_{-\infty}^{\infty}\frac{ck_z}{\sqrt{k_x^2+k_y^2+k_z^2}}P(k_x,k_y,0,c\sqrt{k_x^2+k_y^2+k_z^2})\right.$$
$$\left.\mathrm{e}^{\mathrm{j}(k_x x+k_y y+k_z z')}\mathrm{d}k_x\mathrm{d}k_y\mathrm{d}k_z\right]_{t=0} \tag{6.4.21}$$

于是式(6.4.21)可以完全用三维 FFT 计算。

具体计算时还要注意以下问题:

(1) $P(k_x,k_y,0,c\sqrt{k_x^2+k_y^2+k_z^2})$的计算

一般对 t 的傅里叶变换为

$$P(x,y,0,\omega)=\int_{-\infty}^{\infty}p(x,y,0,t)\mathrm{e}^{-\mathrm{j}\omega t}\mathrm{d}t \tag{6.4.22}$$

不过,如图 6-23,通常是将区间(t_0,t_0+T)的回波信号切取出来作为在地表的接受信号

$$p(x,y,0,t) \quad \rightarrow \quad p(x,y,0,t-t_0) \tag{6.4.23}$$

原信号谱与切取出来的信号谱之间的关系为

$$P(x,y,0,\omega)=F\{p(x,y,0,t-t_0)\}\mathrm{e}^{-\mathrm{j}\omega t_0}=P(x,y,0,\omega_T)\mathrm{e}^{-\mathrm{j}\omega t_0} \tag{6.4.24}$$

设切取出来的信号的先头位置为 $z_T=0$,与实际距离的关系为

$$z'=z_T+ct_0 \tag{6.4.25}$$

于是

$$\mathrm{e}^{\mathrm{j}k_z z}=\mathrm{e}^{\mathrm{j}k_z(z_T+ct_0)} \tag{6.4.26}$$

从而重写式(6.4.32)为

$$p(x,y,z',0)=\left[\frac{1}{(2\pi)^3}\int_{-\infty}^{\infty}\int_{-\infty}^{\infty}\int_{-\infty}^{\infty}P(k_x,k_y,0,\omega_T)\right.$$

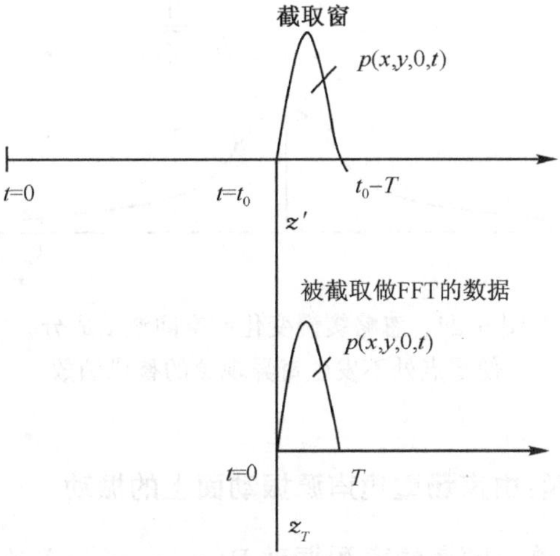

图 6-23　回波信号切取使时间轴发生变化

$$\left. e^{j(k_x x+k_y y+k_z z_T)+j(k_z-k)ct_0}\mathrm{d}k_x\mathrm{d}k_y\mathrm{d}\omega_T\right]_{t=0}$$

$$=\left[\frac{1}{(2\pi)^3}\int_{-\infty}^{\infty}\int_{-\infty}^{\infty}\int_{-\infty}^{\infty}\frac{ck_z}{\sqrt{k_x^2+k_y^2+k_z^2}}P(k_x,k_y,0,c\sqrt{k_x^2+k_y^2+k_z^2})\right.$$

$$\left. e^{j(k_x x+k_y y+k_z z_T)+j(k_z-k)ct_0}\mathrm{d}k_x\mathrm{d}k_y\mathrm{d}k_z\right]_{t=0} \tag{6.4.27}$$

这就是说，计算 $p(x,y,z',0)$ 时需要给切取出来的信号谱附加一个相位项 $e^{j(k_z-k)ct_0}$。

(2) ω 变化到 k_z 和分母中的 $\sqrt{k_x^2+k_y^2+k_z^2}$ 的处理

ω 与 k_z 不是线性关系，所以由领域 (k_x,k_y,ω) 变换到领域 (k_x,k_y,k_z) 时，需要内插处理。当 $k_x=k_y=k_z=0$ 时，被积分函数出现分母为零的奇异点，它的“高频”成分也引起傅里叶变换中的 Aliasing 问题。一个常用的处理方法是忽略缓慢变化的空间波动成分，选取 $k_x=k_y=k_z=0$ 处不发生奇异现象的函数代替函数 $1/\sqrt{k_x{}^2+k_y{}^2+k_z^2}$（如图 6-24）。

(3) 解的特性

由地表接受到的声回波，逐次取不同 (t_0,t_0+T) 区间就能计算得到所有深度反射特性，以上方法精度好，计算处理的噪音小，倾角可达 90°，如用 FFT 计算时间也快。但上述模型为定速度模型，不能考虑水平、垂直方向上有速度变化的情况[20~22]。

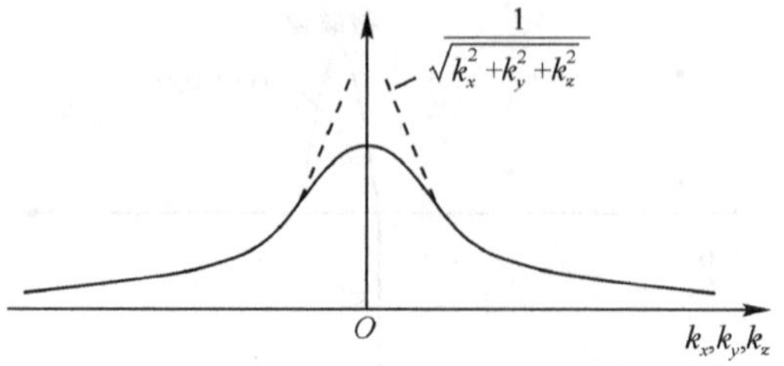

图 6-24　忽略缓慢变化的空间波动成分，使零点处不发生奇异现象的替代函数

6.4.3　积分法逆问题：由声场重建声源振动面上的振动

设在 $z=z'$ 处有单一频率的声源振动 $P(x,y,z',\omega)$，在 $+z$ 方向上传播到 z 处为 $P(x,y,z,\omega)$（观察值）；而将 $P(x,y,z,\omega)$ 在 $-z$ 方向上以计算方式逆传播回到 $z=z'$ 处得到源振动的估计值为 $P_e(x,y,z',\omega)$。这样的往复过程的空间声传播特性表达为

$$H(k_x,k_y,z-z')\cdot H(k_x,k_y,z'-z)=\begin{cases}1 & k_x^2+k_y^2\leqslant k^2\\ e^{-\sqrt{k_x^2+k_y^2-k^2}\,2|z-z'|} & k_x^2+k_y^2>k^2\end{cases}\tag{6.4.28}$$

空间声传播特性相当于一个带限“低通滤波器”($k_x^2+k_y^2\leqslant k$)，其时间响应可由逆傅里叶变换得到。由此估计的 $z=z'$ 处的声场振动 $P_e(x,y,z',\omega)$ 为

$$P_e(x,y,z',\omega)=P(x,y,z,\omega)\otimes\left[k\frac{J_1(k\sqrt{x^2+y^2})}{\sqrt{x^2+y^2}}\right]\tag{6.4.29}$$

可见，$P_e(x,y,z',\omega)$ 并不是原来真实的 $P(x,y,z',\omega)$，而是 $P(x,y,z',\omega)$ 和一个相当与 sinc 函数（主瓣宽度是波长的 1.22 倍）卷积的结果。也就是说，往复过程的重建不能得到原振动中波长以下的微细部分。这也是任意两个平行平面间声波重建的分辨率限制[177]。

在声场重建问题中，传递函数 $h(x,y,z)$ 的最大频率由指数相位项给出。单程传播中相位项是

$$\phi=kr=k\sqrt{(x-x')^2+(y-y')^2+(z-z')^2}\tag{6.4.30}$$

x 方向的瞬时频率是

$$k_x=\frac{\partial\phi}{\partial x}=\frac{kx}{\sqrt{(x-x')^2+(y-y')^2+(z-z')^2}}\tag{6.4.31}$$

一般，传递函数 $h(x,y,z)$ 的最小空间精细度不会小于声波波长($\lambda_x,\lambda_y>\lambda$)，那

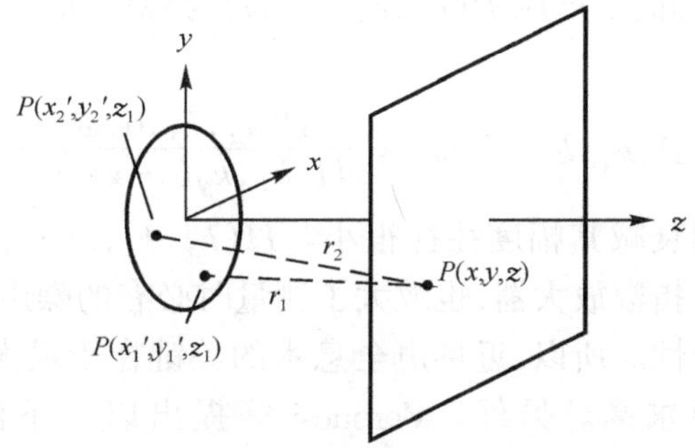

图 6-25 z'处的声振动传播到z处,又以计算方式逆传播回到z'处的往复过程

么,空间抽样点的间隔 Δ 由抽样定理知只要满足$\Delta < \lambda/2$就可以了。往复传播的相位项是

$$\phi = kr_1 - kr_2 = k\sqrt{(x-x_1')^2+(y-y_1')^2+(z-z_1')^2} - \sqrt{(x-x_2')^2+(y-y_2')^2+(z-z_2')^2} \tag{6.4.32}$$

由于往路与复路的传递函数的相位互相抵消,往复传递特性的空间变动尺度可能比 λ 大很多(即空间最大频率比声波频率要小很多)。如声源的尺寸是有限的($x_1', x_2' < l_x$ 和 $y_1', y_2' < l_y$),在观测面 z 上 x 方向的最大频率为

$$k_x = \frac{\partial\phi}{\partial x} = \frac{2k}{\left(1+\dfrac{(y-y')^2+4(z-z')^2}{(x-x')^2}\right)^{1/2}} < \frac{2k}{\left(1+\dfrac{4(z-z')^2}{l_x^2}\right)^{1/2}} \tag{6.4.33}$$

当 $z-z'$ 远大于 l_x(即观测面远,源尺寸小)时,分母远大于 1。于是观测面上空间抽样点的间隔可以取

$$\Delta_x < \lambda/2\left(1+\frac{4(z_2-z_1)^2}{l_x^2}\right)^{1/2} \tag{6.4.34}$$

比声波波长的一半大得多。

一个数值例是:如要重建直径 25mm 的 3MHz 声源振动面的振动速度,在距源 50mm 外的平面上只要测量相间 1mm 左右的声压值就可以了。

6.4.4 积分法逆问题:近距离声场全息

波长以下($k_x^2+k_y^2>k$)微细部分的信息因为指数衰减不能传递到远场。20 世纪 70 年代末发展起一种近场声全息术在近场测量收集声信息,其声场重建的分辨率可以小于十几分之一波长。

与前相同,声振动面的声压 $P(k_x,k_y,z',\omega)$ 与观测面的声压 $P(k_x,k_y,0,\omega)$ 间有

$$P(k_x,k_y,z',\omega)=\frac{P(k_x,k_y,0,\omega)}{H(k_x,k_y,-z',\omega)} \tag{6.4.35}$$

既然指数衰减波急剧衰减其幅度往往很小。$H(k_x,k_y,-z',\omega)$ 的倒数对指数衰减波来说相当于一个指数放大器,也放大了测量时必有的噪声,导致信噪比的降低和重建结果的不适定性。所以,近场声全息术的关键在于最大限度地记录指数衰减波,对测量精度要求高。另外, Veronesi 等提出以如下滤波窗函数代替式(6.4.35)中 $H(k_x,k_y,-z',\omega)$ 的倒数

$$H^{-1}(k_x,k_y)=\begin{cases}1-\dfrac{e^{(k_r/k_c-1)\alpha}}{2}, & k_r\leqslant k_c\\ \dfrac{e^{(1-k_r/k_c)/\alpha}}{2}, & k_r>k_c\end{cases} \tag{6.4.36}$$

其中,$k_r^2=k_x^2+k_y^2$,$k_c=0.6(\pi N/L)$ 为截止频率,$\alpha=2$ 为陡度系数,L 为接收孔径,N 为接收孔径上的离散取样点数,k_c,α 根据系数来选择。

近场声全息术的两个实际测量例的参数是:①40cm×40cm 的方形钢板由 10kHz 信号驱动时,距板 5cm(1/3 波长)的平行面上相隔 1cm(1/15 波长)测量 64×64 网格点的声压,然后进行声全息计算得到方形钢板的振动情况。②半径 4cm 的扬声器向空中辐射 400Hz 连续声波时,测量距离为 6cm。

在近场声全息术的刺激下,光学中也产生了"近场光学扫描显微镜,达到比常规显微镜高数十倍以上的分辨率,接近电子显微镜的水平,可用于对单独分子进行观察[23]。

6.5　声传播介质参数推定的逆问题

6.4 节积分法逆问题都是讨论声场在均匀介质的两个面之间的传递关系。还有另一种逆问题是当介质不均匀时,由两个面之间的声场推定介质的参数。这种逆问题的算法中最有名的莫过于现在大量应用于医疗和工业检测中的 X 射线 CT 断层重建方法。

6.5.1　弱不均匀介质中的声场

海洋中声速随深度变化,大气中密度和声速随高度不同,人体组织的密度和声速也是变化的,另外,在黏性介质中传播的强超声波,由于一部分声能转化成热能,使得局部介质的温度上升引起声速和声吸收系数的空间不均匀性[24]。重写无黏性、无热传导流体中声运动的基本方程如下

$$\frac{\partial\rho}{\partial t}+\nabla\cdot(\rho\vec{v})=0$$
$$\rho\left(\frac{\partial\vec{v}}{\partial t}+\vec{v}\cdot\nabla\vec{v}\right)=-\nabla P$$
$$P=P(\rho) \tag{6.5.1}$$

设局部空间的平均密度为 $\rho_0(\vec{v})$，平均声压为 $P_0(\vec{v})$和平均速度为 $C_0(\vec{r})$，局部声压、密度和声速分别表示为

$$\rho(t,\vec{r})=\rho_0(\vec{r})+\rho'(t,\vec{r})$$
$$P(t,\vec{r})=P_0(\vec{r})+p(t,\vec{r})$$
$$c(t,\vec{r})=C_0(\vec{r})+c'(t,\vec{r}) \tag{6.5.2}$$

代入方程(6.5.1)展开并略去二次微小项后有

$$\frac{\partial\rho'}{\partial t}+\nabla\cdot(\rho_0\vec{v})=0 \tag{6.5.3}$$

$$\rho_0\frac{\partial\vec{v}}{\partial t}+\nabla p=-\rho_0\vec{v}\cdot\nabla\vec{v} \tag{6.5.4}$$

与在第 1 章推导声波动方程的过程一样，式(6.5.3)对 t 微分，式(6.5.4)求散度$\nabla\cdot$，并用物态方程的一阶近似 $p=C_0^2\rho'$消去式中的ρ'后整理得不均匀介质中的声波动方程[32~37]

$$\frac{1}{C_0^2}\frac{\partial^2 p}{\partial t^2}-\nabla^2 p=-\frac{1}{\rho_0}\nabla\rho_0\cdot\nabla p \tag{6.5.5}$$

有时不均匀介质中的声波动方程也被写成

$$\frac{1}{C_0^2}\frac{\partial^2 p}{\partial t^2}-\nabla^2 p=\nabla\ln\rho_0\cdot\nabla p \tag{6.5.6}$$

与均匀理想介质中的声波动方程相比较，等号右边出现了一项与声压变化和密度变化(原空间中本来存在的而非声波扰动引起的)的空间梯度之积。

设局部的声速平均值为

$$C_0(\vec{r})=\bar{c}_0+\Delta c(\vec{r}),\qquad \Delta c(\vec{r})\ll\bar{c}_0 \tag{6.5.7}$$

即全空间的声速在 $\bar{c}_0$ 附近变动不大，则

$$\frac{1}{C_0^2}\approx\frac{1}{\bar{c}_0^2\left(1+\frac{\Delta c}{\bar{c}_0}\right)^2}\approx\frac{1}{\bar{c}_0^2}-\frac{2\Delta c}{\bar{c}_0^3} \tag{6.5.8}$$

同样，设空间局部的密度平均值为

$$\rho_0(\vec{r})=\bar{\rho}_0+\Delta\rho(\vec{r}),\qquad \Delta\rho(\vec{r})\ll\bar{\rho}_0 \tag{6.5.9}$$

即全空间的密度在 $\bar{\rho}_0$ 附近变动不大，则

$$\nabla\ln\rho_0\approx\frac{1}{\rho_0}\nabla\rho_0\approx\frac{1}{\bar{\rho}_0}\nabla(\Delta\rho) \tag{6.5.10}$$

代入式(6.5.5)有

$$\frac{1}{\bar{c}_0^2}\frac{\partial^2 p}{\partial t^2}-\nabla^2 p=\frac{2\Delta c}{\bar{c}_0^3}\frac{\partial^2 p}{\partial t^2}-\frac{1}{\bar{\rho}_0}\nabla(\Delta\rho)\cdot\nabla p \tag{6.5.11}$$

这就是小声速变动和小密度变动介质(比如人体组织)的声波动方程。如果不均匀领域的尺度为 L,当变动的相对比值 $\Delta c/\bar{c}_0\sim\Delta\rho/\bar{\rho}_0$ 时速度不均匀项的贡献与密度不均匀项的贡献之比为

$$\frac{2\Delta c}{\bar{c}_0^3}\frac{\partial^2 p}{\partial t^2}:\frac{\nabla(\Delta\rho)\cdot\nabla p}{\bar{\rho}_0}\approx\frac{\Delta c}{\bar{c}_0}k^2 p:\frac{(\Delta\rho)/L}{\bar{\rho}_0}kp\approx kL \tag{6.5.12}$$

所以,不均匀领域的尺度比波长足够大($kL\gg 1$)时密度变化的贡献可以忽略。

另一种推导方式可以更容易得到小声速变动介质中的声波动方程。对单一频率的声场有

$$k_0^2 P+\nabla^2 P=0 \tag{6.5.13}$$

在小声速变动介质中有

$$k_0=\bar{k}_0+\Delta k,\qquad \Delta k\ll\bar{k}_0 \tag{6.5.14}$$

将式(6.5.14)代入式(6.5.13)得

$$\bar{k}_0^2 P+\nabla^2 P=(\bar{k}_0^2-k_0^2)P \tag{6.5.15}$$

其中

$$\bar{k}_0^2=\frac{\omega^2}{\bar{c}_0^2} \tag{6.5.16}$$

$$\bar{k}_0^2-k_0^2=\omega^2\frac{c^2-\bar{c}_0^2}{\bar{c}_0^2 c^2}\approx\omega^2\frac{2\Delta c}{\bar{c}_0^3} \tag{6.5.17}$$

于是,式(6.5.15)成为

$$\bar{k}_0^2 P+\nabla^2 P=\omega^2\frac{2\Delta c}{\bar{c}_0^3}P \tag{6.5.18}$$

转换到时间域为

$$\frac{1}{\bar{c}_0^2}\frac{\partial^2 p}{\partial t^2}-\nabla^2 p=\frac{2\Delta c}{\bar{c}_0^3}\frac{\partial^2 p}{\partial t^2} \tag{6.5.19}$$

6.5.2　小声速变动介质的声速分布和散射波的关系

形如

$$k^2 P+\nabla P=-4\pi Q \tag{6.5.20}$$

的方程可以解释为在一个闭合面内部是有“源”的,源密度 $Q(\vec{r})$。克希荷夫公式将多出一项对源的体积积分,变成

$$P(\vec{r})=\oiint_{S'}\left[G(\vec{r},\vec{r}')\frac{\partial P}{\partial n}-P\frac{\partial G(\vec{r},\vec{r}')}{\partial n}\right]d\hat{s}'+\iiint_V Q(\vec{r}')G(\vec{r},\vec{r}')dv \tag{6.5.21}$$

前面的闭合面积分为入射波的波面推移，而后一项体积分为"源"产生的声场。就小声速变动介质中的声波而言，"源"来自于空间声速的弱不均匀性，所产生的声场就是散射波。近似使用自由空间中的格林函数，则散射波写为

$$P_s(\vec{r}) = -\frac{1}{4\pi}\iiint_V \omega^2 \frac{2\Delta c}{\bar{c}_0^3}P(\vec{r}')\frac{e^{jk|\vec{r}'-\vec{r}|}}{|\vec{r}'-\vec{r}|}dv' \qquad (6.5.22)$$

积分式中的 $P(\vec{r}')$ 是包括入射波和待求散射波的总声场

$$P(\vec{r}') = P_{in}(\vec{r}') + P_s(\vec{r}') \qquad (6.5.23)$$

可以将式(6.5.22)以矩阵形式表达，然后整理将所有散射波的项移到等号左边求解散射波。另外，如散射波远小于入射波，也可以近似取 $P(\vec{r}')\approx P_{in}(\vec{r}')$，这通常称为 Born 近似。还有，可以先以 Born 近似计算得散射波的一次近似 $P_s^{(1)}$，以此修正得到 $P^{(2)}(\vec{r}_0)\approx P_{in}+P_s^{(1)}$ 后再计算得散射波的二次近似 $P_s^{(2)}$，如此反复则逼近散射波的精确解。

对二维问题有

$$P_s(\vec{r}) = -\frac{j}{4}\iint_S \omega^2 \frac{2\Delta c}{\bar{c}_0^3}P(\vec{r}')H_0^{(2)}(k|\vec{r}'-\vec{r}|)d\hat{s}' \qquad (6.5.24)$$

6.5.3　由散射波信息推定介质的声速分布

为简单起见讨论二维问题。设有平面波

$$P_{in} = Ae^{-j\vec{k}\cdot\vec{r}} \qquad (6.5.25)$$

入射到小声速变动的区域。散射波使用 Born 近似为

$$P_s(\vec{r}) = \frac{jA\omega^2}{2\bar{c}_0^3}\iint_S \Delta c\cdot e^{-j\vec{k}\cdot\vec{r}'}H_0^{(2)}(k|\vec{r}'-\vec{r}|)d\hat{s}' \qquad (6.5.26)$$

在直角坐标系中写为

$$p_s(x,y) = -\frac{jA\omega^2}{2\bar{c}_0^3}\iint_S \Delta c(x',y')\cdot e^{-j(k_x x'+k_y y')}H_0^{(2)}\left(k\sqrt{(x'-x)^2+(y'-y)^2}\right)dx'dy' \qquad (6.5.27)$$

其中，$k^2=k_x^2+k_y^2$。既然式(6.5.27)表达的是一个卷积关系，由傅里叶变换关系可知

$$P_s(\lambda_x,\lambda_y) = -\frac{jA\omega}{2\bar{c}_0^3}\Delta C(\lambda_x+k_x,\lambda_y+k_y)F\left[H_0^{(2)}(k\sqrt{x^2+y^2})\right] \qquad (6.5.28)$$

其中，$\Delta C(\lambda_x,\lambda_y)$ 为 $\Delta c(x,y)$ 的傅里叶变换。如能测得空间所有点的散射波 $p_s(x,y)$，由二维傅里叶变换可得到它的频率特性 $P_s(\lambda_x,\lambda_y)$。从而得到

$$\Delta C(\lambda_x + k_x, \lambda_y + k_y) = \frac{\mathrm{j}2\bar{c}_0^3}{A\omega^2}\frac{P_s(\lambda_x, \lambda_y)}{F\left[H_0^{(2)}(k\sqrt{x^2+y^2})\right]} \tag{6.5.29}$$

于是在 λ_x, λ_y 空间位移得到 $\Delta C(\lambda_x, \lambda_y)$后逆傅里叶变换

$$\Delta c(x, y)\frac{1}{4\pi^2}\iint_{-\infty}^{\infty}\Delta C(\lambda_x, \lambda_y)\mathrm{e}^{\mathrm{j}\lambda_x x+\lambda_y y}\mathrm{d}\lambda_x\mathrm{d}\lambda_y \tag{6.5.30}$$

就得到空间速度分布 $\Delta c(x, y)$。

可以用简单的柱(壳)、球(壳)的严密解[38,39]做模型,验证以上算法和所编程序的正确性。

实际上要测得空间所有点(包括声速变动介质内)的散射波 $p_s(x, y)$通常是不可能的。超声层析成像方法只需要收集声速变动介质外部的散射波信息。

超声层析成像方法的示意图如图 6-26 所示,设点声源 T 发射一束声脉冲,接受器 R 接收来自物体 $f(\vec{r})$的散射信号,声源和接受器两者相对于坐标原点的张角为 2β,其角平分线与 x 轴正向成 φ 角。接受信号为

$$p_s(t, \varphi, \beta) = \int_0^{\infty}\int_0^{2\pi} f(\vec{r}')\delta[t - (|\vec{r}' - \vec{r}_T| + |\vec{r}' - \vec{r}_R|)/c]\mathrm{d}\theta\mathrm{d}r' \tag{6.5.31}$$

这个方程考虑了入射波、散射体和散射波的传播等基本关系。当换能器与被成像物体间距远大于物体尺度,符合远场条件(夫琅禾费近似)时,有

$$|\vec{r}' - \vec{r}_T| = \sqrt{R_R^2 + r'^2 - 2R_T r'\cos\alpha_T} \approx R_T - r'\cos\alpha_T \tag{6.5.32}$$

$$|\vec{r}' - \vec{r}_R|\sqrt{R_R^2 + r'^2 - 2R_R r'\cos\alpha_R} \approx R_R - r'\cos\alpha_R \tag{6.5.33}$$

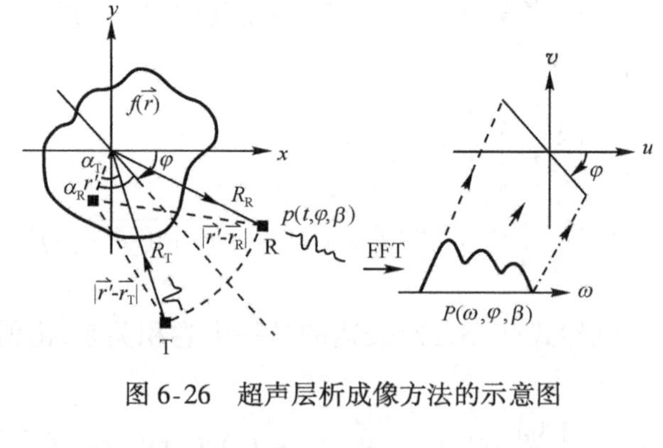

图 6-26　超声层析成像方法的示意图

设 $R_T = R_R = R$,式(6.5.31)作傅里叶变换并经过一系列推导后得

$$P_s(\omega, \varphi, \beta)\} = \mathrm{e}^{-\mathrm{j}\omega 2R_0}\int_{-\infty}^{\infty}\int_{-\infty}^{\infty} f(x, y)\mathrm{e}^{-\mathrm{j}2\omega(x\cos\beta\cos\varphi + y\cos\beta\sin\varphi)}\mathrm{d}x\mathrm{d}y$$

$$= e^{-j\omega 2R_0} F(u,v) \Big|_{\substack{u=2\omega\cos\beta\cos\varphi \\ v=2\omega\cos\beta\sin\varphi}} \tag{6.5.34}$$

这给出物函数 $f(x,y)$在其频域 (u,v)由

$$u = 2\omega\cos\beta\cos\varphi$$

$$v = 2\omega\cos\beta\sin\varphi \tag{6.5.35}$$

所决定的直线(以 φ 为倾斜角,$2\omega\cos\beta$ 为距离长度)上的值(图 6-26)。这就是超声层析成像算法中有名的傅里叶变换切片理论。换能器 T,R 保持张角 2β 不变沿着以 O 为圆心,R 为半径的圆弧运动,使 φ 从 0°到 180°变化,则谱线在频域 (u,v)平面上绕 O 点扫描,这样一来可填满整个 (u,v)平面得到完整的 $F(u,v)$。然后,由逆傅里叶变换得到 $f(x,y)$。

当 T,R 合并同时作发射和接收器时,$\beta=0,\cos\beta=1$。

既然 $2\omega\cos\beta$ 为(u,v)平面上的距离长度,显然如发射的脉冲信号为宽频,ω 的最大值足够大,(u,v)平面上就能有较大的最大频率,而使 $f(x,y)$能有更小的空间分辨率。

当远场条件不满足但符合旁轴条件(菲涅尔近似)时有

$$|\vec{r}' - \vec{r}_T| = \sqrt{R^2 + r'^2 - 2Rr'\cos\alpha_T} \approx R - r'\cos\alpha_T + \frac{r'^2}{2R}(1-\cos^2\alpha_T) \tag{6.5.36}$$

$$|\vec{r}' - \vec{r}_R| = \sqrt{R_R^2 + r'^2 - 2R_R r'\cos\alpha_R} \approx R_R - r'\cos\alpha_R + \frac{r'^2}{2R}(1-\cos^2\alpha_R) \tag{6.5.37}$$

代入式(6.5.31)作傅里叶变换,并经过一系列推导可得[40]

$$P(\omega,\varphi,\beta) = e^{-j\omega 2R}\left[F(u,v) - jF^{(1)}(u,v) - \frac{\omega^2}{2}F^{(2)}(u,v) + \cdots\right] \tag{6.5.38}$$

其中

$$F(u,v) = \iint_{-\infty}^{\infty} f(x,y)e^{-j(ux+vy)}dxdy$$

$$F^{(1)}(u,v) = \iint_{-\infty}^{\infty} G(x,y)f(x,y)e^{-j(ux+vy)}dxdy$$

$$F^{(2)}(u,v) = \iint_{-\infty}^{\infty} G^2(x,y)f(x,y)e^{-j(ux+vy)}dxdy$$

$$G(x,y) = \frac{1}{R}[\sin^2\beta(x\cos\varphi + y\sin\varphi)^2 + \cos^2\beta(x\sin\varphi - y\cos\varphi)^2] \tag{6.5.39}$$

由式(6.5.38)得到迭代法

$$F_{n+1}(u,v)=P'(\omega,\varphi,\beta)+\mathrm{j}\omega F\{G(x,y)f_n(x,y)\}$$
$$+\frac{\omega^2}{2}F\{G^2(x,y)f_n(x,y)\}+\cdots \qquad (6.5.40)$$

可以逐渐修正由于 $F^{(1)}(u,v)$,$F^{(2)}(u,v)$等引入的重建像失真,从而得到较好的成像结果。

在实际应用中,常常发射和接收换能器不可能绕被成像物体旋转,而只能如图6-27所示在物体一侧的直线上运动。在这种情况下,通过数学推导同样可得到与上面类似的成像公式。例如,在旁轴近似条件下其他结论不变,只是 $G(x,y)$变为[40,41]

$$G(x,y)=\frac{x^2}{2}\left(\frac{1}{R_1}+\frac{1}{R_0}\right)-\frac{1}{R_1}\sin2\beta\left[\frac{1}{2}(x^2-y^2)\sin2\varphi-xy\cos2\varphi\right] \qquad (6.5.41)$$

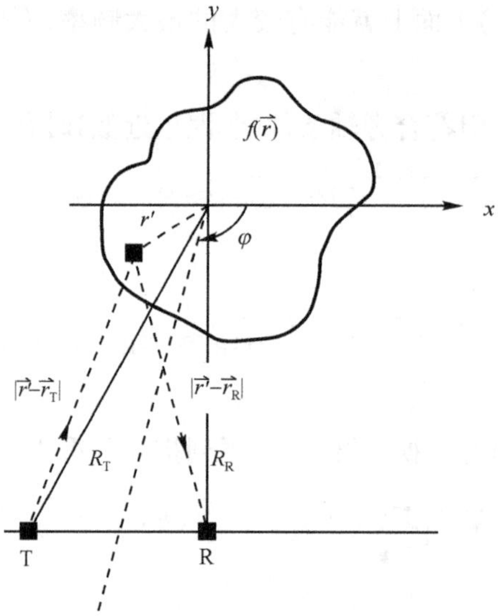

图 6-27　发射和接收换能器在物体一侧的直线上运动的超声层析成像

在一些实际应用中,入射波和散射波的振幅因子和时间因子必须更严密地加以考虑,远场条件或旁轴近似条件不一定可用,这就需要更一般的重建算法。

6.5.4　声源和接受器间声波直进假设条件下的 CT 算法

图 6-27的声层析成像模型主要使用了声波的后向散射信息。同样也可以将

声接受器放在声源的对向位置,使用声波的前方透射信息。特别是在源和接受器间声直进传播假设下可以使用X射线CT中所用的算法[66]。

如图6-28,设一物理量空间分布 $g(x,y)$ 的傅里叶变换为 $G(k_x,k_y)$,即有

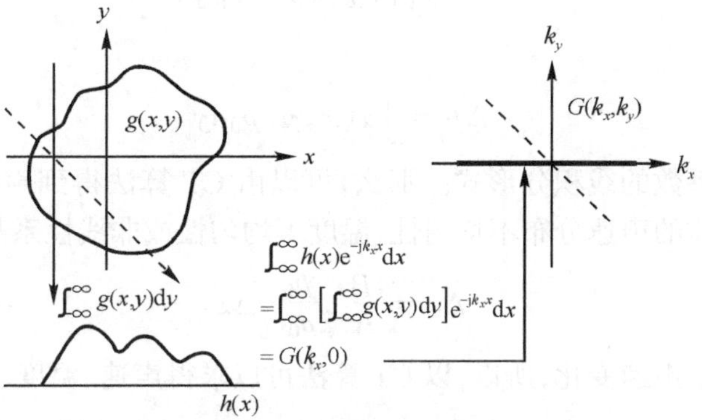

图6-28 发射和接收换能器间声波直进传播假设下的超声层析成像

$$G(k_x,k_y)=\iint_{-\infty}^{\infty} g(x,y)\mathrm{e}^{-\mathrm{j}k_x x-\mathrm{j}k_y y}\mathrm{d}x\mathrm{d}y$$

$$=\int_{-\infty}^{\infty}\left[\int_{-\infty}^{\infty} g(x,y)\mathrm{e}^{-\mathrm{j}k_y y}\mathrm{d}y\right]\mathrm{e}^{-\mathrm{j}k_x x}\mathrm{d}x \qquad (6.5.42)$$

如 $k_y=0$ 则

$$G(k_x,0)=\int_{-\infty}^{\infty}\left[\int_{-\infty}^{\infty} g(x,y)\mathrm{d}y\right]\mathrm{e}^{-\mathrm{j}k_x x}\mathrm{d}x$$

$$=\int_{-\infty}^{\infty} h(x)\mathrm{e}^{-\mathrm{j}k_x x}\mathrm{d}x \qquad (6.5.43)$$

其中

$$h(x)=\int_{-\infty}^{\infty} g(x,y)\mathrm{d}y \qquad (6.5.44)$$

这就是说如 $g(x,y)$ 的线积分值可知,就可以求得它在 (k_x,k_y) 空间 k_x 轴 $(k_y=0)$ 上的值 $G(k_x,0)$。于是,旋转源和接受器的连线方向就得到以点 $(k_x,k_y)=(0,0)$ 为中心各个径向直线方向上的

$$G(k_x=K\cos\theta,k_y=K\sin\theta) \qquad (6.5.45)$$

可以直接在极坐标系求逆傅里叶变换

$$g(x,y)=\frac{1}{4\pi^2}\iint_{-\infty}^{\infty} G(k_x,k_y)\mathrm{e}^{\mathrm{j}k_x x+\mathrm{j}k_y y}\mathrm{d}k_x\mathrm{d}k_y \qquad (6.5.46)$$

得到物理量空间分布 $g(x,y)$。以上就是X射线CT中所用的重建算法。

既然假设声源和接受器间声直进传播，插入声速变动介质前后声波传播的时间差为

$$\Delta t = \int \left[\frac{1}{c(x,y)} - \frac{1}{c_0} \right] \mathrm{d}y \tag{6.5.47}$$

幅度差为

$$\Delta p = \int \alpha(x,y) p_0 \mathrm{d}y \tag{6.5.48}$$

为声速和衰减系数的线积分形式。那么，可以由 CT 算法得到声速和衰减系数的空间分布。介质的声速分布不均匀性，温度不均匀性或非线性系数

$$\Delta c = \frac{B}{A} \frac{p_0}{2\rho_0 c_0} \Delta z \tag{6.5.49}$$

影响都可能产生声速变化，所以，以 CT 算法可以求得声速、温度、非线性系数的空间分布。

测量得到某个物理量空间分布的线积分的场合很多。比如，对非线性系数的测量来说，二次谐波幅度写为

$$\Delta p_2 \approx \frac{p_0 \sigma}{2} = \frac{\beta \omega p_0^2}{2\rho c_0^3} \Delta z \tag{6.5.50}$$

即二次谐波的强度是空间传播长度的积分。同样可以由 CT 算法求取 β[42]。

假设声源和接受器间声波直进传播，使用 CT 算法重建成像极为简便。只是声阻抗的空间不均匀性使得声波很容易产生折射和散射。声的直线传播条件一旦不被满足，X 射线 CT 算法产生失真的重建像。许多研究讨论了以这样的重建像为基础再进行逐步修正的方法[25~31]。此外，尽量使用能够直接测量物理量局部数值的方法。如图 6-29 在局部大声压作用下非线性系数与声速间有关系式

$$c(z) = c_0 + \frac{B}{A} \frac{1}{2\rho_0 c_0} p_{\text{pump}}(z) \tag{6.5.51}$$

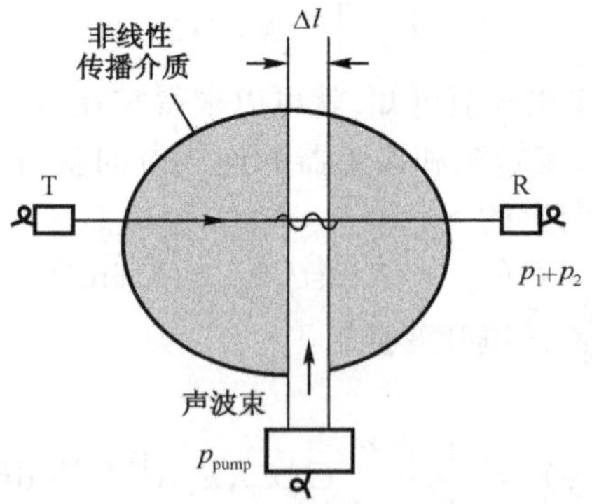

图 6-29 局部大声压波束作用下的非线性系数测量

设 Pump 波作用有效距离 Δl，引起声波到达时间变化

$$\Delta t = \frac{\Delta l}{c_0 + \frac{B}{A}\frac{1}{2\rho_0 c_0}p_{\text{Pump}}(z)} - \frac{\Delta l}{c_0} \approx -\frac{\Delta l}{2\rho_0 c_0^3}\left(\frac{B}{A}\right)p_{\text{Pump}}(z) \quad (6.5.52)$$

如 Pump 波不是矩形而有一个分布 $p_{\text{Pump}}(z)$，则为

$$\Delta t = -\frac{1}{2\rho_0 c_0^3}\int_{-\infty}^{\infty}\left(\frac{B}{A}\right)p_{\text{Pump}}(z)\mathrm{d}z \quad (6.5.53)$$

由该时间差可以得到 Pump 波（局部定位）与检测波相交位置的 B/A，不需 CT 处理。

资料：动态聚焦、脉冲压缩和合成孔径

在医用超声图像设备中广泛使用一种称为动态聚焦的技术，它使接受阵列传感器在所有深度都聚焦。如也能使发射阵列传感器在所有深度都聚焦，则在原理和效果上与图 6-27 所示的发射和接收换能器在物体一侧的直线上运动的超声层析成像完全相同。

脉冲压缩和合成孔径也是超声层析成像中两个有名的实用技术。

如图 6-a，设声源和接受器在同一位置 $(x',0)$，发射中心频率 f_0、频率变化范围 u 的变频信号

$$p_{\mathrm{i}}(t) = \begin{cases} p_0 \mathrm{e}^{\mathrm{j}2\pi(f_0+ut)t}, & -T/2 \leqslant t \leqslant T/2 \\ 0, & t < -T/2, t > T/2 \end{cases} \quad (6.\text{a}1)$$

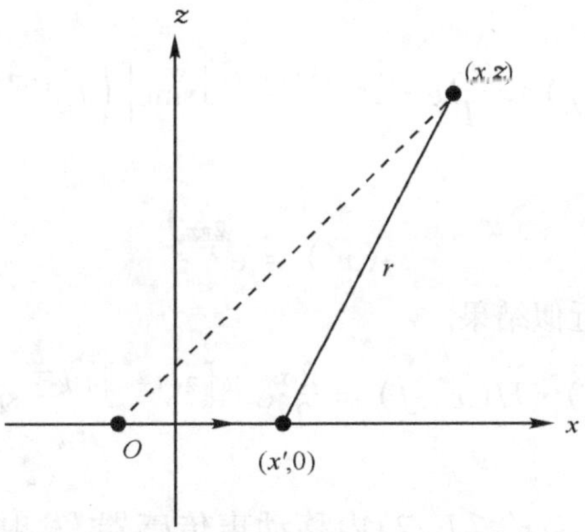

图 6-a　声源和接受器在 x 轴上移动，发射和接受调频信号

来自于 (x,z) 处的反射点（反射系数为 σ）的回波信号（往复传播延迟时间 $2r/c_0$）为

$$p(x',t)=\sigma e^{j2\pi(f_0+ut')t'}=\sigma e^{j2\pi f_0(t-2r/c_0)+j2\pi u(t^2-4tr/c_0+4r^2/c_0^2)} \tag{6.a2}$$

回波信号式(6.a2)与发射信号式(6.a1)的共轭复数信号

$$s_1(t)=e^{-j2\pi(f_0+ut)t} \tag{6.a3}$$

相乘降为基频信号

$$h(x',t)=s_1(t)\cdot p(x',t)=\sigma e^{-j4\pi f_0 r/c_0-j8\pi utr/c_0+j8\pi ur^2/c_0^2},\quad -T/2\leqslant t\leqslant T/2 \tag{6.a4}$$

由傅里叶变换转换到频域有

$$H(x',f)=\frac{2\sigma}{T}e^{-j4\pi f_0 r/c_0+j8\pi ur^2/c_0^2}\operatorname{sinc}\left[\left(f+\frac{4ur}{c_0}\right)\frac{T}{2}\right] \tag{6.a5}$$

由 sinc 函数的特性知 $H(x',f)$在 $f=-4ur/c_0$ 有峰值,变频信号的时间宽度 T 越大,sinc 函数的宽度越小,也就是说纵向分辨率越高。这就是时脉冲压缩技术。

设变频信号的频率变化不大,即

$$f_0\gg\frac{2ur}{c_0} \tag{6.a6}$$

则式(6.a5)近似为

$$H(x',f)\approx\frac{2\sigma}{T}e^{-j4\pi f_0 r/c_0}\operatorname{sinc}\left[\left(f+\frac{4ur}{c_0}\right)\frac{T}{2}\right] \tag{6.a7}$$

在菲涅尔近似条件

$$r=\sqrt{(x-x')^2+z^2}=z+\frac{(x-x')^2}{2z} \tag{6.a8}$$

下有

$$H(x',f)\approx\frac{2\sigma}{T}e^{-jk\left[2z+\frac{(x-x')^2}{z}\right]}\operatorname{sinc}\left[\left(f+\frac{4ur}{c_0}\right)\frac{T}{2}\right] \tag{6.a9}$$

$H(x',f)$与参照信号

$$s_2(x')=e^{j\frac{2\pi}{\lambda}\frac{x'^2}{z}} \tag{6.a10}$$

相乘就得到夫琅禾费近似结果

$$g(x',f)=s_2(x')\cdot H(x',f)=\frac{2\sigma}{T}e^{-jk\left[2z+\frac{x^2}{z}\right]+jk\frac{xx'}{z}}\operatorname{sinc}\left[\left(f+\frac{4ur}{c_0}\right)\frac{T}{2}\right] \tag{6.a11}$$

如在空间距离($-L/2\leqslant x'\leqslant L/2$)内移动声传感器,发射和接受回波信号得到 $g(x',f)$,由傅里叶变换转换到频域,有

$$G(\mu,f)=\frac{2\sigma}{TL}e^{-jk\left[2z+\frac{x^2}{z}\right]}\operatorname{sinc}\left[\left(\mu-\frac{x}{\lambda z}\right)L\right]\operatorname{sinc}\left[\left(f+\frac{4ur}{c_0}\right)\frac{T}{2}\right] \tag{6.a12}$$

由 sinc 函数的特性知 $G(\mu,f)$在 $\mu=x/(\lambda z)$有峰值,声传感器的移动范围 L 越大,sinc 函数的宽度越小,横向分辨率越高。这就是空间合成孔径技术。

第 7 章 解析法——声场和振动模式

无论差分法还是积分法,数值解很难讨论有界空间中声场的振动模式问题。研究解析解的方法和结果有一些特殊意义:①“发现”复杂的振动模式;②全面了解物体的声特性,把它们作为测试标准;③简化数值计算工作量。

7.1 固体中的声波动方程

固体中的声方程比流体中的声方程更为一般。流体中的声方程可以看作是固体中的声方程在横波速度等于零时的特例。

7.1.1 固体的弹性系数、切变、应力和运动方程

各向同性弹性固体的特性用弹性(Lamé)常数 λ 和 μ(切变模量)表达。也可以用杨氏模量 E 和泊松比 σ,他们之间的关系为

$$\lambda = \frac{E\sigma}{(1-2\sigma)(1+\sigma)}, \qquad \mu = \frac{E}{2(1+2\sigma)}, \qquad \sigma = \frac{\lambda}{2(\lambda+\mu)} \tag{7.1.1}$$

固体中任一位置的微小位移用向量 $\vec{u}$ 表示。某一方向的位移除了是由于该方向上长度发生了伸缩外,还可能是由于其他方向上的长度发生伸缩,这种特性统称为切变。在直角坐标系中各切变分量是

$$\begin{aligned}
\varepsilon_{xx} &= \frac{\partial u_x}{\partial x}, & \varepsilon_{xy} &= \frac{1}{2}\left(\frac{\partial u_x}{\partial y} + \frac{\partial u_y}{\partial x}\right) \\
\varepsilon_{yy} &= \frac{\partial u_y}{\partial y}, & \varepsilon_{yz} &= \frac{1}{2}\left(\frac{\partial u_y}{\partial z} + \frac{\partial u_z}{\partial y}\right) \\
\varepsilon_{zz} &= \frac{\partial u_z}{\partial z}, & \varepsilon_{zx} &= \frac{1}{2}\left(\frac{\partial u_z}{\partial x} + \frac{\partial u_x}{\partial z}\right)
\end{aligned} \tag{7.1.2}$$

在柱坐标系中

$$\begin{aligned}
\varepsilon_{rr} &= \frac{\partial u_r}{\partial r}, & 2\varepsilon_{\theta z} &= \frac{1}{r}\frac{\partial u_z}{\partial \theta} + \frac{\partial u_\theta}{\partial z} \\
\varepsilon_{\theta\theta} &= \frac{u_r}{r} + \frac{1}{r}\frac{\partial u_\theta}{\partial \theta}, & 2\varepsilon_{rz} &= \frac{\partial u_r}{\partial z} + \frac{\partial u_z}{\partial r} \\
\varepsilon_{zz} &= \frac{\partial u_z}{\partial z}, & 2\varepsilon_{r\theta} &= \frac{1}{r}\frac{\partial u_r}{\partial \theta} + \frac{\partial u_\theta}{\partial \theta} - \frac{u_\theta}{r}
\end{aligned} \tag{7.1.3}$$

在球坐标系中

$$\varepsilon_{rr} = \frac{\partial u_r}{\partial r}, \qquad 2\varepsilon_{\theta\phi} = \frac{1}{r}\left(\frac{\partial u_\phi}{\partial \theta} - u_\phi \cot\theta\right) + \frac{1}{r\sin\theta}\frac{\partial u_\theta}{\partial \phi}$$

$$\varepsilon_{\theta\theta} = \frac{u_r}{r} + \frac{1}{r}\frac{\partial u_\theta}{\partial \theta}, \qquad 2\varepsilon_{r\theta} = \frac{\partial u_\theta}{\partial r} - \frac{u_\theta}{r} + \frac{1}{r}\frac{\partial u_r}{\partial \theta}$$

$$\varepsilon_{\phi\phi} = \frac{1}{r\sin\theta}\frac{\partial u_\theta}{\partial \phi} + \frac{u_\theta}{r}\cot\theta + \frac{\partial u_r}{\partial \phi}, \qquad 2\varepsilon_{\phi r} = \frac{1}{r\sin\theta}\frac{\partial u_r}{\partial \phi} + \frac{\partial u_\phi}{\partial r} - \frac{u_\phi}{r} \tag{7.1.4}$$

长度的微小位移和切变的原因是由于应力作用，这种作用的影响大小取决于固体的性质，即固体的弹性系数。在直角坐标系中，考虑如图 7-1 所示的一个微小直方体，以 σ_{ij}表示在 i 方向的面元上指向 j 方向的应力，切变、位移与应力之间的关系写为

$$\begin{aligned} \sigma_{xx} &= \lambda\nabla\cdot\vec{u} + 2\mu\varepsilon_{xx}, & \sigma_{xy} &= 2\mu\varepsilon_{xy} \\ \sigma_{yy} &= \lambda\nabla\cdot\vec{u} + 2\mu\varepsilon_{yy}, & \sigma_{yz} &= 2\mu\varepsilon_{yz} \\ \sigma_{zz} &= \lambda\nabla\cdot\vec{u} + 2\mu\varepsilon_{zz}, & \sigma_{zx} &= 2\mu\varepsilon_{zx} \end{aligned} \tag{7.1.5}$$

在柱坐标系中

$$\begin{aligned} \sigma_{rr} &= \lambda\nabla\cdot\vec{u} + 2\mu\varepsilon_{rr}, & \sigma_{r\theta} &= 2\mu\varepsilon_{r\theta} \\ \sigma_{\theta\theta} &= \lambda\nabla\cdot\vec{u} + 2\mu\varepsilon_{\theta\theta}, & \sigma_{\theta z} &= 2\mu\varepsilon_{\theta z} \\ \sigma_{zz} &= \lambda\nabla\cdot\vec{u} + 2\mu\varepsilon_{zz}, & \sigma_{rz} &= 2\mu\varepsilon_{rz} \end{aligned} \tag{7.1.6}$$

在球坐标系中

$$\begin{aligned} \sigma_{rr} &= \lambda\nabla\cdot\vec{u} + 2\mu\varepsilon_{rr}, & \sigma_{r\theta} &= 2\mu\varepsilon_{r\theta} \\ \sigma_{\theta\theta} &= \lambda\nabla\cdot\vec{u} + 2\mu\varepsilon_{\theta\theta}, & \sigma_{r\phi} &= 2\mu\varepsilon_{r\phi} \\ \sigma_{\phi\phi} &= \lambda\nabla\cdot\vec{u} + 2\mu\varepsilon_{\phi\phi}, & \sigma_{\phi\theta} &= 2\mu\varepsilon_{\phi\theta} \end{aligned} \tag{7.1.7}$$

在各向同性的固体中应力是对称的，有 $\sigma_{ij} = \sigma_{ji}$。

于是图 7-1 所示的微小直方体的运动方程写为

$$\begin{aligned} \frac{\partial \sigma_{xx}}{\partial x} + \frac{\partial \sigma_{xy}}{\partial y} + \frac{\partial \sigma_{zx}}{\partial z} &= \rho\frac{\partial^2 u_x}{\partial t^2} \\ \frac{\partial \sigma_{xy}}{\partial x} + \frac{\partial \sigma_{yy}}{\partial y} + \frac{\partial \sigma_{yz}}{\partial z} &= \rho\frac{\partial^2 u_y}{\partial t^2} \\ \frac{\partial \sigma_{zx}}{\partial x} + \frac{\partial \sigma_{yz}}{\partial y} + \frac{\partial \sigma_{zz}}{\partial z} &= \rho\frac{\partial^2 u_z}{\partial t^2} \end{aligned} \tag{7.1.8}$$

将位移-切变关系式(7.1.2)和切变、位移-应力关系式(7.1.5)代入式(7.1.8)后，对 x 方向的一维情况得到

$$\mu\nabla^2 u_x + (\lambda + \mu)\frac{\partial}{\partial x}(\nabla\cdot\vec{u}) = \rho\frac{\partial^2 u_x}{\partial t^2} \tag{7.1.9}$$

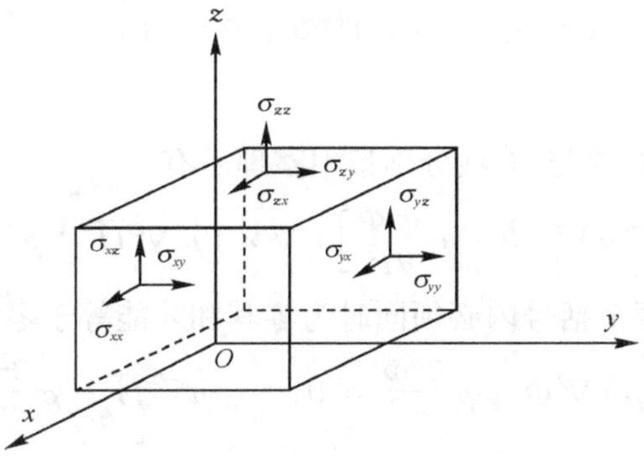

图 7-1　在 i 方向的面元上指向 j 方向的应力

对三维情况得到

$$\mu \nabla^2 \vec{u} + (\lambda + \mu) \nabla\nabla \cdot \vec{u} = \rho \frac{\partial^2 \vec{u}}{\partial t^2} \tag{7.1.10}$$

这就是各向同性弹性固体中描述介质运动的运动方程，也就是声波动方程。式(7.1.10)还可以表达成其他的形式，比如，使用向量算子的基本关系式

$$\nabla^2 \vec{A} = \nabla\nabla \cdot \vec{A} - \nabla \times \nabla \times \vec{A} \tag{7.1.11}$$

于式(7.1.10)可得

$$(\lambda + 2\mu) \nabla\nabla \cdot \vec{u} - \mu \nabla \times \nabla \times \vec{u} = \rho \frac{\partial^2 \vec{u}}{\partial t^2} \tag{7.1.12}$$

7.1.2　标量速度势和向量速度势

引进速度势能够简化声波动方程(7.1.10)。把向量 $\vec{u}$ 看成是两个向量的和

$$\vec{u} = \vec{u}_1 + \vec{u}_2 \tag{7.1.13}$$

其中，$\vec{u}_1$ 是无旋向量，即有

$$\nabla \times \vec{u}_1 = 0 \tag{7.1.14}$$

另一个 $\vec{u}_2$ 是纯旋量

$$\nabla \cdot \vec{u}_2 = 0 \tag{7.1.15}$$

那么，$\vec{u}_1$ 能够表达为一个标量函数的梯度，这个函数叫标量速度势，即有

$$\vec{u}_1 = \nabla \Phi \tag{7.1.16}$$

$\vec{u}_2$ 能够表达为一个向量函数的旋度，这个函数叫向量速度势，即有

$$\vec{u}_2 = \nabla \times \vec{H} \tag{7.1.17}$$

由此重写式(7.1.13)得

$$\vec{u} = \nabla \Phi + \nabla \times \vec{H} \tag{7.1.18}$$

将上式代入声波动方程(7.1.10)后得

$$(\lambda + \mu)\nabla\nabla\cdot(\nabla\Phi + \nabla\times\vec{H}) + \mu\nabla^2(\nabla\Phi + \nabla\times\vec{H}) = \rho\left(\frac{\partial^2\nabla\Phi}{\partial t^2} + \frac{\partial^2\nabla\times\bar{H}}{\partial t^2}\right) \tag{7.1.19}$$

将式(7.1.19)中的 Φ 项与 $\vec{H}$ 项分别集中整理后有

$$\left[\nabla(\lambda + 2\mu)\nabla^2\Phi - \rho\frac{\partial^2\Phi}{\partial t^2}\right] + \nabla\times\left[\mu\nabla^2\vec{H} - \rho\frac{\partial^2\vec{H}}{\partial t^2}\right] = 0 \tag{7.1.20}$$

方程(7.1.20)左边两个括号内必须同时为零其和才能等于零,于是有

$$(\lambda + 2\mu)\nabla^2\Phi - \rho\frac{\partial^2\Phi}{\partial t^2} = 0, \qquad \mu\nabla^2\vec{H} - \rho\frac{\partial^2\vec{H}}{\partial t^2} = 0 \tag{7.1.21}$$

或者写为

$$\nabla^2\Phi - \frac{1}{c_1^2}\frac{\partial^2\Phi}{\partial t^2} = 0, \qquad \nabla^2\vec{H} - \frac{1}{c_2^2}\frac{\partial^2\vec{H}}{\partial t^2} = 0 \tag{7.1.22}$$

其中

$$c_1 = \sqrt{\frac{\lambda + 2\mu}{\rho}}, \qquad c_2 = \sqrt{\frac{\mu}{\rho}} \tag{7.1.23}$$

如以杨氏模量 E 和泊松比 σ 表达则为

$$c_1 = \sqrt{\frac{E(1-\sigma)}{\rho(1+\sigma)(1-2\sigma)}}, \qquad c_2 = \sqrt{\frac{E}{2\rho(1+\sigma)}} \tag{7.1.24}$$

这表示固体中的声振动有两个成分的位移。如图 7-2,伸缩扰动以速度 c_1 传播(纵波),切变扰动以速度 c_2 传播(横波)。对单一频率的声波而言,式(7.1.22)成为

$$\nabla^2\Phi + k_1^2\frac{\partial^2\Phi}{\partial t^2} = 0, \qquad \nabla^2\vec{H} + k_2^2\frac{\partial^2\vec{H}}{\partial t^2} = 0 \tag{7.1.25}$$

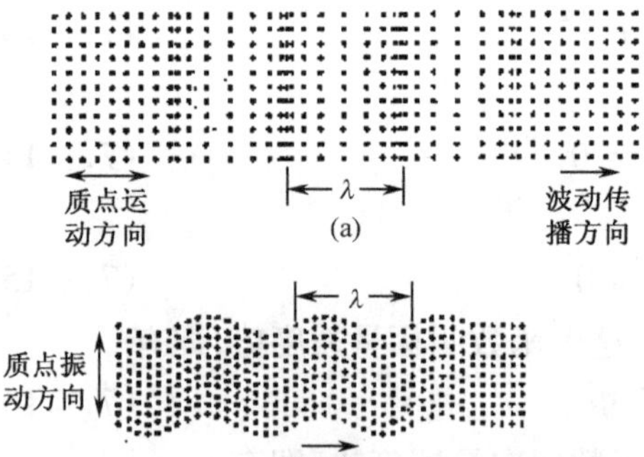

图 7-2 固体中声振动的伸缩扰动(纵波)和切变扰动(横波)

其中

$$k_1 = \frac{\omega}{c_1}, \qquad k_2 = \frac{\omega}{c_2} \tag{7.1.26}$$

式(7.1.25)看起来含有四个方程式。不过,如果给 $\vec{H}$ 加上任意一个向量 $\nabla\phi$,位移 $\vec{u}$ 仍然保持不变,这就是说三个分量中有一个不是独立的。$\vec{H}$ 的这个性质叫 **Gauge 不变性**。于是为减少复杂性,可以选择这样一个 $\vec{H}$:它的三个分量中有一个为 0;另外,选择满足零散度条件 $\nabla\cdot\vec{H}=0$ 的情况也很常见。

7.1.3 柱、球坐标系中的算子表达式

作为参考,给出柱坐标系和球坐标系中的梯度、散度、旋度、拉普拉斯算子表达式

(1) 柱坐标系

$$\nabla\Phi = \frac{\partial\Phi}{\partial r}e_r + \frac{1}{r}\frac{\partial\Phi}{\partial\theta}e_\theta + \frac{\partial\Phi}{\partial z}e_z \tag{7.1.27}$$

$$\nabla\cdot\vec{H} = \frac{1}{r}\frac{\partial}{\partial r}(rH_r) + \frac{1}{r}\frac{\partial H_\theta}{\partial\theta} + \frac{\partial H_z}{\partial z} \tag{7.1.28}$$

$$\begin{aligned}\nabla\times\vec{H} = &\left(\frac{1}{r}\frac{\partial H_z}{\partial\theta} - \frac{\partial H_\theta}{\partial z}\right)e_r + \left(\frac{\partial H_r}{\partial z} - \frac{\partial H_z}{\partial r}\right)e_\theta \\ &+ \left(\frac{1}{r}\frac{\partial}{\partial r}(rH_\theta) - \frac{1}{r}\frac{\partial H_r}{\partial\theta}\right)e_z\end{aligned} \tag{7.1.29}$$

$$\nabla^2\Phi = \frac{1}{r}\frac{\partial}{\partial r}\left(r\frac{\partial\Phi}{\partial r}\right) + \frac{1}{r^2}\frac{\partial^2\Phi}{\partial\theta^2} + \frac{\partial^2\Phi}{\partial z^2} \tag{7.1.30}$$

$$\begin{aligned}\nabla^2\vec{H} = &\left(\nabla^2 H_r - \frac{H_r}{r^2} - \frac{2}{r^2}\frac{\partial H_\theta}{\partial\theta}\right)e_r + \left(\nabla^2 H_\theta - \frac{H_\theta}{r^2} + \frac{2}{r^2}\frac{\partial H_r}{\partial\theta}\right)e_\theta \\ &+ \nabla^2 H_z e_z\end{aligned} \tag{7.1.31}$$

(2) 球坐标系

$$\nabla\Phi = \frac{\partial\Phi}{\partial r}e_r + \frac{1}{r}\frac{\partial\Phi}{\partial\theta}e_\theta + \frac{1}{r\sin\theta}\frac{\partial\Phi}{\partial\varphi}e_\varphi \tag{7.1.32}$$

$$\nabla\cdot\vec{H} = \frac{1}{r^2}\frac{\partial}{\partial r}(r^2 H_r) + \frac{1}{r\sin\theta}\frac{\partial}{\partial\theta}(\sin\theta H_\theta) + \frac{1}{r\sin\theta}\frac{\partial H_\theta}{\partial\varphi} \tag{7.1.33}$$

$$\begin{aligned}\nabla\times\vec{H} = &\frac{1}{r\sin\theta}\left[\frac{\partial}{\partial\theta}(\sin\theta H_\varphi) - \frac{\partial H_\theta}{\partial\varphi}\right]e_r + \frac{1}{r}\left[\frac{1}{\sin\theta}\frac{\partial H_r}{\partial\varphi} - \frac{\partial}{\partial r}(rH_\varphi)\right]e_\theta \\ &+ \frac{1}{r}\left[\frac{\partial}{\partial r}(rH_\theta) - \frac{\partial H_r}{\partial\theta}\right]e_z\end{aligned} \tag{7.1.34}$$

$$\nabla^2\Phi = \frac{1}{r^2}\frac{\partial}{\partial r}\left(r^2\frac{\partial\Phi}{\partial r}\right) + \frac{1}{r^2\sin\theta}\frac{\partial}{\partial\theta}\left(\sin\theta\frac{\partial\Phi}{\partial\theta}\right) + \frac{1}{r^2\sin^2\theta}\frac{\partial^2\Phi}{\partial\varphi^2} \tag{7.1.35}$$

$$\nabla^2\vec{H} = \left[\nabla^2 H_r - \frac{2}{r^2}\left(H_r + \cot\theta H_\theta + \csc\theta\frac{\partial H_\varphi}{\partial\varphi} + \frac{\partial H_\theta}{\partial\theta}\right)\right]e_r \tag{7.1.36}$$

$$+\left[\nabla^2 H_\theta - \frac{1}{r^2}\left(\csc^2\theta H_\theta - 2\frac{\partial H_r}{\partial\theta} + 2\cot\theta\csc\theta\frac{\partial H_\varphi}{\partial\varphi}\right)\right]e_\theta \tag{7.1.37}$$

$$+\left[\nabla^2 H_\varphi - \frac{1}{r^2}\left(\csc^2\theta H_\varphi - 2\csc\theta\frac{\partial H_r}{\partial\varphi} - 2\cot\theta\csc\theta\frac{\partial H_\theta}{\partial\varphi}\right)\right]e_\varphi \tag{7.1.38}$$

7.1.4 声波动方程的一般解

以柱坐标系中的一般解为例来看怎样解上述声波动方程。

考虑以单一频率在弹性柱体中传播的弹性波,设解为

$$\Phi = f(r)\Theta_\phi(\theta)e^{-j(\zeta z-\omega t)} \tag{7.1.39}$$

$$H_r = h_r(r)\Theta_r(\theta)e^{-j(\zeta z-\omega t)} \tag{7.1.40}$$

$$H_\theta = h_\theta(r)\Theta_\theta(\theta)e^{-j(\zeta z-\omega t)} \tag{7.1.41}$$

$$H_z = h_z(r)\Theta_z(\theta)e^{-j(\zeta z-\omega t)} \tag{7.1.42}$$

以 Φ 为例,将式(7.1.39)代入波动方程(7.1.25),使用拉普拉斯算子表达式(7.1.30)得

$$f''\Theta_\phi + \frac{1}{r}f'\Theta_\phi + \frac{1}{r^2}f\Theta''_\phi - \zeta^2 f\Theta_\phi = -k_1^2 f\Theta_\phi \tag{7.1.43}$$

整理后为

$$r^2\frac{f''}{f} + r\frac{f'}{f} - (\zeta^2 - k^2)r^2 = -\frac{\Theta''_\phi}{\Theta_\phi} = l^2 \tag{7.1.44}$$

关于 Θ_ϕ 的方程为

$$\Theta''_\phi + l^2\Theta_\phi = 0$$

它的一般解是

$$\Theta_\phi = A\sin l\theta + B\cos l\theta \tag{7.1.45}$$

Θ_ϕ 的单值性要求 $l = n$,n 为整数。对 Θ_r,Θ_θ,Θ_z 结果也是相似的。如果柱体中的弹性波是 θ 对称的,就必须有

$$\Phi = f(r)\cos n\theta e^{-j(\zeta z-\omega t)} \tag{7.1.46}$$

$$H_r = h_r\sin n\theta e^{-j(\zeta z-\omega t)} \tag{7.1.47}$$

$$H_\theta = h_\theta\cos n\theta e^{-j(\zeta z-\omega t)} \tag{7.1.48}$$

$$H_z = h_z\sin n\theta e^{-j(\zeta z-\omega t)} \tag{7.1.49}$$

下面决定与 r 有关的函数。整理式(7.1.44)关于 f 的方程写为

$$\frac{d^2 f}{dr^2} + \frac{1}{r}\frac{df}{dr} + \left(p^2 - \frac{n^2}{r^2}\right)f = 0 \tag{7.1.50}$$

其中

$$p^2 = k_1^2 - \zeta^2 \tag{7.1.51}$$

得方程(7.1.50)的解为

$$f(r) = A_n J_n(pr) + F_n N_n(pr) \tag{7.1.52}$$

J_n 是第一种 n 阶贝塞尔函数,N_n 是第二种 n 阶贝塞尔函数。

关于 h_z 的方程与 $f(r)$ 有同样形式,所以分离变量解的形式也与式(7.1.52)相同,只要将 p^2 代以 q^2,写为

$$h_z(r) = B_n J_n(qr) + G_n N_n(qr) \tag{7.1.53}$$

其中

$$q^2 = k_2^2 - \zeta^2 \tag{7.1.54}$$

将式(7.1.47)和(7.1.48)代入矢量的拉普拉斯算子表达式(7.1.31)得到

$$\frac{d^2 h_r}{dr^2} + \frac{1}{r}\frac{dh_r}{dr} + \frac{1}{r^2}(-n^2 h_r + 2nh_\theta - h_r) - q^2 h_r = 0 \tag{7.1.55}$$

和

$$\frac{d^2 h_\theta}{dr^2} + \frac{1}{r}\frac{dh_\theta}{dr} + \frac{1}{r^2}(-n^2 h_\theta + 2nh_r - h_\theta) - q^2 h_\theta = 0 \tag{7.1.56}$$

由式(7.1.55)减式(7.1.56)得

$$\left[\frac{d^2}{dr^2} + \frac{1}{r}\frac{d}{dr} + q^2 - \frac{(n+1)^2}{r^2}\right](h_r - h_\theta) = 0 \tag{7.1.57}$$

它的解是

$$h_r - h_\theta = 2D_n J_{n+1}(qr) + 2U_n N_{n+1}(qr) \tag{7.1.58}$$

由式(7.1.55)加式(7.1.56)得

$$\left[\frac{d^2}{dr^2} + \frac{1}{r}\frac{d}{dr} + q^2 - \frac{(n-1)^2}{r^2}\right](h_r + h_\theta) = 0 \tag{7.1.59}$$

于是又有一解

$$h_r + h_\theta = 2E_n J_{n-1}(qr) + 2V_v N_{n-1}(qr) \tag{7.1.60}$$

由这两个解,进一步整理得

$$h_r = D_n J_{n+1}(qr) + U_n N_{n+1}(qr) + E_n J_{n-1}(qr) + V_n N_{n-1}(qr) \tag{7.1.61}$$

和

$$h_\theta = -D_n J_{n+1}(qr) - U_n N_{n+1}(qr) + E_n J_{n-1}(qr) + V_n N_{n-1}(qr) \tag{7.1.62}$$

由于 N_n 在原点是无限大,对柱体不适用可以略去。

7.1.5　边界条件

本节对各种情况(比如固体与固体、流体与流体、固体与流体等)的边界条件作一个系统的叙述。

第 6 章谈到理想流体与理想流体间的边界条件是声压连续(相等)和法线方向上的质点速度连续(相等)。弹性体与弹性体间的边界条件通常叙述为界面处各方向上的应力相等和质点位移相等,即在 A,B 两个弹性体的界面处

$$\begin{aligned} u_n^A &= u_n^B, \quad & u_r^A &= u_r^B \\ \sigma_{nn}^A &= \sigma_{nn}^B, \quad & \sigma_{nr}^A &= \sigma_{nr}^B \end{aligned} \tag{7.1.63}$$

τ 表示与法线方向垂直的其他方向。这与理想流体与理想流体间的边界条件的叙述其实是一致的,对无黏滞性的理想流体而言,切变位移不存在,故没有 $u_r^A = u_r^B$ 这个条件。弹性体与理想流体(比如 B)间的边界条件也是这样,界面处没有切变,

即

$$u_n^A = u_n^B, \quad \sigma_{nn}^A = -p^A, \quad \sigma_{nr}^A = 0 \tag{7.1.64}$$

这里,p 是界面处的声压。如 A 是刚体,其内部无应力作用也无位移发生,边界条件就只剩一个,即

$$u_n^B = 0 \tag{7.1.65}$$

在讨论弹性体的固有振动模式时,边界条件是

$$\sigma_{nn}^A = 0, \quad \sigma_{nr}^A = 0 \tag{7.1.66}$$

在讨论流体问题时,常使用声压表达式。因为流体基本方程之一的运动方程用位移量表达是

$$\rho \frac{\partial^2 \vec{u}}{\partial t^2} = -\nabla p \tag{7.1.67}$$

由此在单一频率 ω 时位移 $\vec{u}$ 写为

$$\vec{u} = \frac{1}{\rho\omega^2} \nabla p \tag{7.1.68}$$

7.2　流体中平面波倾斜入射到弹性圆柱时的散射波

一个完整的解析过程是:将 7.1 节讨论的数学方程的一般解和一般边界条件应用于一个具体的物理问题,编程计算并将理论结果与实验结果比较。

7.2.1　方程解析

如图 7-3 所示,在理想流体中频率 ω 的平面声波倾斜入射到一中心轴在 z 轴上,半径为 a 的弹性圆柱上。不写时间因子 $e^{j\omega t}$,倾斜入射平面波写为

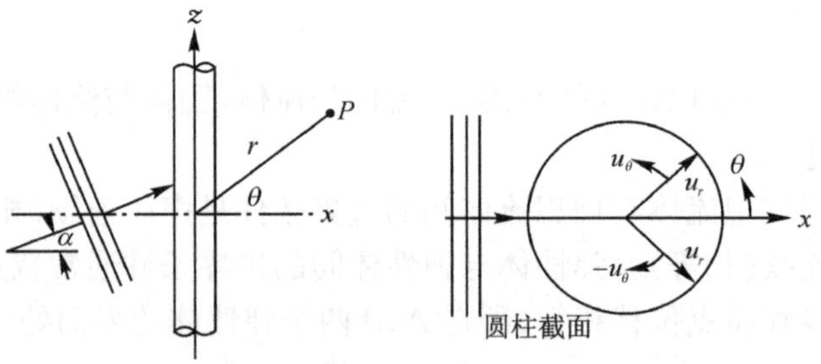

图 7-3　平面声波倾斜入射到一弹性圆柱上(左)和圆柱内的位移方向(右)

$$p_i = P_0 e^{-jkx} e^{-jkz\sin\alpha} = P_0 e^{-jk(r\cos\theta + z\sin\alpha)}$$

$$= P_0 e^{-jkz\sin\alpha}\sum_{n=0}^{\infty}\varepsilon_n(-j)^n J_n(kr\cos\alpha)\cos n\theta \tag{7.2.1}$$

其中

$$\varepsilon_n = \begin{cases}1 & n=0\\2 & n\neq 0\end{cases} \tag{7.2.2}$$

上述入射波声压给出的 r 方向上的位移量为

$$u_{i,r} = \frac{1}{\rho\omega^2}\frac{\partial p_i}{\partial r} = e^{-jz\sin\alpha}\frac{P_0}{\rho\omega^2}\sum_{n=0}^{\infty}\varepsilon_n(-j)^n\frac{dJ_n(kr\cos\alpha)}{dr}\cos n\theta \tag{7.2.3}$$

其中，ρ 是流体的密度。流体中的散射波成分相对于 $\theta=0$ 是对称的，写为

$$p_s = e^{-jkz\sin\alpha}\sum_{n=0}^{\infty}C_n H_n^{(2)}(kr\cos\alpha)\cos n\theta \tag{7.2.4}$$

散射波给出的 r 方向上的位移量为

$$u_{i,r} = \frac{1}{\rho\omega^2}\frac{\partial p_s}{\partial r} = e^{-jkz\sin\alpha}\frac{1}{\rho\omega^2}\sum_{n=0}^{\infty}C_n\frac{dH_n^{(2)}(kr\cos\alpha)}{dr}\cos n\theta \tag{7.2.5}$$

求出 C_n 就确定了散射波特性。

圆柱内部的位移相对于 $\theta=0$ 也应是对称的，而且与 z 无关。由于 $\vec{u}=\nabla\Phi+\nabla\times\vec{H}$，$\vec{H}$ 应完全没有 r,θ 方向上的分量。于是有

$$\Phi = e^{-jkz\sin\alpha}\sum_{n=0}^{\infty}A_n J_n(pr)\cos n\theta \tag{7.2.6}$$

$$H_z = e^{-jkz\sin\alpha}\sum_{n=0}^{\infty}B_n J_n(qr)\sin n\theta \tag{7.2.7}$$

$$H_\theta = e^{-jkz\sin\alpha}\sum_{n=0}^{\infty}[D_n J_{n+1}(qr) + E_n D_n J_{n-1}(qr)]\cos n\theta \tag{7.2.8}$$

$$H_r = e^{-jkz\sin\alpha}\sum_{n=0}^{\infty}[-D_n J_{n+1}(qr) + E_n D_n J_{n-1}(qr)]\sin n\theta \tag{7.2.9}$$

其中

$$q = \sqrt{k_2^2 - k^2\sin^2\alpha},\qquad p = \sqrt{k_1^2 - k^2\sin^2\alpha} \tag{7.2.10}$$

当平面波垂直入射时，$H_r=H_\theta=0$。在式(7.2.8)和式(7.2.9)中分别仅保留余弦项或正弦项，这是因为要保证由它得到的位移相对于 $\theta=0$ 是对称的。总共有五个未知数，但后面将看到只有四个边界条件可用。这里就要用到7.1.2小节中提到的Gauge不变性条件消去固体中与 $\vec{H}$ 有关的四个未知数中的一个。如取 $E_n=0$ 则

$$H_\theta = e^{-jkz\sin\alpha}\sum_{n=0}^{\infty}D_n J_{n+1}(qr)\cos n\theta \tag{7.2.11}$$

$$H_r = \mathrm{e}^{-\mathrm{j}kz\sin\alpha}\sum_{n=0}^{\infty} - D_n J_{n+1}(qr)\sin n\theta \tag{7.2.12}$$

这样一来,四个未知数 A_n, B_n, C_n, D_n 就可以唯一确定。作为参考,零分散条件($\nabla \cdot \vec{H}=0$)也常被使用,它给出

$$\mathrm{j}k\sin\alpha r J_n(qr)B_n - \left[r\frac{\partial}{\partial r}J_{n+1}(qr) + J_{n+1}(qr)(1+n)\right]D_n + \left[r\frac{\partial}{\partial r}J_{n-1}(qr) + J_{n-1}(qr)(1-n)\right]E_n = 0 \tag{7.2.13}$$

即

$$\mathrm{j}k\sin\alpha B_n - qD_n - qE_n = 0 \tag{7.2.14}$$

在这个约束条件下可以解五个未知数 A_n, B_n, C_n, D_n, E_n。不管取 $E_n=0$,还是取 $\nabla \cdot \vec{H}=0$,虽然导致不同的 $\vec{H}$,但圆柱内的位移 $\vec{u}$ 是同样的。当然圆柱外的散乱波系数 C_n 也是同样的。

取 $E_n=0$,导致的圆柱内的位移分量为

$$u_z = \mathrm{e}^{-\mathrm{j}kz\sin\alpha}\sum_{n=0}^{\infty}\left[\mathrm{j}k\sin\alpha J_n(pr)A_n + \frac{1}{r}\frac{\mathrm{d}}{\mathrm{d}r}rJ_{n+1}(qr)D_n + \frac{n}{r}J_{n+1}(qr)D_n\right]\cos n\theta \tag{7.2.15}$$

$$u_r = \mathrm{e}^{-\mathrm{j}kz\sin\alpha}\sum_{n=0}^{\infty}\left[-\frac{\mathrm{d}}{\mathrm{d}r}J_n(pr)A_n + \frac{n}{r}J_n(qr)B_n + \mathrm{j}k\sin\alpha J_{n+1}(qr)D_n\right]\cos n\theta \tag{7.2.16}$$

$$u_\theta = \mathrm{e}^{-\mathrm{j}kz\sin\alpha}\sum_{n=0}^{\infty}\left[\frac{n}{r}J_n(pr)A_n - \frac{\mathrm{d}}{\mathrm{d}r}J_n(qr)B_n + \mathrm{j}k\sin\alpha J_{n+1}(qr)D_n\right]\sin n\theta \tag{7.2.17}$$

图 7-3 显示 θ 是带符号的,所以虽然 u_θ 是以正弦函数的形式表达的,它还是相对于 $\theta=0$ 对称。柱坐标中应力各个分量的表达式分别为

$$\begin{aligned}
\sigma_{rr} &= \lambda\nabla\cdot\vec{u} + 2\mu\frac{\partial u_r}{\partial r} = 2\rho_1 c_2^2\left(\frac{\sigma}{1-2\sigma}\nabla\cdot\vec{u} + \frac{\partial u_r}{\partial r}\right)\\
\sigma_{r\theta} &= \mu\left(\frac{1}{r}\frac{\partial u_r}{\partial\theta} + r\frac{\partial}{\partial r}\frac{u_\theta}{r}\right)\\
\sigma_{rz} &= \mu\left(\frac{\partial u_r}{\partial z} + \frac{\partial u_z}{\partial r}\right)
\end{aligned} \tag{7.2.18}$$

其中,ρ_1 是圆柱材料的密度。由 7.1 节给出的流体与弹性体界面的边界条件式(7.1.64),在界面 $r=a$ 处有

$$p_\mathrm{i} + p_\mathrm{s} = -\sigma_{rr} \rightarrow 2\rho_1 c_2^2\left(\frac{\sigma}{1-2\sigma}x_1^2 J_n(x_{1p}) - x_{1p}^2 J_n''(x_{1p})\right)A_n$$

$$+ 2\rho_1 c_2^2 n[x_{2q} J_n'(x_{2q}) - J_n(x_{2q})]B_n + a^2 H_n^{(2)}(x_c)C_n$$
$$+ 2\rho_1 c_2^2 \mathrm{j} x_s x_{2q}^2 J_{n+1}'(x_{2q}) D_n = - P_0 \varepsilon_n (-\mathrm{j})^n a^2 J_n(x_c) \quad (7.2.19)$$

$u_{i,r} + u_{s,r} = u_r \rightarrow$

$$x_{1p} J_n'(x_{1p}) A_n - n J_n(x_{2q}) B_n + \frac{x_c}{\rho\omega^2} H_n^{(2)\prime\prime}(x_c) C_n$$
$$- \mathrm{j} x_s J_{n+1}(x_{2q}) D_n = - P_0 \varepsilon_n (-\mathrm{j})^n \frac{x_c}{\rho\omega^2} J_n'(x_c) \quad (7.2.20)$$

$\sigma_{r\theta} = 0 \rightarrow$

$$2n[x_{1p} J_n'(x_{p1}) - J_n(x_{1p})]A_n + [-x_{2q}^2 J_n''(x_{2q}) + x_{2q} J_n'(x_{2q}) - n^2 J_n(x_{2q})]B_n$$
$$- \mathrm{j} x_s [(n+1) J_{n+1}(x_{2q}) - x_{2q} J_{n+1}'(x_{2q})] D_n = 0 \quad (7.2.21)$$

如为平面波垂直入射,既然圆柱内外所发生的变化与 z 坐标无关,在 z 方向上没有应力发生,$\sigma_{rz}=0$ 自然满足。

$\sigma_{rz}=0 \rightarrow$

$$2\mathrm{j} x_s x_{1p} J_n'(x_{1p}) A_n + \mathrm{j} x_s n J_n(x_{2q}) B_n + [(-x_{2q}^2 + x_s^2 + n^2 + n) J_{n+1}(x_{2q})$$
$$+ n x_{2q} J_{n+1}'(x_{2q})] D_n = 0 \quad (7.2.22)$$

其中

$$\begin{aligned} x_1 &= k_1 a \\ x_2 &= k_2 a \\ x_c &= ka\cos\alpha \\ x_s &= ka\sin\alpha \\ x_{1p} &= \sqrt{x_1^2 - x_s^2} \\ x_{1q} &= \sqrt{x_2^2 - x_s^2} \end{aligned} \quad (7.2.23)$$

式(7.2.21)中的二阶导数由贝塞尔方程关系式处理,有

$$- x_{2q}^2 J_n''(x_{2q}) = x_{2q} J_n'(x_{2q}) + x_{2q}^2 J_n(x_{2q}) - n^2 J_n(x_{2q}) \quad (7.2.24)$$

从而化为一阶导数计算。引进 a_{ij} 以行列式重写上面的四个方程式为如下形式

$$\begin{bmatrix} a_{11} & a_{12} & a_{13} & a_{14} \\ a_{21} & a_{22} & a_{23} & a_{24} \\ a_{31} & a_{32} & a_{33} & 0 \\ a_{41} & a_{42} & a_{43} & 0 \end{bmatrix} \begin{bmatrix} A_n \\ B_n \\ D_n \\ C_n \end{bmatrix} = \begin{bmatrix} a_{15} \\ a_{25} \\ 0 \\ 0 \end{bmatrix} \quad (7.2.25)$$

可写出 C_n 的解为

$$C_n=\frac{\begin{vmatrix}a_{11}&a_{12}&a_{13}&a_{15}\\a_{21}&a_{22}&a_{23}&a_{25}\\a_{31}&a_{32}&a_{33}&0\\a_{41}&a_{42}&a_{43}&0\end{vmatrix}}{\begin{vmatrix}a_{11}&a_{12}&a_{13}&a_{14}\\a_{21}&a_{22}&a_{23}&a_{24}\\a_{31}&a_{32}&a_{33}&0\\a_{41}&a_{42}&a_{43}&0\end{vmatrix}}=-P_0\varepsilon_n(-\mathrm{j})^n\frac{\begin{vmatrix}a_{11}&a_{12}&a_{13}&a^2J_n(x_\mathrm{c})\\a_{21}&a_{22}&a_{23}&\dfrac{x_\mathrm{c}}{\rho\omega^2}J'_n(x_\mathrm{c})\\a_{31}&a_{32}&a_{33}&0\\a_{41}&a_{42}&a_{43}&0\end{vmatrix}}{\begin{vmatrix}a_{11}&a_{12}&a_{13}&a^2H_n^{(2)}(x_\mathrm{c})\\a_{21}&a_{22}&a_{23}&\dfrac{x_\mathrm{c}}{\rho\omega^2}H_n^{(2)\prime\prime}(x_\mathrm{c})\\a_{31}&a_{32}&a_{33}&0\\a_{41}&a_{42}&a_{43}&0\end{vmatrix}}$$

$$=-P_0\varepsilon_n(-\mathrm{j})^n\frac{a^2J_n(x_\mathrm{c})\begin{vmatrix}a_{21}&a_{22}&a_{23}\\a_{31}&a_{32}&a_{33}\\a_{41}&a_{42}&a_{43}\end{vmatrix}-\dfrac{x_\mathrm{c}J'_n(x_\mathrm{c})}{\rho\omega^2}\begin{vmatrix}a_{11}&a_{12}&a_{13}\\a_{31}&a_{32}&a_{33}\\a_{41}&a_{42}&a_{43}\end{vmatrix}}{a^2H_n^{(2)}(x_\mathrm{c})\begin{vmatrix}a_{21}&a_{22}&a_{23}\\a_{31}&a_{32}&a_{33}\\a_{41}&a_{42}&a_{43}\end{vmatrix}-\dfrac{x_\mathrm{c}H_n^{(2)\prime}}{\rho\omega^2}\begin{vmatrix}a_{11}&a_{12}&a_{13}\\a_{31}&a_{32}&a_{33}\\a_{41}&a_{42}&a_{43}\end{vmatrix}}\tag{7.2.26}$$

后一等号表达式是为了方便在后面和刚体圆柱的结果作比较而写的。

于是,散射波声压可以由式(7.2.26)和(7.2.4)求得[43~49]。

7.2.2 计算程序

```
      COMPLEX*8 A21,A22,A24,A31,A32,A34,B1,B2,B3,A,C,D,AA,
     *     X3S,X3C,QN,SN,CBES1,DIFC1,CN,EN,SIGMA,X(4),CM1,CM2
      PY=3.141593
      WRITE(*,'(A)')'==SCATTERER(aluminum cylinder)=='
      WRITE(*,'(A\)')'        RADIUS(1mm)---------->'
      R=0.001
      WRITE(*,'(A\)')'        DENSITY(2.7g/cm3)------>'
      G1=2700.0
      WRITE(*,'(A\)')'        VELOCITY C1(6420m/s)---->'
      C1=6420.0
      WRITE(*,'(A\)')'        VELOCITY C2(2700m/s)---->'
      C2=2700.0
      WRITE(*,'(A\)')'        Atten1(0.019dB)------->'
      GS1=0.019/8.686
```

```
WRITE( * ,'(A\)')'        Atten2(0.029dB)------->'
GS2 = 0.029/8.686

WRITE( * ,'(A)')'         == MEDIUM(water) =='
WRITE( * ,'(A\)')'        DENSITY(1g/cm3)------->'
G3 = 1000.0
WRITE( * ,'(A\)')'        VELOCITY C3(1500m/s)--->'
C3 = 1500.0
WRITE( * ,'(A)')' == WAVE =='
WRITE( * ,'(A\)')'        INCIDENT ANGLE(30deg.)-->'
AN = 30.0/180.0 * PY
WRITE( * ,'(A\)')'        FREQUENCY(1MHz)------->'
F = 1.0E6
WRITE( * ,'(A\)')'        BACKSCATTERING ------- >'
GAN = PY
WRITE( * ,'(A\)')'        R DISTANCE(100mm)----->'
GR = 0.1
WRITE( * ,'(A\)')'        Z DISTANCE(10mm)------>'
GZ = 0.01

SI = (C1 * C1 - 2.0 * C2 * C2)/(2.0 * C1 * C1 - 2.0 * C2 * C2)
E = SI/(1.0 - 2.0 * SI)
CM2 = CMPLX(2.0)
CM1 = CMPLX(0.0,1.0)
W = 2.0 * PY * F
GX = W/C3 * R
IF(GX.LE.50.0)THEN
  NMAX = 75
ELSE
  NMAX = GX * 1.5
  IF(NMAX.GE.1000)STOP'NMAX too large.'
ENDIF
X3CS = R * W/C3 * COS(AN)
X3C = CMPLX(R * W/C3 * COS(AN),0.0)
X3S = CMPLX(R * W/C3 * SIN(AN),0.0)
X(1) = CMPLX(R * W/C1, - R * GS1 * F/C1)
X(2) = CMPLX(R * W/C2, - R * GS2 * F/C2)
X(3) = CSQRT(X(1) * X(1) - X3S * X3S)
```

```
      X(4) = CSQRT(X(2) * X(2) - X3S * X3S)
      GR = GR * W/C3

C Bessel Function Jn(x) and Nn(x),n = 0 to NMAX
C
      DO 10 I = 3,4
        CALL CPXJN(X(I),I,NMAX + 2)
  10  CONTINUE
      CALL CALJN(X3CS,1,NMAX + 2)
      CALL CALNN(X3CS,1,NMAX + 2)

      CALL CALJN(GR,2,NMAX + 2)
      CALL CALNN(GR,2,NMAX + 2)

      SIGMA = CMPLX(0.0,0.0)
      AA = 1.0
      DO 20 N = 0,NMAX
        A21 = CM2 * CMPLX(N) * (X(3) * DIFC1(3,N) - CBES1(3,N))
        A22 = CM2 * (X(4) * DIFC1(4,N) - CMPLX(N * N) * CBES1(4,N))
     *                    + X(4) * X(4) * CBES1(4,N)
        A24 = CM1 * X3S * (CMPLX(N + 1.0) * CBES1(4,N + 1) - X(4) * DIFC1(4,N + 1))
        A31 = CMPLX(0.0, - 2.0) * X3S * X(3) * DIFC1(3,N)
        A32 = CM1 * CMPLX(N) * X3S * CBES1(4,N)
        A34 = ( - X(4) * X(4) + X3S * X3S + CMPLX(N * N + N)) * CBES1(4,N + 1)
     *                    + CMPLX(N) * X(4) * DIFC1(4,N + 1)
        A = A22 * A34 - A24 * A32
        C = A21 * A34 - A24 * A31
        D = A21 * A32 - A22 * A31
        QN = CMPLX(G3/G1) * X(2) * X(2)/CM2 * (X(3) * DIFC1(3,N) * A
     *       + CMPLX(N) * CBES1(4,N) * C + CM1 * X3S * CBES1(4,N + 1) * D)
        SN = (X(3) * DIFC1(3,N) + (X(3) * X(3) - CMPLX(N * N)
     *       + CMPLX(E) * X(1) * X(1)) * CBES1(3,N)) * A
     *       + CMPLX(N) * (CBES1(4,N) - X(4) * DIFC1(4,N)) * C
     *       - CM1 * X3S * X(4) * DIFC1(4,N + 1) * D

        IF(CABS(QN).LT.1.0E - 37)THEN
          CN = CMPLX(DBESS1(1,N))/CMPLX(DBESS1(1,N), - DBESS2(1,N))
        ELSE IF (CABS(SN).LE.1.0E - 37) THEN
```

```
        CN = CMPLX(BESS1(1,N))/CMPLX(BESS1(1,N), - BESS2(1,N))
      ELSE
        CN = (CMPLX(BESS1(1,N)) * QN - CMPLX(X3C * DBESS1(1,N)) * SN)/
  &          (CMPLX(BESS1(1,N), - BESS2(1,N)) * QN -
  &          CMPLX(X3C) * CMPLX(DBESS1(1,N), - DBESS2(1,N)) * SN)
    ENDIF
    IF(N.EQ.0)THEN
      EN = CMPLX(1.0,0.0)
    ELSE
      EN = CMPLX(2.0,0.0)
    ENDIF
    B3 = EN * AA * CN * CMPLX(BESS1(2,N), - BESS2(2,N)) * COS(N * GAN)

    IF(N.LE.1)GO TO 30

C If continue 3 small Cn, end n-loop
C
    B = CABS(SIGMA)
    IF(CABS(B1) + CABS(B2) + CABS(B3).LE.1E - 4 * B)GO TO 40
 30 B1 = B2
    B2 = B3
    SIGMA = SIGMA + B2
    AA = - AA * CM1
 20 CONTINUE
 40 PS = CMPLX(COS(W/C3 * GZ * SIN(AN), - SIN(W/C3 * GZ * SIN(AN)) * SIGMA
    END
```

7.2.3 计算结果和实验结果

如计算距圆柱中心较大距离($z\gg1$)的散射波,式(7.2.4)中的汉克尔函数可取渐进形式

$$H_n^{(2)}(z)\approx\sqrt{\frac{2}{\pi z}}\mathrm{e}^{-\mathrm{j}\left(z-\frac{(2n+1)\pi}{4}\right)}=\mathrm{j}^n\sqrt{\frac{2}{\pi z}}\mathrm{e}^{-\mathrm{j}z+\mathrm{j}\frac{\pi}{4}} \tag{7.2.27}$$

从而散射波声压的幅度为

$$|p_\mathrm{s}|=P_0\sqrt{\frac{2}{\pi kr}}\,|C_n\cos n\theta| \tag{7.2.28}$$

柱体散射的相关研究中常见一种远场后方散射波声压的无量纲表达形式$|f_\infty|$

$$|f_\infty|=\sqrt{\frac{2r}{a}}\frac{|p_\mathrm{s}(\theta=\pi)|}{P_0}=\frac{2}{\sqrt{\pi x}}|C_n(-1)^n| \tag{7.2.29}$$

图 7-4 显示实验系统中声发射、接受和圆柱体的位置,发射脉冲和其频谱。实验结果包括声波入射角为 0°,1°,2°,3°时接受到的后向脉冲和频谱(如图 7-5),这些频谱由发射脉冲的频谱在有效带域内进行幅度归一修正后得到的 $|f_\infty|$(如图 7-5)。比较实验得到的 $|f_\infty|$ 和计算得到的 $|f_\infty|$(如图 7-6)可见两者符合的很好,证实了理论推导和计算程序是正确的。

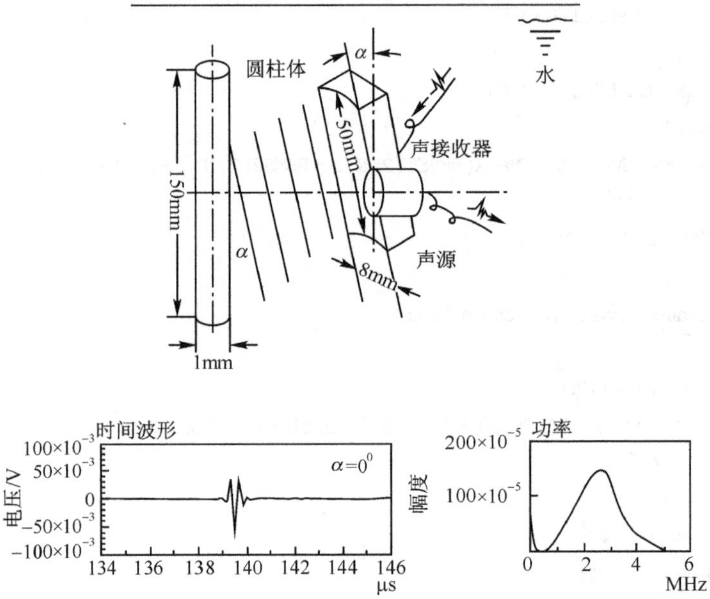

图 7-4　实验系统中声发射、接受和圆柱体的位置,发射脉冲和其频谱

7.2.4　有关的几个问题

最后,讨论与圆柱的声散射有关的几个问题。

(1) 圆柱体内有能量损失的情况

如弹性圆柱体内有能量损失(比如高分子材料就有大的能量吸收),一个简单的方法是将上面的 k_1, k_2 换成复数值

$$
\begin{aligned}
k_1 &= \omega/c_1 \quad \Rightarrow \quad k_1 = \omega/c_1 - \mathrm{j}\gamma_1 \\
k_2 &= \omega/c_2 \quad \Rightarrow \quad k_2 = \omega/c_2 - \mathrm{j}\gamma_2
\end{aligned}
\tag{7.2.30}
$$

γ_1, γ_2 分别是圆柱材料的纵波吸收系数和横波吸收系数。

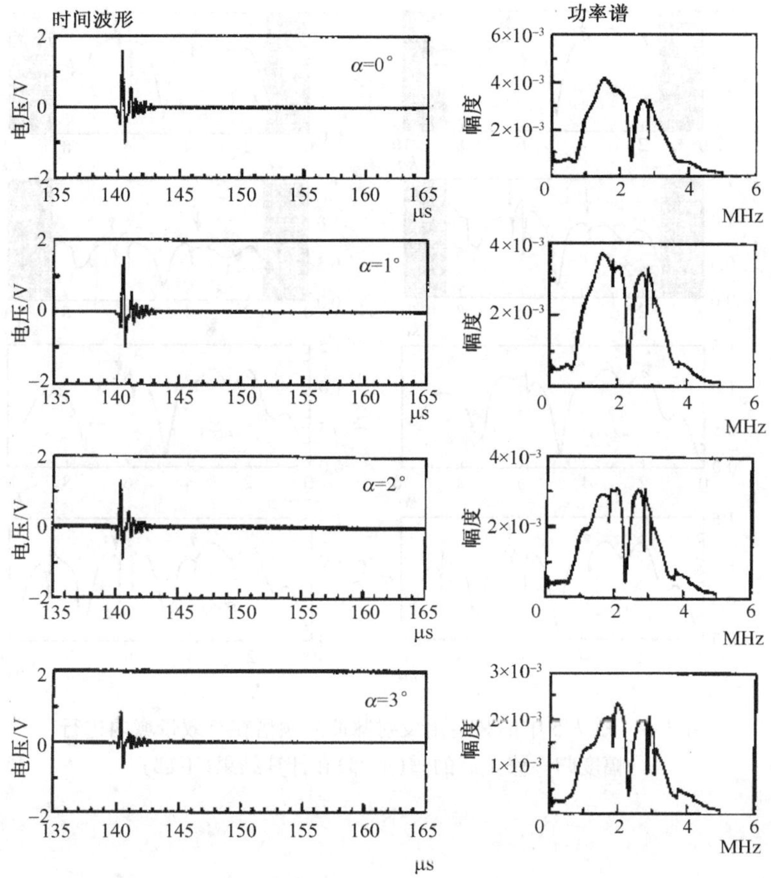

图 7-5　声波入射角为 0°,1°,2°,3°时接受到的后向脉冲和频谱

(2) 刚体圆柱

刚体圆柱内部没有波动存在,$\Phi=0$ 和 $H_z=0$。此时,边界条件只有一个:流体在刚体表面法线方向的位移为 0,既在 $r=a$ 处

$$u_r = u_{\mathrm{i},r} + u_{\mathrm{s},r} = 0 \tag{7.2.31}$$

或者以声压写为

$$\frac{\partial p_{\mathrm{i}}}{\partial r} + \frac{\partial p_r}{\partial r} = 0 \tag{7.2.32}$$

将式(7.2.1)和(7.2.4)代入上式后有

$$\left[C_n \frac{\partial H_n^{(2)}(kr\cos\alpha)}{\partial r} + P_0 \varepsilon_n (-\mathrm{j})^n \frac{\partial J_n(kr\cos\alpha)}{\partial r} \right] \cos n\theta \,|_{r=a} = 0 \tag{7.2.33}$$

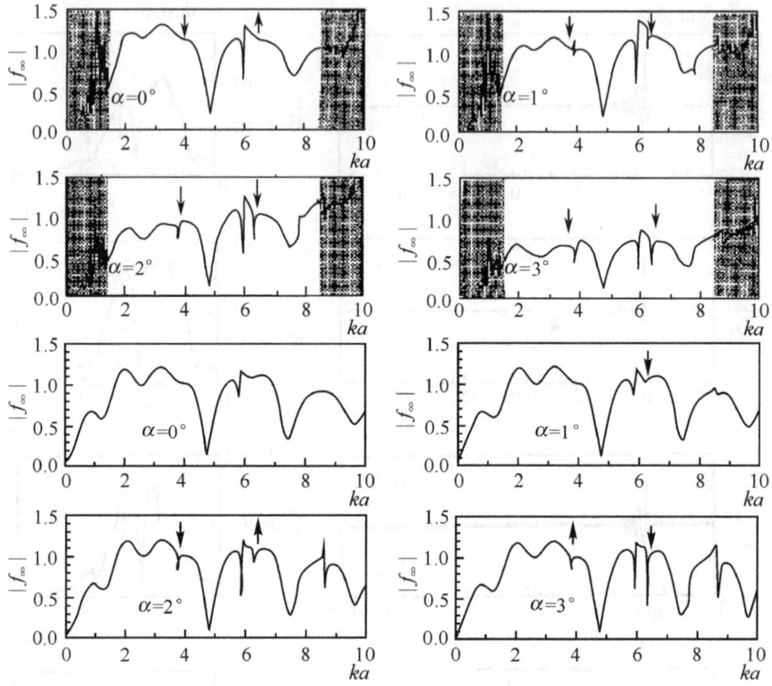

图 7-6 图 7-5 中的频谱由发射脉冲的频谱在有效带域内进行幅度归一修正后的谱(上部)和计算结果(下部)

于是

$$C_n = -P_0\varepsilon_n(-\mathrm{j})^n \frac{J'_n(x_c)}{H_n^{(2)\prime}(x_c)} \tag{7.2.34}$$

这相当于在式(7.2.26)让 $\rho \ll \rho_1$,从而 $Q_n = 0$。所以气体中的弹性柱体可以看成刚体。

(3) 圆柱面波入射

如图 7-7 入射波为圆柱外的 o_1 处,距离圆柱中心距离 d 发出的柱面波,散射波的解可由平面波入射情况下的解得到。柱面波写为

$$p_i = P_0\sum_{n=0}^{\infty}\varepsilon_n H_n^{(2)}(kd)J_n(kr)\cos n\theta \tag{7.2.35}$$

重复前面的推导,或与平面波表达式(7.2.1)比较,由式(7.2.26)可直接写出

$$C_n = -P_0\mathrm{j}^n H_n^{(2)}(kd)\frac{J_n(x)Q_n - xJ'_n(x)S_n}{H_n^{(2)}(x)Q_n - xH_n^{(2)\prime}(x)S_n} \tag{7.2.36}$$

其中,Q_n 与 S_n 的表达式与平面波入射的情况时相同。

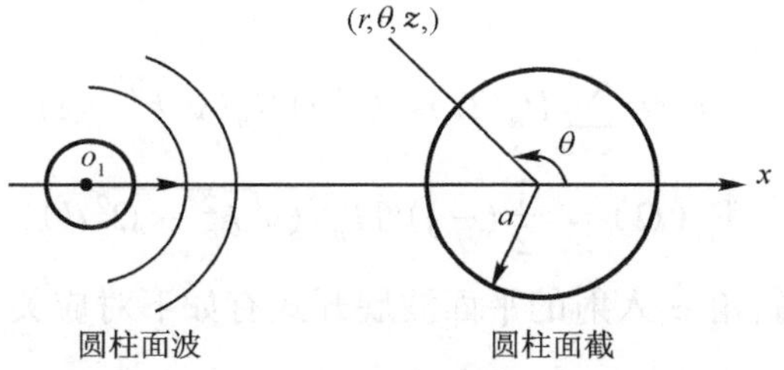

图 7-7　柱面波入射到圆柱时的散射波

(4) 球面波入射

如入射波为圆柱外距离圆柱中心 d 的点源发出的球面波(如图 7-8)。球面波可以写为

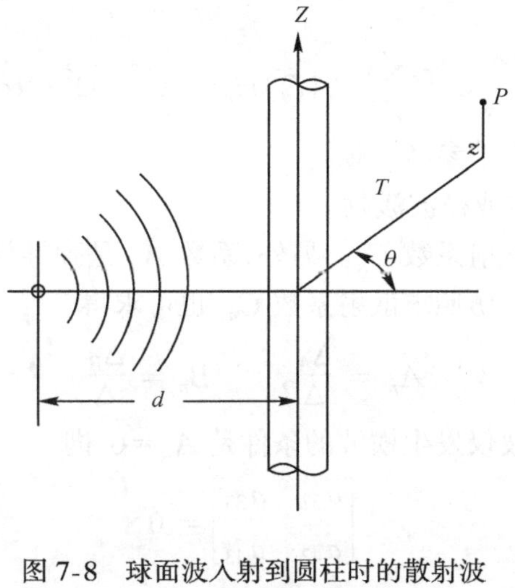

图 7-8　球面波入射到圆柱时的散射波

$$\frac{e^{-jk|\vec{R}-\vec{R}_0|}}{|\vec{R}-\vec{R}_0|}=\int_{-\infty}^{\infty}\frac{j}{2}e^{-j\Omega z}\sum_{n=0}^{\infty}\varepsilon_n(-1)^n H_n^{(2)}(\sqrt{k^2-\Omega^2}d)J_n(\sqrt{k^2-\Omega^2}r)\cos n\theta d\Omega \tag{7.2.37}$$

其中

$$\vec{R}=(r,\theta,z),\qquad \vec{R}_0=(r_0,\theta_0,z_0)=(d,\pi,0) \tag{7.2.38}$$

上式成立的条件是 $r_0>r$。因为点声源肯定在圆柱外,这条件总是满足的。上式又可以整理写成

$$\frac{e^{-jk|\vec{R}-\vec{R}_0|}}{|\vec{R}-\vec{R}_0|}=\int_{-\infty}^{\infty}\delta p_i(\Omega)d\Omega \tag{7.2.39}$$

其中

$$\delta p_{\mathrm{i}}(\Omega) = \mathrm{e}^{-\mathrm{j}\Omega z}\sum_{n=0}^{\infty}P_n(\Omega)\varepsilon_n(-\mathrm{j})^n J_n(\sqrt{k^2-\Omega^2}r)\cos n\theta \tag{7.2.40}$$

$$P_n(\Omega) = \frac{\mathrm{j}}{2}(-\mathrm{j})^n H_n^{(2)}(\sqrt{k^2-\Omega^2}d) \tag{7.2.41}$$

$\delta p_{\mathrm{i}}(\Omega)$与以上以倾斜角 α 入射的平面波展开式有如下对应关系

$$\Omega \to k\sin\alpha \tag{7.2.42}$$

和

$$P_n(\Omega) \to P_0 \tag{7.2.43}$$

那么,对应于 $\delta p_{\mathrm{i}}(\Omega)$的散射波可以参照平面波入射情况时的解直接写出

$$\delta p_{\mathrm{s}}(\Omega) = \mathrm{e}^{-\mathrm{j}\Omega z}\sum_{n=0}^{\infty}H_n(\sqrt{k^2-\Omega^2}r)\cos n\theta \tag{7.2.44}$$

于是,总的散射波为

$$p_s = \int_{-\infty}^{\infty}\mathrm{e}^{-\mathrm{j}\Omega z}\sum_{n=0}^{\infty}C_n(\Omega)H_n(\sqrt{k^2-\Omega^2}r)\cos n\theta\,\mathrm{d}\Omega \tag{7.2.45}$$

如何计算上式中的积分请参考文献。

(5) 圆柱体的纵波或横波激励

上面特别关注了散射系数 C_n。另外,系数 A_n 是弹性体中的纵波系数,B_n 是弹性体中的横波系数。仿照求散射系数 C_n,也可求得

$$A_n = \frac{\Delta_A}{\Delta}, \qquad B_n = \frac{\Delta_B}{\Delta} \tag{7.2.46}$$

令柱中不发生纵波仅发生横波的条件是 $A_n = 0$,即

$$\begin{bmatrix} a_{32} & a_{33} \\ a_{42} & a_{43} \end{bmatrix} = 0 \tag{7.2.47}$$

当垂直入射时

$$a_{32} = -x_2^2 J''_n(x_2) + x_2 J'_n(x_2) - n^2 J_n(x_2) = 0 \tag{7.2.48}$$

令柱中不发生横波仅发生纵波的条件是 $B_n = 0$,即

$$\begin{bmatrix} a_{31} & a_{33} \\ a_{41} & a_{43} \end{bmatrix} = 0 \tag{7.2.49}$$

当垂直入射时

$$a_{31} = x_1 J'_n(x_1) - J_n(x_1) = 0 \tag{7.2.50}$$

当 $x_1, x_2 \gg 1$ 时,这些关系式能够进一步简化。

7.3　脉冲聚焦波束倾斜入射到弹性圆柱上的散射波

有时需要讨论入射波不是连续的平面波,而是脉冲性的聚焦波束时的散射波。比如,反射法测量人体骨密度时,将骨看作一个圆柱模型,脉冲性的波束在柱轴方向倾斜入射。

7.3.1　聚焦波束入射时的散射波

如图7-9,设一聚集声源入射有限宽度的波束到半径为 R 的无限长弹性圆柱上,声束与圆柱轴夹角为 α_0。声束在圆柱轴(z)方向的幅度分布由如下 sinc 函数给出

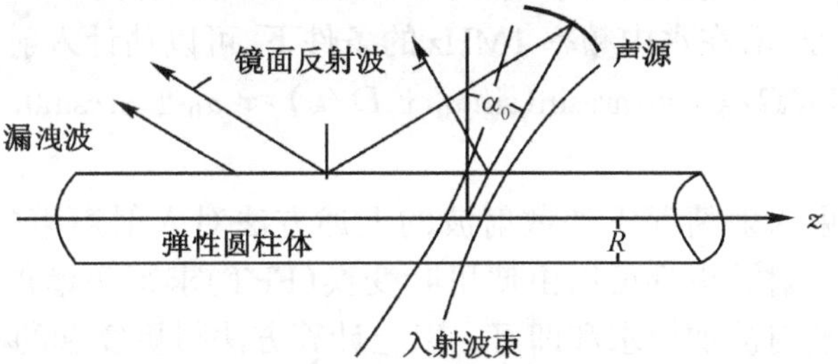

图7-9　聚集声源入射有限宽度的波束到无限长弹性圆柱时的散射波束

$$p_{\mathrm{ib}}(z)=\frac{\sin(Dz)}{Dz}\mathrm{e}^{-\mathrm{j}kz\sin\alpha_0} \tag{7.3.1}$$

其中,D 是决定声束宽度的参数。空间距离 z 与参数

$$\Omega=k\sin\alpha \tag{7.3.2}$$

两个变量间存在傅里叶变换关系

$$P(\Omega)=\int_{-\infty}^{\infty}p_{\mathrm{ib}}(z)\mathrm{e}^{\mathrm{j}\Omega z}\mathrm{d}z \tag{7.3.3}$$

$$p(z)=\frac{1}{2\pi}\int_{-\infty}^{\infty}P(\Omega)\mathrm{e}^{-\mathrm{j}\Omega z}\mathrm{d}\Omega \tag{7.3.4}$$

$P(\Omega)$为入射角谱。将式(7.3.1)代入式(7.3.3)求得声束的入射角谱为

$$P(\Omega)=\int_{-\infty}^{\infty}\frac{\sin(Dz)}{Dz}\mathrm{e}^{-\Omega_0 z}\mathrm{e}^{\mathrm{j}\Omega z}\mathrm{d}z=\begin{cases}\dfrac{\mathrm{j}\pi}{D}, & \Omega_0-D\leqslant\Omega\leqslant\Omega_0+D\\ 0, & \text{其他}\end{cases} \tag{7.3.5}$$

即入射的聚焦声束可以看成是入射角 $\Omega_0-D\leqslant\Omega\leqslant\Omega_0+D$ 间的平面波($\mathrm{e}^{-\mathrm{j}\Omega z}$)等

幅度合成的结果。既然 7.2 节讨论了平面波倾斜入射时的散射波，给出了“入射角”为 Ω 的平面波

$$p_{\mathrm{i}}(\Omega) = \mathrm{e}^{-\mathrm{j}\Omega z}\sum_{n=0}^{\infty}\varepsilon_n(-\mathrm{j})^n J_n(r\sqrt{k^2-\Omega^2})\cos n\theta \tag{7.3.6}$$

对应的散射波为

$$p_{\mathrm{s}}(\Omega) = \mathrm{e}^{\mathrm{j}\Omega z}\sum_{n=0}^{\infty}C_n H_n^{(2)}(r\sqrt{k^2-\Omega^2})\cos n\theta \tag{7.3.7}$$

于是，各散射波之和为

$$p_{\mathrm{sb}}(z) = \int_{\Omega_0-D}^{\Omega_0+D}p_{\mathrm{s}}(\Omega)\mathrm{d}\Omega \tag{7.3.8}$$

这也就是声束入射时的散射波束。

对上述以 sinc 函数表示的声束其主束宽(两零点间)为 $\Delta z = 2\pi/D$，设为 8mm 时，则 $D\approx 0.8/\mathrm{mm}$，在水中频率 1MHz 的条件下，可以估计入射角的范围约为

$$\Delta\alpha = \arcsin(\Omega/k) = \arcsin(\sin\alpha_0 \pm D/k) \approx \alpha_0 \pm \arcsin 0.18 \approx \alpha_0 \pm 10^\circ \tag{7.3.9}$$

求聚焦声束入射情况下的散射波的上述方法对入射声束的幅度分布没有限制。任意一个入射波束都可以由傅里叶变换(FFT)求得角谱加权系数，以此系数为权重系数对散射波加权求和即可。以上计算方法对更复杂的模型(比如壳等)是一样可行的。

7.3.2 脉冲波入射时的散射波

如果入射波是脉冲波

$$w(t) = \mathrm{e}^{-\left(\frac{t-t_0}{\tau}\right)^2}\sin\omega_0 t \tag{7.3.10}$$

则结合空间波束和脉冲的入射波表达式写为

$$p_{\mathrm{ib}t}(t,z) = p_{\mathrm{ib}}(z)w(t) \tag{7.3.11}$$

其对时间的傅里叶变换为

$$p_{\mathrm{ib}t}(\omega,z) = p_{\mathrm{ib}}(z)\int_{-\infty}^{\infty}w(t)\mathrm{e}^{-\mathrm{j}\omega t}\mathrm{d}t = p_{\mathrm{ib}}(z)W(\omega) \tag{7.3.12}$$

对应的散射波为

$$p_{\mathrm{sb}p}(\omega,z) = p_{\mathrm{sb}}(z)W(\omega) \tag{7.3.13}$$

其中，$p_{\mathrm{sb}}(z)$为与入射波 $p_{\mathrm{ib}}(z)$对应的散射成分。于是，散射波脉冲为

$$p_{\mathrm{ib}t}(t,z) = \frac{1}{2\pi}\int_{-\infty}^{\infty}P_{\mathrm{sb}t}(\omega)\mathrm{e}^{\mathrm{j}\omega t}\mathrm{d}\omega \tag{7.3.14}$$

当聚焦声束脉冲以某一临界角(铝和钢材料的临界角分别为 33.75°和 28.94°)倾斜入射到圆柱表面时，后向散射波中可以看见由镜面反射波束和另一个

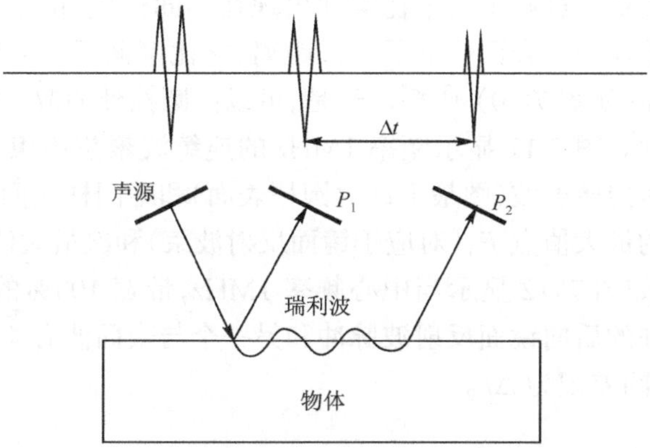

图 7-10　后向散射波中的镜面反射波束和另一个在圆柱表面传播了一段距离后离开圆柱表面的波束

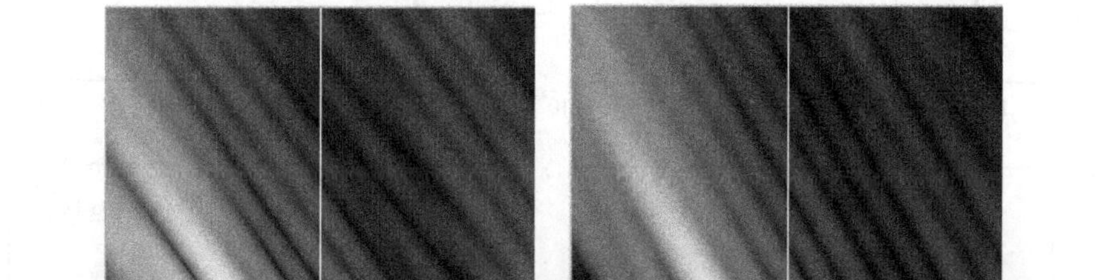

图 7-11　连续波聚焦声束入射时计算得到的铝和钢圆柱的后向散射波(底部为圆柱表面)和距圆柱表面一段距离处的幅度分布

与表面波有关的波束。这两个波束在空间出现在不同位置，由于与表面波有关的波脉冲看上去似乎在圆柱表面传播了一段距离，它比镜面反射波脉冲要延迟一段时间离开圆柱表面(如图 7-10)[43,44]。于是，可以由圆柱外的散射波束估计波在圆柱表面的传播速度。图 7-11 显示频率 1MHz 的连续波聚焦声束入射时计算得到的铝和钢圆柱的后向散射波(图最下部为圆柱表面)和距圆柱表面一段距离处的幅度分布。由图上的最大值点 P_1(对应于镜面反射波束)和次最大值点 P_2 可以求得波束间距离 Δl。如图 7-12 显示当中心频率 1MHz，带宽 100％的脉冲入射时，计算得到铝和钢圆柱的后向镜面反射波脉冲和另一个与表面波有关的后向反射波脉冲，两者之间的时间差记为 Δt。

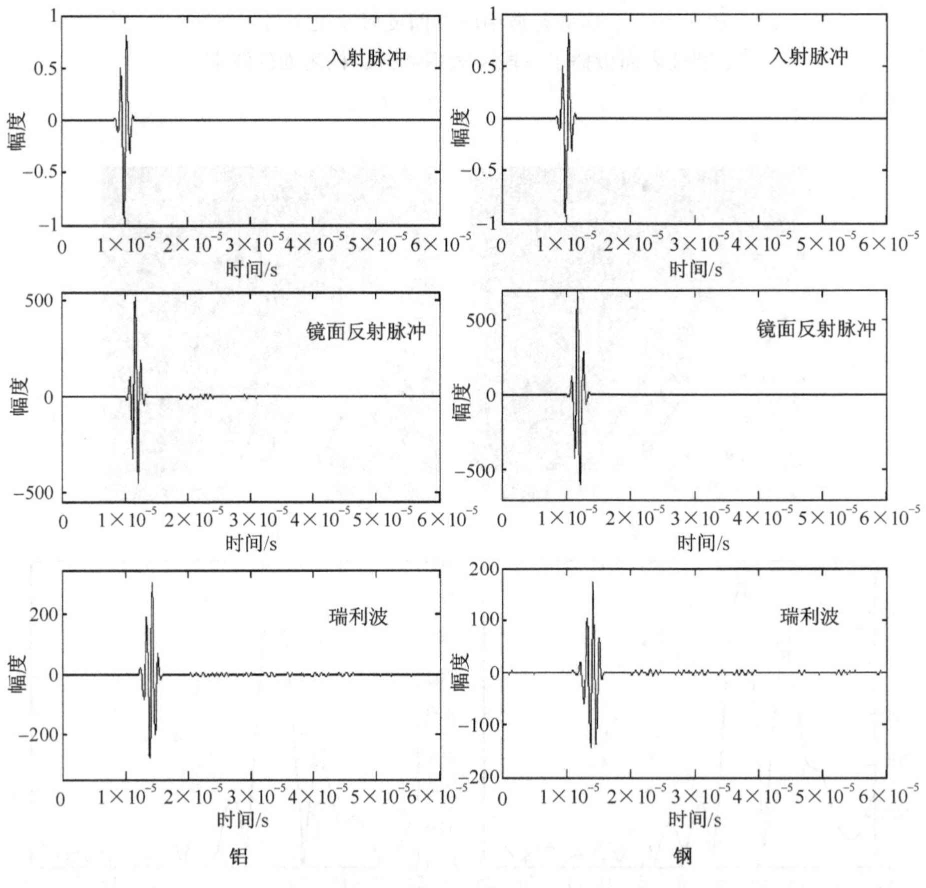

图 7-12　入射脉冲和铝和钢圆柱的后向镜面反射波脉冲和另一个与表面波有关的波脉冲

于是,波在圆柱表面的传播速度估计为

$$v_{\mathrm{R}} = \Delta l / \Delta t \tag{7.3.15}$$

图 7-13 显示以不同圆柱半径计算得到波在圆柱表面行进的速度估计值。可见当圆柱半径增大时,声波在圆柱表面的行进速度愈加接近于固体平板表面波的速度[179,180]

$$v_{\mathrm{R}} = \frac{0.862 + 1.14\sigma}{1 + \sigma} v_2, \tag{7.3.16}$$

其中,v_2 是横波速度。这是一个合理的结果。

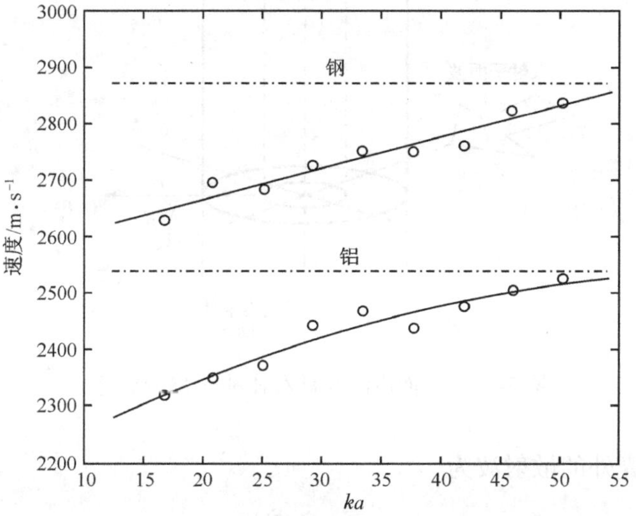

图 7-13　对不同圆柱半径计算得到的圆柱表面波速度的估计值

7.4　流体中平面波垂直入射到弹性圆柱壳的散射波

关于圆柱壳的散射波的解析与 7.3 节实心圆柱体的散射波的解析完全一样[50,51]。这里只是列出有关的数学式,以使读者容易比较两者的同异处,进一步加深对这类问题的理解。

如图 7-14,圆柱壳外液体的密度和声速度为 ρ, c,壳中心液体的密度和声速度为 ρ' 和 c'。

(1) 圆柱壳外的入射平面波为

$$p_{\mathrm{i}} = P_0 \mathrm{e}^{-\mathrm{j}kx} = P_0 \mathrm{e}^{-\mathrm{j}k(r\cos\theta + z\sin\alpha)}$$

$$= P_0 e^{-jkz\sin\alpha} \sum_{n=0}^{\infty} \varepsilon_n (-j)^n J_n(kr\cos\alpha)\cos n\theta \tag{7.4.1}$$

给出的 r 方向上的位移量为

$$u_{i,r} = \frac{1}{\rho\omega^2}\frac{\partial p_i}{\partial r} = e^{-jkz\sin\alpha}\frac{P_0}{\rho\omega^2}\sum_{n=0}^{\infty}\varepsilon_n(-j)^n\frac{dJ_n(kr\cos\alpha)}{dr}\cos n\theta \tag{7.4.2}$$

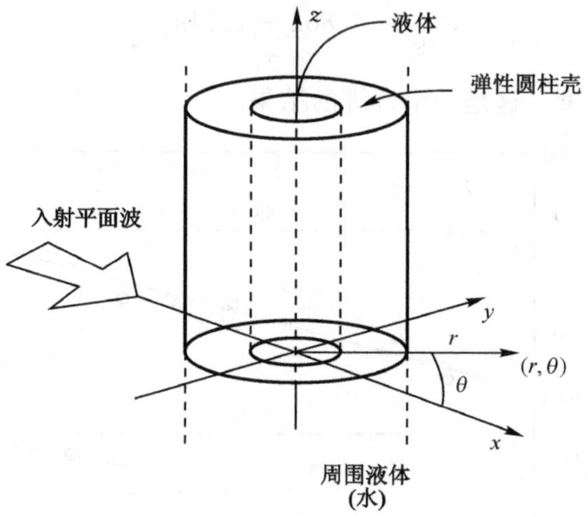

图 7-14 平面声波倾斜入射到一弹性圆柱壳

(2) 圆柱壳外的散射波为

$$p_s = e^{-jkz\sin\alpha}\sum_{n=0}^{\infty} C_n H_n^{(2)}(kr\cos\alpha)\cos n\theta \tag{7.4.3}$$

给出的 r 方向上的位移量为

$$u_{i,r} = \frac{1}{\rho\omega^2}\frac{\partial p_s}{\partial r} = e^{-jkz\sin\alpha}\frac{1}{\rho\omega^2}\sum_{n=0}^{\infty} C_n\frac{dH_n^{(2)}(kr\cos\alpha)}{dr}\cos n\theta \tag{7.4.4}$$

(3) 柱壳内的波为

$$\Phi = e^{-jkz\sin\alpha}\sum_{n=0}^{\infty}[A_n J_n(pr) + F_n N_n(pr)]\cos n\theta \tag{7.4.5}$$

$$H_z = e^{-jkz\sin\alpha}\sum_{n=0}^{\infty}[B_n J_n(qr) + G_n N_n(qr)]\sin n\theta \tag{7.4.6}$$

$$H_\theta = e^{-jkz\sin\alpha}\sum_{n=0}^{\infty}[D_n J_{n+1}(qr) + U_n N_{n+1}(qr) + E_n J_{n-1}(qr) + V_n N_{n-1}(qr)]\cos n\theta \tag{7.4.7}$$

$$H_r = e^{-jkz\sin\alpha}\sum_{n=0}^{\infty}[-D_n J_{n+1}(qr) - U_n N_{n+1}(qr)$$

$$+ E_n J_{n-1}(qr) + V_n N_{n-1}(qr)]\sin n\theta \tag{7.4.8}$$

使用 Gauge 不变性条件取 $E_n = V_n = 0$ 有

$$H_\theta = \mathrm{e}^{-\mathrm{j}kz\sin\alpha}\sum_{n=0}^{\infty}[D_n J_{n+1}(qr) + U_n N_{n+1}(qr)]\cos n\theta \tag{7.4.9}$$

$$H_r = \mathrm{e}^{-\mathrm{j}kz\sin\alpha}\sum_{n=0}^{\infty}[-D_n J_{n+1}(qr) - U_n N_{n+1}(qr)]\sin n\theta \tag{7.4.10}$$

它们给出圆柱内的位移量为

$$\begin{aligned} u_z = \mathrm{e}^{-\mathrm{j}kz\sin\alpha}\sum_{n=0}^{\infty}\Big[&\mathrm{j}k\sin\alpha J_n(pr)A_n + \frac{1}{r}\frac{\mathrm{d}}{\mathrm{d}r}rJ_{n+1}(qr)D_n \\ &+ \frac{n}{r}J_{n+1}(qr)D_n + \mathrm{j}k\sin\alpha F_n N_n(pr) \\ &+ \frac{1}{r}\frac{\mathrm{d}}{\mathrm{d}r}rN_{n+1}(qr)U_n + \frac{n}{r}N_{n+1}(qr)U_n\Big]\cos n\theta \end{aligned} \tag{7.4.11}$$

$$\begin{aligned} u_r = \mathrm{e}^{-\mathrm{j}kz\sin\alpha}\sum_{n=0}^{\infty}\Big[&-\frac{\mathrm{d}}{\mathrm{d}r}J_n(pr)A_n + \frac{n}{r}J_n(qr)B_n \\ &+ \mathrm{j}k\sin\alpha J_{n+1}(qr)D_n - \frac{\mathrm{d}}{\mathrm{d}r}N_n(pr)F_n \\ &+ \frac{n}{r}N_n(qr)G_n + \mathrm{j}k\sin\alpha N_{n+1}(qr)U_n\Big]\cos n\theta \end{aligned} \tag{7.4.12}$$

$$\begin{aligned} u_\theta = \mathrm{e}^{-\mathrm{j}kz\sin\alpha}\sum_{n=0}^{\infty}\Big[&\frac{n}{r}J_n(pr)A_n - \frac{\mathrm{d}}{\mathrm{d}r}J_n(qr)B_n \\ &+ \mathrm{j}k\sin\alpha J_{n+1}(qr)D_n \frac{n}{r}J_n(pr)F_n - \frac{\mathrm{d}}{\mathrm{d}r}J_n(qr)G_n \\ &+ \mathrm{j}k\sin\alpha J_{n+1}(qr)U_n\Big]\sin n\theta \end{aligned} \tag{7.4.13}$$

(4) 壳内液体中的波为

$$p' = \mathrm{e}^{-\mathrm{j}kz\sin\alpha}\sum_{n=0}^{\infty}Q_n J_n(k'r\cos\alpha)\cos n\theta \tag{7.4.14}$$

给出的 r 方向上的位移量为

$$u'_{\mathrm{i},r} = \frac{1}{\rho'\omega^2}\frac{\partial p'}{\partial r} = \mathrm{e}^{-\mathrm{j}kz\sin\alpha}\frac{1}{\rho'\omega^2}\sum_{n=0}^{\infty}Q_n\frac{\mathrm{d}J_n(k'r\cos\alpha)}{\mathrm{d}r}\cos n\theta \tag{7.4.15}$$

流体与固体的边界有两处:壳的外半径和内半径,分别有四个边界条件,总共八个边界条件,给出八个方程,可以唯一确定八个未知数 $A_n, B_n, C_n, D_n, F_n, G_n, U_n, Q_n$。看上去很复杂,但在外半径的四个边界条件给出的方程中,凡实心圆柱散射中出现 A_n, B_n, D_n 的项,现在也必出现 F_n, G_n, U_n 的项,其内只是由 J_n 变为 N_n 而已。于是,对应于外半径 $r=a$ 的边界条件给出

$$\begin{bmatrix} a_{11} & a_{12} & a_{13} & a_{14} & a_{11N} & a_{12N} & a_{13N} & 0 \\ a_{21} & a_{22} & a_{23} & a_{24} & a_{21N} & a_{22N} & a_{23N} & 0 \\ a_{31} & a_{32} & a_{33} & 0 & a_{31N} & a_{32N} & a_{33N} & 0 \\ a_{41} & a_{42} & a_{43} & 0 & a_{41N} & a_{42N} & a_{43N} & 0 \end{bmatrix} \begin{bmatrix} A_n \\ B_n \\ D_n \\ C_n \\ F_n \\ G_n \\ U_n \\ Q_n \end{bmatrix} = \begin{bmatrix} a_{15} \\ a_{25} \\ 0 \\ 0 \\ 0 \\ 0 \\ 0 \\ 0 \end{bmatrix} \tag{7.4.16}$$

其中，a_{ij}与实心圆柱散射中相同，a_{ij}中的J_n 换为N_n 记为a_{ijN}。对应于内半径$r=b$的边界条件给出

$$\begin{bmatrix} a_{11b} & a_{12b} & a_{13b} & 0 & a_{11Nb} & a_{12Nb} & a_{13Nb} & 0 \\ a_{21b} & a_{22b} & a_{23b} & 0 & a_{21Nb} & a_{22Nb} & a_{23Nb} & 0 \\ a_{31b} & a_{32b} & a_{33b} & 0 & a_{31Nb} & a_{32Nb} & a_{33Nb} & a_{14Jb} \\ a_{41b} & a_{42b} & a_{43b} & 0 & a_{41Nb} & a_{42Nb} & a_{43Nb} & a_{24Jb} \end{bmatrix} \begin{bmatrix} A_n \\ B_n \\ D_n \\ C_n \\ F_n \\ G_n \\ U_n \\ Q_n \end{bmatrix} = \begin{bmatrix} 0 \\ 0 \\ 0 \\ 0 \\ 0 \\ 0 \\ 0 \\ 0 \end{bmatrix} \tag{7.4.17}$$

a_{ijb}和a_{ijNb}是将a_{ij}和a_{ijN}中的半径a 换为b 后的系数。将式(7.4.16)和(7.4.17)合成后写为

$$\begin{bmatrix} a_{11} & a_{12} & a_{13} & a_{14} & a_{11N} & a_{12N} & a_{13N} & 0 \\ a_{21} & a_{22} & a_{23} & a_{24} & a_{21N} & a_{22N} & a_{23N} & 0 \\ a_{31} & a_{32} & a_{33} & 0 & a_{31N} & a_{32N} & a_{33N} & 0 \\ a_{41} & a_{42} & a_{43} & 0 & a_{41N} & a_{42N} & a_{43N} & 0 \\ a_{11b} & a_{12b} & a_{13b} & 0 & a_{11Nb} & a_{12Nb} & a_{13Nb} & 0 \\ a_{21b} & a_{22b} & a_{23b} & 0 & a_{21Nb} & a_{22Nb} & a_{23Nb} & 0 \\ a_{31b} & a_{32b} & a_{33b} & 0 & a_{31Nb} & a_{32Nb} & a_{33Nb} & a_{14Jb} \\ a_{41b} & a_{42b} & a_{43b} & 0 & a_{41Nb} & a_{42Nb} & a_{43Nb} & a_{24Jb} \end{bmatrix} \begin{bmatrix} A_n \\ B_n \\ D_n \\ C_n \\ F_n \\ G_n \\ U_n \\ Q_n \end{bmatrix} = \begin{bmatrix} a_{15} \\ a_{25} \\ 0 \\ 0 \\ 0 \\ 0 \\ 0 \\ 0 \end{bmatrix} \tag{7.4.18}$$

其中，a_{14J}，a_{24J}只是将a_{14}，a_{24}中的 $H_n^{(2)}$ 换为J_n，x_c 换为x_c'，ρ 换为ρ'得到的系数。于是得到柱壳外散射波系数 C_n 的解

$$C_n = -P_0\varepsilon_n(-\mathrm{j})^n$$

$$
\frac{\begin{bmatrix}
a_{11} & a_{12} & a_{13} & a^2 J_n(x_c) & a_{11N} & a_{12N} & a_{13N} & 0 \\
a_{21} & a_{22} & a_{23} & \dfrac{x_c}{\rho\omega^2} J'_n(x_c) & a_{21N} & a_{22N} & a_{23N} & 0 \\
a_{31} & a_{32} & a_{33} & 0 & a_{31N} & a_{32N} & a_{33N} & 0 \\
a_{41} & a_{42} & a_{43} & 0 & a_{41N} & a_{42N} & a_{43N} & 0 \\
a_{11b} & a_{12b} & a_{13b} & 0 & a_{11Nb} & a_{12Nb} & a_{13Nb} & 0 \\
a_{21b} & a_{22b} & a_{23b} & 0 & a_{21Nb} & a_{22Nb} & a_{23Nb} & 0 \\
a_{31b} & a_{32b} & a_{33b} & 0 & a_{31Nb} & a_{32Nb} & a_{33Nb} & b^2 J_n(x'_c) \\
a_{41b} & a_{42b} & a_{43b} & 0 & a_{41Nb} & a_{42Nb} & a_{43Nb} & \dfrac{x'_c}{\rho'\omega^2} J'_n(x'_c)
\end{bmatrix}}{\begin{bmatrix}
a_{11} & a_{12} & a_{13} & a^2 H_n(x_c) & a_{11N} & a_{12N} & a_{13N} & 0 \\
a_{21} & a_{22} & a_{23} & \dfrac{x_c}{\rho\omega^2} H'_n(x_c) & a_{21N} & a_{22N} & a_{23N} & 0 \\
a_{31} & a_{32} & a_{33} & 0 & a_{31N} & a_{32N} & a_{33N} & 0 \\
a_{41} & a_{42} & a_{43} & 0 & a_{41N} & a_{42N} & a_{43N} & 0 \\
a_{11b} & a_{12b} & a_{13b} & 0 & a_{11Nb} & a_{12Nb} & a_{13Nb} & 0 \\
a_{21b} & a_{22b} & a_{23b} & 0 & a_{21Nb} & a_{22Nb} & a_{23Nb} & 0 \\
a_{31b} & a_{32b} & a_{33b} & 0 & a_{31Nb} & a_{32Nb} & a_{33Nb} & b^2 J_n(x'_c) \\
a_{41b} & a_{42b} & a_{43b} & 0 & a_{41Nb} & a_{42Nb} & a_{43Nb} & \dfrac{x'_c}{\rho'\omega^2} J'_n(x'_c)
\end{bmatrix}}
\tag{7.4.19}
$$

7.5 黏弹性管内的声波方程

7.4 节讨论的弹性圆柱壳的散射是壳外振动引起壳内外扰动的问题。还有一种是弹性圆柱壳(管)内振动在壳(管)内传播的问题,如气管或血管等弹性管内波动的传播。波动的传播引起管壁运动。壁运动由于材料、尺寸、黏弹性限制会有一定的频率特性和能量损耗,也反过来影响波动传播的特性[53~59]。

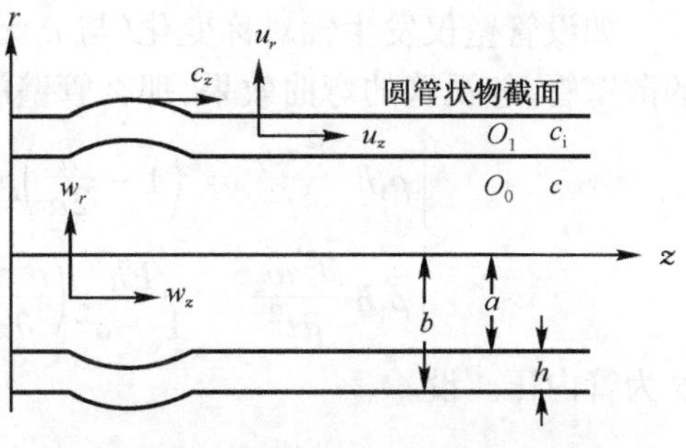

图 7-15 圆弹性管内波动的传播

如图 7-15,考虑内半径 a,外半径 b,壁厚 h 的圆弹性管[60]。设管内为理想流体介质。在管内压力波作用下管

壁仅发生轴对称变化，管内波动方程为

$$\frac{1}{c^2}\frac{\partial^2 p}{\partial t^2}-\frac{1}{r}\frac{\partial}{\partial r}\left(r\frac{\partial p}{\partial r}\right)-\frac{\partial^2 p}{\partial z^2}=0 \tag{7.5.1}$$

其中，c 为管内流体在无限空间中的声传播速度。设压力波动为单一频率成分

$$p=P(r)\mathrm{e}^{\mathrm{j}(\omega t-k_z z)} \tag{7.5.2}$$

其中，$k_z=\omega/c_z$，c_z 是波动的传播速度。代入方程(7.5.1)后有

$$\frac{\partial^2 P}{\partial r^2}+\frac{1}{r}\frac{\partial P}{\partial r}+(k^2-k_z^2)P=0 \tag{7.5.3}$$

P 应在 $r=0$ 处有限，故取式(7.5.3)的解为

$$P(r)=P_0J_0(k_r r) \tag{7.5.4}$$

其中，$k_r=\sqrt{k^2-k_z^2}$，P_0 为常数。将式(7.5.4)代入式(7.5.2)有

$$p=P_0J_0(k_r r)\mathrm{e}^{\mathrm{j}(\omega t-k_z z)} \tag{7.5.5}$$

由此可得管内压力波引起的位移量为

$$\begin{cases} u_r=-\dfrac{1}{\mathrm{j}\omega\rho_0}\dfrac{\partial p}{\partial r} \\ u_z=-\dfrac{1}{\mathrm{j}\omega\rho_0}\dfrac{\partial p}{\partial z} \end{cases} \tag{7.5.6}$$

另外，管壁的位移 $\vec{w}$ 由下列弹性波动方程给出

$$\rho_{\mathrm{t}}\frac{\partial^2\vec{w}}{\partial t^2}-(\lambda+2\mu)\nabla\nabla\cdot\vec{w}+\mu\nabla\times\nabla\times\vec{w} \tag{7.5.7}$$

其中，ρ_{t} 为管的密度。使用管内外壁的边界条件：

(1) 管壁处法向位移量相等(或管内声压等于管壁面应力)

$$u_r|_{r=a}=w_r|_{r=a} \tag{7.5.8}$$

(2) 无声波透过外部壁

$$\sigma|_{r=b}=(\lambda+2\mu)\frac{\partial w_r}{\partial r}+\lambda\frac{w_r}{r}|_{r=b}=0 \tag{7.5.9}$$

重复圆柱壳外声入射时的解析过程可求得位移量 w_r 和 w_z。

如设管壁仅发生轴对称变化(与 θ 无关)能简化解析。更为简单的是设 $h\ll a$ 的薄壁管，忽视管的弯曲效果，那么管壁的运动方程为

$$\begin{cases} \rho_{\mathrm{t}}h\dfrac{\partial^2 w_r}{\partial t^2}=\left(1-\dfrac{h}{2a}\right)p-\dfrac{Eh}{1-\sigma^2}\left(\dfrac{w_r}{a^2}+\dfrac{\sigma}{a}\dfrac{\partial w_z}{\partial z}\right) \\ \rho_{\mathrm{t}}h\dfrac{\partial^2 w_z}{\partial t^2}=\dfrac{Eh}{1-\sigma^2}\left(\dfrac{\partial^2 w_z}{\partial z^2}+\dfrac{\sigma}{a}\dfrac{\partial w_r}{\partial z}\right) \end{cases} \tag{7.5.10}$$

p 为管内压。设

$$\begin{cases} w_r = W_r(r)\mathrm{e}^{\mathrm{j}(\omega t - k_z z)} \\ w_z = W_z(r)\mathrm{e}^{\mathrm{j}(\omega t - k_z z)} \\ p = P(r)\mathrm{e}^{\mathrm{j}(\omega t - k_z z)} \end{cases} \tag{7.5.11}$$

代入式(7.5.10)则有

$$\begin{cases} \rho_{\mathrm{t}} h\omega^2 W_r = -\left(1 - \dfrac{h}{2a}\right)P + \dfrac{Eh}{1-\sigma^2}\left(\dfrac{W_r}{a^2} - \mathrm{j}k_z \dfrac{\sigma}{a} W_z\right) \\ \rho_{\mathrm{t}} h\omega^2 W_z = \dfrac{Eh}{1-\sigma^2}\left(k_z^2 W_z + \mathrm{j}k_z \dfrac{\sigma}{a} W_r\right) \end{cases} \tag{7.5.12}$$

在管壁中心 $r = a - h/2$ 处，设

$$u_r\big|_{r=a-h/2} = w_r\big|_{r=a-h/2} \tag{7.5.13}$$

作为边界条件可得到声波和管的振动偶合方程

$$1 - \frac{c_1^2}{(\omega a)^2}\left[1 + \sigma^2 \frac{c_1^2}{c_z^2 - c_1^2}\right] = \frac{\rho_0}{\rho_{\mathrm{t}}} \frac{1}{k_z h}\left(1 - \frac{h}{2a}\right)\frac{J_0[k_z a(1 - h/2a)]}{J_1[k_z a(1 - h/2a)]} \tag{7.5.14}$$

其中

$$c_1^2 = \frac{E}{\rho_{\mathrm{t}}(1-\sigma)} \tag{7.5.15}$$

是薄板中传播的纵波声速。如管中传播的弹性波速度 c_1 远小于波动的传播速度 c_z，则有

$$\frac{c_1^2}{c_z^2 - c_1^2} \ll 1 \tag{7.5.16}$$

进一步设 $k_z a \ll 1$，取贝塞尔函数的渐进式后得

$$1 - \frac{c_1^2}{(\omega a)^2} = \frac{2\rho_0}{\rho_{\mathrm{t}}} \frac{1}{ha} \frac{1}{\omega^2}\left[\frac{c_z^2 c_0^2}{c_z^2 - c_0^2}\right] \tag{7.5.17}$$

令 $E = E_{\mathrm{R}} + \mathrm{j}\omega E_{\mathrm{I}}$（实数部分是振动的弹性率，虚数部分是振动的损失），于是

$$\frac{1}{c_z^2} = \frac{1}{c_0^2} + \frac{\rho_0(2a/h)(1-\sigma^2)/E_{\mathrm{R}}}{1 - \rho_{\mathrm{t}} a^2 \omega^2 (1-\sigma^2)/E_{\mathrm{R}} + j\omega E_{\mathrm{I}}/E_{\mathrm{R}}} \tag{7.5.18}$$

即有

$$k_z = \beta_z - \mathrm{j}\alpha_z \tag{7.5.19}$$

壁面运动对振动传播就好像是附加了一个有阻尼的振子系统，其共振峰的 Q 值与衰减特性有关，共振频率处的相位跃变对应于声速的跃变[61,62]。

7.6　流体中平面波倾斜入射到弹性球时的散射波

弹性球的散射波的解析与 7.5 节实心圆柱体的散射波的解析过程完全一样。

7.6.1 方程解析

如图 7-16,一个半径为 a 的球放在原点,z 方向传播的入射平面波在球坐标系中表达为

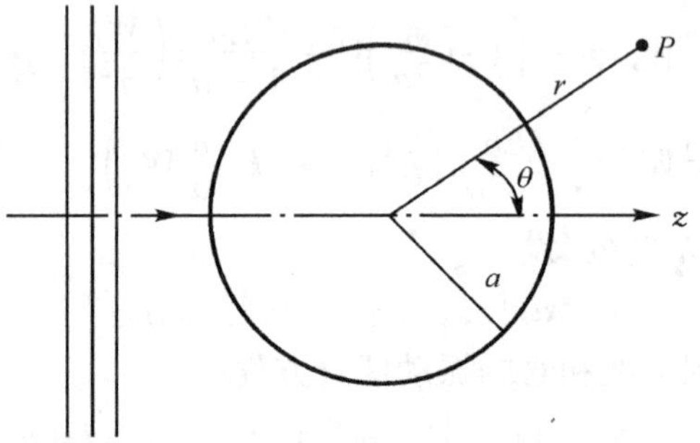

图 7-16 平面声波入射到一弹性球

$$p_{\mathrm{i}} = P_0 \mathrm{e}^{-\mathrm{j}kx} = P_0 \sum_{n=0}^{\infty} (2n+1)(-\mathrm{j})^n j_n(kr) P_n(\cos\theta) \tag{7.6.1}$$

其中,j_n 是球贝塞尔函数。散射波为

$$p_{\mathrm{s}} = \sum_{n=0}^{\infty} C_n h_n^{(2)}(kr) P_n(\cos\theta) \tag{7.6.2}$$

其中,$h_n^{(2)}$ 是二阶球汉克尔函数,C_n 是散射系数。球体内的波为

$$\Phi = \sum_{n=0}^{\infty} A_n j_n(k_{\mathrm{c}} r) P_n(\cos\theta) \tag{7.6.3}$$

$$H_r = H_\theta = 0 \tag{7.6.4}$$

$$H_\phi = \sum_{n=0}^{\infty} B_n j_n(k_{\mathrm{s}} r) \frac{\mathrm{d}P_n(\cos\theta)}{\mathrm{d}\theta} \tag{7.6.5}$$

球坐标中应力各个分量的表达式分别为

$$\sigma_{rr} = \lambda \nabla \cdot \vec{u} + 2\mu \frac{\partial u_r}{\partial r} = 2\rho_1 c_2^2 \left(\frac{\sigma}{1-2\sigma} \nabla \cdot \vec{u} + \frac{\partial u_r}{\partial r} \right) \tag{7.6.6}$$

$$\sigma_{r\theta} = \mu \left(\frac{\partial u_\theta}{\partial r} - \frac{u_\theta}{r} + \frac{1}{r} \frac{\partial u_r}{\partial \theta} \right) \tag{7.6.7}$$

$$\sigma_{r\varphi} = \mu \left(\frac{1}{r\sin\theta} \frac{\partial u_r}{\partial \phi} + \frac{\partial u_\phi}{\partial r} - \frac{u_\phi}{r} \right) \tag{7.6.8}$$

其中,ρ_1 是球材料的密度。在界面 $r=a$ 处的边界条件为

$$p_{\mathrm{i}} + p_{\mathrm{s}} = -\sigma_{rr} \tag{7.6.9}$$

$$u_{\mathrm{i},r} + u_{\mathrm{s},r} = u_r \tag{7.6.10}$$

$$\sigma_{r\theta} = 0 \tag{7.6.11}$$

由此得到如下三个方程

$$2\rho_1 c_2^2\left(\frac{\sigma}{1-2\sigma}x_1^2 j_n(x_1) - x_1^2 j_n''(x_1)\right)A_n + 2\rho_1 c_2^2 n(n+1)[x_2 j_n'(x_2) - j_n(x_2)]B_n + a^2 h_n^{(2)}(x)C_n = -P_0(2n+1)(-j)^n a^2 j_n(x) \tag{7.6.12}$$

$$x_1 j_n'(x_1)A_n - n(n+1)j_n(x_2)B_n + \frac{x}{\rho\omega^2}h_n^{(2)\prime}(x)C_n = -P_0(2n+1)(-j)^n\frac{x}{\rho\omega^2}j_n'(x) \tag{7.6.13}$$

$$2[x_1 j_n'(x_1) - j_n(x_1)]A_n + [(n^2+n-2)j_n(x_2) + x_2^2 j_n''(x_2)]B_n = 0 \tag{7.6.14}$$

其中，$x_1 = k_1 a$，$x_2 = k_2 a$，$x = ka$。以矩阵形式重写上述三个方程，于是有

$$\begin{bmatrix} a_{11} & a_{12} & a^2 h_n^{(2)}(x) \\ a_{21} & a_{22} & \frac{x}{\rho\omega^2}h_n^{(2)\prime}(x) \\ a_{31} & a_{32} & 0 \end{bmatrix}\begin{bmatrix} A_n \\ B_n \\ C_n \end{bmatrix} = \begin{bmatrix} -P_0(2n+1)(-\mathrm{j})^n a^2 j_n(x) \\ -P_0(2n+1)(-\mathrm{j})^n\frac{x}{\rho\omega^2}j_n'(x) \\ 0 \end{bmatrix} \tag{7.6.15}$$

由此可以写出关于 C_n 的解为

$$C_n = -P_0(2n+1)(-\mathrm{j})^n\frac{\begin{bmatrix} a_{11} & a_{12} & a^2 j_n(x) \\ a_{21} & a_{22} & \frac{x}{\rho\omega^2}j_n'(x) \\ a_{31} & a_{32} & 0 \end{bmatrix}}{\begin{bmatrix} a_{11} & a_{12} & a^2 h_n^{(2)}(x) \\ a_{21} & a_{22} & \frac{x}{\rho\omega^2}h_n^{(2)\prime}(x) \\ a_{31} & a_{32} & 0 \end{bmatrix}}$$

$$= -P_0(2n+1)(-\mathrm{j})^n\frac{a^2 j_n(x)\begin{bmatrix} a_{21} & a_{22} \\ a_{31} & a_{32} \end{bmatrix} - \frac{x}{\rho\omega^2}j_n'(x)\begin{bmatrix} a_{11} & a_{12} \\ a_{31} & a_{32} \end{bmatrix}}{a^2 h_n^{(2)}(x)\begin{bmatrix} a_{21} & a_{22} \\ a_{31} & a_{32} \end{bmatrix} - \frac{x}{\rho\omega^2}h_n^{(2)\prime}(x)\begin{bmatrix} a_{11} & a_{12} \\ a_{31} & a_{32} \end{bmatrix}} \tag{7.6.16}$$

这里，a_{ij} 为对应于行列式(7.6.15)的诸元。

7.6.2 计算程序

以下为完整的计算程序,供参考。

```
      REAL * 4 PN(1002)
      COMPLEX * 8 CM2,CM1,A34,A24,A22,A32,A12,A14,QN,SN,CN,PIN,
*           B1,B2,B3,SIGMA,X(2),CSBES1,DIFCS1
      PY = 3.141593
      WRITE( * ,'(A)')'== SCATTERER(aluminum ball) =='
      WRITE( * ,'(A\)')'     RADIUS(1mm)------------->'
      R = 0.001
      WRITE( * ,'(A\)')'     DENSITY(2.7g/cm3)--------->'
      G1 = 2700.0
      WRITE( * ,'(A\)')'     VELOCITY C1(6420m/s)------->'
      C1 = 6420.0
      WRITE( * ,'(A\)')'     VELOCITY C2(2700m/s)------->'
      C2 = 2700.0
      WRITE( * ,'(A\)')'     Atten1(0.019dB)----------->'
      GS1 = 0.019/8.686
      WRITE( * ,'(A\)')'     Atten2(0.029dB)----------->'
      GS2 = 0.029/8.686

      WRITE( * ,'(A)')'== MEDIUM(water) =='
      WRITE( * ,'(A\)')'     DENSITY(1g/cm3)---------->'
      G3 = 1000.0
      WRITE( * ,'(A\)')'     VELOCITY C3(1500m/s)-------->'
      C3 = 1500.0
      WRITE( * ,'(A)')'== WAVE =='
      WRITE( * ,'(A\)')'     INCIDENT ANGLE(30deg.)------>'
      AN = 30.0/180.0 * PY
      WRITE( * ,'(A\)')'     FREQUENCY(1MHz)----------->'
      F = 1.0E6
      WRITE( * ,'(A\)')'     BACKSCATTERING ----------->'
      GAN = PY
      WRITE( * ,'(A\)')'     R DISTANCE(100mm)--------->'
      GR = 0.1
      WRITE( * ,'(A\)')'     Z DISTANCE(10mm)---------->'
      GZ = 0.01
```

```
      WRITE(*,'(A)')'==WAVE=='
      WRITE(*,'(A\)')'     FREQUENCY(1MHz)--------->'
      F=1.0E6
      WRITE(*,'(A\)')'     BACKSCATTERING --------->'
      GAN=PY
      WRITE(*,'(A\)')'     R DISTANCE(100mm)-------->'
      GR=0.1
      WRITE(*,'(A\)')'     Scattering angle(180)------>'
      AG=PY
C
      NMAX=1000
      XX=COS(AG)
      CALL PLEG(XX,NMAX+1,PN,IER)

      CM2=CMPLX(2.0)
      CM1=CMPLX(0.0,1.0)
      W=2.0*PY*F
      GX=W/C3*R
      NMAX=(gx(k)+10.0)*1.5
      IF (NMAX.GE.1000)STOP 'NMAX too large.'
      X3=W*R/C3
      X4=W*FD/C3
      X(1)=CMPLX(R*W/C1,-R*GS1*F/C1)
      X(2)=CMPLX(R*W/C2,-R*GS2*F/C2)
      DO 10 I=1,2
        CALL CPXSJN(X(I),I,NMAX)
10    CONTINUE
      CALL CALSJN(X3,3,NMAX)
      CALL CALSJN(X4,4,NMAX)
      CALL CALSNN(X3,3,NMAX)
      CALL CALSNN(X4,4,NMAX)

      CALL CALSJN(GR,2,NMAX)
      CALL CALSNN(GR,2,NMAX)
      SIGMA=CMPLX(0.0)
      AA=1.0
      DO 20 N=0,NMAX
        M=N*N+N
```

```
      A34 = (CMPLX(M - 1) - X(2) * * 2/CM2) * CSBES1(2,N) - X(2) * DIFCS1(2,N)
      A24 = CMPLX(M) * CSBES1(2,N)
      A22 = X(1) * DIFCS1(1,N)
      A32 = X(1) * DIFCS1(1,N) - CSBES1(1,N)
      A12 = CM2 * X(1) * DIFCS1(1,N) - (CMPLX(M) - X(2) * * 2/CM2) * CSBES1(1,N)
      A14 = CMPLX(M) * (CSBES1(2,N) - X(2) * DIFCS1(2,N))
      QN = CMPLX(G3/G1) * X(2) * * 2/CM2 * (A22 * A34 - A32 * A24)
      SN = A12 * A34 - A32 * A14
      IF(CABS(QN). LE. 1. 0E - 37)THEN
        CN = CMPLX(DSBSS1(3,N))/CMPLX(DSBSS1(3,N), - DSBSS2(3,N))
      ELSE IF(CABS(SN). LE. 1. 0E - 37) THEN
        CN = CMPLX(SBESS1(3,N))/CMPLX(SBESS1(3,N), - SBESS2(3,N))
      ELSE
        CN = (CMPLX(SBESS1(3,N)) * QN - CMPLX(X3 * DSBSS1(3,N)) * SN)/
   &            (CMPLX(SBESS1(3,N), - SBESS2(3,N) * QN -
   &             CMPLX(DSBSS1(3,N), - DSBSS2(3,N)) * CMPLX(X3) * SN)
      ENDIF

      B3 = - CMPLX(2 * N + 1) * AA * CN * CMPLX(SBESS1(2,N), - SBESS2(2,N)) * PN(N)

      IF(N. LE. 1) GO TO 30

C If continue 3 small Cn. end loop
C
      B = CABS(SIGMA)
      IF(CABS(B1) + CABS(B2) + CABS(B3). LE. 1E - 4 * B)GO TO 40
 30   B1 = B2
      B2 = B3
      SIGMA = SIGMA + B2
      AA = - AA * CM1
 20   CONTINUE
 40   PSR = REAL(SIGMA)
      PSI = AIMAG(SIGMA)
      END
```

同样,球壳情况下的解也可以一样推导得到,且有与上述圆柱壳情形相同形式的解,本书就不再叙说[63,64]。

7.6.3 其他有关的几个问题

(1) 刚球和小球散射

对刚性球的散射

$$C_n = -P_0(2n+1)(-\mathrm{j})^n \frac{j_n'(x)}{h_n^{(2)\prime}(x)} \tag{7.6.17}$$

当 $ka \ll 1$ 时,仅取前两项,即

$$C_0 = -P_0 \frac{j_0'(x)}{h_0^{(2)\prime}(x)} \approx P_0 \frac{\mathrm{j}x^3}{3} \tag{7.6.18}$$

$$C_1 = -P_0 3(-\mathrm{j}) \frac{j_1'(x)}{h_1^{(2)\prime}(x)} \approx -P_0 \frac{x^3}{2} \tag{7.6.19}$$

当 $kr \gg 1$ 时

$$h_n^{(2)}(kr) \approx \frac{\mathrm{e}^{-\mathrm{j}(kr - n\pi/2 - \pi/2)}}{kr} \tag{7.6.20}$$

于是,散射波为

$$\begin{aligned} p_s &\approx C_0 h_0^{(2)}(kr) P_0(\cos\theta) + C_1 h_1^{(2)}(kr) P_1(\cos\theta) \\ &\approx -P_0 \frac{\mathrm{e}^{-\mathrm{j}kr}}{kr}(ka)^3\left(\frac{1}{3} + \frac{1}{2}\cos\theta\right) \end{aligned} \tag{7.6.21}$$

对可忽略模波振动模式,声速、密度分别为 c、ρ 的非刚性小球有

$$p_s \approx P_0 \frac{\mathrm{e}^{-\mathrm{j}kr}}{kr}(ka)^3\left(\frac{1}{3}\frac{c-\bar{c}}{\bar{c}} + \frac{1}{2}\frac{\rho-\bar{\rho}}{\rho}\cos\theta\right) \tag{7.6.22}$$

Δc、$\Delta\rho$ 为小球与周围声传播介质的声速差、密度差。可见理论上可以测量散射波随角度的变化而分别推定小球的声速和密度值。

(2) 球面波入射

如入射波不是平面波,而是一个点声源($z=-r_0, r_0>a$)发出的球面波,则

$$p_i = P_0 \frac{\mathrm{e}^{-\mathrm{j}kR}}{R} = P_0(-\mathrm{j}k)\sum_{n=0}^{\infty}(2n+1)(-1)^n j_n(kr) h_n^{(2)}(kr_0) P_n(\cos\theta) \tag{7.6.23}$$

比较上式与平面波在球坐标系中的表达式(7.6.1),两者很相似。参照平面波入射时的散射波表达式(7.6.2),使用同样的 C_n 可以直接写出散射波为

$$p_s = (-\mathrm{j}k)\sum_{n=0}^{\infty} C_n \mathrm{j}^n h_n^{(2)}(kr_0) h_n^{(2)}(kr) P_n(\cos\theta) \tag{7.6.24}$$

(3) 球体的纵波或横波激励

上面特别关注了散射系数 C_n。另外,系数 A_n 是球体中的纵波系数,B_n 是球体中的横波系数。仿照求散射系数 C_n,也可求得

$$A_n = \frac{\Delta_A}{\Delta}, \qquad B_n = \frac{\Delta_B}{\Delta} \tag{7.6.25}$$

球中不发生纵波仅发生横波的条件是 $A_n = 0$,即

$$(n^2 + n - 2) j_n(x_2) + x_2^2 j_n''(x_2) = 0 \tag{7.6.26}$$

球中不发生横波仅发生纵波的条件是 $A_n=0$,即

$$x_1 j'_n(x_1) - j_n(x_1) = 0 \tag{7.6.27}$$

当 $x_1, x_2 \gg 1$ 时,这些关系式能够进一步简化。

7.7 表 面 波

发生地震时首先到达的是物体内部传播的波,然后是较慢的表面波。

在等方弹性体上,位移可以分为纵波位移和横波位移

$$u = u_1 + u_2 \tag{7.7.1}$$

各自满足运动方程

$$\frac{\partial^2 u_1}{\partial t^2} = c_1^2\left(\frac{\partial^2}{\partial x^2} + \frac{\partial^2}{\partial y^2} + \frac{\partial^2}{\partial z^2}\right)u_1 \tag{7.7.2}$$

$$\frac{\partial^2 u_2}{\partial t^2} = c_2^2\left(\frac{\partial^2}{\partial x^2} + \frac{\partial^2}{\partial y^2} + \frac{\partial^2}{\partial z^2}\right)u_2 \tag{7.7.3}$$

暂不写 u, c 的下标,对 x 方向传播的表面波有

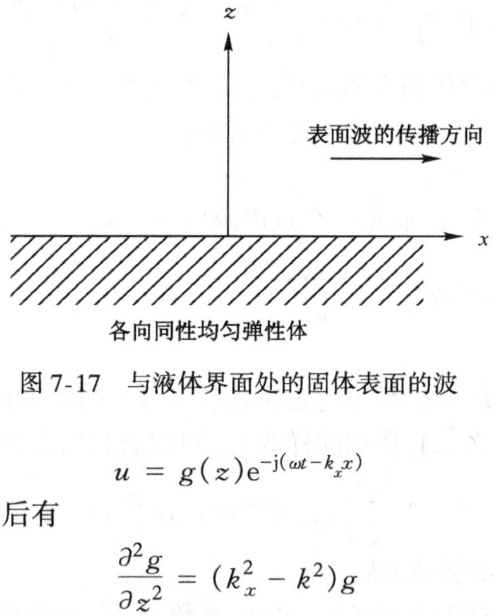

图 7-17 与液体界面处的固体表面的波

$$u = g(z)e^{-j(\omega t - k_x x)} \tag{7.7.4}$$

代入波动方程(7.7.2)后有

$$\frac{\partial^2 g}{\partial z^2} = (k_x^2 - k^2)g \tag{7.7.5}$$

其解为

$$g(z) \propto \begin{cases} e^{\pm j\sqrt{k^2-k_x^2}z} & k_x^2 - k^2 < 0 \\ e^{-\sqrt{k^2-k_x^2}z} & k_x^2 - k^2 > 0 \end{cases} \tag{7.7.6}$$

式(7.7.6)中在 z 方向上传播而不衰减的上一式不是表面波,取下一式有

$$u \propto e^{-j(\omega t-k_x x)} e^{-\sqrt{k^2-k_x^2}z} \tag{7.7.7}$$

纵、横波都具有这个数学表达形式。

首先考虑横波成分。横波不引起体积变化，即

$$\nabla \cdot \vec{u}_2 = 0 \tag{7.7.8}$$

写成二维空间的分量形式有

$$\frac{\partial u_{2x}}{\partial x} + \frac{\partial u_{2z}}{\partial z} = 0 \tag{7.7.9}$$

由上面 u 的表达式(7.7.7)，有

$$u_2 \propto e^{jk_x x + \kappa_2 z} \tag{7.7.10}$$

代入式(7.7.9)后得

$$\frac{u_{2x}}{u_{2z}} = -\frac{\kappa_2}{jk_x} \tag{7.7.11}$$

取 a 为任意量，则有

$$\begin{cases} u_{2x} = \kappa_2 a e^{-j(\omega t-k_x x)} e^{\kappa_2 z} \\ u_{2z} = -jk_x a e^{-j(\omega t-k_x x)} e^{\kappa_2 z} \end{cases} \tag{7.7.12}$$

再者考虑纵波成分。纵波成分没有回转，即

$$\nabla \times \vec{u}_1 = 0 \tag{7.7.13}$$

与分析横波成分相同求 u_{1x}/u_{1z}后，取 b 为任意量得

$$\begin{cases} u_{1x} = k_x b e^{-j(\omega t-k_x x)} e^{\kappa_1 z} \\ u_{1z} = -j\kappa_1 b e^{-j(\omega t-k_x x)} e^{\kappa_1 z} \end{cases} \tag{7.7.14}$$

由于所有物理量与 y 无关，在自由表面 $z=0$ 处应力成分为0，即

$$\sigma_{zx} = 2\mu\varepsilon_{zx} = 2\mu\left(\frac{\partial u_x}{\partial z} + \frac{\partial u_z}{\partial x}\right) = 0 \tag{7.7.15}$$

$$\sigma_{zz} = \lambda\nabla\cdot\vec{u} + 2\mu\varepsilon_{zz} = \lambda\varepsilon_{xx} + (\lambda+2\mu)\varepsilon_{zz} = 0 \tag{7.7.16}$$

后一式又可由纵波速度、横波速度写为

$$c_1^2\frac{\partial u_z}{\partial z} + (c_1^2 - 2c_2^2)\frac{\partial u_x}{\partial x} = 0 \tag{7.7.17}$$

由 $\sigma_{zx}=0$ 得到

$$a(k_x^2 + \kappa_2^2) + 2bk_x\kappa_1 = 0 \tag{7.7.18}$$

由 $\sigma_{zz}=0$ 得到

$$2ac_2^2\kappa_2 k_x + b[c_1^2(\kappa_2^2 - k_x^2) + 2c_2^2 k_x^2] = 0 \tag{7.7.19}$$

由于

$$\kappa_2^2 = k_x^2 - \omega^2/c_2^2 \qquad \kappa_1^2 = k_x^2 - \omega^2/c_1^2 \tag{7.7.20}$$

有关系式

$$\kappa_1^2 - k_x^2 = (\kappa_2^2 - k_x^2)\frac{c_2^2}{c_1^2} \tag{7.7.21}$$

于是改写式(7.7.19)得到

$$2ak_x\kappa_2 + b(k_x^2 + \kappa_2^2) = 0 \tag{7.7.22}$$

式(7.7.18)与(7.7.22)联立

$$\begin{vmatrix} k_x^2 + \kappa_2^2 & 2k_x^2\kappa_1 \\ 2k_x^2\kappa_2 & k_x^2 + \kappa_2^2 \end{vmatrix} = 0 \tag{7.7.23}$$

即

$$(k_x^2 + \kappa_2^2)^2 = 4k_x^2\kappa_2\kappa_1 \tag{7.7.24}$$

$$(2k_x^2 - \omega^2/c_2^2)^4 = 16k_x^4(k_x^2 - \omega^2/c_2^2)(k_x^2 - \omega^2/c_1^2) \tag{7.7.25}$$

只要符合此解则表面波存在。表面波的声速 $c = \omega/k_x$。设 $c = c_2\xi$,式(7.7.25)写为

$$\xi^6 - 8\xi^4 + 8\xi^2(3 - 2c_2^2/c_1^2) - 16(1 - c_2^2/c_1^2) = 0 \tag{7.7.26}$$

图 7-18 显示函数

$$y = \xi^6 - 8\xi^4 + 8\xi^2(3 - 2c_2^2/c_1^2) - 16(1 - c_2^2/c_1^2) \tag{7.7.27}$$

的数值计算结果。其中,曲线族与 $y=0$ 相交的点就是方程(7.7.26)的解。

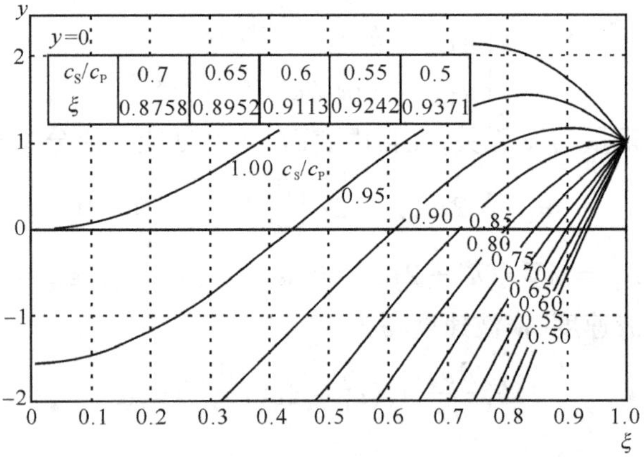

图 7-18

ξ 仅与 c_2^2/c_1^2 有关。而 c_2^2/c_1^2 可由泊松系数 σ 表达

$$c_2^2/c_1^2 = \frac{1 - 2\sigma}{2(1 - \sigma)} \tag{7.7.28}$$

则 ξ 的近似解为

$$\xi = \frac{0.874 + 1.12\sigma}{1 + \sigma} \tag{7.7.29}$$

比如 $\sigma = 0.5$ 时，$\xi = 0.956$，总是比 1 小，表面波速度总是小于纵波、横波的速度。

由式(7.7.22)可得

$$\frac{a}{b} = -\frac{(k_x^2 + \kappa_2^2)}{2k_x\kappa_2} = -\frac{2 - \xi^2}{2\sqrt{1 - \xi^2}} \tag{7.7.30}$$

这样消去 b 后，表面波引起的位移写为

$$u_x = u_{2x} + u_{1x} = \kappa_2 a\left[e^{\kappa_2 z} - \frac{2k_x^2}{k_x^2 + \kappa_2^2}e^{\kappa_1 z}\right]e^{-j(\omega t - k_x x)} \tag{7.7.31}$$

$$u_z = u_{2z} + u_{1z} = -jk_x a\left[e^{\kappa_2 z} - \frac{2\kappa_2\kappa_1}{k_x^2 + \kappa_2^2}e^{\kappa_1 z}\right]e^{-j(\omega t - k_x x)} \tag{7.7.32}$$

第 8 章　声线法——大距离声场

通过地球(数千里)规模的海洋声波传播路径和时间的测量能够监测全球的海洋温度和气候变化[178]。对此,差分法、积分法、解析法都显得效率不高。另外,超声波束在声速变化的界面处会发生折射,在声速连续变化的介质中会弯曲。所以,不能按 X 射线 CT 算法的要求将声看成在声源与接收器间的直线路径上传播[68~70]。当声波的波长与声散射体的尺寸相比十分小时忽略衍射,把声波看成类似于光线的声线,声场强弱看成是声线的疏密。使用声线法可以求声波传播的实际路径和到达时间。

8.1　二维空间中的三角形前方展开法

在二维空间中,既然三点的声速值能够确定一个局部近似线性声速场的所有必要参数。由史耐尔法则可知,在这个线性声速场中声线路径为圆弧曲线。以三角形前方展开法确定声线路径具有算法简单、可靠性好、计算速度快、精度可以灵活控制的优点[71,72]。

8.1.1　三角形的坐标和线性声速场近似

如图 8-1,设轨迹开始点坐标$(x_{\text{in}}, y_{\text{in}})$,初期方向矢量$(A_x, A_y)$,取等腰三角形的高 H,底边长 T,顶点和声线轨迹开始点一致,顶点的角等分线与声线初始方向一致。此等腰三角形的垂足和底边两顶点的坐标为

$$(x_h, y_h) = (x_{\text{in}} + A_x h, y_{\text{in}} + A_y h)$$
$$(x_2, y_2) = (x_h + A_y T/2, y_h - A_x T/2)$$
$$(x_3, y_3) = (x_h - A_y T/2, y_h + A_x T/2) \tag{8.1.1}$$

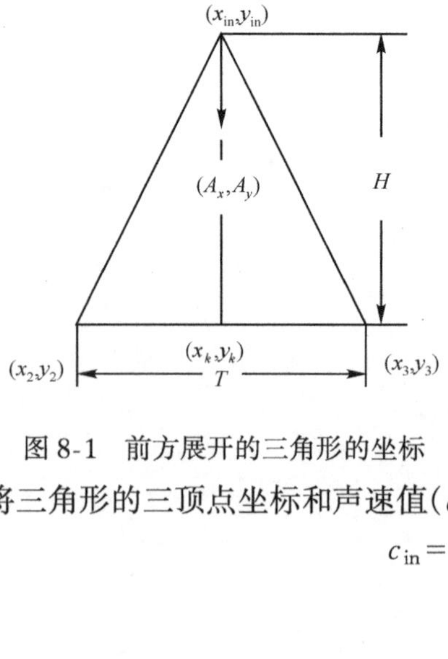

图 8-1　前方展开的三角形的坐标

三角形总是可以取得足够小使其内的声速分布可以近似为线性,即

$$c(x, y) = c_x x + c_y y + c_0 \tag{8.1.2}$$

将三角形的三顶点坐标和声速值$(c_{\text{in}}, c_2, c_3)$代入式(8.1.2)得到下面的方程组

$$c_{\text{in}} = c_x x_{\text{in}} + c_y y_{\text{in}} + c_0$$

$$\begin{aligned} c_2 &= c_x x_2 + c_y y_2 + c_0 \\ c_3 &= c_x x_3 + c_y y_3 + c_0 \end{aligned} \tag{8.1.3}$$

解这个方程组可以确定线性声速场的系数

$$\begin{aligned} c_x &= (c_2 - c_3) A_y / T + (c_2 + c_3 - 2c_1) A_x / (2h) \\ c_y &= (c_3 - c_2) A_x / T + (c_2 + c_3 - 2c_1) A_y / (2h) \end{aligned} \tag{8.1.4}$$

通常赋予空间等间距离散点声速值 $C_{i,j}$ 以表达不均匀介质的空间声速分布。虽然三角形的顶点一般不恰好在离散点上，但各顶点的声速值(c_1, c_2, c_3)可以由其顶点周围四个离散点的声速值的线性插值方法求得(图 8-2)

$$c(x, y) = \frac{S_{i+1,j+1} C_{i,j} + S_{i,j+1} C_{i+1,j} + S_{i+1,j} C_{i,j+1} + S_{i,j} C_{i+1,j+1}}{S_{i+1,j+1} + S_{i,j+1} + S_{i+1,j} + S_{i,j}} \tag{8.1.5}$$

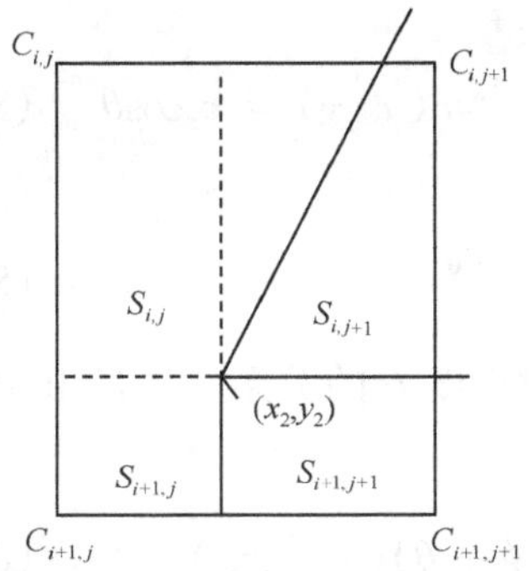

图 8-2　以双一次补间插值得到三角形顶点处的声速值

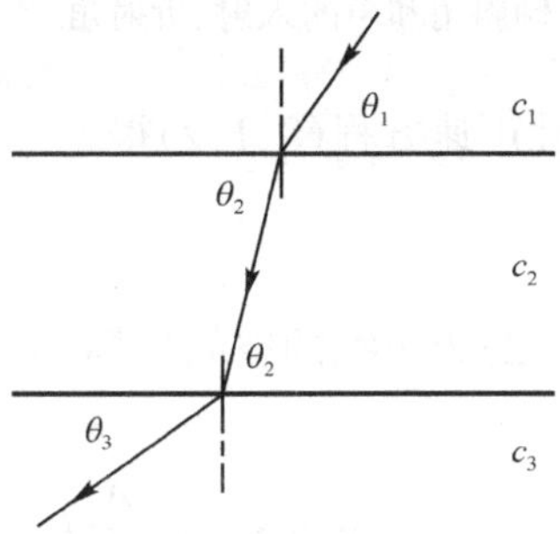

图 8-3　不同速度介质间的声线折射符合史耐尔法则

8.1.2　线性声速场中一根声线的轨迹

在不同速度层的分界面的声折射符合史耐尔法则(如图 8-3)

$$\frac{c_1}{\cos\theta_1} = \frac{c_2}{\cos\theta_2} = \frac{c_3}{\cos\theta_3} = c_s \tag{8.1.6}$$

其中，c_s 为声线参数，在一根声线中为不变量。当速度分布为二维空间连续的线性声速场式(8.1.2)时，可以在局部应用史耐尔法则。不过，首先必须确定“不同速度层的分界面”才能决定入射和折射角度。一个物理规律是：声线总是折向声速变化最大的方向，而在这种“分界面”上声速变化是最小的，即有

$$\mathrm{d}c(x, y) = 0 \tag{8.1.7}$$

代入式(8.1.2)有

$$c_x \mathrm{d}y + c_y \mathrm{d}y = 0 \tag{8.1.8}$$

如图 8-4，“分界面”的倾斜角为

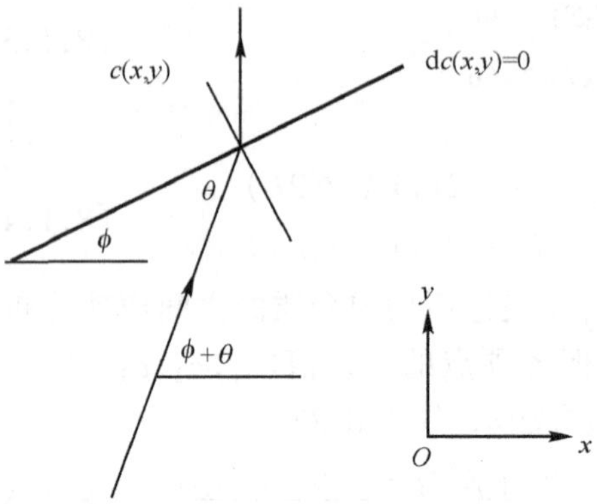

图 8-4 声速微分等于零的"分界面"的倾斜角和声的入射、折射角

$$\tan\phi = \frac{dy}{dx} = -\frac{c_x}{c_y} \quad (8.1.9)$$

或方向余弦为$(-c_y, c_x)$。设声线与"分界面"间的角度为 θ,则入射声线的倾斜角为 $\phi+\theta$;另一方面入射声线的方向余弦已知为(A_x, A_y),所以有

$$\cos\theta = \frac{(A_x, A_y)(-c_y, c_x)}{\sqrt{A_x^2 + A_y^2}\sqrt{c_x^2 + c_y^2}} = \frac{c_x A_y - c_y A_x}{\sqrt{A_x^2 + A_y^2}\sqrt{c_x^2 + c_y^2}} \quad (8.1.10)$$

以

$$c(x, y) = c_s\cos\theta \quad (8.1.11)$$

代入线性声速方程(8.1.2)得

$$y = \frac{c_s\cos\theta}{c_y} - \frac{c_x x + c_0}{c_y} \quad (8.1.12)$$

式(8.1.12)为声线的空间坐标(x, y)和声线入射角度 θ 的关系。一旦由初始声线方程

$$y - y_{in} = \frac{A_y}{A_x}(x - x_{in}) = \tan(\phi + \theta)(x - x_{in}) \quad (8.1.13)$$

给出初始入射角度,式(8.1.12)就能确定声线的轨迹。

式(8.1.12)和(8.1.13)对 θ 的微分分别为

$$dy = \frac{c_s\sin\theta}{c_y}d\theta - \frac{c_x}{c_y}dx \quad (8.1.14)$$

$$dy = \tan(\phi + \theta)dx \quad (8.1.15)$$

式(8.1.14)和(8.1.15)中消去 dy 得

$$dx = -\frac{c_s}{c_y}\frac{1 - \tan\phi\tan\theta}{1 + \tan^2\phi}\cos\theta d\theta = -\frac{c_s}{c_y}\frac{(\cos\theta - \sin\theta\tan\phi)}{1 + \tan^2\phi}d\theta \quad (8.1.16)$$

式(8.1.16)对 θ 积分得

$$x = -\frac{c_s}{c_y}\frac{(\sin\theta + \cos\theta\tan\phi)}{1 + \tan^2\phi} + x_0 \quad (8.1.17)$$

代入式(8.1.12)有

$$y = \frac{c_s\cos\theta}{c_y} - \frac{c_0}{c_y} - \frac{c_x}{c_y}\left[-\frac{c_s}{c_y}\frac{(\sin\theta + \cos\theta\tan\phi)}{1 + \tan^2\phi} + x_0\right] \quad (8.1.18)$$

以上关于 x, y 的两式分别平方后相加得

$$(x - x_0)^2 + \left(y - x_0\tan\phi + \frac{c_0}{c_y}\right)^2 = \frac{c_s^2}{c_x^2 + c_y^2} \tag{8.1.19}$$

或

$$(x - x_0)^2 + \left(y + \frac{c_x x_0 + c_0}{c_y}\right)^2 = \left(\frac{c(x,y)}{c_x A_y - c_y A_x}\right)^2 \tag{8.1.20}$$

在声线入射点附近有 $c(x,y) = c_{\text{in}}$,所以式(8.1.20)又可写为

$$(x - x_0)^2 + \left(y + \frac{c_x x_0 + c_0}{c_y}\right)^2 = \left(\frac{c_{\text{in}}}{c_x A_y - c_y A_x}\right)^2 \tag{8.1.21}$$

可见,在三角形内声线轨迹是一个半径为

$$R = \frac{c_{\text{in}}}{c_x A_y - c_y A_x} = \frac{c_{\text{in}} T}{c_2 - c_3} \tag{8.1.22}$$

的圆。圆心坐标在

$$\begin{cases} x = x_0 \\ y = -\dfrac{c_x x_0 + c_0}{c_y} \end{cases} \tag{8.1.23}$$

它恰在声速为零

$$c(x,y) = c_x x + c_y y + c_0 = 0 \tag{8.1.24}$$

的直线上。

于是,至少有两个可以确定圆心位置的方法:① 经过声线初始点($x_{\text{in}}, y_{\text{in}}$)与初始方向($A_x, A_y$)垂直的直线

$$y - y_{\text{in}} = \frac{A_x}{A_y}(x - x_{\text{in}}) \tag{8.1.25}$$

和声速为零的直线式(8.1.24)的交点。② 在直线式(8.1.25)上距声线初始点($x_{\text{in}}, y_{\text{in}}$)的距离为半径 R 的点。对确定声线在三角形底边的交点($x_{\text{out}}, y_{\text{out}}$)和方向($B_x, B_y$)的目的而言,无需确定圆心位置。

8.1.3　声线轨迹在三角形底边的交点和方向

由式(8.1.25)知,三角形内声线轨迹圆的圆心与声线初始点的连线的方向矢量为

$$\begin{aligned} l &= -A_y \\ m &= A_x \end{aligned} \tag{8.1.26}$$

三角形总是可以取得足够小,使声线交于三角形底边上的一点。如图 8-5 所示,由三角形的高 h,曲率半径 $R_m = 1/R$ 写出圆在底边与顶角二等分线的垂足的偏移量为

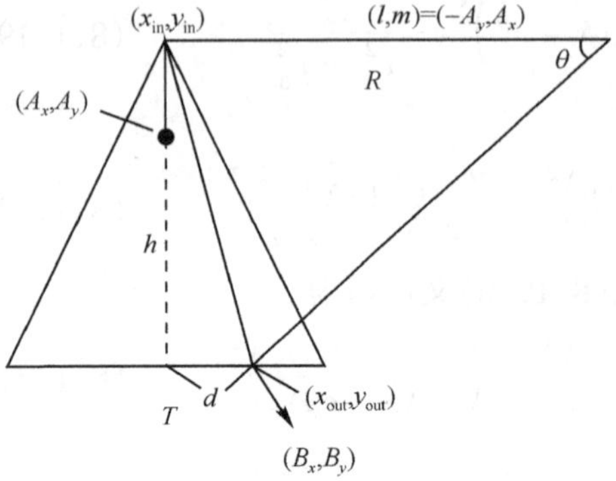

图 8-5 声线在三角形平面上作圆弧与三角形底边相交

$$d = h^2 \frac{R_m}{1 + \sqrt{1 - h^2 R_m^2}} \tag{8.1.27}$$

由此写出声线在三角形底边的交点坐标$(x_{\text{out}}, y_{\text{out}})$为

$$x_{\text{out}} = x_h + d \frac{l}{|(l, m)|}$$

$$y_{\text{out}} = y_h + d \frac{m}{|(l, m)|} \tag{8.1.28}$$

声线在三角形底边的出射方向矢量(B_x, B_y)由初期矢量(A_x, A_y)回转 θ 角得

$$\begin{aligned} B_x &= hR_m \frac{l}{|(l, m)|} + (1 - dR_m)A_x \\ B_y &= hR_m \frac{m}{|(l, m)|} + (1 - dR_m)A_y \end{aligned} \tag{8.1.29}$$

声线在三角形底边的交点坐标$(x_{\text{out}}, y_{\text{out}})$和方向矢量$(B_x, B_y)$是下一个前向伸展三角形的起点坐标和方向矢量。

8.1.4 声线传播时间

声波传播路径以外的一个重要的参数是传播时间。这是因为传播时间关系到声波的相位,讨论声波的干涉时不可或缺。声波传播路径上总的传播时间 t 由各个三角形中的传播时间 Δt_i 的总和求得,即有

$$t = \sum_{i=1}^{n} \Delta t_i \tag{8.1.30}$$

计算一个三角形内的传播时间可分为以下几种情况:

(1) 声线是圆弧时(如图 8-6)

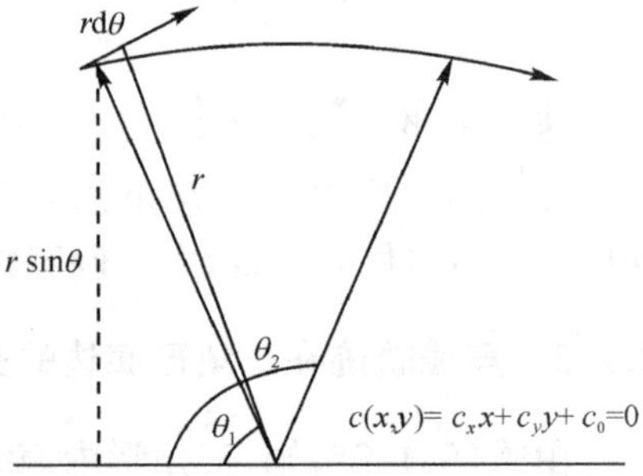

图 8-6 声线为圆弧时传播时间的计算

传播时间 Δt 为三角形内声线轨迹的积分

$$\begin{aligned} \Delta t &= \int_{\theta_1}^{\theta_1} \frac{r\mathrm{d}\theta}{c(\theta)} = \int_{\theta_1}^{\theta_1} \frac{r\mathrm{d}\theta}{\sqrt{c_x^2 + c_y^2} r \sin\theta} \\ &= \frac{1}{2\sqrt{c_x^2 + c_y^2}} \left| \ln \frac{1 + \cos\theta_1}{1 - \cos\theta_1} \frac{1 - \cos\theta_2}{1 + \cos\theta_2} \right| \end{aligned} \tag{8.1.31}$$

(2) 声线直进,声速有变化

这时声速变化方向与声线的初期方向一致,开始点 $l=0$ 到终点 $l=h$ 的时间积分为

$$\Delta t = \int_0^h \frac{\mathrm{d}l}{c(l)} = \int_0^h \frac{\mathrm{d}l}{c_{\text{in}} + (c_2 - c_{\text{in}})l/h} = \frac{h}{c_2 - c_{\text{in}}} \ln \frac{c_2}{c_{\text{in}}} \qquad (8.1.32)$$

(3) 声线直进,声速无变化

声速为常数值 $c_{\text{in}} = c_2 = c_3$,传播时间为

$$\Delta t = \frac{h}{c_{\text{in}}} \qquad (8.1.33)$$

8.1.5 声线追迹数值计算例

三角形前方展开声线追踪法可以由理论上已知结果的声速模型检验。

Luneburg 透镜是 R.K.Luneburg 提出的一个在声速为 c_0 的均匀介质中声速分布为

$$c(r) = \frac{c_0}{\sqrt{2-(r/a)^2}} \qquad (0 \leqslant r \leqslant a) \qquad (8.1.34)$$

的不均匀介质球,平行射入这个球的所有声线都将集聚到一点[65]。如图 8-7,取 $c_0=1$, $a=40$, $0 \leqslant x \leqslant 100$, $0 \leqslant y \leqslant 100$,球的中心位置在 $(x,y)=(50,50)$。声线从点 $y=100$ 始,初期方向向下。计算结果显示声线集聚到点(50,10),与理论结果一致。

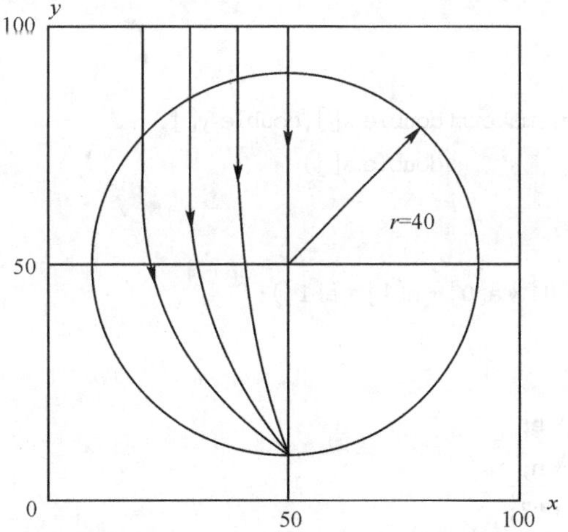

图 8-7　Luneburg 透镜的声线追踪(2D)

8.1.6 计算程序

以下为自初始点(10,30)出发向下(0, −1)的一根声线的轨迹计算程序。空间任意点的声速在子程序 velocity 中以 Luneburg 透镜的计算式给出。如为任意不均匀介质,可改写此子程序中由二维声速矩阵和线性插值处理给出声速值。

```
double x[4],y[4],a[2],b[2],v[4];
double xout,yout,Time;
const double c0 = 1,A = 40;
const double h = 1;
const double t = 1;

    x[0] = 20;                          //incident point of ray
    y[0] = 30;
    a[0] = 0;                           //incident vector of ray
    a[1] = -1;
    Time = 0;
    while(1){
        maketr(x,y,a);                  //determine other ps of triangle
        dttray(x,y,xout,yout,a,b,v,Time);
        if(yout<0)break;                //end condition
        dtend(xout,yout,b,);            //exchange to a new triangle
    }
}
double CRayTracingView::maketr(double x[],double y[],
                               double a[])
{
    double t2 = t/2;
    double az = sqrt(a[0] * a[0] + a[1] * a[1]);
    a[0] = a[0]/az;
    a[1] = a[1]/az;
    x[3] = x[0] + a[0] * h;
    y[3] = y[0] + a[1] * h;
    x[1] = x[3] + a[1] * t2;
    y[1] = y[3] - a[0] * t2;
    x[2] = x[3] - a[1] * t2;
    y[2] = y[3] + a[0] * t2;
    return 0;
```

```
}
//determine (xout,yout) and vector of ray in bottomline
//    of the tiangle by the circle equation
double CRayTracingView::dttray(double x[],double y[],
                               double &xout,double &yout,
                               double a[],double b[],
                               double v[],double &Time)
}
    double rm,hrm,def,hc;
    v[0] = velo city(x[0],y[0]);
    v[1] = velo city(x[1],y[0]);
    v[2] = velo city(x[2],y[0]);
    rm = (v1[1] - v1[2])/t/v1[0]);
    hrm = h * rm;
    if(hrm * /hrm>1){
        printf("False at dttray");
        exit(1);
    }
    def = h * hrm/(1 + sqrt(1 - hrm * hrm));
    xout = x[3] - def * a[1];
    yout = y[3] + def * a[0];
    b[0] = - hrm * a[1] + (1 - def * rm) * a[0];
    b[1] = hrm * a[0] + (1 - def * rm) * a[1];
    Time + = etime(def,rm,xout,yout,x,y,v);
    return 0;
}
double CRayTracingView::dtend(double &xout,double &yout,
                              double a[],double b[])
{
    x[0] = xout;
    y[0] = yout;
    a[0] = b[0];
    a[1] = b[1];
    return 0;
}

//spatial velocity distribution
double CRayTracingView::velocity(double x,double y)
```

```
{
    double r = (x - 50) * (x - 50) + (y - 50) * (y - 50);
    if(r>A * A){
        return c0;
    }else{
        return c0/sqrt(2 - r/(A * A));
    }
}
double CRayTracingView::etime(double &def,double &rm,
                              double &xout,double &yout,
                              double x[],double y[],double v[])
{
    double vdef,v32,v123,g,p,q,s,eps = 0.001;
    if(v[0] == v[2]&& v[0] == v[1]){
        return h/v[0];
    }else if(v[1] == v[2]){
        v[3] = velocity(x[3],y[3]);
        vdef = v[3] - v[0];
        if(fabs(vdef)>eps * v[0]){
            return h * fabs(log(1 + vdef/v[0])/vdef);
        }else{
            return h * (1 - vdef/(2 * v[0]))/v[0];
        }
    }else{
        v32 = v[2] - v[1];
        v123 = v[2] + v[1] - 2 * v[0];
        if(h * rm>eps){
            g = sqrt(v32 * v32/(t * t) + v123 * v123/(4 * h * h));
            p = v123/(2 * h * g);
            q = (v32 * h * rm/t + v123 * (1 - def * rm)/2/h)/g;
            return fabs(log((1 - q) * (1 + p)/
                           (1 + q) * (1 - p)))/(2 * g);
        }else{
            vdef = v32 * def/t + v123/2;
            s = sqrt(h * h + def * def);
            if(fabs(vdef)>eps * v[0]){
                return s * fabs(log(1 + vdef/v[0])/vdef);
            }else{
```

```
                    return s * (1 - vdef/(2 * v[0]))/v[0];
                }
            }
        }
}
```

8.2 三维声线追踪的正三棱锥前向伸展算法

在三维空间中,同样可以在声线路径前方伸展出一个正三棱锥区域近似为线性声速场进行声线追踪,而这个正三棱锥的四个顶点处的声速值能够决定这个线性声速场的所有必要的参数。三维线性声速场中,声线轨迹同样为圆弧曲线。

8.2.1 正三棱锥的空间参数

如图8-8,设声线的入射点坐标为 $A(x_{\text{in}}, y_{\text{in}}, z_{\text{in}})$,方向余弦为 $\vec{A}(A_x, A_y, A_z)$。以 $A(x_{\text{in}}, y_{\text{in}}, z_{\text{in}})$ 为顶点作正三棱锥,使其高 AH(长度为 h)与 $\vec{A}(A_x, A_y, A_z)$ 方向一致,且平面 AHD 垂直于平面 xoz。以 H 到 D 为方向的单位矢量为 $\overrightarrow{HD}(HD_x, HD_y, HD_z)$,以 E 到 C 为方向的单位矢量为 $\overrightarrow{EC}(EC_x, EC_y, EC_z)$。

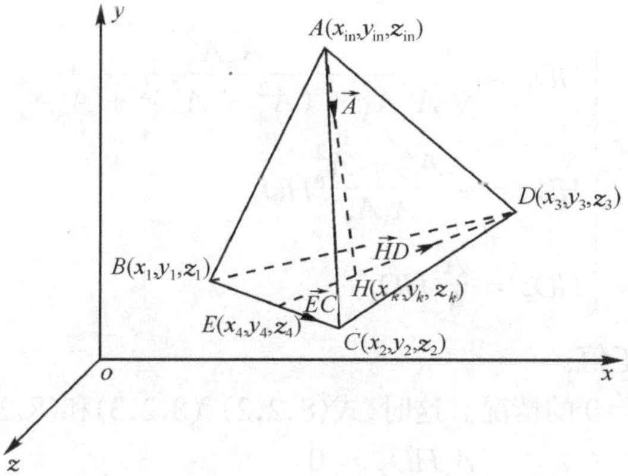

图8-8 三维空间中前方展开的正三棱锥坐标

由向量关系有

$$\overrightarrow{EC} = \vec{A} \times \overrightarrow{HD} = (A_y HD_z - HD_y A_z, A_z HD_x - HD_z A_x, A_x HD_y - HD_x A_y) \tag{8.2.1}$$

由于平面 AHD 垂直于平面 xoz,所以 $EC_y = 0$,即

$$A_z HD_x - HD_z A_x = 0 \tag{8.2.2}$$

由于 $\vec{A}$ 与$\overrightarrow{HD}$垂直，所以，$\vec{A}\cdot\overrightarrow{HD}=0$，即

$$A_xHD_x + A_yHD_y + A_zHD_z = 0 \tag{8.2.3}$$

另外，$\overrightarrow{HD}$为单位矢量，有

$$HD_x^2 + HD_y^2 + HD_z^2 = 1 \tag{8.2.4}$$

于是，由式(8.2.2)、(8.2.4)和(8.2.4)可以确定$\overrightarrow{HD}(HD_x, HD_y, HD_z)$。

首先，考虑 $A_x\neq 0$ 的情况。以式(8.2.2)消去式(8.2.3)和(8.2.4)中的 HD_z 后有

$$\begin{cases} \dfrac{A_x^2 + A_z^2}{A_x}HD_x + A_yHD_y = 0 \\ \dfrac{A_x^2 + A_z^2}{A_x^2}HD_x + HD_y^2 = 1 \end{cases} \tag{8.2.5}$$

由此，当 $A_y=0$ 时，得

$$\begin{cases} HD_x = 0 \\ HD_y = 1 \\ HD_z = 0 \end{cases} \tag{8.2.6}$$

当 $A_y\neq 0$ 时，得

$$\begin{cases} HD_x = \sqrt{\dfrac{A_x^2A_y^2}{A_x^2A_y^2 + (A_x^2 + A_z^2)^2 + A_y^2A_z^2}} \\ HD_y = -\dfrac{A_x^2 + A_z^2}{A_xA_y}HD_x \\ HD_z = \dfrac{A_z}{A_x}HD_x \end{cases} \tag{8.2.7}$$

上式中 HD_x 取了正值。

次之，考虑 $A_x=0$ 的情况。这时，式(8.2.2)、(8.2.3)和(8.2.4)三个方程变为

$$\begin{cases} A_zHD_x = 0 \\ A_yHD_y + A_zHD_z = 0 \\ HD_x^2 + HD_y^2 + HD_z^2 = 1 \end{cases} \tag{8.2.8}$$

由此，当 $A_y=0$ 时，得

$$\begin{cases} HD_x = 0 \\ HD_y = 1 \\ HD_z = 0 \end{cases} \tag{8.2.9}$$

当 $A_y\neq 0$ 时，得

$$\begin{cases} HD_x = 0 \\ HD_z = \sqrt{\dfrac{A_y^2}{A_z^2 + A_y^2}} = |A_y| \\ HD_y = -\dfrac{A_z}{A_y} HD_z \end{cases} \tag{8.2.10}$$

上式中 HD_x 取正值。

正三棱锥底面上的点 H 的坐标为

$$(x_h, y_h, z_h) = (x_{\text{in}} + h \cdot A_x, y_{\text{in}} + h \cdot A_y, z_{\text{in}} + h \cdot A_z) \tag{8.2.11}$$

由式(8.2.1)求出$\overrightarrow{EC}$后图 8-8 中的正三棱锥其他几个顶点的坐标可求,写为

$$(x_1, y_1, z_1) = \left(x_4 - \frac{\sqrt{6}}{4} h \cdot EC_x,\quad y_4 - \frac{\sqrt{6}}{4} h \cdot EC_y,\quad z_4 - \frac{\sqrt{6}}{4} h \cdot EC_z\right) \tag{8.2.12}$$

$$(x_2, y_2, z_2) = \left(x_4 + \frac{\sqrt{6}}{4} h \cdot EC_x,\quad y_4 + \frac{\sqrt{6}}{4} h \cdot EC_y,\quad z_4 + \frac{\sqrt{6}}{4} h \cdot EC_z\right) \tag{8.2.13}$$

$$(x_3, y_3, z_3) = \left(x_h + \frac{\sqrt{2}}{2} h \cdot HD_x,\quad y_h + \frac{\sqrt{2}}{2} h \cdot HD_y,\quad z_h + \frac{\sqrt{2}}{2} h \cdot HD_z\right) \tag{8.2.14}$$

$$(x_4, y_4, z_4) = \left(x_h - \frac{\sqrt{2}}{4} h \cdot HD_x,\quad y_h - \frac{\sqrt{2}}{4} h \cdot HD_y,\quad z_h - \frac{\sqrt{2}}{4} h \cdot HD_z\right) \tag{8.2.15}$$

8.2.2　正三棱锥中声速场的线性近似

正三棱锥可以取得足够小从而能够使其中的声速场近似为线性,表示为

$$c(x, y, z) = c_x x + c_y y + c_z z + c_0 \tag{8.2.16}$$

将正三棱锥的四个顶点 A,B,C,D 的坐标和该点的声速值(设分别为 $c_{\text{in}}, c_1, c_2, c_3$)代入上式可形成四个方程,解方程组可得式(8.2.16)中的四个参数 c_x, c_y, c_z, c_0。

8.2.3　坐标变换

线性声速场式(8.2.16)的等声速面为法线向量 $\vec{n}_c(c_x, c_y, c_z)$的平面族。图 8-9 中实线所画的平面为入射点 A 所在的等声速面 $\vec{n}_c$ 和 $\vec{A}$ 所决定的平面就是声线轨迹所在的平面(图 8-8 中的虚线所示),其法向单位矢量为

$$\vec{n}(n_x, n_y, n_z) = \frac{\vec{n}_c \times \vec{A}}{|\vec{n}_c \times \vec{A}|} \tag{8.2.17}$$

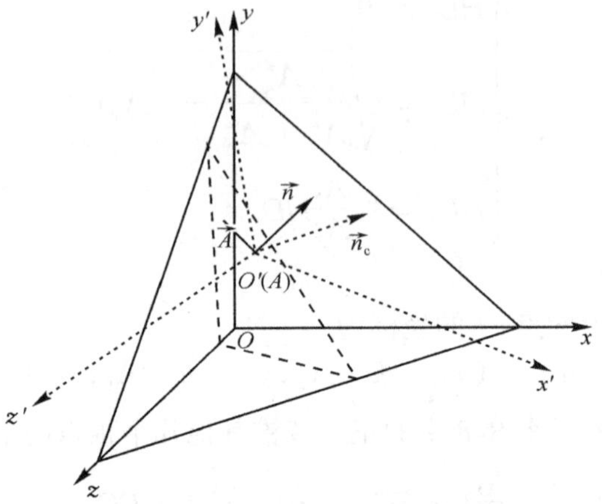

图 8-9　入射点所在的等声速面(实线)和
声线轨迹所在的平面(虚线)

将原坐标系 xyz 的原点平移到声线入射点,然后先后绕 x 轴旋转 β 角,绕 y 轴旋转 α 角得到新坐标系 $x'y'z'$,使其原点 o' 为入射点,平面 $x'o'y'$ 为声线轨迹所在的平面。如图 8-10,新旧坐标系间的坐标变换关系为

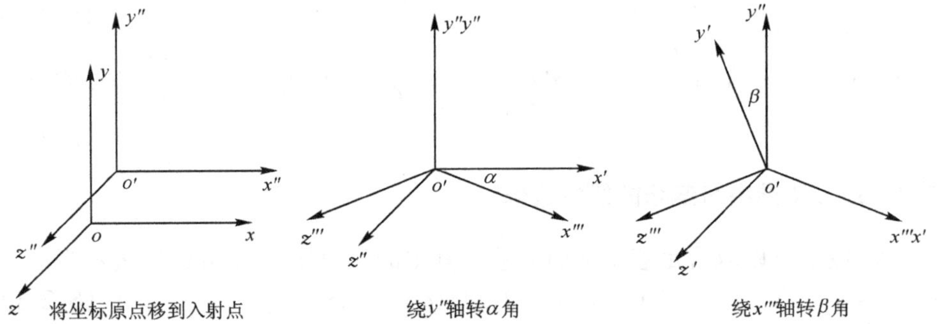

(a)　(b)　(c)

图 8-10　坐标系变换

$$
\begin{cases}
x' = (x - x_{\text{in}})\cos\alpha + (z - z_{\text{in}})\sin\alpha \\
y' = -(x - x_{\text{in}})\sin\alpha\sin\beta + (y - y_{\text{in}})\cos\beta + (z - z_{\text{in}})\cos\alpha\sin\beta \\
z' = -(x - x_{\text{in}})\sin\alpha\cos\beta - (y - y_{\text{in}})\sin\beta + (z - z_{\text{in}})\cos\alpha\cos\beta
\end{cases}
\tag{8.2.18}
$$

和

$$\begin{cases} x = x'\cos\alpha - y'\sin\beta\sin\alpha - z'\cos\beta\sin\alpha + x_{\text{in}} \\ y = y'\cos\beta - z'\sin\beta + y_{\text{in}} \\ z = x'\sin\alpha + y'\sin\beta\cos\alpha + z'\cos\beta\cos\alpha + z_{\text{in}} \end{cases} \tag{8.2.19}$$

矢量 $\vec{A}(A_x, A_y, A_z)$在新坐标系下表示为 $\vec{A}'(A'_x, A'_y, A'_z)$,即

$$\begin{cases} A'_x = A_x\cos\alpha + A_z\sin\alpha \\ A'_y = -A_x\sin\alpha\sin\beta + A_y\cos\beta + A_z\cos\alpha\sin\beta \\ A'_z = -A_x\sin\alpha\cos\beta - A_y\sin\beta + A_z\cos\alpha\cos\beta \end{cases} \tag{8.2.20}$$

$$\begin{cases} A_x = A'_x\cos\alpha - A'_y\sin\beta\sin\alpha - A'_z\cos\beta\sin\alpha \\ A_y = A'_y\cos\beta - A'_z\sin\beta \\ A_z = A'_x\sin\alpha + A'_y\sin\beta\cos\alpha + A'_z\cos\beta\cos\alpha \end{cases} \tag{8.2.21}$$

新坐标系下的声速场表示为

$$c(x', y', z') = c'_x x' + c'_y y' + c'_z z' + c'_0 \tag{8.2.22}$$

不过,既然 $z'=0$,那么

$$c(x', y') = c'_x x' + c'_y y' + c'_0 \tag{8.2.23}$$

其中

$$\begin{cases} c'_x = c_x\cos\alpha + c_z\sin\alpha \\ c'_y = -c_x\sin\beta\sin\alpha + c_y\cos\beta + c_z\sin\beta\cos\alpha \\ c'_z = -c_x\cos\beta\sin\alpha - c_y\sin\beta + c_z\cos\beta\cos\alpha \\ c'_0 = c_x x_{\text{in}} + c_y y_{\text{in}} + c_z z_{\text{in}} + c_0 \end{cases} \tag{8.2.24}$$

可见,只要 $\sin\alpha, \cos\alpha, \sin\beta, \cos\beta$ 确定,原来的三维声线轨迹问题就简化为新坐标系(x', y', z')中 $z'=0$ 平面内的二维问题。

声线轨迹所在平面在原坐标系下表示为

$$n_x(x - x_{\text{in}}) + n_y(y - y_{\text{in}}) + n_z(z - z_{\text{in}}) = 0 \tag{8.2.25}$$

也可表示为

$$z' = -\sin\alpha\cos\beta(x - x_{\text{in}}) - \sin\beta(y - y_{\text{in}}) + \cos\alpha\cos\beta(z - z_{\text{in}}) = 0 \tag{8.2.26}$$

比较式(8.2.25)和 (8.2.26),有

$$\frac{n_x}{-\sin\alpha\cos\beta} = \frac{n_y}{-\sin\beta} = \frac{n_z}{\cos\alpha\cos\beta} = \pm 1 \tag{8.2.27}$$

取 -1 得

$$\begin{cases} \sin\alpha\cos\beta = n_x \\ \sin\beta = n_y \\ \cos\alpha\cos\beta = -n_z \end{cases} \tag{8.2.28}$$

各种可能的情况讨论如下：

(1) $n_x=0, n_y=0$

$$\begin{cases}\sin\alpha = 0 \\ \cos\alpha = 0 \\ \sin\beta = 0 \\ \cos\beta = 1\end{cases} \tag{8.2.29}$$

(2) $n_x=0, n_z=0$

$$\begin{cases}\sin\alpha = 1 \\ \cos\alpha = 0 \\ \sin\beta = 1 \\ \cos\beta = 0\end{cases} \tag{8.2.30}$$

(3) $n_y=0, n_z=0$

$$\begin{cases}\sin\alpha = 1 \\ \cos\alpha = 0 \\ \sin\beta = 0 \\ \cos\beta = 1\end{cases} \tag{8.2.31}$$

(4) $n_x=0, n_y\neq 0, n_z\neq 0$

$$\begin{cases}\sin\alpha = 0 \\ \cos\alpha = 1 \\ \sin\beta = n_y \\ \cos\beta = -n_z\end{cases} \tag{8.2.32}$$

(5) $n_y=0, n_x\neq 0, n_z\neq 0$

$$\begin{cases}\sin\alpha = n_x \\ \cos\alpha = -n_z \\ \sin\beta = 0 \\ \cos\beta = 1\end{cases} \tag{8.2.33}$$

(6) $n_z=0, n_x\neq 0, n_y\neq 0$

$$\begin{cases}\sin\alpha = 1 \\ \cos\alpha = 0 \\ \sin\beta = n_y \\ \cos\beta = n_x\end{cases} \tag{8.2.34}$$

(7) $n_x\neq 0, n_y\neq 0, n_z\neq 0$

$$\tan\alpha = -\frac{n_x}{n_z} \tag{8.2.35}$$

$$\begin{cases} \cos\alpha = \sqrt{\dfrac{1}{1+\tan^2\alpha}} \\ \sin\alpha = \tan\alpha\cos\alpha \\ \sin\beta = n_y \\ \cos\beta = \dfrac{n_x}{\sin\alpha} \end{cases} \quad (\cos\alpha \text{ 取正值}) \tag{8.2.36}$$

8.2.4　在声线所在平面内的声线追踪

在新坐标系(x',y',z')的 $z'=0$ 平面内，声线的入射点为原点(0,0)，方向余弦为

$$\begin{cases} A'_x = A_x\cos\alpha + A_z\sin\alpha \\ A'_y = -A_x\sin\alpha\sin\beta + A_y\cos\beta + A_z\cos\alpha\sin\beta \end{cases} \tag{8.2.37}$$

由式(8.1.28)和(8.1.29)计算可得声线经过一个三角形区域后的坐标$(x'_{\text{out}},y'_{\text{out}})$和方向余弦$(B'_x,B'_y)$。

8.2.5　新声线参数在原坐标系中的表达

由式(8.2.19)得

$$\begin{cases} x_{\text{out}} = x'_{\text{out}}\cos\alpha - y'_{\text{out}}\sin\beta\sin\alpha + x_{\text{in}} \\ y_{\text{out}} = y'_{\text{out}}\cos\beta + y_{\text{in}} \\ z_{\text{out}} = x'_{\text{out}}\sin\alpha + y'_{\text{out}}\sin\beta\cos\alpha + z_{\text{in}} \end{cases} \tag{8.2.38}$$

由式(8.2.21)得

$$\begin{cases} B_x = B'_x\cos\alpha - B'_y\sin\beta\sin\alpha \\ B_y = B'_y\cos\beta \\ B_z = B'_x\sin\alpha + B'_y\sin\beta\cos\alpha \end{cases} \tag{8.2.39}$$

当 $c_{\text{in}}=c_1=c_2=c_3$ 时直接写出

$$\begin{cases} x_{\text{out}} = x_{\text{in}} + A_x h \\ y_{\text{out}} = y_{\text{in}} + A_y h \\ z_{\text{out}} = z_{\text{in}} + A_z h \end{cases} \tag{8.2.40}$$

$$\begin{cases} B_x = A_x \\ B_y = A_y \\ B_z = A_z \end{cases} \tag{8.2.41}$$

$(x_{\text{out}},y_{\text{out}},z_{\text{out}})$和$(B_x,B_y,B_z)$将作为下一次声线轨迹计算的入射点和入射方向余弦。

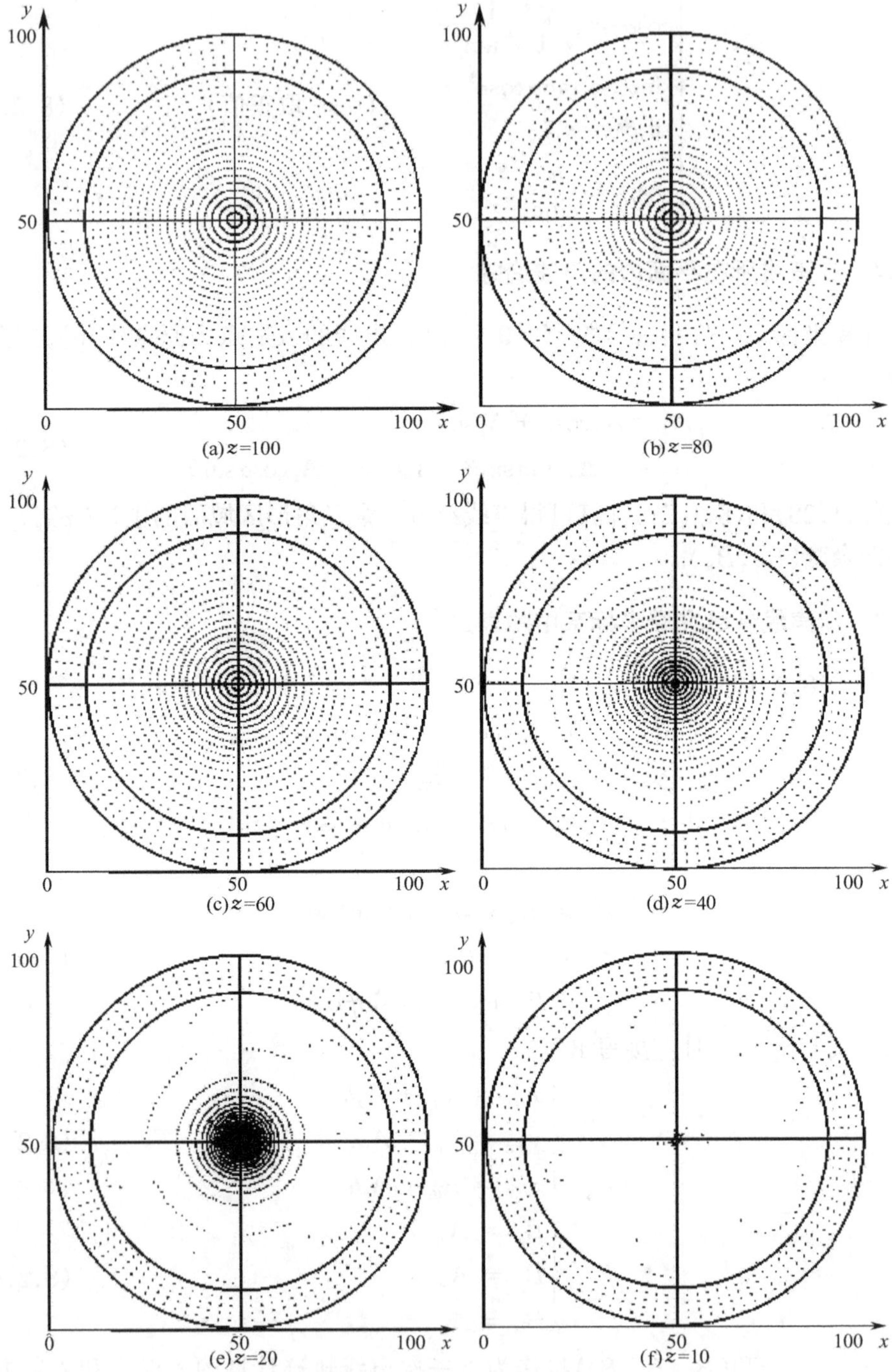

图 8-11　声线到达 $z=100,80,60,40,20,10$ 平面时的截面分布图(每一点代表一根声线的截面)

8.2.6　计算例

Luneburg 透镜球的参数为 $c_0=1$，球半径为 $a=40$，球心位置为(50,50,50)。一束声线沿 $-z$ 方向入射到球上。图 8-11 为声线到达 $z=100,80,60,40,20,10$ 平面时的截面分布图(每一点代表一根声线的截面)。

可见，入射到球上的声线随着 z 的减小逐渐汇聚，到 $z=10$ 的平面几乎汇聚到了一点。球外的声线保持直线传播。这与理论结果一致。

球内最外圈的不规则点是由边界引起的。h 取值越小声线汇聚情况越好。

8.3　声线法的逆问题：地层构造重建

地震探矿主要利用传播较快的纵波(P 波)。以人工地震(炸药爆炸或重物锤撞击等，低频 200～0.001Hz)为声源，约每隔 25m 设置 100～1000 个地震计接受回到地表的反射波。由记录的反射波探知地层结构。

8.3.1　平行层构造重建

首先考虑仅在深度方向(z)有速度变化 $c(z)$ 的一维模型[73～76]。

声源和声接受器都在地表($z=0$)。史耐尔法则给出局部的折射条件为

$$\frac{\sin\theta_{z=0}}{c_{z=0}}=\frac{\sin\theta(z)}{c(z)}=g \tag{8.3.1}$$

其中，g 为声线在地面的入射角和表层速度确定的声线参数。如图 8-12，在声波传播最深处($z_{\max}$处)$\theta=90°$，于是有

$$c(z_{\max})=1/g \tag{8.3.2}$$

声线再返回地面时的地表位移函数和走时函数分别为

$$x_{\max}(g)=2\int_0^{z_{\max}}\tan\theta(z)\mathrm{d}z=2\int_0^{z_{\max}}\frac{gc(z)\mathrm{d}z}{\sqrt{1-g^2c^2(z)}} \tag{8.3.3}$$

$$T_{\max}(g)=2\int_0^{z_{\max}}\frac{\mathrm{d}z}{c(z)\cos\theta(z)}=2\int_0^{z_{\max}}\frac{\mathrm{d}z}{c(z)\sqrt{1-g^2c^2(z)}} \tag{8.3.4}$$

地层构造重建就是由地表可测量的 $x_{\max}$，$T_{\max}$推定地层的速度分布 $c(z)$或 $z(c)$。

如地层构造仅为单层，那么地表位移函数和走时函数很简单(如图 8-13)，写为

$$x_{\max}(\theta)=2z_{\max}\tan\theta \tag{8.3.5}$$

$$T_{\max}(\theta)=2\frac{z_{\max}}{c\cos\theta} \tag{8.3.6}$$

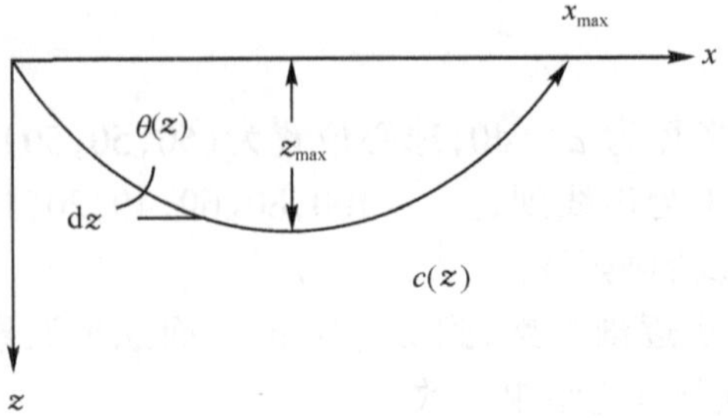

图 8-12　仅在深度方向有速度变化时声线的走向

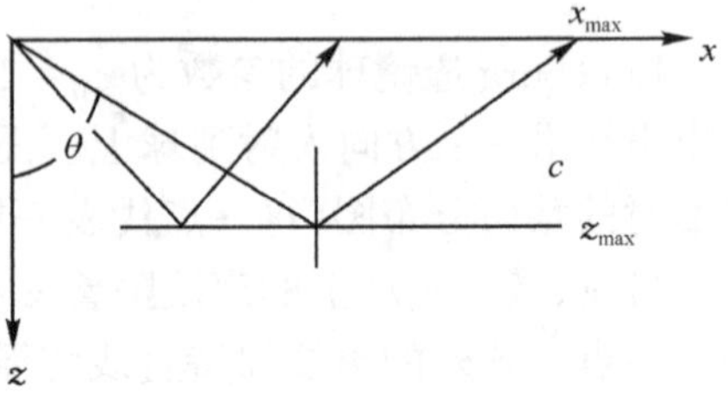

图 8-13　仅为单层构造时声线的走向

整理可得

$$c = \frac{x_{max}}{T_{max}\sin\theta} \tag{8.3.7}$$

$$z_{max} = \frac{x_{max}}{2\tan\theta} \tag{8.3.8}$$

如声线入射角 θ 未在实验中以定向声束的形式确定，则在两个观察点分别得到地表位移和走时共计四个观测值就足以确定 c, z_{max}, θ 三个未知量。

对多层构造有如下两种重建算法：

(1) Herglotz-Wirchert 积分公式解

如地表位移函数 $x_{max}(g)$ 连续（上层的声速值小于下层的声速值），对式(8.3.3)作如下的变量变换

$$\begin{cases} s = g^2 - c^{-2}(0) \\ t(s) = x_{max}(g)/(2g) \\ u = c^{-2}(z) - c^{-2}(0) \\ f(u) = \mathrm{d}z/\mathrm{d}u \end{cases} \tag{8.3.9}$$

变换后有

$$t(s) = \int_0^s \frac{f(u)\mathrm{d}u}{\sqrt{u-s}} \tag{8.3.10}$$

该式称为 Abel 积分方程式[77,78]，它的反积分式（由 t 求 f）为

$$f(u) = -\frac{1}{\pi}\frac{\mathrm{d}}{\mathrm{d}u}\int_0^u \frac{t(s)\mathrm{d}s}{\sqrt{s-u}} \tag{8.3.11}$$

再将上式换回到原来的变量表达后为

$$z(c) = -\frac{1}{\pi}\int_{1/c(0)}^{1/c(z)} \frac{x_{max}(g)\mathrm{d}g}{\sqrt{g^2 - c^{-2}(z)}} = -\frac{1}{\pi}\int_{1/c(0)}^{1/c(z)} \frac{x_{max}(g)c(z)\mathrm{d}g}{\sqrt{g^2c^2(z) - 1}} \tag{8.3.12}$$

式(8.3.12)称为 Herglotz-Wiechert 公式,在地震学中广泛用于推算地球内部的速度构造。

(2) 线性方程组离散解

设 z 方向上有 N 层,第 i 层的速度变化 $(\mathrm{d}z/\mathrm{d}c)_i$ 是常数,各方向的声线参数为 g_j。地表位移函数和走时函数的离散形式写为

$$x_{\max}(g_j) = 2\sum_{i=1}^{N}\left[\int_{c_{i-1}}^{c_i}\frac{g_j c(z_i)}{\sqrt{1-g_j^2c^2(z_i)}}\mathrm{d}c\right]_{i,j}(\mathrm{d}z/\mathrm{d}c)_i \tag{8.3.13}$$

$$T_{\max}(g_j) = 2\sum_{i=1}^{N}\left[\int_{c_{i-1}}^{c_i}\frac{1}{c(z_i)\sqrt{1-g_j^2c^2(z_i)}}\mathrm{d}c\right]_{i,j}(\mathrm{d}z/\mathrm{d}c)_i \tag{8.3.14}$$

可将式(8.3.13)和(8.3.14)写为以下的矩阵形式

$$s = Aw \tag{8.3.15}$$

其中

$$s = \begin{bmatrix} x_{\max}(g_j) \\ T_{\max}(g_j) \end{bmatrix}_{2N} \tag{8.3.16}$$

$$A = \begin{bmatrix} 2\sum\limits_{i=1}^{N}\left[\int_{c_{i-1}}^{c_i}\dfrac{\sqrt{1-g_j^2c^2(z_i)}}{c(z_i)}\mathrm{d}c\right]_{i,j} \\ 2\sum\limits_{i=1}^{N}\left[\int_{c_{i-1}}^{c_i}\dfrac{1+g_j^2c^2(z_i)}{c(z_i)\sqrt{1-g_j^2c^2(z_i)}}\mathrm{d}c\right]_{i,j} \end{bmatrix}_{N\times 2N} \tag{8.3.17}$$

$$w = [(\mathrm{d}z/\mathrm{d}c)_i]_N \tag{8.3.18}$$

分别为观测值矩阵、速度变化矩阵和系数矩阵。

一般在解逆矩阵前,引入 s 的加权行列式 S 和 w 的加权行列式(共分散行列) W,使两个矩阵元中的诸元不至相差太大,即

$$S^{-1/2}s = S^{-1/2}AW^{1/2}W^{-1/2}w \tag{8.3.19}$$

令

$$\begin{aligned} s' &= S^{-1/2}s \\ A' &= S^{-1/2}AW^{1/2} \\ w' &= S^{-1/2}w \end{aligned} \tag{8.3.20}$$

写式(8.3.19)为

$$s' = A'w' \tag{8.3.21}$$

然后求 A' 的特征值,舍去较小的特征值,得到特征值(Λ)的分解行列式

$$A' = U\Lambda V^{\mathrm{T}} \tag{8.3.22}$$

和它的逆行列式

$$A'^{-1} = V\Lambda^{-1}U^{\mathrm{T}} \tag{8.3.23}$$

从而得到 w 的估计值为

$$\hat{w} = A'^{-1}s' = W^{1/2}V\Lambda^{-1}U^{\mathrm{T}}S^{1/2}s \tag{8.3.24}$$

估计误差为

$$\varepsilon = |A\hat{w} - s|^2 \tag{8.3.25}$$

最后,得到速度构造

$$z(c) = \sum_{i=1}^{N}(\mathrm{d}z/\mathrm{d}c)_i(c_i - c_{i-1}) = \sum_{i=1}^{N}w_i(c_i - c_{i-1}) \tag{8.3.26}$$

其中,$c_i - c_{i-1}$为 i 层内的速度增量[79~81]。

为得到实用的速度分辨率,声源点和声接受点的布点密度要高,总的测线长也要达测定深度的 10 倍左右。

8.3.2 倾斜层构造重建

实际的地层构造通常是倾斜多层的。以下首先讨论已知倾斜层构造(倾斜角和声速)时声线在各层下行、反射、上行的传播中所决定的坐标位置和水平位移量,得到地表距离函数和走时函数。然后讨论由地表距离函数和走时函数如何得到各层走向和声速的逆问题[82~84]。

(1) 下行声线各层的折射点坐标和声线参数

如图 8-14,下行声线在点(ξ_{k-1}, η_{k-1})由 $k-1$ 层进入 k 层,声线与 y 轴的夹角为θ_k。k 层中的声线方程为

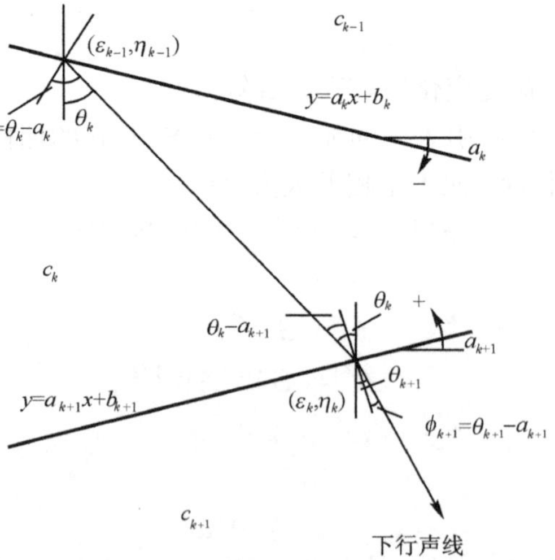

图 8-14 下行声线在 k 层和 $k+1$ 层的界面上的折射点坐标

$$y = \cot\theta_k(x - \xi_{k-1}) + \eta_{k-1} \tag{8.3.27}$$

如 $k+1$ 层的界面方程位于 $y = a_{k+1}x + b_{k+1}$，两个方程联立得到折射点坐标为

$$\begin{cases} \xi_k = \dfrac{b_{k+1} + \xi_{k-1}\cot\theta_k - \eta_{k-1}}{\cot\theta_{d,k} - a_{k+1}} \\ \eta_k = a_{k+1}x_k + b_{k+1} \end{cases} \tag{8.3.28}$$

上式中未知的只有 θ_k。

设声线在 k 层和 $k+1$ 层界面点 (ξ_k, η_k) 折射，由史耐尔法则有

$$\frac{\sin\phi_{k+1}}{c_{k+1}} = \frac{\sin(\theta_k - \alpha_{k+1})}{c_k} = \frac{\sin(\phi_k + \alpha_k - \alpha_{k+1})}{c_k} = g_{k+1} \tag{8.3.29}$$

因为

$$\sin\phi_k = g_k c_k, \qquad \cos\phi_k = \sqrt{1 - g_k^2 c_k^2} \tag{8.3.30}$$

$\sin(\phi_k + \alpha_k - \alpha_{k+1})$ 展开后，得

$$g_{k+1} = g_k\cos(\alpha_{k+1} - \alpha_k) - \frac{\sqrt{1 - g_k^2 c_k^2}}{c_k}\sin(\alpha_{k+1} - \alpha_k) \tag{8.3.31}$$

可见，在倾斜层构造中 $g_{k+1} \neq g_k$。如已知各层的倾斜角和声速，则由上式给出的递进关系（recursion relations）可以求得各层的声线参数 g_k。于是由式(8.3.29)得

$$\theta_k = \arcsin(g_k c_k) + \alpha_k \tag{8.3.32}$$

(2) 反射点处下行声线参数转换为上行声线参数

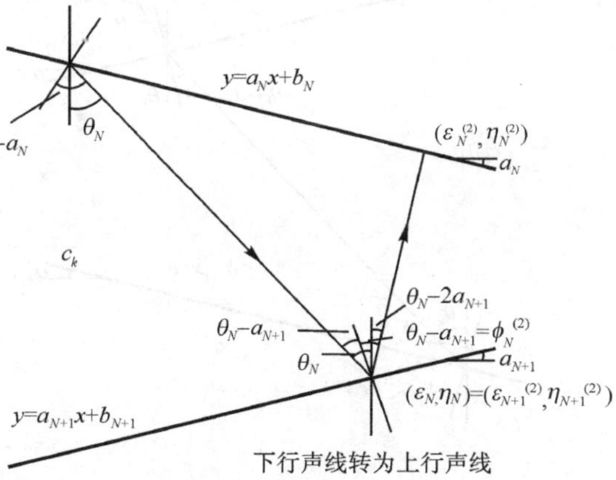

图 8-15　下行声线在 N 层和 $N+1$ 层的界面上的反射点坐标

如图 8-15，设下行声线在 N 层与 $N+1$ 层的界面上的点 (ξ_N, η_N) 反射。反射

角为

$$\phi_N^{(2)} = \theta_N - \alpha_{N+1} = \phi_N + \alpha_N - \alpha_{N+1} \tag{8.3.33}$$

于是在反射点处上行声线的出发点坐标和上行声线参数为

$$\begin{cases} \xi_{N+1}^{(2)} = \xi_N \\ \eta_{N+1}^{(2)} = \eta_N \\ g_N^{(2)} = \dfrac{\sin\phi_N^{(2)}}{c_N} = g_N\cos(\alpha_{N+1} - \alpha_N) - \dfrac{\sqrt{1 - g_N^2 c_N^2}}{c_N}\sin(\alpha_{N+1} - \alpha_N) \end{cases} \tag{8.3.34}$$

左上标$^{(2)}$表示属于上行声线的参数。

(3) 上行声线各层的折射点坐标和声线参数

如图 8-16,上行声线在点$(\xi_{k+1}^{(2)}, \eta_{k+1}^{(2)})$由 $k+1$ 层进入 k 层,声线与 y 轴的夹角为θ_k。k 层中的声线方程为

$$y = -\cot\theta_k(x - \xi_{k+1}^{(2)}) + \eta_{k+1}^{(2)} \tag{8.3.35}$$

则折射点的坐标$(\xi_k^{(2)}, \eta_k^{(2)})$和声线参数 $g_{k-1}^{(2)}$的递进式为

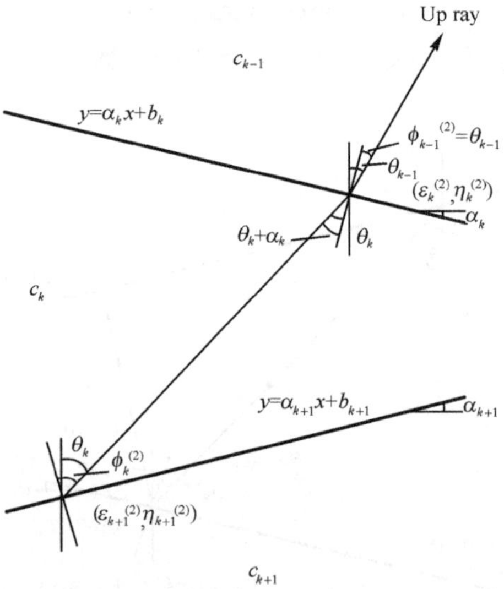

图 8-16 上行声线在 k 层和 $k-1$ 层的界面上的折射点坐标

$$\begin{cases} \theta_k^{(2)} = \sin^{-1}(g_k^{(2)}c_k) - \alpha_{k+1} \\ \xi_k^{(2)} = \dfrac{-b_k + \xi_{k+1}^{(2)}\cot\theta_k^{(2)} + \eta_{k+1}^{(2)}}{\cot\theta_k^{(2)} + a_k} \\ \eta_k^{(2)} = a_{k+1}\xi_k^{(2)} + b_{k+1} \\ g_{k-1}^{(2)} = g_k^{(2)}\cos(\alpha_{k+1} - \alpha_k) - \dfrac{\sqrt{1-(g_k^{(2)})^2c_k^2}}{c_k}\sin(\alpha_{k+1} - \alpha_k) \end{cases} \tag{8.3.36}$$

(4) 逆问题

如在地表某一点向各个方向发射声波，总有一个(也只有一个)方向(即声线参数 g_k)的声波由某一路径到达地表另一点，走时与地下的声速 c、地层走向和位置 $y = a_kx + b_k$ 有关。对多层构造，从浅地层来的反射波总是早于从深地层来的反射波，可以由浅到深逐步评估。由此看来从反射波推算地下构造是可能的。设评估到 N 层时，已知上面各层的参数$(c_0, a_1, b_1), (c_1, a_2, b_2), \cdots, (c_{N-1}, a_N, b_N)$。如图 8-17，$N$ 层中由 N 层与第 $N+1$ 层的界面反射回来的下行波和上行波在水平方向的位移为

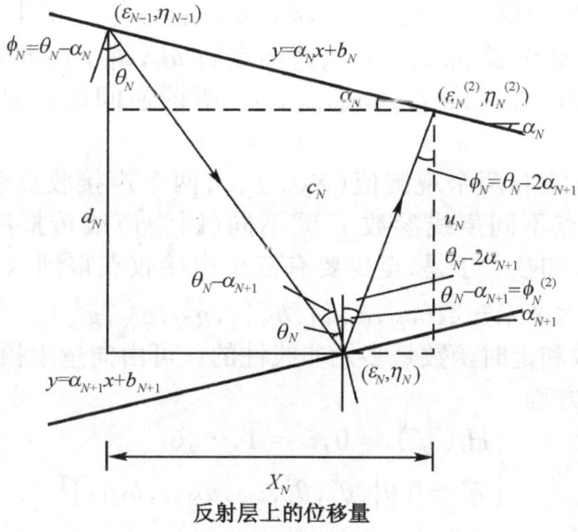

图 8-17　下行声线和上行声线在水平方向的位移量

$$\begin{aligned} X_N &= d_N\tan\theta_N + u_N\tan\psi_N \\ &= d_N\tan(\phi_N + \alpha_N) + u_N\tan(\phi_N^{(2)} - \alpha_{N+1}) \\ &= d_N\frac{g_Nc_N + \sqrt{1-g_N^2c_N^2}\tan\alpha_N}{\sqrt{1-g_N^2c_N^2} - g_Nc_N\tan\alpha_N} \end{aligned}$$

$$+ u_N \frac{g_N^{(2)} c_N - \sqrt{1 - g_{u,N}^2 c_N^2} \tan\alpha_{N+1}}{\sqrt{1 - (g_N^{(2)})^2 c_N^2} + g_N^{(2)} c_N \tan\alpha_{N+1}} \tag{8.3.37}$$

其中

$$d_N = \eta_N - \eta_{N-1} \tag{8.3.38}$$

$$u_N = \eta_{N+1}^{(2)} - \eta_N^{(2)} \tag{8.3.39}$$

走时为

$$\begin{aligned} T_N &= \frac{d_N \sec\theta_N + u_N \sec\psi_N}{c_N} \\ &= \frac{d_N \sec(\phi_N + \alpha_N) + u_N \sec(\phi_N^{(2)} - \alpha_{N+1})}{c_N} \\ &= \frac{d_N / c_N}{\sqrt{1 - g_N^2 c_N^2} \cos\alpha_N - g_N c_N \sin\alpha_N} \\ &\quad + \frac{u_N / c_N}{\sqrt{1 - (g_N^{(2)})^2 c_N^2} \cos\alpha_{N+1} + g_N^{(2)} c_N \sin\alpha_{N+1}} \end{aligned} \tag{8.3.40}$$

X_N, T_N 中共有七个参数：$c_N, \alpha_N, \alpha_{N+1}, d_N, u_N, g_N, g_N^{(2)}$。由于 α_{N+1} 由 a_N，$g_N^{(2)}$ 由 g_N 给出，地层走向和位置 $a_{N+1}x + b_{N+1}$ 确定后 α_N, d_N, u_N 即确定，所以 X_N, T_N 中的独立变量有四个：$c_N, a_{N+1}, b_{N+1}, g_N$。所谓逆问题就是由 X_N, T_N 求 c_N，a_{N+1}, b_{N+1}, g_N。

一个声接受点能有两个观测值(X_N, T_N)，两个声接收点就能产生四个观察值。不过，如接收点不同声线参数 g 就不同(因为声线传播路径和初始方向不同)，就又多一个未知数。于是，至少要有三个声接收点得到六个观测值 X_N^i, T_N^i，$i=1,2,3$，才可求六个未知数($c_N, a_{N+1}, b_{N+1}, g_N^1, g_N^2, g_N^3$)。

地表位移函数和走时函数是多元非线性的。可由向量牛顿方法得到逆问题的逐次渐近解，即对方程

$$\begin{cases} H_i(\vec{q}) = 0, i = 1, \cdots, 6 \\ \vec{q} = [\theta_1^1, \theta_1^2, \theta_1^3, c_N, a_{N+1}, b_{N+1}]^{\mathrm{T}} \end{cases} \tag{8.3.41}$$

有

$$\begin{bmatrix} \theta_1^1 \\ \theta_1^2 \\ \theta_1^3 \\ c_N \\ a_{N+1} \\ b_{N+1} \end{bmatrix}^{(m+1)} = \begin{bmatrix} \theta_1^1 \\ \theta_1^2 \\ \theta_1^3 \\ c_N \\ a_{N+1} \\ b_{N+1} \end{bmatrix}^{(m)}$$

$$
-\mu\begin{bmatrix}
\frac{\partial H_1^{(m)}}{\partial\theta_1^{1(m)}} & \frac{\partial H_1^{(m)}}{\partial\theta_1^{2(m)}} & \frac{\partial H_1^{(m)}}{\partial\theta_1^{3(m)}} & \frac{\partial H_1^{(m)}}{\partial c_N^{(m)}} & \frac{\partial H_1^{(m)}}{\partial a_{N+1}^{(m)}} & \frac{\partial H_1^{(m)}}{\partial b_{N+1}^{(m)}} \\
\vdots & \vdots & \vdots & \vdots & \vdots & \vdots \\
\frac{\partial H_6^{(m)}}{\partial\theta_1^{1(m)}} & \cdot & \cdot & \cdot & \frac{\partial H_6^{(m)}}{\partial a_{N+1}^{(m)}} & \frac{\partial H_6^{(m)}}{\partial b_{N+1}^{(m)}}
\end{bmatrix}
\begin{bmatrix}
H_1(\vec{q}^{(m)}) \\ H_2(\vec{q}^{(m)}) \\ H_3(\vec{q}^{(m)}) \\ H_4(\vec{q}^{(m)}) \\ H_5(\vec{q}^{(m)}) \\ H_6(\vec{q}^{(m)})
\end{bmatrix}
\tag{8.3.42}
$$

m 为反复计算回数，μ 是步进长度。

$$\frac{\partial H_i}{\partial\theta_1^1}=\frac{\partial H_i}{\partial\theta_N^1}\prod_{k=1}^{N-1}\frac{\partial\theta_{k+1}^1}{\partial\theta_k^1},\quad 1\leqslant i\leqslant 6 \tag{8.3.43}$$

$$\frac{\partial H_i}{\partial\theta_1^2}=\frac{\partial H_i}{\partial\theta_N^2}\prod_{k=1}^{N-1}\frac{\partial\theta_{k+1}^2}{\partial\theta_k^2},\quad 1\leqslant i\leqslant 6 \tag{8.3.44}$$

$$\frac{\partial H_i}{\partial\theta_1^3}=\frac{\partial H_i}{\partial\theta_N^3}\prod_{k=1}^{N-1}\frac{\partial\theta_{k+1}^3}{\partial\theta_k^3},\quad 1\leqslant i\leqslant 6 \tag{8.3.45}$$

是 Jacobi 行列式的诸元。最初的模型参数是关键，不好的参数收缩慢，在信噪比差

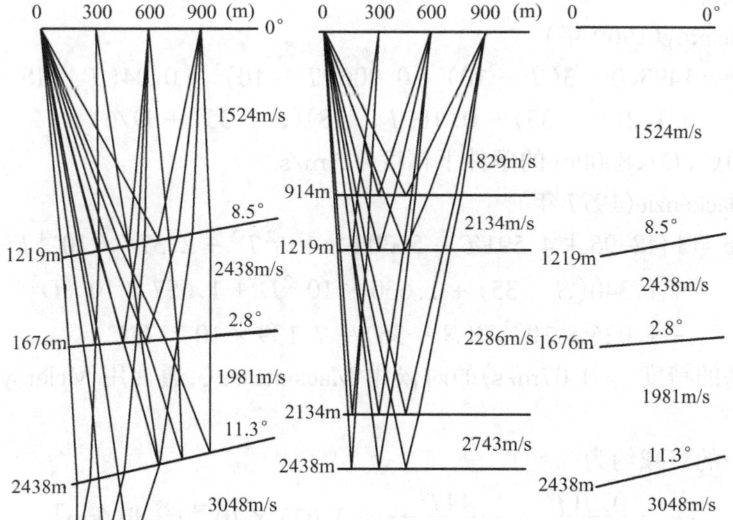

图 8-18　层构造模型、计算初始模型和计算推定的层构造参数

时容易发散。通常以水平构造作为渐近初始($m=0$)的层模型。

三维空间中倾斜平面多层构造的分析方法与上述二维情况相同。

8.4 声线法的逆问题:海洋特性构造重建

海洋特性构造重建由检测到的声波传播时间推定大范围(1000km)海洋中的水温和水流的构造是 W. Munk 等在 1979 年提出的[85,86]。

声波在海水中吸收较小,特别是低频声波在海水中吸收极小,可以传播很远。如 57Hz 的声波传播 1×10^4km 以后,吸收损失才不过 5dB(5×10^{-4}dB/km)。大洋中海水中声速的深度方向分布,主要由温度和压力决定。从表层向下温度不断降低,声速随深度增加而不断减少,到一定深度(约 1000m)后,海水温度不变(深海等温层),随深度增加静压力不断增加,声速也随深度增加而增加(每米约增加 0.017m/s),在水深 600～1200m 之间(冬夏季的温度变化会使声道轴上下沉降变化)有一个声速最低的深度称为声道轴(sound channel)。由史耐尔法则,从声道轴向上发出的声波折射向下,从声道轴向下发出的声波折射向上,声能量聚集在声道轴上下的一个水层(声波导)中,在传播中不接触海面和海底,几乎没有反射和散射损失。

海中的声速与水温(T/℃),盐分浓度(S/‰),以及水深有关。代表性的声速的经验公式有

(1) Mcleroy(1969 年)

$$c=1493.0+3(T-10)-0.006(T-10)^2-0.04(T-18)^2 \\ +1.2(S-35)-0.01(T-18)(S-35)+D/61 \tag{8.4.1}$$

$T<20$℃, $D<8000$m 的条件下精度 0.1m/s。

(2) Mackenzie(1977 年)

$$c=1448.96+4.591T-5.304\times10^{-2}T^2+2.374\times10^{-4}T^3 \\ +1.340(S-35)+1.630\times10^{-2}D+1.657\times10^{-7}D^2 \\ -1.025\times10^{-2}T(S-35)-7.139\times10^{-13}TD^3 \tag{8.4.2}$$

需要特别高的精度(～0.07m/s)的时候用 Mackenzie 式,通常用 Mcleroy 式就足够了。

海水中的衰减约为

$$\alpha=\frac{0.01f^2}{1+f^2}+\frac{44f^2}{4100+f^2}+3.025\times10^{-4}f^2[\text{dB/km}] \tag{8.4.3}$$

f 的单位为 kHz。得到 α[dB/km]后除以 8.686 得到 Np/km[87]。

在相隔几百公里的距离上布设多个声发射接收点,不断发射和接收声信号(SOFAR:sound fixing and ranging)。两点间声信号往返时间的平均值反映两点间

海域的平均声速，也就是反映了平均温度。两点间声信号往返传播的时间差反映两点连线方向上海水的流速。那么，N 个发射接收点组成 $N(N-1)/2$ 条路径就可以检测大片海域的温度和流速分布。如果预先有一个水温、盐度、洋流的基本模型，通过以实际测量值修正模型就可以更容易精确地监测地球规模温度的变化。这种方法费用低，数据量大，空间分辨率高[88]。

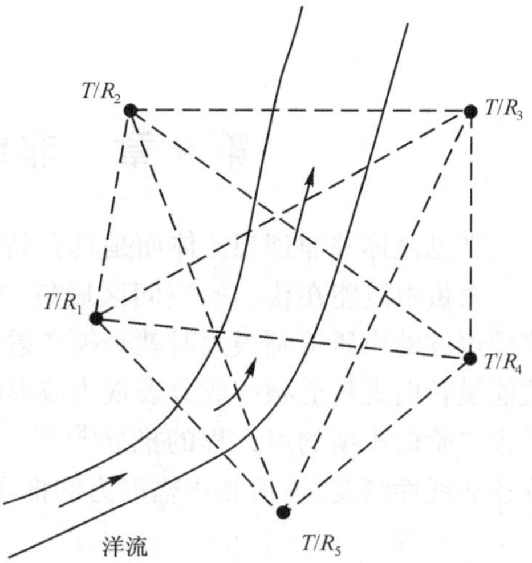

图 8-19　多个发射接收点组成多条路径检测海域的温度分布和流速分布

例如，已知基本模型的声速分布为 $c_0(x,y)$，声传播时间为

$$T_0 = \int \frac{\mathrm{d}s}{c_0(x,y)} \tag{8.4.4}$$

声速分布发生微小变化 $\Delta c(x,y)$（在海洋中 $\Delta c/c_0 \sim 0.03$）后的实际测量值为

$$T = \int \frac{\mathrm{d}s}{c_0(x,y) + \Delta c(x,z)} \approx \int \frac{1}{c_0(x,y)}\left(1 - \frac{\Delta c(x,z)}{c_0(x,z)}\right)\mathrm{d}s \tag{8.4.5}$$

即接收时间的变化量为

$$\Delta T = T - T_0 = -\int \frac{\Delta c(x,y)}{c_0^2(x,y)}\mathrm{d}s \tag{8.4.6}$$

这是一个如同 XCT 中已知积分值 ΔT 求被积分函数 $\Delta c(x,z)$ 的问题。如果声传播不能认为是直线，可以应用三角形前向伸展的声线追踪方法逐次逼近。

一年 0.005℃ 的温度上升，对 10000km 的传播距离，只产生 $\Delta T = 0.2$s 的时间延迟，现在的声测量技术能够实现必要的精度。

第 9 章　非线性波形畸变

常见流体并非理想流体而是具有黏性、热传导性和非线性的流体。

聚焦声波能在狭小的空间区域集中大的声能量，在许多应用中有重要意义。聚焦声波的声压振幅很大时就必须考虑传播介质的非线性效应。非线性效应将声波能量转向更高的频率成分表现为波形畸变。一些有关非线性声学的论著中叙述了含二阶微小项的声方程的推导[89,90]。本书旨在以统一的变量和方程形式详细描述非线性畸变、声流和声辐射力的推导过程，明确微小项近似取舍的条件。

9.1　保留二阶微小项的流体运动基本方程

第 1 章讨论流体运动基本方程时只保留了一阶微小项。现在保留二阶微小项再次讨论流体运动基本方程。

(1) 首先，流体介质中的黏性分体积黏性(ζ)和切变(剪断)黏性(η)。水的切变黏性 η 为

$$\eta = \begin{cases} 1.792, & 0℃ \\ 1.002, & 20℃ \end{cases} \tag{9.1.1}$$

空气的切变黏性为

$$\eta = \begin{cases} 0.017, & 0℃ \\ 0.018, & 25℃ \end{cases} \tag{9.1.2}$$

蓖麻油的切变黏性则要大得多($\eta = 700$)。至于体积黏性 ζ 对单原子分子几乎为零，对其他常见流体一般与 η 同等量级。

有黏性的流体介质中的运动方程为

$$\rho\left[\frac{\partial \vec{v}}{\partial t} + (\vec{v}\cdot\nabla)\vec{v}\right] = -\nabla P + \left(\zeta + \frac{4}{3}\eta\right)\nabla\nabla\cdot\vec{v} - \eta\nabla\times\nabla\times\vec{v} \tag{9.1.3}$$

由向量关系式

$$\nabla\nabla\cdot\vec{A} = \nabla\times\nabla\times\vec{A} + \nabla^2\vec{A} \tag{9.1.4}$$

式(9.1.1)又可写成

$$\rho\left[\frac{\partial \vec{v}}{\partial t} + (\vec{v}\cdot\nabla)\vec{v}\right] = -\nabla P + \left(\zeta + \frac{4}{3}\eta\right)\nabla^2\vec{v} + \left(\zeta + \frac{1}{3}\eta\right)\nabla\times\nabla\times\vec{v} \tag{9.1.5}$$

有时也看到以黏性系数 λ,μ 表达的形式

$$\rho\left[\frac{\partial \vec{v}}{\partial t}+(\vec{v}\cdot\nabla)\vec{v}\right]=-\nabla P+\mu\nabla^2\vec{v}+(\lambda+\mu)\nabla\nabla\cdot\vec{v} \tag{9.1.6}$$

或者由向量关系式(9.1.4),式(9.1.6)又可写为

$$\rho\left[\frac{\partial \vec{v}}{\partial t}+(\vec{v}\cdot\nabla)\vec{v}\right]=-\nabla P+(\lambda+2\mu)\nabla^2\vec{v}+(\lambda+\mu)\nabla\times\nabla\times\vec{v} \tag{9.1.7}$$

比较式(9.1.3)和(9.1.5),显然有

$$\begin{cases}\mu=\eta\\ \lambda=\zeta-\dfrac{2}{3}\eta\end{cases} \tag{9.1.8}$$

如仅保留一阶微小项,则运动方程(9.1.3)简化为

$$\frac{\partial \rho_1}{\partial t}+\rho_0\nabla\cdot\vec{v}_1=0 \tag{9.1.9}$$

(2) 质量守恒方程为

$$\frac{\partial \rho}{\partial t}+\nabla\cdot(\rho\vec{v})=0 \tag{9.1.10}$$

如仅保留一阶微小项,则为

$$\rho_0\frac{\partial \vec{v}_1}{\partial t}=-\nabla p_1 \tag{9.1.11}$$

(3) 无热传导状态时物态方程的一般形式为

$$P=P(\rho) \tag{9.1.12}$$

将声压、质点速度和密度在无声波传播时的平衡状态附近展开

$$P=P_0+p=P_0+p_1+p_2+\cdots \tag{9.1.13}$$

$$\vec{v}=\vec{v}_1+\vec{v}_2+\cdots \tag{9.1.14}$$

$$\rho=\rho_0+\Delta\rho=\rho_0+\rho_1+\rho_2+\cdots \tag{9.1.15}$$

下标为 1 的表示一阶微小量,下标为 2 的表示二阶微小量。将物态方程(9.1.12)以泰勒级数展开,写为

$$P=P_0+\frac{\partial P}{\partial \rho}\Delta\rho+\frac{1}{2}\left(\frac{\partial^2 P}{\partial \rho^2}\right)(\Delta\rho)^2+\cdots \tag{9.1.16}$$

对气体有

$$P=P_0(\rho/\rho_0)^\gamma\approx P_0\left[1+\gamma\Delta\rho+\frac{\gamma(\gamma-1)}{2}(\Delta\rho)^2+\cdots\right] \tag{9.1.17}$$

对液体有

$$P=P_0+c_0^2\Delta\rho+\frac{Bc_0^2}{2A\rho_0}(\Delta\rho)^2-\kappa\left(\frac{1}{c_v}-\frac{1}{c_p}\right)\nabla\cdot\vec{v} \tag{9.1.18}$$

以水中频率 $f=1.5/(2\pi)$MHz，声压幅度 $p_0=1$MPa 的平面波 $p_1=p_0\cos(\omega t-kz)$为例，式(9.1.17)等号右边第二项的量级为 $c_0^2\propto 10^6$，第三项的量级为 $c_0^2/\rho_0\propto 10^3$，第四项的量级为$|\nabla\cdot\vec{v}|\approx kv_0=kp_0/(\rho_0 c_0)\propto 10^3$($v_0$ 转换到 p_0 使用了平面波条件)。可见后两项比第一项小的多，为二阶微小项。

式(9.1.17)又可写为

$$\Delta\rho=\frac{p}{c_0^2}-\frac{B}{2A\rho_0}(\Delta\rho)^2+\frac{\kappa}{c_0^2}\left(\frac{1}{c_v}-\frac{1}{c_p}\right)\nabla\cdot\vec{v} \tag{9.1.19}$$

既然上式等号右边后两项已经是二阶微小量，则其中的变量只需要取到一阶微小量，于是有

$$\begin{aligned}\Delta\rho&=\frac{p}{c_0^2}-\frac{B}{2A\rho_0}\rho_1^2+\kappa\left(\frac{1}{c_v}-\frac{1}{c_p}\right)\nabla\cdot\vec{v}\\&=\frac{p}{c_0^2}-\frac{B}{2A\rho_0}\left(\frac{p_1}{c_0^2}\right)^2+\frac{\kappa}{c_0^2}\left(\frac{1}{c_v}-\frac{1}{c_p}\right)\left(-\frac{1}{\rho_0 c_0^2}\frac{\partial p_1}{\partial t}\right)\end{aligned} \tag{9.1.20}$$

如仅保留一阶微小项有

$$\rho_1=\frac{p}{c_0^2} \tag{9.1.21}$$

将式(9.1.14)和(9.1.15)代入运动方程(9.1.3)和质量守恒方程(9.1.10)，保留一阶微小项和两个一阶微小量的乘积项(比如 $\rho_1\vec{v}_1$ 或 $\vec{v}_1\cdot\vec{v}_1$ 等)，去除单个三阶微小项或一阶微小项与二阶微小项的乘积项得到保留二阶微小项的流体运动基本方程

$$\begin{aligned}&\rho_0\frac{\partial\vec{v}}{\partial t}+\rho_1\frac{\partial\vec{v}_1}{\partial t}+\rho_0(\vec{v}_1\cdot\nabla)\vec{v}_1\\&\quad=-\nabla p+\left(\zeta+\frac{4}{3}\eta\right)\nabla\nabla\cdot\vec{v}-\eta\nabla\times\nabla\times\vec{v}\end{aligned} \tag{9.1.22}$$

$$\frac{\partial\Delta\rho}{\partial t}+\rho_0\nabla\cdot\vec{v}+\rho_1\nabla\cdot\vec{v}_1+\vec{v}_1\cdot\nabla\rho_1=0 \tag{9.1.23}$$

以上两个方程中仍有 p 和 $\vec{v}$ 含一阶和二阶微小项。仍以前面水中声波的参数为例，运动方程(9.1.22)等号左边第一项的量级为

$$\left|\rho_0\frac{\partial\vec{v}}{\partial t}\right|\approx\rho_0\omega v_0=\omega p_0/c_0\propto 10^9 \tag{9.1.24}$$

左边第二项

$$\left|\rho_1\frac{\partial\vec{v}_1}{\partial t}\right|\approx\frac{p_0}{c_0^2}\omega v_0=\frac{\omega p_0^2}{\rho_0 c_0^3}\propto 10^6 \tag{9.1.25}$$

左边第三项

$$|\rho_0(\vec{v}_1\cdot\nabla)\vec{v}_1|\approx\rho_0 v_0 k v_0=\frac{\omega p_0^2}{\rho_0 c_0^3}\propto 10^6 \tag{9.1.26}$$

等号右边第一项的量级为

$$|\nabla p| \approx kp_0 \propto 10^9 \tag{9.1.27}$$

右边第二项和第三项为

$$|\nabla\nabla\cdot\vec{v}| \approx |\nabla\times\nabla\times\vec{v}| \approx k^2 v_0 = k^2 p_0/(\rho c_0) \propto 10^6 \tag{9.1.28}$$

可见,与等号左边第一项和右边第一项相比,其他项均为更高阶微小量(二阶微小项)。

同样,质量守恒方程(9.1.23)等号左边第一项的量级为

$$\left|\frac{\partial\Delta\rho}{\partial t}\right| \approx \omega\rho_1 = \omega\frac{p}{c_0^2} \propto 10^6 \tag{9.1.29}$$

左边第二项为

$$|\rho_0\nabla\cdot\vec{v}| \approx \rho_0 k v_0 = \frac{\omega p_0}{c_0^2} \propto 10^6 \tag{9.1.30}$$

左边第三项和第四项为

$$|\rho_1\nabla\cdot\vec{v}_1| \approx |\vec{v}_1\cdot\nabla\rho_1| \approx k\rho_1 v_0 = \frac{\omega p_0^2}{\rho_0 c_0^4} \propto 10^3 \tag{9.1.31}$$

可见,与第一项和第二项相比,第三项和第四项均为更高阶微小量(二阶微小项)。

9.2　保留二阶微小项的声波动方程

(1) 首先,既然运动方程(9.1.22)等号左边第二项已经是二阶微小量,在其中使用仅保留一阶微小量的式(9.1.21)和(9.1.11),于是有

$$\rho_1\frac{\partial\vec{v}_1}{\partial t} = \left(\frac{p_1}{c_0^2}\right)\left(-\frac{\nabla p_1}{\rho_0}\right) = -\nabla\left(\frac{1}{2}\frac{p_1^2}{\rho_0 c_0^2}\right) \tag{9.2.1}$$

由向量关系式

$$(\vec{A}\cdot\nabla)\vec{A} = \vec{A}\times(\nabla\times\vec{A}) + \frac{1}{2}\nabla(\vec{A}\cdot\vec{A}) \tag{9.2.2}$$

运动方程(9.1.22)等号左边第三项改写为

$$\rho_0(\vec{v}_1\cdot\nabla)\vec{v}_1 = \rho_0\left[\vec{v}_1\times(\nabla\times\vec{v}_1) + \frac{1}{2}\nabla(\vec{v}_1\cdot\vec{v}_1)\right]$$

$$\approx \nabla\left(\frac{1}{2}\rho_0\vec{v}_1\cdot\vec{v}_1\right) \tag{9.2.3}$$

其中,使用了条件$\nabla\times\vec{v}_1 = 0$,即声场被作为无旋场。由无旋条件等号右边第三项也为零。等号右边第二项为

$$\nabla\nabla\cdot\vec{v} = \nabla\left(-\frac{1}{\rho_0 c_0^2}\frac{\partial p_1}{\partial t}\right) \tag{9.2.4}$$

将以上各项代入式(9.1.22)后得

$$\rho_0 \frac{\partial \vec{v}}{\partial t} + \nabla l = -\nabla p + \left(\zeta + \frac{4}{3}\eta\right)\nabla\left[-\frac{1}{\rho_0 c_0^2}\frac{\partial p_1}{\partial t}\right] \tag{9.2.5}$$

其中,l 为动能与势能之差

$$l = e_k - e_p = \frac{1}{2}\rho_0 \vec{v}_1 \cdot \vec{v}_1 - \frac{1}{2}\frac{p_1^2}{\rho_0 c_0^2} \tag{9.2.6}$$

对式(9.2.5)两边求散度,则有

$$\nabla\cdot \Rightarrow \rho_0 \nabla\cdot\frac{\partial \vec{v}}{\partial t} + \nabla^2 l = -\nabla^2 p + \left(\zeta + \frac{4}{3}\eta\right)\nabla^2\left[-\frac{1}{\rho_0 c_0^2}\frac{\partial p_1}{\partial t}\right] \tag{9.2.7}$$

由线性声波动方程有

$$\nabla^2\left[-\frac{1}{\rho_0 c_0^2}\frac{\partial p_1}{\partial t}\right] = \frac{1}{c_0^2}\frac{\partial^2}{\partial t^2}\left[-\frac{1}{\rho_0 c_0^2}\frac{\partial p_1}{\partial t}\right] \tag{9.2.8}$$

所以式(9.2.7)又可写成

$$\rho_0 \nabla\cdot\frac{\partial \vec{v}}{\partial t} + \nabla^2 l = -\nabla^2 p + \left(\zeta + \frac{4}{3}\eta\right)\frac{1}{c_0^2}\frac{\partial^2}{\partial t^2}\left[-\frac{1}{\rho_0 c_0^2}\frac{\partial p_1}{\partial t}\right] \tag{9.2.9}$$

(2) 再看质量守恒方程(9.1.23)。将物态方程(9.1.20)代入式(9.1.23)等号左边第一项有

$$\frac{\partial \Delta\rho}{\partial t} = \frac{\partial}{\partial t}\left[\frac{p}{c_0^2} - \frac{B}{2A\rho_0}\left(\frac{p_1}{c_0^2}\right)^2 + \frac{\kappa}{c_0^2}\left(\frac{1}{c_v} - \frac{1}{c_p}\right)\left[-\frac{1}{\rho_0 c_0^2}\frac{\partial p_1}{\partial t}\right]\right] \tag{9.2.10}$$

既然式(9.1.23)等号左边第三、四项已是二阶微小量,使用仅保留一阶微小量的方程(9.1.9)、(9.1.11)和(9.1.21),则第三项为

$$\rho_1 \nabla\cdot\vec{v}_1 = \left[\frac{p_1}{c_0^2}\right]\left[-\frac{1}{\rho_0 c_0^2}\frac{\partial p_1}{\partial t}\right] = -\frac{1}{c_0^2}\frac{\partial}{\partial t}\left[\frac{1}{2}\frac{p_1^2}{\rho_0 c_0^2}\right] \tag{9.2.11}$$

第四项为

$$\vec{v}_1\cdot\nabla\rho_1 = \vec{v}_1\nabla\left[\frac{p_1}{c_0^2}\right] = \frac{\vec{v}_1}{c_0^2}\left(-\rho_0\frac{\partial \vec{v}_1}{\partial t}\right) = -\frac{1}{c_0^2}\frac{\partial}{\partial t}\left(\frac{1}{2}\rho_0\vec{v}_1\cdot\vec{v}_1\right) \tag{9.2.12}$$

将以上各项代入式(9.1.23)后得

$$\begin{aligned}&\frac{\partial}{\partial t}\left[\frac{p}{c_0^2} - \frac{B}{2A\rho_0}\left(\frac{p_1}{c_0^2}\right)^2 + \frac{\kappa}{c_0^2}\left(\frac{1}{c_v} - \frac{1}{c_p}\right)\left[-\frac{1}{\rho_0 c_0^2}\frac{\partial p_1}{\partial t}\right]\right]\\&\quad + \rho_0\nabla\cdot\vec{v} - \frac{1}{c_0^2}\frac{\partial}{\partial t}\left[\frac{1}{2}\frac{p_1^2}{\rho_0 c_0^2} + \frac{1}{2}\rho_0\vec{v}_1\cdot\vec{v}_1\right] = 0\end{aligned} \tag{9.2.13}$$

整理后为

$$\frac{1}{c_0^2}\frac{\partial p}{\partial t}+\rho_0\nabla\cdot\vec{v}=\frac{1}{c_0^2}\frac{\partial}{\partial t}\left[\left(\frac{B}{2A}+1\right)\frac{p_1^2}{\rho_0 c_0^2}+\ell+\kappa\left(\frac{1}{c_v}-\frac{1}{c_p}\right)\frac{1}{\rho_0 c_0^2}\frac{\partial p_1}{\partial t}\right] \tag{9.2.14}$$

对式(9.2.14)两边求时间导数,则有

$$\begin{aligned}\frac{\partial}{\partial t}\Rightarrow &\frac{1}{c_0^2}\frac{\partial^2 p}{\partial t^2}+\rho_0\frac{\partial}{\partial t}(\nabla\cdot\vec{v})\\ &=\frac{1}{c_0^2}\frac{\partial^2}{\partial t^2}\left[\left(\frac{B}{2A}+1\right)\frac{p_1^2}{\rho_0 c_0^2}+\ell+\kappa\left(\frac{1}{c_v}-\frac{1}{c_p}\right)\frac{1}{\rho_0 c_0^2}\frac{\partial p_1}{\partial t}\right]\end{aligned} \tag{9.2.15}$$

(3) 式(9.2.9)和(9.2.15)中都含有的对 $\vec{v}$ 的时间和空间微分项,两式相减消去后得

$$\begin{aligned}&\frac{1}{c_0^2}\frac{\partial^2 p}{\partial t^2}-\nabla^2 p+\left(\zeta+\frac{4}{3}\eta\right)\frac{1}{c_0^2}\frac{\partial^2}{\partial t^2}\left[-\frac{1}{\rho_0 c_0^2}\frac{\partial p_1}{\partial t}\right]-\nabla^2\ell\\ &=\frac{1}{c_0^2}\frac{\partial^2}{\partial t^2}\left[\left(\frac{B}{2A}+1\right)\frac{p_1^2}{\rho_0 c_0^2}+\ell+\kappa\left(\frac{1}{c_v}-\frac{1}{c_p}\right)\frac{1}{\rho_0 c_0^2}\frac{\partial p_1}{\partial t}\right]\end{aligned} \tag{9.2.16}$$

上式中 p_1 仅出现在二阶微小项内,所以可以不计更高阶微小项的误差将其写为 p。另外,引入吸收系数 b 和非线性系数 β

$$b=\zeta+\frac{4}{3}\eta+\kappa\left(\frac{1}{c_v}-\frac{1}{c_p}\right) \tag{9.2.17}$$

$$\beta=1+\frac{B}{2A} \tag{9.2.18}$$

重写式(9.2.16)为

$$\frac{1}{c_0^2}\frac{\partial^2 p}{\partial t^2}-\nabla^2 p-\frac{b}{\rho_0 c_0^4}\frac{\partial^3 p}{\partial t^3}=\frac{\beta}{\rho_0 c_0^4}\frac{\partial^2 p^2}{\partial t^2}+\frac{1}{c_0^2}\frac{\partial^2\ell}{\partial t^2}+\nabla^2\ell \tag{9.2.19}$$

这就是近似到二阶微小项的声波动方程式[91]。对平面波近似来说 $e_k\approx e_p$,故 $\ell\approx 0$。等号左边第二项为与声源几何形状有关的衍射项,第三项为衰减项,等式右边第一项为非线性项。

通常不需要考虑二阶以上的微小量。在非线性声学中,声速与声波的振幅有关

$$c=c_0+\beta v=c_0+\frac{\beta p}{\rho_0 c_0} \tag{9.2.20}$$

在房间中的高声谈话声(相距 1m 处)只有约 0.05～0.1Pa。即便是空气中人听觉可承受的最大声压也不大于 28Pa,仅是大气压的 3×10^{-4}。产生的密度变化为 $\Delta\rho=0.24\text{g/m}^3$,远小于静压下空气的密度 $\rho_0=1.2\text{kg/m}^3$。声速变化仅是空气中平均声速 330m 的 0.02%。水中引起声空化的声压(1 个大气压)引起的声速变化也只

有平均声速的 0.02%。一般,空气中声压超过 174dB,水中声压超过 284dB 以上时,才要考虑三阶微小项。

由平面波的弱冲击波理论,波形在传播超过产生锯齿冲击波的临界距离

$$z_c = \frac{\rho_0 c_0^3}{\beta \omega p_0} \tag{9.2.21}$$

后变形为锯齿波或冲击波。冲击波面发生后波的能量损耗增大,与黏度、热传导引起的声吸收不同,称为非线性吸收。另外,声波在足够长距离的传播后振幅变为

$$p \approx \frac{\pi \rho_0 c_0^3}{\beta \omega} z \tag{9.2.22}$$

与初始振幅 p_0 无关,即加大发射声压也不能提高接收声压。这些现象在计算中可以通过适当加大方程(9.2.19)中的吸收衰减系数得到体现。但是,强冲击波时产生在冲击波面的反射波,这种现象就不是上述保留二阶微小项的声波动方程所能体现的。

非线性效应是空间累积的,一般不能如积分法那样以描述点源效应的格林函数建立任意两个波面间的积分计算式。对小开口角的聚焦声源可以作抛物近似。在抛物近似下只需要考虑二次波的弱非线性时由准线性法可以讨论解析解[92]。

先不考虑非线性项,设平面波在 z 方向传播,式(9.2.19)成为

$$\frac{1}{c_0^2}\frac{\partial^2 p}{\partial t^2} - \left(1 + \frac{b}{\rho_0 c_0^2}\frac{\partial}{\partial t}\right)\frac{\partial^2 p}{\partial z^2} = 0 \tag{9.2.23}$$

其中,演算子$(b/\rho_0 c_0^2)\partial/\partial t$ 的影响很小,故以因式分解形式写为

$$\left[\frac{\partial}{\partial z} + \frac{1}{c_0}\left(1 - \frac{b}{2\rho_0 c_0^2}\frac{\partial}{\partial t}\right)\frac{\partial}{\partial t}\right]\left[\frac{\partial}{\partial z} - \frac{1}{c_0}\left(1 - \frac{b}{2\rho_0 c_0^2}\frac{\partial}{\partial t}\right)\frac{\partial}{\partial t}\right]p = 0 \tag{9.2.24}$$

等号左边第一项因子对应于 $+z$ 方向传播的波

$$\frac{\partial p}{\partial z} + \frac{1}{c_0}\frac{\partial p}{\partial t} - \frac{b}{2\rho_0 c_0^3}\frac{\partial^2 p}{\partial t^2} = 0 \tag{9.2.25}$$

作参数变换 $t' = t - z/c_0$,参照式(1.3.18)~(1.3.21)有

$$\frac{\partial p}{\partial z} - \frac{b}{2\rho_0 c_0^3}\frac{\partial^2 p}{\partial t'^2} = 0 \tag{9.2.26}$$

设 $z = 0$ 时的声压波形为 $p(t', 0)$,则式(9.2.26)的解为

$$p(t', z) = \frac{1}{\sqrt{2\pi bz/\rho_0 c_0^3}}\int_{-\infty}^{\infty} e^{\frac{(t'-\tau)^2}{2bz/\rho_0 c_0^3}} p(\tau, 0)\,d\tau \tag{9.2.27}$$

对单一频率 ω 的声波有

$$\frac{\partial P}{\partial z} + \alpha P = 0 \tag{9.2.28}$$

其中

$$\alpha = \frac{b\omega^2}{2\rho_0 c_0^3} \tag{9.2.29}$$

为衰减系数。水温20℃时水的衰减系数约为 $\alpha = 2.53\times 10^{-16} f^2$Neper/(cmHz^2)。

9.3 非线性声波动方程的近似分析方法:准线性法

二次谐波的定量解析自1980年左右开始研究,至今40°以下小开口场合的算法已经基本确立[93~95]。

与第4章中对声波动方程作抛物型近似的过程相同,很容易给出含吸收衰减项和非线性项的抛物线近似方程。式(9.2.19)作参数变换 $t' = t - z/c_0$,参照式(1.3.18)~(1.3.21)和

$$\frac{\partial^3 p}{\partial t^3} = \frac{\partial^3 p}{\partial t'^3} \tag{9.3.1}$$

$$\frac{\partial^2 p^2}{\partial t^2} = \frac{\partial^2 p^2}{\partial t'^2} \tag{9.3.2}$$

得到

$$\frac{2}{c_0}\frac{\partial^2 p}{\partial z \partial t'} - \nabla_\perp^2 p - \frac{b}{\rho_0 c_0^4}\frac{\partial^3 p}{\partial t^3} = \frac{\beta}{\rho_0 c_0^4}\frac{\partial^2 p^2}{\partial t^2} \tag{9.3.3}$$

当只考虑二次谐波时可以用准线性法讨论式(9.3.3)的解析解。将声压写为

$$p = p_1 + p_2 \tag{9.3.4}$$

代入式(9.3.3)并分别归纳为一阶微小项的方程和二阶微小项的方程得[92]

$$\frac{2}{c_0}\frac{\partial^2 p_1}{\partial z \partial t'} - \nabla_\perp^2 p_1 - \frac{b}{\rho_0 c_0^4}\frac{\partial^3 p_1}{\partial t'^3} = 0 \tag{9.3.5}$$

$$\frac{2}{c_0}\frac{\partial^2 p_2}{\partial z \partial t'} - \nabla_\perp^2 p_2 - \frac{b}{\rho_0 c_0^4}\frac{\partial^3 p_2}{\partial t'^3} = \frac{\beta}{\rho_0 c_0^4}\frac{\partial^2 p_1^2}{\partial t'^2} \tag{9.3.6}$$

两个方程都是线性的。可由式(9.3.5)求得 p_1,然后将 p_1 代入式(9.3.6)求得 p_2。以这样的方法求解,只考虑了基波到二次谐波的能量转移,不考虑二次谐波到基波的能量转移,而后者在强非线性下是不能不考虑的。所以,该方法又叫准线性近似法。

即便是准线性近似法也只在圆对称声源等简单边界条件时可能得到解析解。设圆对称源发射单一频率成分的声波。取圆柱坐标系重写方程(9.3.5)和(9.3.6)并代入

$$\partial p_1/\partial t' = \mathrm{j}\omega, \qquad \partial p_2/\partial t' = \mathrm{j}2\omega \tag{9.3.7}$$

得

$$\frac{\partial p_1}{\partial z} + \frac{\mathrm{j}}{2kr}\frac{\partial}{\partial r}\left(r\frac{\partial p_1}{\partial r}\right) + \alpha_1 p_1 = 0 \tag{9.3.8}$$

$$\frac{\partial p_2}{\partial z} + \frac{\mathrm{j}}{4kr}\frac{\partial}{\partial r}\left(r\frac{\partial p_2}{\partial r}\right) + \alpha_2 p_2 = \mathrm{j}\frac{\beta k}{2\rho_0 c_0^2}p_1^2 \tag{9.3.9}$$

其中

$$\alpha_1 = -\frac{\mathrm{j}}{2k}\left[-\frac{b}{\rho_0 c_0^4}\frac{\partial^3 p_1}{\partial t'^3}\right] = \frac{bk^2}{2\rho_0 c_0} \tag{9.3.10}$$

$$\alpha_2 = -\frac{\mathrm{j}}{4k}\left[-\frac{b}{\rho_0 c_0^4}\frac{\partial^3 p_2}{\partial t'^3}\right] = \frac{b(2k)^2}{2\rho_0 c_0} \tag{9.3.11}$$

为指数衰减系数(设衰减与频率的平方成正比)。

(1) 对方程(9.3.8)的求解与 5.1.1 小节中讨论过的过程完全相同。设源开口振幅特性为径向高斯分布,相位特性使声在几何轴上的固定距离 D 聚焦,即开口处的声压分布由式(5.1.2)给出。那么,除多一指数衰减项外式(9.3.8)的解与式(5.1.15)相同写为

$$p_1(r,z) = -\mathrm{j}\frac{p_0 k \mathrm{e}^{-\alpha_1 z}}{h(z)}\mathrm{e}^{\mathrm{j}\frac{kr^2}{2z}\left(1+\mathrm{j}\frac{k}{h(z)}\right)} \tag{9.3.12}$$

上式的汉克尔变换与式(5.1.6)相同写为

$$P_1(s,z) = C\mathrm{e}^{-\alpha_1 z}\mathrm{e}^{-\mathrm{j}\frac{s^2}{2k}z} \tag{9.3.13}$$

其中,C 由式(5.1.12)给出。

(2) 对式(9.3.9)作 0 次汉克尔变换得

$$\frac{\mathrm{d}P_2}{\mathrm{d}z} + \frac{s^2}{4k}P_2 + \alpha_2 P_2 = -\mathrm{j}\frac{\beta k}{2\rho_0 c_0^2}P_1^2 \tag{9.3.14}$$

由它的齐次方程解写 P_2 为

$$P_2(s) = C_2\mathrm{e}^{-\alpha_2 z - \mathrm{j}\frac{s^2}{4k}z} \tag{9.3.15}$$

其中,C_2 为代入式(9.3.14)后得到的一阶方程式

$$\mathrm{e}^{-\alpha_2 z - \mathrm{j}\frac{s^2}{4k}}\frac{\mathrm{d}C_2}{\mathrm{d}z} = -\mathrm{j}\frac{\beta k}{2\rho_0 c_0^2}P_1^2 \tag{9.3.16}$$

的解。使用边界条件

$$P_2|_{z=0} = 0 \tag{9.3.17}$$

求解 C_2 后代入式(9.3.15)得

$$P_2(s) = -\mathrm{j}\frac{\beta k}{2\rho_0 c_0^2}\mathrm{e}^{-\alpha_2 z - \mathrm{j}\frac{s^2}{4k}z}\int_0^z P_1^2(s,z')\mathrm{e}^{\alpha_2 z' + \mathrm{j}\frac{s^2}{4k}z'}\mathrm{d}z' \tag{9.3.18}$$

源开口振幅特性为径向高斯分布，P_1 由式(9.3.13)给出，则有

$$P_2(s) = -\frac{\beta k^2 p_0^2}{4\rho_0 c_0^2(-2A + \mathrm{j}k/D)}\mathrm{e}^{-\alpha_2 z - \mathrm{j}\frac{s^2}{4k}z}\int_0^z \frac{\mathrm{e}^{\left(\alpha_2 - 2\alpha_1 + \mathrm{j}\frac{s^2}{4k}\right)z'}}{h(z')}\mathrm{e}^{-\mathrm{j}\frac{h(z)s^2}{4k(-2A+\mathrm{j}k/D)}}\mathrm{d}z' \tag{9.3.19}$$

由公式

$$\int_0^\infty x\mathrm{e}^{-ax^2}J_0(bx)\mathrm{d}x = \frac{1}{2a}\mathrm{e}^{-\frac{b^2}{4a}} \tag{9.3.20}$$

得

$$P_2 = -\frac{\beta k^2 p_0^2}{4\rho_0 c_0^2(-2A + \mathrm{j}k/D)}\mathrm{e}^{-\alpha_2 z}\int_0^z \frac{\mathrm{e}^{(\alpha_2 - 2\alpha_1)z'}}{h(z')}\mathrm{e}^{-\mathrm{j}\frac{h(z)s^2}{4k(-2A+\mathrm{j}k/D)}}\mathrm{d}z' \tag{9.3.21}$$

再经汉克尔逆变换得到

$$\begin{aligned} p_2 &= -\frac{\beta k^2 p_0^2}{4\rho_0 c_0^2(-2A + \mathrm{j}k/D)}\mathrm{e}^{-\alpha_2 z}\int_0^\infty\int_0^z \frac{\mathrm{e}^{(\alpha_2 - 2\alpha_1)z'}}{h(z')}\mathrm{e}^{-\mathrm{j}\frac{h(z)s^2}{4k(-2A+\mathrm{j}k/D)}}J_0(rs)s\mathrm{d}z'\mathrm{d}s \\ &= \frac{\beta k^3 p_0^2}{2\rho_0 c_0^2 h(z)}\mathrm{e}^{-\alpha_2 z}\mathrm{e}^{\mathrm{j}\frac{kr^2}{z}\left[1+\mathrm{j}\frac{k}{h(z)}\right]}\int_0^z \frac{\mathrm{e}^{(\alpha_2 - 2\alpha_1)z'}}{h(z')}\mathrm{d}z' \end{aligned} \tag{9.3.22}$$

以上出现的函数 $h(z)$ 由式(5.1.16)给出。

9.4　非线性波形畸变的数值计算

超声波显微镜和强聚焦超声加热治疗肿瘤中需要考虑更高次的谐波成分。由式(9.2.19)或者转换到频域都可以计算非线性波形畸变。一般，频率域计算较易处理与频率有关的吸收衰减，但频率域计算中有限的最大频率阻断因非线性引起的向更高次谐波的能量传递，常导致能量堆积在离散频率的高端。

9.4.1　时域差分计算

讨论在 $|_{i,j}^n$ 处写含吸收衰减和非线性声波动方程(9.2.19)的差分方程式。设式(9.2.19)中关于时间的几个偏微分的离散差分形式写为

$$\left.\frac{\partial^2 p}{\partial t^2}\right|_{i,j}^n = \frac{p_{i,j}^{n+1} - 2p_{i,j}^n + p_{i,j}^{n-1}}{T^2} \tag{9.4.1}$$

$$\left.\frac{\partial^3 p}{\partial t^3}\right|_{i,j}^{n}=\frac{\dfrac{p_{i,j}^{n+3/2}-2p_{i,j}^{n+1/2}+p_{i,j}^{n-1/2}}{T^2}-\dfrac{p_{i,j}^{n+1/2}-2p_{i,j}^{n-1/2}+p^{n-3/2}}{T^2}}{T}$$

$$=\frac{p_{i,j}^{n+3/2}-3p_{i,j}^{n+1/2}+3p_{i,j}^{n-1/2}+p_{i,j}^{n-3/2}}{T^3}$$

$$\approx\frac{p_{i,j}^{n+2}-2p_{i,j}^{n+1}+6p_{i,j}^{n}-2p_{i,j}^{n-1}-p_{i,j}^{n-2}}{2T^3}\tag{9.4.2}$$

$$\left.\frac{\partial^2 p^2}{\partial t^2}\right|_{i,j}^{n}=\frac{(p_{i,j}^{n+1})^2-2(p_{i,j}^{n})^2+(p_{i,j}^{n-1})^2}{T^2}\tag{9.4.3}$$

式(9.4.2)中含太多的时间层,式(9.4.3)中甚至含未知层$|_{i,j,k}^{n+1}$的值的平方。另外,最前的时间层是式(9.4.2)中的 $p_{i,j}^{n+2}$,与吸收衰减项有关。如整理差分方程式时,将 $p_{i,j}^{n+2}$移置于等号左边,其他项移置于右边进行递进计算,则右边将以衰减系数为除数。显然这在衰减系数小甚至于等于零的场合是不合理的。利用一些技巧可以解决这些问题,如以线性波动方程式的关系改写式(9.4.2)和(9.4.3)则分别有

$$\left.\frac{\partial^3 p}{\partial t^3}\right|_{i,j}^{n}=c_0^2\nabla^2\left.\frac{\partial p}{\partial t}\right|_{i,j}^{n}=c_0^2\nabla^2\frac{p_{i,j}^{n+1}-p_{i,j}^{n-1}}{2T}\tag{9.4.4}$$

$$\left.\frac{\partial^2 p^2}{\partial t^2}\right|_{i,j}^{n}=2\left.\left(\frac{\partial p}{\partial t}\right)^2\right|_{i,j}^{n}+\left.\frac{\partial^2 p}{\partial t^2}\right|_{i,j}^{n}$$

$$=2\frac{(p_{i,j}^{n+1}-p_{i,j}^{n})(p_{i,j}^{n}-p_{i,j}^{n-1})}{T^2}+c_0^2\nabla^2 p|_{i,j}^{n}$$

$$=2\frac{p_{i,j}^{n+1}(p_{i,j}^{n}-p_{i,j}^{n-1})-p_{i,j}^{n}p_{i,j}^{n}+p_{i,j}^{n}p_{i,j}^{n-1}}{T^2}+c_0^2\nabla^2 p|_{i,j}^{n}\tag{9.4.5}$$

式(9.4.4)和(9.4.5)都只有 $n+1, n, n-1$ 三个时间层。

还有一个方法是分别计算式(9.2.19)中的衍射项、衰减项、非线性项。相似于第1章中的讨论,式(9.2.19)的抛物线近似为

$$\frac{2}{c_0}\frac{\partial^2 p}{\partial z\partial t'}-\nabla^2 p-\frac{b}{\rho_0 c_0^4}\frac{\partial^3 p}{\partial t'^3}=\frac{\beta}{\rho_0 c_0^4}\frac{\partial^2 p^2}{\partial t'^2}\tag{9.4.6}$$

非线性有关的方程写为

$$\frac{2}{c_0}\frac{\partial^2 p}{\partial z\partial t'}=\frac{\beta}{\rho_0 c_0^4}\frac{\partial^2 p^2}{\partial t'^2}\tag{9.4.7}$$

或

$$\frac{\partial p}{\partial z}=\frac{\beta p}{\rho_0 c_0^3}\frac{\partial p}{\partial t'}\tag{9.4.8}$$

其离散差分形式写为

$$\Delta t = \frac{\beta p_k^n}{\rho_0 c_0^3} h \tag{9.4.9}$$

即由插值算法将波形时间移动 Δt。

既然在前面的章节中详细讨论了以流体运动基本方程组计算线性声场的方法,在这里也提供一种以相同形式计算非线性波形畸变的方法。

参照章节 2.2,也可以将声波动方程(9.2.19)改写为如下的一阶方程组

$$\begin{cases} \rho_0 \dfrac{\partial \vec{v}}{\partial t} = -\nabla p \\ \dfrac{1}{c_0^2} \dfrac{\partial p}{\partial t} + \rho_0 \nabla \cdot \vec{v} = \dfrac{b}{\rho_0 c_0^4} \dfrac{\partial^2 p}{\partial t^2} + \dfrac{\beta}{\rho_0 c_0^4} \dfrac{\partial p^2}{\partial t} \end{cases} \tag{9.4.10}$$

它在形式上与线性情况时的流体运动基本方程相似,只是第二个方程的右边不再是零了。另外,式(9.4.10)中的 $\vec{v}$ 可能只是一个中间变量,并不能严格定义为非线性声场中的质点速度。不过,这不影响本书以下的讨论结果。

以一维情况为例。式(9.4.10)中的第一个方程在(n,k)处的离散差分形式可直接写为

$$v_k^{n+1/2} = v_k^{n-1/2} - \frac{p_{k+1/2}^n - p_{k-1/2}^n}{mZ} \tag{9.4.11}$$

对第二个方程的处理分以下几种情况讨论:

(1) 首先,如果不存在吸收项,则第二个方程为

$$\frac{1}{c_0^2} \frac{\partial p}{\partial t} + \rho_0 \nabla \cdot \vec{v} = \frac{\beta}{\rho_0 c_0^4} \frac{\partial p^2}{\partial t} \tag{9.4.12}$$

即

$$\frac{1}{c_0^2}\left(1 - \frac{\beta p}{\rho_0 c_0^2}\right)\frac{\partial p}{\partial t} + \rho_0 \nabla \cdot \vec{v} = 0 \tag{9.4.13}$$

按 p, v 的离散点在空间交叉配置的原则,式(9.4.13)必须在$(n+1/2, k+1/2)$处离散差分。那么,与 β 相乘的 p 的离散值为 $p_{k+1/2}^{n+1/2}$,以

$$p_{k+1/2}^{n+1/2} = \frac{p_{k+1/2}^{n+1} + p_{k+1/2}^n}{2} \tag{9.4.14}$$

代之,则式(9.4.13)的离散差分形式为

$$(p_{k+1/2}^{n+1} - p_{k+1/2}^n) - \frac{\beta}{2\rho_0 c_0^2}[(p_{k+1/2}^{n+1})^2 - (p_{k+1/2}^n)^2] = -\frac{v_{k+1}^{n+1/2} - v_k^{n+1/2}}{m} Z \tag{9.4.15}$$

整理上式后可写为

$$\frac{a}{2}(p_{k+1/2}^{n+1})^2 + p_{k+1/2}^{n+1} + C = 0 \tag{9.4.16}$$

其中的参数为

$$a = -\frac{\beta}{\rho_0 c_0^2} \tag{9.4.17}$$

$$C = -\left(1 + \frac{a}{2} p_{k+1/2}^{n}\right) p_{k+1/2}^{n} + \frac{v_{k+1}^{n+1/2} - v_{k}^{n+1/2}}{m} Z \tag{9.4.18}$$

于是由二次方程式的一般解和根号式的近似式

$$\sqrt{1 - x} \approx 1 - x/2 - x^2/8 \tag{9.4.19}$$

解式(9.4.16)就得到下一时间层的声压值为

$$p_{k+1/2}^{n+1} = \frac{-1 + \sqrt{1 - 2aC}}{a} \approx -C - \frac{aC^2}{2} \tag{9.4.20}$$

(2) 如果不考虑非线性项,则式(9.4.10)的第二个方程为

$$\frac{1}{c_0^2}\frac{\partial p}{\partial t} + \rho_0 \nabla \cdot \vec{v} = \frac{b}{\rho_0 c_0^4}\frac{\partial^2 p}{\partial t^2} \tag{9.4.21}$$

式(9.4.21)中对时间微分的两项可改写为

$$\begin{aligned}\frac{\partial p}{\partial t} - \frac{b}{\rho_0 c_0^2}\frac{\partial^2 p}{\partial t^2} &= \frac{1}{\tau}\left(\frac{\partial p}{\partial t}\tau - \frac{1}{2}\frac{\partial^2 p}{\partial t^2}\tau^2\right) \\ &= \frac{p}{\tau} - \frac{1}{\tau}\left(p - \frac{\partial p}{\partial t}\tau + \frac{1}{2}\frac{\partial^2 p}{\partial t^2}\tau^2\right)\end{aligned} \tag{9.4.22}$$

其中,参数为

$$\tau = \frac{2b}{\rho_0 c_0^2} \tag{9.4.23}$$

以函数级数近似展开的概念看式(9.4.22)中括号内的部分,它表达的是时间上距离散点相差 τ 的声压 p 的值,即吸收项导致原来在 $n+1/2$ 处的导数变成了在非整数离散点 $n+1/2-\tau/2$ 的导数,这可以写为

$$\left.\frac{1}{c_0^2}\frac{\partial p}{\partial t}\right|^{n+1/2-\tau/2} + \rho_0 \nabla \cdot \vec{v} = 0 \tag{9.4.24}$$

于是,式(9.4.24)的离散差分形式为

$$p_{k+1/2}^{n+1} = p_{k+1/2}^{n-\tau} - \frac{v_{k+1}^{n+1/2} - v_{k}^{n+1/2}}{m} Z \tag{9.4.25}$$

以线性内插的关系可写出非整数离散点的值

$$p_{k+1/2}^{n-\tau} = p_{k+1/2}^{n}\left(1 - \frac{\tau}{T}\right) + p_{k+1/2}^{n-1}\frac{\tau}{T} = p_{k+1/2}^{n} - (p_{k+1/2}^{n} - p_{k+1/2}^{n-1})\frac{\tau}{T} \tag{9.4.26}$$

代入式(9.4.25)后得到下一时间层的声压值为

$$p_{k+1/2}^{n+1} = p_{k+1/2}^{n} - (p_{k+1/2}^{n} - p_{k+1/2}^{n-1})\frac{\tau}{T} - \frac{v_{k+1}^{n+1/2} - v_{k}^{n+1/2}}{m}Z \quad (9.4.27)$$

式(9.4.27)还可以写为

$$\left.\frac{\partial p}{\partial t}\right|^{n+1/2} + \frac{\tau}{T}\left.\frac{\partial p}{\partial t}\right|^{n-1/2} = -\rho_0 c_0^2 \nabla\cdot \vec{v}\,|^{n+\frac{1}{2}} \quad (9.4.28)$$

从吸收衰减项的物理意义看,当 $\tau\neq 0$ 时式(9.4.28)对波形畸变的作用应有平滑效应。

(3) 综合以上对吸收项和非线性项分别讨论的结果,当吸收和非线性同时存在时,式(9.4.10)的第二个方程可写为

$$\frac{1}{c_0^2}\left.\frac{\partial p}{\partial t}\right|^{n+1/2} + \frac{\tau}{c_0^2 T}\left.\frac{\partial p}{\partial t}\right|^{n-1/2} = -\rho_0 \nabla\cdot \vec{v}\,|^{n+1/2} + \frac{\beta}{\rho_0 c_0^4}\left.\frac{\partial p^2}{\partial t}\right|^{n+1/2} \quad (9.4.29)$$

同前,其离散差分形式经整理后得

$$p_{k+1/2}^{n+1} \approx -C - \frac{aC^2}{2} \quad (9.4.30)$$

其中,参数为

$$C = -\left(1 + \frac{a}{2}p_{k+1/2}^{n}\right)p_{k+1/2}^{n} + (p_{k+1/2}^{n} - p_{k+1/2}^{n-1})\frac{\tau}{T} + \frac{v_{k+1}^{n+1/2} - v_{k}^{n+1/2}}{m}Z \quad (9.4.31)$$

$$a = -\frac{\beta}{\rho_0 c_0^2} \quad (9.4.32)$$

$$\tau = \frac{2b}{\rho_0 c_0^2} \quad (9.4.33)$$

这个计算方法在计算时间和存储容量上都与线性声场情况下相似。

9.4.2 频率域计算

在马赫数 0.06 以下的范围,非线性波形畸变可以从时间域变换到频率域, 在频率域中解析各次谐波的衍射项和各个频率成分间的能量交换。频率域方法特别易于处理连续波的波形畸变和与频率有关的吸收衰减,使用 FFT 也可以提高计算效率。

设声波写为各次谐波成分之和

$$p(z) = \sum_{n=1}^{\infty} g_n(z)\sin n\omega_0 t + h_n(z)\cos n\omega t \quad (9.4.34)$$

或

$$p(z) = \sum_{n=1}^{\infty} p_n \sin(n\omega_0 t + \theta_n) \quad (9.4.35)$$

(1) 代入声波动方程(9.2.19)中的非线性项得

$$\begin{cases} \dfrac{\mathrm{d}g_n}{\mathrm{d}z} = \dfrac{\beta nk}{2\rho_0 c_0^2}\Big[\dfrac{1}{2}\sum\limits_{m=1}^{n-1}(g_{n-m}h_m + h_{n-m}g_m) - \sum\limits_{m=n+1}^{\infty}(h_{m-n}g_m - g_{m-n}h_m)\Big] \\ \dfrac{\mathrm{d}h_n}{\mathrm{d}z} = \dfrac{\beta nk}{2\rho_0 c_0^2}\Big[\dfrac{1}{2}\sum\limits_{m=1}^{n-1}(h_{n-m}h_m - g_{n-m}g_m) - \sum\limits_{m=n+1}^{\infty}(g_{m-n}g_m - h_{m-n}h_m)\Big] \end{cases} \tag{9.4.36}$$

各式右边表示两个谐波间相互作用产生新的频率成分(以 $n=b$ 为例)，$\sum\limits_{m=1}^{n-1}$ 是$n-m(5,4,3,2,1)$次谐波和 $m(1,2,3,4,5)$次谐波作用产生的 b 次谐波，$\sum\limits_{m=n+1}^{\infty}$ 是 $m-n(1,2,3,\cdots)$次谐波和 $m(7,8,9,\cdots)$次谐波作用产生的 b 次谐波(以复数形式表达可得到更为简洁的形式)。将各次谐波的增量随距离累加

$$\begin{cases} g_n(z+\Delta z) = g_n(z) + \dfrac{\mathrm{d}g_n}{\mathrm{d}z}\Delta z \\ h_n(z+\Delta z) = h_n(z) + \dfrac{\mathrm{d}h_n}{\mathrm{d}z}\Delta z \end{cases} \tag{9.4.37}$$

(2) 吸收衰减系数 α 是一个与频率有关的量。如为脉冲波或非线性引起大的波形畸变,必须使用各频率成分的衰减系数分别计算各次谐波的衰减。当吸收衰减与频率的平方成正比时,n 次谐波的吸收衰减系数写为

$$\alpha_n = n^2\alpha_1$$

α_1 为一次波的衰减系数。于是,吸收衰减项由下式离散差分计算

$$\begin{cases} g_n = g_n(0)\mathrm{e}^{-n^2\alpha_0 z} \\ h_n = h_n(0)\mathrm{e}^{-n^2\alpha_0 z} \end{cases} \rightarrow \begin{cases} \dfrac{\mathrm{d}g_n}{\mathrm{d}z} = -n^2\alpha_0 g_n \\ \dfrac{\mathrm{d}h_n}{\mathrm{d}z} = -n^2\alpha_0 h_n \end{cases} \tag{9.4.38}$$

式(9.4.36)~(9.4.38)相应的计算程序如下

```
Z=0.0
DO 1 I=1,IZMAX
  Z=Z+DZ
  ……
  DO 2 N=1,NMAX
    GP=0.0
    HP=0.0
    DO 3 M=1,N-1
      GP=GP+(G(N-M)*H(M)+H(N-M)*G(M))
```

```
         HP = HP + (H(N - M) * H(M) - G(N - M) * G(M))
3        CONTINUE
         GP = 0.5 * GP
         HP = 0.5 * HP
         GM = 0.0
         HM = 0.0
         DO 4 M = N + 1,NMAX
           GM = GM + (G(M) * H(M - N) - G(M - N) * H(M))
           HM = HM + (G(M) * G(M - N) + H(M - N) * H(M))
4        CONTINUE
         DG(N) = - N * N * ALPHA * G(N) + N * BETA * (GP - GM)
         DH(N) = - N * N * ALPHA * H(N) + N * BETA * (HP - HM)
2        CONTINUE
         DO 5 N = 1,NMAX
           G(N) = G(N) + DG(N) * DZ
           H(N) = H(N) + DH(N) * DZ
5        CONTINUE
```

(3) 如声源信号是正弦波，$h_n = 0$，初始条件为

$$\frac{\mathrm{d}g_n}{\mathrm{d}z} = \frac{n}{2}\left[\frac{1}{2}\sum_{m=1}^{n-1} g_{n-m}g_m - \sum_{m=1}^{\infty} g_{n+m}g_m\right] \tag{9.4.39}$$

$$g_1(0) = 1, \qquad g_2(0) = g_3(0) = \cdots = 0 \tag{9.4.40}$$

(4) 其他问题

频率域计算中取的最大频率 N 是一个重要问题。如果 N 太小，向更高次谐波去的能量输送就被阻断，同时也没有了由更高次谐波向低次谐波去的能量输送。能量堆积在计算频率域范围的高端，一旦高端积聚足够的能量则计算误差急剧增大。如 N 取得太大，则计算时间以 N^2 平方增大。一个权宜之计是用人工黏性项强制使计算频率域范围高端适当衰减。

还有一个问题是计算脉冲波传播时频率抽样点的间隔。频率抽样点的间隔太大则不能反映一个脉冲波；而间隔太小则在一定的高次谐波时需要更多的离散点和计算时间。设脉冲波为宽度 Δ 的矩形窗截取的正弦波(中心频率 f_0)序列，其频率特性表达为 sinc 函数。忽略主瓣低端零点($f_0 - 2\pi/\Delta$)以下的频率成分并保证在主瓣中有 10 个抽样点，那么频率抽样间隔应取为 $f_0/10$(也就是说在时间域一个正弦波周期内 10 个抽样点)。当总的频率抽样点为 1024 点时可计算约 100 次谐波的频率成分。

如为脉冲波传播，在非线性发达形成冲击波面(N 波)时脉冲宽度有些伸长。伸长后的脉冲应不能由原脉冲基频的高次谐波合成。不过，频率域计算仍能够显

示出这种现象。

与实验结果比较显示上述计算结果相当准确地反映了实际中的非线性波形畸变。除了以上方法外，也可以用有限元方法进行含非线性项的声波动方程的数值计算[99]。

9.5 声参量阵

如声源信号是两个不同频率正弦波的和

$$p(z=0)=p_{10}\sin\omega_1 t+p_{20}\sin\omega_2 t \tag{9.5.1}$$

传播中就会出现两个频率差的成分[100,101]，形如在传播方向排列的差频声发射阵列发出的声波。差音声压的最大位置在一次波传播聚焦特性最大值的附近，有较强的差频聚焦特性(宽度为差音波长的 1/3 左右)，称为参量阵。参量阵的缺点是效率低(小于 1%)。由于非线性吸收起作用，加大声源信号的振幅参量阵也不能产生任意大的差频信号幅度。

参量阵的一些实际系统的参数如下：

(1) 海洋测深：声发射器直径 61cm，一次波频率 60kHz，差音频率 15kHz，声束宽 3°。初始声压 114dB 时可测 6000m 水深。

(2) 船速计：声发射器直径 152mm，一次波频率 200kHz，差音频率 11kHz，声束宽 3.5°。

(3) 水下信号传送：声发射器直径 25cm，一次波频率 220kHz(FM 调制)，差音频率 38～74kHz。4km 外 20dBS/N 比的接收速率可达 13kbits/s。

(4) 鱼群探测：声发射器直径 0.2m，一次波频率 16kHz(FM 调制，峰值功率 2kW)，差音频率 5～50kHz，声束宽 4°。

在以数值计算方法讨论含两个频率成分的声波的非线性效应时，一个特殊的重要问题是选取频率离散间隔。频率离散间隔应该是所有可能出现的频率成分中最低的频率，并不等于两频率之差。由于两频率的倍频的组合频率都会出现，可能导致比两频率之差更低的频率成分。比如，当两个一次波的频率为 40kHz 和 28kHz 时，直接的差音频率为 12kHz。但 40kHz 的二次谐波为 80kHz，28kHz 的 3 次谐波为 84kHz，两者间的差频为 4kHz，比 12kHz 小得多(当然，既然是一次波的高次谐波产生的差频成分，其振幅比之一次波直接的差频成分的振幅要小得多)。如某个频率 ω_- 是两个一次波频率的最大公约数

$$\omega_1=N_1\omega_{-1},\qquad \omega_2=N_2\omega_- \tag{9.5.2}$$

就不会出现比 ω_- 更小的频率成分。所以，ω_- 是数值计算中应选取的最大频率离散间隔。

不计衍射效应，由方程(9.4.8)可知如下声参量阵的几个主要特性：

（1）如两个一次波的频率差较大，即 $\omega_1 \gg \omega_2$，即有

$$p = p_{01}\sin\omega_1 t' + \frac{\beta p_{01} p_{02} z}{2\rho_0 c_0^3}[(\omega_1+\omega_2)\sin(\omega_1+\omega_2)t - (\omega_1-\omega_2)\sin(\omega_1-\omega_2)t']$$

$$= p_{01}\left\{\sin\omega_1 t' + \frac{\beta p_{02} z}{\rho_0 c_0^3}\sin\omega_2 t'\cos\omega_1 t'\right\} \tag{9.5.3}$$

二次波表现为高频一次波的侧边带，或曰高频一次波在低频微小信号作用下，发生相位调制，能量移到侧边带，ω_1 叫 pump 波。

（2）如两个一次波的频率差相近，差频成分为

$$p_{\pm} = \frac{\omega_{\pm}\beta p_{10} p_{20} z}{2\rho_0 c_0^3}\sin\omega_{\pm} t \tag{9.5.4}$$

由于通常频率越高衰减越大，在远场就只剩差频成分。

（3）如其中一个频率正好是另一个频率的倍频，于是有

$$p_{-} = p_{10}\left[\sin(\omega_0 t + \varphi) - \frac{\omega_0 \beta p_{20} x}{2\rho_0 c_0^3}\sin(\omega_0 t - \varphi)\right] \tag{9.5.5}$$

振幅与初期相位有关。当 $\varphi = 90°$时，括号内的两项相加，对低频成分有增幅效应。不过无论倍频成分的幅度 p_{20}有多大，考虑到衰减和向高频成分的能量转换，最大增幅不超过 6dB。

（4）如发射振幅调制信号

$$p(z=0) = p_0 s(t) \mathrm{e}^{-\alpha_0 z}\sin\omega_0 t \tag{9.5.6}$$

代入式(9.4.8)得

$$\frac{\partial p_{-}}{\partial z} = \frac{\beta p_0^2}{4\rho c^3}\mathrm{e}^{-2\alpha_0 z}\frac{\partial s^2(t')}{\partial t'} \tag{9.5.7}$$

由初始条件

$$p_{-}|_{z=0} = 0, \qquad x \gg 1/\alpha_0 \tag{9.5.8}$$

得到

$$p_{-} \approx \frac{\beta p_0^2}{4\rho c^3}\int_0^{\infty}\mathrm{e}^{-2\alpha_0 z}\frac{\partial s^2(t')}{\partial t'}\mathrm{d}z \approx \frac{\beta p_0^2}{8\rho_0 c_0^3 \alpha_0}\frac{\partial s^2(t')}{\partial t'} \tag{9.5.9}$$

可见低频成分振幅与包络线的时间变化有关。在包络线不变化的等振幅连续波区域没有信号，而仅在上升沿，下降沿的地方有信号。这通常称为自调制[102~104]。特别是当调制信号为

$$s(t) = 1 + m\sin\omega_{-} t \tag{9.5.10}$$

即

$$p(z=0) = p_0[1 + m\sin\omega_{-} t]\mathrm{e}^{-\alpha_0 z}\sin\omega_0 t \tag{9.5.11}$$

时，有

$$p_{-} \approx \frac{\beta p_0^2 \omega_{-}}{8\rho_0 c_0^3 \alpha_0}(2m\cos\omega_{-}t + m^2\sin 2\omega_{-}t) \tag{9.5.12}$$

非线性传播过程就能解调出原来的幅度信号。100%调制($m=1$)时差频成分的振幅与发射信号

$$p(0) = p_0\sin\omega_0 t + p_0\sin(\omega_0 - \omega_{-})t \tag{9.5.13}$$

时差频成分的振幅相等,但是前者的能量是后者能量的75%(或说当使用能量一样时100%调制情况下的差频变换效率提高1.25dB)。

如果差频成分为语音信号,以上发射信号方式的一个缺点是即便无声时也发射一次波信号,这既消耗电力也使听者连续暴露在超声照射中。进一步可能的改进是使用调制信号

$$s(t) = m\sin\omega_{-}t \tag{9.5.14}$$

(5) 如是空间方向交叉方向向量分别为 $\vec{k}_1$, $\vec{k}_2$的声束,则散射波出现在$\vec{k}_1 \pm \vec{k}_2$的方向上[105]。

第 10 章　超 声 加 热

高强度聚焦超声治疗肿瘤是从体外发射频率数百 kHz 到 MHz 级的超声波束，在焦点区域声功率达到数千 W/cm^2，使肿瘤组织在 0.5～5s 的短时间内被加热到 70℃以上的高温而导致热凝固失去活性。还有一种是温热疗法。利用正常细胞和癌细胞对温度的不同感受能力，在几十分钟时间里对肿瘤区域保持照射使组织持续升温到 43～45℃的微热状态以抑制和杀灭癌细胞[105~108]。与其他加热方法(如射频[109])相比，超声方法的优点是经济简便，无外部辐射污染。

在超声加热中声场计算有重要意义。工程设计中需要探讨声场焦域和热焦域的形状。治疗过程中需要将焦点对准肿瘤位置，但蛋白质的热变性引起声阻抗变化使声波产生反射和折射，又引起热变性领域向近场移动。所以，在实际治疗前需要对照射过程中的声波照射时间和坏死领域的扩大过程进行预测和规划，并在治疗中进行控制[110~121]。

10.1　大口径凹面声源的声场计算

在超声加热中三种方式能进行有效聚焦：①采用凹面大口径声源使声能集中在其曲率中心的周围，称为几何聚焦；②在平面声源的前面放声学透镜使声聚焦于透镜焦点处，称为声学聚焦；③调整声源不同部分的初始信号相位使聚焦，称为电子聚焦。

10.1.1　椭球坐标系

图 10-1 为正交椭球坐标系中正交曲面族的一个断面图，圆凹面声振动面与一椭圆曲面相近。

正交椭球坐标系中三个坐标(σ,η,φ)与直交坐标系(x,y,z)的变换关系为

$$\begin{cases} x = b\sqrt{(1+\sigma^2)(1-\eta^2)}\cos\varphi \\ y = b\sqrt{(1+\sigma^2)(1-\eta^2)}\sin\varphi \\ z = b\sigma\eta \end{cases} \tag{10.1.1}$$

σ,η,φ 的值域范围为

$$\begin{aligned} -\infty < \sigma < +\infty \\ 0 \leqslant \eta \leqslant 1 \\ 0 \leqslant \varphi < 2\pi \end{aligned} \tag{10.1.2}$$

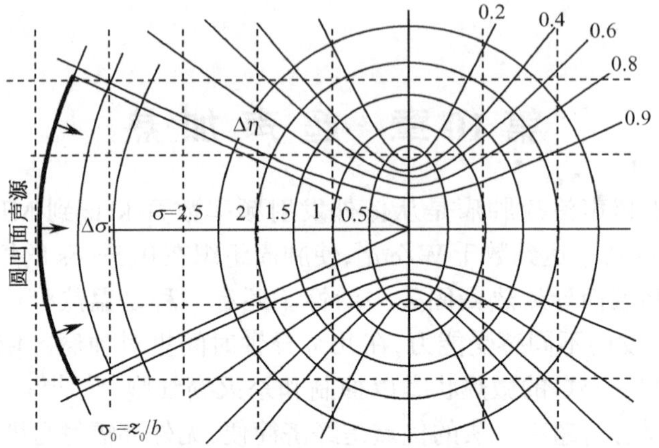

图 10-1　正交椭球坐标系中的正交曲面族断面图，
圆凹面声振动面与椭圆曲面相近

由式(10.1.1)可得关系式

$$\begin{aligned}\frac{x^2+y^2}{b^2(1-\eta^2)}-\frac{z^2}{b^2\eta^2}&=1\\\frac{x^2+y^2}{b^2(1+\sigma^2)}+\frac{z^2}{b^2\sigma^2}&=1\end{aligned}\tag{10.1.3}$$

即 η 对应于正交坐标系中的双曲面，σ 对应于椭圆面。

采用椭球坐标系讨论大开口圆凹面聚焦声源的声场特性有如下好处：

(1) 由于声源面的几何形状和椭球面相近，容易给出凹面边界条件。

(2) 容易给出初始声振动方向在源表面的法线方向上的数学描述。

(3) 传播过程中，声波面由源附近的收束球面波面转化为焦域附近的平面波面，然后再转化为远场的发散球面波面。这样的波面变化与椭圆面的变化相近。

(4) 声束的汇聚情况又与椭球面正交的双曲面相近，计算区域可随聚焦程度加大而缩减。

10.1.2　椭球坐标系中的声波动方程

由于声场 $p(t,r,z)$ 相对于 z 轴圆对称，取柱坐标系表达声波动方程式为

$$\frac{1}{c^2}\frac{\partial^2 p}{\partial t^2}-\frac{1}{r}\frac{\partial}{\partial r}\left(r\frac{\partial p}{\partial r}\right)-\frac{\partial^2 p}{\partial z^2}=0\tag{10.1.4}$$

圆柱坐标与椭球坐标的关系为

$$\begin{cases}r=b\sqrt{(1+\sigma^2)(1-\eta^2)}\\z=b\sigma\eta\end{cases}\tag{10.1.5}$$

在椭球坐标系中

$$p = p[t, r(\sigma,\eta), z(\sigma,\eta)] \tag{10.1.6}$$

p 对 σ,η 的一阶导数写为

$$\begin{cases} \dfrac{\partial p}{\partial \sigma} = \dfrac{\partial p}{\partial r}\dfrac{\partial r}{\partial \sigma} + \dfrac{\partial p}{\partial z}\dfrac{\partial z}{\partial \sigma} = b\sigma\sqrt{\dfrac{1-\eta^2}{1+\sigma^2}}\dfrac{\partial p}{\partial r} + b\eta\dfrac{\partial p}{\partial z} \\ \dfrac{\partial p}{\partial \eta} = \dfrac{\partial p}{\partial r}\dfrac{\partial r}{\partial \eta} + \dfrac{\partial p}{\partial z}\dfrac{\partial z}{\partial \eta} = -b\eta\sqrt{\dfrac{1+\sigma^2}{1-\eta^2}}\dfrac{\partial p}{\partial r} + b\sigma\dfrac{\partial p}{\partial z} \end{cases} \tag{10.1.7}$$

由此有

$$\begin{cases} (1+\sigma^2)\dfrac{\partial p}{\partial \sigma} = \sigma r\dfrac{\partial p}{\partial r} + b\eta(1+\sigma^2)\dfrac{\partial p}{\partial z} \\ (1-\eta^2)\dfrac{\partial p}{\partial \eta} = -\eta r\dfrac{\partial p}{\partial r} + b\sigma(1-\eta^2)\dfrac{\partial p}{\partial z} \end{cases} \tag{10.1.8}$$

再进一步得二阶微分为

$$\begin{cases} \begin{aligned} \dfrac{\partial}{\partial \sigma}\left[(1+\sigma^2)\dfrac{\partial p}{\partial \sigma}\right] &= \dfrac{\partial}{\partial r}\left(\sigma r\dfrac{\partial p}{\partial r} + b\eta(1+\sigma^2)\dfrac{\partial p}{\partial z}\right)\dfrac{\partial r}{\partial \sigma} \\ &\quad + \dfrac{\partial}{\partial z}\left(\sigma r\dfrac{\partial p}{\partial r} + b\eta(1+\sigma^2)\dfrac{\partial p}{\partial z}\right)\dfrac{\partial z}{\partial \sigma} \\ &= b\sigma\sqrt{\dfrac{1-\eta^2}{1+\sigma^2}}\left[\sigma\dfrac{\partial}{\partial r}\left(r\dfrac{\partial p}{\partial r}\right) + b\eta(1+\sigma^2)\dfrac{\partial^2 p}{\partial r\partial z}\right] \\ &\quad + b\eta\left[\sigma r\dfrac{\partial^2 p}{\partial z\partial r} + b\eta(1+\sigma^2)\dfrac{\partial^2 p}{\partial z^2}\right] \\ &= b^2\sigma^2(1-\eta^2)\dfrac{1}{r}\dfrac{\partial}{\partial r}\left(r\dfrac{\partial p}{\partial r}\right) \\ &\quad + 2b\sigma\eta r\dfrac{\partial^2 p}{\partial r\partial z} + b^2\eta^2(1+\sigma^2)\dfrac{\partial^2 p}{\partial z^2} \\ \dfrac{\partial}{\partial \eta}\left[(1-\eta^2)\dfrac{\partial p}{\partial \eta}\right] &= \dfrac{\partial}{\partial r}\left(-\eta r\dfrac{\partial p}{\partial r} + b\sigma(1-\eta^2)\dfrac{\partial p}{\partial z}\right)\dfrac{\partial r}{\partial \eta} \\ &\quad + \dfrac{\partial}{\partial z}\left(-\eta r\dfrac{\partial p}{\partial r} + b\sigma(1-\eta^2)\dfrac{\partial p}{\partial z}\right)\dfrac{\partial z}{\partial \eta} \\ &= -b\eta\sqrt{\dfrac{1+\sigma^2}{1-\eta^2}}\left[-\eta\dfrac{\partial}{\partial r}\left(r\dfrac{\partial p}{\partial r}\right) + b\sigma(1-\eta^2)\dfrac{\partial^2 p}{\partial r\partial z}\right] \\ &\quad + b\sigma\left[-\eta r\dfrac{\partial^2 p}{\partial r\partial z} + b\sigma(1-\eta^2)\dfrac{\partial^2 p}{\partial z^2}\right] \\ &= b^2\eta^2(1-\sigma^2)\dfrac{1}{r}\dfrac{\partial}{\partial r}\left(r\dfrac{\partial p}{\partial r}\right) \\ &\quad - 2b\sigma\eta r\dfrac{\partial^2 p}{\partial r\partial z} + b^2\sigma^2(1-\eta^2)\dfrac{\partial^2 p}{\partial z^2} \end{aligned} \end{cases} \tag{10.1.9}$$

(10.1.9)中的两式相加得

$$\frac{\partial}{\partial \sigma}\left[(1+\sigma^2)\frac{\partial p}{\partial \sigma}\right]+\frac{\partial}{\partial \eta}\left[(1-\eta^2)\frac{\partial p}{\partial \eta}\right]=b^2(\sigma^2+\eta^2)\left[\frac{1}{r}\frac{\partial}{\partial r}\left(r\frac{\partial p}{\partial r}\right)+\frac{\partial^2 p}{\partial z^2}\right] \tag{10.1.10}$$

将式(10.1.10)整理重写为

$$\frac{1}{r}\frac{\partial}{\partial r}\left(r\frac{\partial p}{\partial r}\right)+\frac{\partial^2 p}{\partial z^2}=\frac{1}{b^2(\sigma^2+\eta^2)}\left\{\frac{\partial}{\partial \sigma}\left[(1+\sigma^2)\frac{\partial p}{\partial \sigma}\right]+\frac{\partial}{\partial \eta}\left[(1-\eta^2)\frac{\partial p}{\partial \eta}\right]\right\} \tag{10.1.11}$$

可知，椭球坐标系中的声波动方程写为

$$\frac{1}{c^2}\frac{\partial^2 p}{\partial t^2}-\frac{1}{b^2(\sigma^2+\eta^2)}\left\{\frac{\partial}{\partial \sigma}\left[(1+\sigma^2)\frac{\partial p}{\partial \sigma}\right]+\frac{\partial}{\partial \eta}\left[(1-\eta^2)\frac{\partial p}{\partial \eta}\right]\right\}=0 \tag{10.1.12}$$

这是一个二次变系数偏微分方程。

声波不会依椭圆面传播。所以，不能一次性作参数变换 $t'=t-\sigma/c_0$ 得到式(10.1.12)的抛物线近似形式。可以在接近源的近场以球面波近似[113,114]

$$t'=t-\sqrt{r^2+z^2}/c \tag{10.1.13}$$

而在聚焦区域附近以平面波近似

$$t'=t-z/c \tag{10.1.14}$$

分别作抛物线近似进行差分数值计算。但选择近远场分界面和连接计算结果增加复杂性。

当然，也可直接就式(10.1.12)离散差分进行数值计算，其差分形式见式(2.2.19)。

10.1.3 椭球坐标系中的流体运动基本方程

流体运动的运动方程(不包含移流项)和质量守恒方程以向量算子形式写为

$$\rho\frac{\mathrm{d}\vec{v}}{\mathrm{d}t}=-\nabla p \tag{10.1.15}$$

$$\frac{1}{\rho c^2}\frac{\partial p}{\partial t}=-\nabla\cdot\vec{v} \tag{10.1.16}$$

梯度和散度算子在直交坐标系(x,y,z)中为

$$\begin{aligned}\nabla f&=\frac{\partial f}{\partial x}\hat{x}+\frac{\partial f}{\partial y}\hat{y}+\frac{\partial f}{\partial z}\hat{z}\\ \nabla\cdot\vec{A}&=\frac{\partial f}{\partial x}+\frac{\partial f}{\partial y}+\frac{\partial f}{\partial z}\end{aligned} \tag{10.1.17}$$

而在任意一个正交曲线坐标系(u,v,w)中为

$$\nabla f=\frac{1}{h_1}\frac{\partial f}{\partial u}\hat{e}_1+\frac{1}{h_2}\frac{\partial f}{\partial v}\hat{e}_2+\frac{1}{h_3}\frac{\partial f}{\partial w}\hat{e}_3$$

$$\nabla \cdot \vec{A} = \frac{1}{h_1 h_2 h_3}\left[\frac{\partial}{\partial u}(h_2 h_3 A_1) + \frac{\partial}{\partial v}(h_3 h_1 A_2) + \frac{\partial}{\partial w}(h_1 h_2 A_3)\right] \tag{10.1.18}$$

其中,系数(h_1, h_2, h_3)由下面公式给出

$$\begin{aligned} h_1 &= \left|\frac{\partial x}{\partial u}\hat{x} + \frac{\partial y}{\partial u}\hat{y} + \frac{\partial z}{\partial u}\hat{z}\right| \\ h_2 &= \left|\frac{\partial x}{\partial v}\hat{x} + \frac{\partial y}{\partial v}\hat{y} + \frac{\partial z}{\partial v}\hat{z}\right| \\ h_3 &= \left|\frac{\partial x}{\partial w}\hat{x} + \frac{\partial y}{\partial w}\hat{y} + \frac{\partial z}{\partial w}\hat{z}\right| \end{aligned} \tag{10.1.19}$$

在椭球坐标系中,(h_1, h_2, h_3)中的各微分系数为

$$\begin{aligned} &\frac{\partial x}{\partial \sigma} = b\sqrt{1-\eta^2}\cos\varphi\frac{\sigma}{\sqrt{1+\sigma^2}}, \\ &\frac{\partial y}{\partial \sigma} = b\sqrt{1-\eta^2}\sin\varphi\frac{\sigma}{\sqrt{1+\sigma^2}}, \qquad \frac{\partial z}{\partial \sigma} = b\eta \\ &\frac{\partial x}{\partial \eta} = b\sqrt{1+\sigma^2}\cos\varphi\frac{-\eta}{\sqrt{1-\eta^2}}, \\ &\frac{\partial y}{\partial \eta} = b\sqrt{1+\sigma^2}\sin\varphi\frac{-\eta}{\sqrt{1-\eta^2}}, \qquad \frac{\partial z}{\partial \eta} = b\sigma \\ &\frac{\partial x}{\partial \varphi} = b\sqrt{(1+\sigma^2)(1-\eta^2)}(-\sin\varphi), \\ &\frac{\partial y}{\partial \varphi} - b\sqrt{(1+\sigma^2)(1-\eta^2)}\cos\varphi, \qquad \frac{\partial z}{\partial \varphi} = 0 \end{aligned} \tag{10.1.20}$$

代入式(10.1.19)后有

$$\begin{aligned} h_1 &= b\sqrt{\frac{\sigma^2+\eta^2}{1+\sigma^2}} \\ h_2 &= b\sqrt{\frac{\sigma^2+\eta^2}{1-\eta^2}} \\ h_3 &= b\sqrt{(1+\sigma^2)(1-\eta^2)} \end{aligned} \tag{10.1.21}$$

于是,在椭球坐标系中梯度和散度算子写为

$$\begin{aligned} \nabla p &= \frac{1}{h_1}\frac{\partial p}{\partial \sigma}\hat{\sigma} + \frac{1}{h_2}\frac{\partial p}{\partial \eta}\hat{\eta} + \frac{1}{h_3}\frac{\partial p}{\partial \varphi}\hat{\varphi} \\ &= \frac{1}{b}\sqrt{\frac{1+\sigma^2}{\sigma^2+\eta^2}}\frac{\partial p}{\partial \sigma}\hat{\sigma} + \frac{1}{b}\sqrt{\frac{1-\eta^2}{\sigma^2+\eta^2}}\frac{\partial p}{\partial \eta}\hat{\eta} \\ &\quad + \frac{1}{b\sqrt{(1+\sigma^2)(1-\eta^2)}}\frac{\partial p}{\partial \varphi}\hat{\varphi} \end{aligned} \tag{10.1.22}$$

$$\nabla \cdot \vec{v} = \frac{1}{h_1 h_2 h_3}\left[\frac{\partial}{\partial \sigma}(h_2 h_3 v_\sigma) + \frac{\partial}{\partial \eta}(h_3 h_1 v_\eta) + \frac{\partial}{\partial \varphi}(h_1 h_2 v_\varphi)\right]$$

$$= \frac{1}{b(\sigma^2 + \eta^2)}\left[\frac{\partial}{\partial \sigma}\left(\sqrt{(\sigma^2 + \eta^2)(1 + \sigma^2)}\, v_\sigma\right) + \frac{\partial}{\partial \eta}\left(\sqrt{(\sigma^2 + \eta^2)(1 - \eta^2)}\, v_\eta\right) + \frac{\partial}{\partial \varphi}\left(\frac{\sigma^2 + \eta^2}{(1 + \sigma^2)(1 - \eta^2)} v_\varphi\right)\right] \quad (10.1.23)$$

如声场与 φ 无关,则简化为

$$\nabla p = \frac{1}{b}\sqrt{\frac{1 + \sigma^2}{\sigma^2 + \eta^2}} \frac{\partial p}{\partial \sigma}\hat{\sigma} + \frac{1}{b}\sqrt{\frac{1 - \eta^2}{\sigma^2 + \eta^2}} \frac{\partial p}{\partial \eta}\hat{\eta}$$

$$\nabla \cdot \vec{v} = \frac{1}{b(\sigma^2 + \eta^2)}\left[\frac{\partial}{\partial \sigma}\left(\sqrt{(\sigma^2 + \eta^2)(1 + \sigma^2)}\, v_\sigma\right) + \frac{\partial}{\partial \eta}\left(\sqrt{(\sigma^2 + \eta^2)(1 - \eta^2)}\, v_\eta\right)\right] \quad (10.1.24)$$

由此,在椭球坐标系中流体运动基本方程写为

$$\begin{cases} \rho \dfrac{\partial v_\sigma}{\partial t} = -\dfrac{1}{b\sqrt{\dfrac{\sigma^2 + \eta^2}{1 + \sigma^2}}} \dfrac{\partial p}{\partial \sigma} \\ \rho \dfrac{\partial v_\eta}{\partial t} = -\dfrac{1}{b\sqrt{\dfrac{\sigma^2 + \eta^2}{1 - \eta^2}}} \dfrac{\partial p}{\partial \eta} \\ \dfrac{1}{\rho_0 c^2} \dfrac{\partial p}{\partial t} = -\dfrac{1}{b(\sigma^2 + \eta^2)}\left[\dfrac{\partial}{\partial \sigma}\left(\sqrt{(\sigma^2 + \eta^2)(1 + \sigma^2)}\, v_\sigma\right) + \dfrac{\partial}{\partial \eta}\left(\sqrt{(\sigma^2 + \eta^2)(1 - \eta^2)}\, v_\eta\right)\right] \end{cases} \quad (10.1.25)$$

10.1.4 流体运动基本方程的时域差分

注意,交叉配置各变量的离散点,式(10.1.25)的离散差分形式写为

$$\begin{cases} \rho \dfrac{v_\sigma|_{i+1/2,k}^{n+1/2} - v_\sigma|_{i+1/2,k}^{n-1/2}}{T} = -\dfrac{1}{b}\sqrt{\dfrac{1 + \sigma_{k+1/2}^2}{\sigma_{k+1/2}^2 + \eta_i^2}} \dfrac{p|_{i,k+1}^n - p|_{i,k}^n}{h_\sigma} \\ \rho \dfrac{v_\eta|_{i+1/2,k}^{n+1/2} - v_\eta|_{i+1/2,k}^{n-1/2}}{T} = -\dfrac{1}{b}\sqrt{\dfrac{1 - \eta_{i+1/2}^2}{\sigma_k^2 + \eta_{i+1/2}^2}} \dfrac{p|_{i+1,k}^n - p|_{i,k}^n}{h_\eta} \end{cases}$$

$$
\left\{
\begin{aligned}
\frac{p|_{i,k}^{n+1}-p|_{i,k}^{n}}{\rho c_0^2 T} = &-\frac{\left[\sqrt{(\sigma_{k+1/2}^2+\eta_i^2)(1+\sigma_{k+1/2}^2)}\,v_\sigma|_{i,k+1/2}^{n}\right.}{b(\sigma_k^2+\eta_i^2)h_\sigma} \\
&-\frac{\left.\sqrt{(\sigma_{k-1/2}^2+\eta_i^2)(1+\sigma_{k-1/2}^2)}\,v_\sigma|_{i,k-1/2}^{n}\right]}{b(\sigma_k^2+\eta_i^2)h_\sigma} \\
&-\frac{\left[\sqrt{(\sigma_k^2+\eta_{i+1/2}^2)(1-\eta_{i+1/2}^2)}\,v_\eta|_{i+1/2,k}^{n}\right.}{b(\sigma_k^2+\eta_i^2)h_\eta} \\
&-\frac{\left.\sqrt{(\sigma_k^2+\eta_{i-1/2}^2)(1-\eta_{i-1/2}^2)}\,v_\eta|_{i-1/2,k}^{n}\right]}{b(\sigma_k^2+\eta_i^2)h_\eta}
\end{aligned}
\right. \tag{10.1.26}
$$

注意,球面声源的振动面并不与椭球坐标系中的椭圆面完全吻合。球面声源的振动面(图10-2中的粗线所示)中心位于$(\sigma,\eta)=(-\sigma_{\max},1)$处,与此相接的为椭球坐标系中$\sigma=-\sigma_{\max}$的椭圆面。设$d$为几何焦距,$a$为源开口半径,$\sigma_{\max}$等于$d$和$b$的比值,有$\sigma_{\max}=d/b$。椭圆面上各点距焦点的距离为

$$
\begin{aligned}
R &= \sqrt{r^2+z^2} = b\sqrt{1+\sigma_{\max}^2-\eta^2} = \sqrt{d^2+b^2-b^2\eta^2} \\
&\approx d+\frac{b^2}{2d}(1-\eta^2)
\end{aligned} \tag{10.1.27}
$$

于是,球面声源的振动面与椭球坐标系中的椭圆面的距离差为

$$
\Delta R = R-d \approx \frac{b^2}{2d}(1-\eta^2) \tag{10.1.28}
$$

除非远小于声波的波长,ΔR不能忽略。可以将球面上的声波通过相位补偿影射

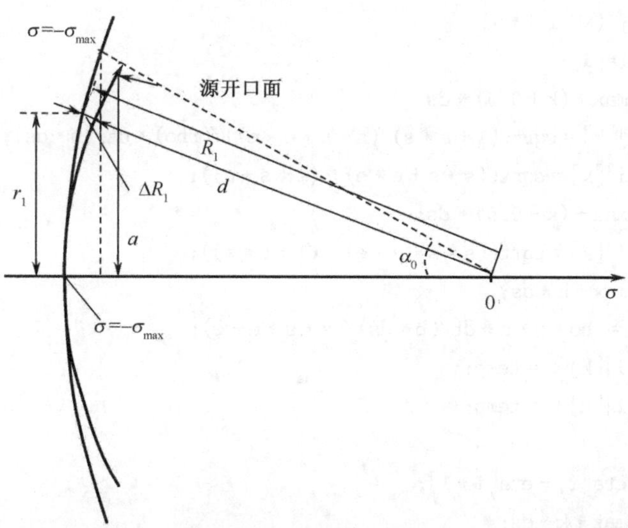

图10-2 球面声源振动面与椭球坐标系中的椭圆面的距离差

到椭球面上去,即赋予在 $\sigma=-\sigma_{\max}$的椭圆面上的初始声压为

$$\bar{p}\mid_{\sigma=-\sigma_{\max}}=\begin{cases}F(r)\sin[2\pi f_0(t+\Delta R/c)] & \alpha\leqslant\alpha_0\\ 0 & \alpha>\alpha_0\end{cases}\qquad(10.1.29)$$

其中,$F(r)$为声源振动面的压强分布函数,当声源均匀分布时 $F(r)=1$。

10.1.5 计算程序和结果

以下为计算式(10.1.26)离散差分式的程序。其中,设声波频率 $f_0=1\text{MHz}$,聚焦长度 $d=10\text{cm}$,声速 $c=1492\text{m/s}$。未作吸收边界处理,在横方向上取了源口径 4 倍的计算区域。当然,这是以增加计算时间为代价的。

```
rho = 1000.0;
c = 1492.0;
f0 = 1000000.0;
focus = 0.1;
NS = 1100;
NE = 399;
m = 4;
nmax = int(NS * m);
b = 0.15;|
smax = - focus/b;
dt = b * ds/c/m;
for(k = 0;k<NS;k ++ ){
    for(i = 0;i<NE;i ++ ){
        e = eta[i];
        s = smax + (k + 0.5) * ds;
        as[i][k] = sqrt((1 + s * s)/(s * s + e * e))/(rho) * dt/(b * ds);
        as1[i][k] = sqrt((s * s + e * e) * (1 + s * s));
        s = smax + (k - 0.5) * ds;
        as2[i][k] = sqrt((s * s + e * e) * (1 + s * s));
        s = smax + k * ds;
        temp = rho * c * c * dt/(b * ds)/(s * s + e * e);
        as1[i][k] * = temp;
        as2[i][k] * = temp;

        de = eta[i] - eta[i + 1];
        s = smax + k * ds;
        e = (eta[i] + eta[i + 1])/2;
```

```
        ae[i][k] = sqrt((1 - e * e)/(s * s + e * e))/(rho) * dt/(b * de);
        ae1[i][k] = sqrt((s * s + e * e) * (1 - e * e));
        if(i! = 0){
            e = (eta[i - 1] + eta[i])/2;
        }else{
            e = (eta[i + 1] + eta[i])/2;
        }
        ae2[i][k] = sqrt((s * s + e * e) * (1 - e * e));
        e = eta[i];
        temp = rho * c * c * dt/(b * de)/(s * s + e * e);
        ae1[i][k] * = temp;
        ae2[i][k] * = temp;
    }
}
cosT = cos(2 * 3.1416 * f0 * dt);
sinT = sin(2 * 3.1416 * f0 * dt);
for(i = 0;i<NEsource;i++){
    temp = 2 * 3.1416 * f0 *
            (b * sqrt(smax * smax + 1 - eta[i] * eta[i]) - focus)/c;
    cosI[i] = cos(temp);
    sinI[i] = sin(temp);
}
for(n = 0;n<nmax;n++){
    for(i = 0;i<NEsource;i++){
        p[i][0] = sinI[i];
        temp = cosI[i];
        cosI[i] = cosI[i] * cosT - sinI[i] * sinT;
        sinI[i] = sinI[i] * cosT + temp * sinT;
    }
    for(k = 0;k<NS - 1;k++){
        for(i = 0;i<NE;i++){
            vs[i][k] - = (p[i][k + 1] - p[i][k]) * as[i][k];
        }
    }
    for(k = 0;k<NS;k++){
        for(i = 0;i<NE - 1;i++){
            ve[i][k] - = (p[i + 1][k] - p[i][k]) * ae[i][k];
```

```
        }
    }
    for(k = 1;k<NS;k ++ ){
        for(i = 0;i<NE;i ++ ){
            p[i][k] - = as1[i][k] * vs[i][k] - as2[i][k] * vs[i][k - 1];
        }
    }

        for(k = 1;k<NS;k ++ ){
            for(i = 1;i< NE;i++ ){
            p[i][k] - = ae1[i][k] * ve[i][k] - ae2[i][k] * ve[i - 1][k];
        }
        p[0][k] - = (ae1[0][k] + ae2[0][k]) * ve[0][k];
    }
}
```

图 10-3 为计算得到的中心轴上声波。图 10-4 为包括中心轴的断面内的声场情况。该方法对适用的孔径角度没有限制,计算程序简单,精度可靠,能够得到足够好的精度。

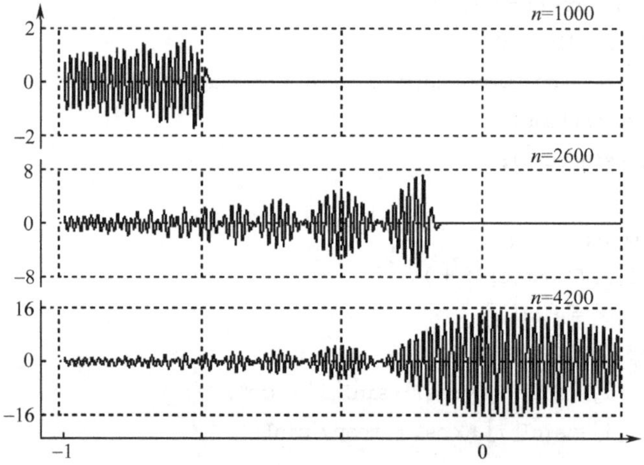

图 10-3 计算的中心轴上声波

其他也可以看到用有限元方法计算大口径凹面聚焦声源的声场[99~115]。

10.1.6 非线性和吸收衰减

聚焦超声加热系统的声压振幅达上百 MPa。人体组织的非线性特性又比水更强(水的 B/A 为3.5,肝为6.2~8.9),所以声波有很强的非线性畸变,与高次谐

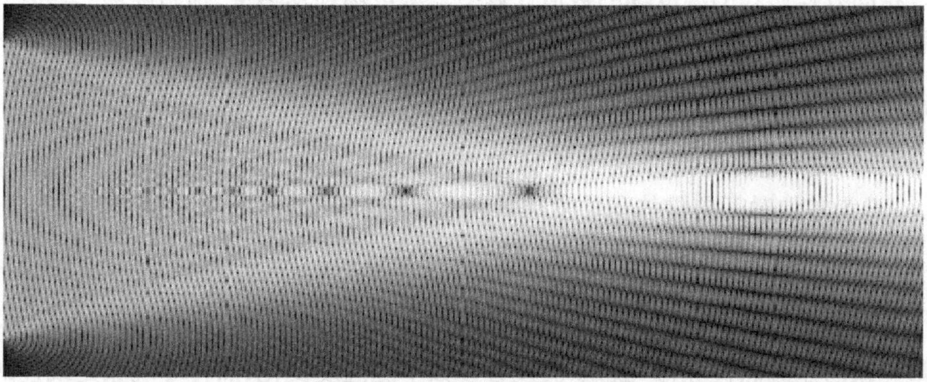

图 10-4 包括中心轴的断面内的声场

波有关的能量吸收很大[123~126]。所以,治疗超声中的声场计算不仅应包括声源开口的衍射,还要考虑非线性效应和吸收衰减[127]。

考虑非线性效应的数值计算可参考第 9 章中讨论的方法。

如声波为单一频率的平面波,振幅吸收系数为 α,则有

$$p = P_0 e^{-\alpha \Delta z} \tag{10.1.30}$$

单位体积内的平均声能量为

$$I = \frac{p^2}{2\rho c^2} \tag{10.1.31}$$

单位距离内被传播介质吸收的能量为

$$\Delta I = \frac{2p\mathrm{d}p/\mathrm{d}z}{\rho c^2} = -2\alpha I \tag{10.1.32}$$

如声波由各次谐波组成

$$p(r,z) = \sum_{n=1}^{\infty} p_n(r,z)\sin[(2n\pi f_0 t + \theta_n(r,z))] \tag{10.1.33}$$

而各次谐波的吸收系数不同,则单位距离内被介质吸收的能量为

$$\Delta I(r,z) = -2\alpha_1 \sum_{n=1}^{\infty} nI_n = -\frac{\alpha_1}{\rho c^2}\sum_{n=1}^{\infty} np_n^2(r,z) \tag{10.1.34}$$

其中,α_1 为基波的衰减系数(各次谐波的衰减系数假定与频率成正比)。

10.2 声能对人体组织的作用

虽然声能对人体组织的作用不属于声学的范畴,但现代声学的成就更取决于对其他学科的渗透。数值计算得到的声场分布又将作为“源”,投入到新一轮几乎

具有相同方程形式的温度场的数值计算中。从声场到发热量，到温度场，再到热剂量和细胞坏死领域可以进行一整套的数值计算模拟。

10.2.1 声能转化为热能

在超声加热中传播介质为人体组织，被组织吸收的能量转变为热能。设 $Q(r,z)$ 为单位时间单位体积的发热量(SAR: specific absorption ratio, $\mathrm{W/m^3}$)有

$$Q(r,z) = -\Delta I(r,z) = \frac{\alpha_1}{\rho c^2}\sum_{n=1}^{\infty} n p_n^2(r,z) \tag{10.2.1}$$

人体组织的热传导方程式里含发热项，组织热传导(扩散)项和由于血流带走热量导致的血流热传导(扩散)项。设各参数不随温度变化，热传导现象是线性的，则有[128]

$$\rho C \frac{\partial T}{\partial t} = \kappa\left(\frac{\partial^2 T}{\partial x^2} + \frac{\partial^2 T}{\partial y^2} + \frac{\partial^2 T}{\partial z^2}\right) + Q - w_\mathrm{b} C_\mathrm{b} T \tag{10.2.2}$$

其中，T(℃)为以血流温度为基准的人体温度变化量，$\rho(\mathrm{kg \cdot m^{-3}})$ 为组织密度，$\kappa(\mathrm{W \cdot m^{-1} \cdot K^{-1}})$ 为热传导率，$C(\mathrm{J \cdot kg^{-1} \cdot K^{-1}})$ 为比热容，w_b 和 C_b 为血流的单位体积流量和比热容。

下面来估计与热有关的几个重要时定数：

(1) 超声波照射后组织温度开始上升，一段时间后当由超声吸收转换为热的能量和由热的传导扩散失去的能量相等时温度就不再上升，到达热平衡状态。如忽略人体组织热传导的影响，热的传导主要由于血流带走热量，式(10.2.2)简化为

$$\rho C \frac{\partial T}{\partial t} = Q - w_\mathrm{b} C_\mathrm{b} T \tag{10.2.3}$$

这个方程的解是

$$T = \frac{Q}{w_\mathrm{b} C_\mathrm{b}}\left(1 - \mathrm{e}^{-\frac{w_\mathrm{b} C_\mathrm{b}}{\rho C} t}\right) \tag{10.2.4}$$

那么，热平衡的时定数为

$$\tau_\mathrm{b} = \frac{\rho C}{w_\mathrm{b} C_\mathrm{b}} \approx \frac{\rho}{w_\mathrm{b}} \tag{10.2.5}$$

这表示血流量越小则到达热平衡的时间就越长，这是符合常识的。以血流丰富的脑为例，脑体积约为 $1200\mathrm{cm^3}$，总的血流量为 120g/s，则单位体积血流量为 $0.1\mathrm{g/(cm^3 \cdot s)}$。这时热平衡的时定数是 $\tau_\mathrm{b} = 10\mathrm{s}$。

如超声照射的加热时间与上述血流冷却效果的时定数相比短得多，为简单起见血流的冷却可以忽略不计，于是式(10.2.2)近似为

$$\rho C \frac{\partial T}{\partial t} = \kappa\left(\frac{\partial^2 T}{\partial x^2} + \frac{\partial^2 T}{\partial y^2} + \frac{\partial^2 T}{\partial z^2}\right) + Q \tag{10.2.6}$$

(2) 再者，如在声束方向(z)无显著温度变化，在声束截面上高温区间陡峭，则

有

$$\frac{\partial^2 T}{\partial x^2} = \frac{\partial^2 T}{\partial y^2} \approx \frac{T_{i+1} - 2T_i + T_{i-1}}{d^2} \approx - \frac{2T_i}{d^2} \tag{10.2.7}$$

于是式(10.2.6)近似为

$$\rho C \frac{\partial T}{\partial t} = - 4\kappa T/d^2 + Q \tag{10.2.8}$$

式(10.2.8)的解是

$$T = \frac{Q}{(4\kappa/d^2)}(1 - \mathrm{e}^{-\frac{4\kappa}{\rho C d^2}t}) \tag{10.2.9}$$

那么,热扩散的时定数为

$$\tau_c = \frac{\rho C d^2}{4\kappa} \tag{10.2.10}$$

以聚焦超声的典型值 $d \approx 4$mm 计算,$\tau_c \approx 10$s。

(3) 如超声波的照射时间比热扩散的时定数足够短,就可以忽略热传导项,从而热传导方程(10.2.6)进一步近似为

$$\rho C \frac{\partial T}{\partial t} = Q \tag{10.2.11}$$

即超声波开始照射 Δt 秒后的温度上升约为

$$\Delta T = \frac{Q}{\rho C}\Delta t \tag{10.2.12}$$

当然,要更严格定量地求到达热平衡时的温度,所需的时间,温度的空间分布等重要特性,还是要解热传导方程式(10.2.6)。

通常高强度聚焦超声波的声源开口是圆对称型的。那么,声场的空间分布是圆筒对称的。发热量 Q 和温度场也都是圆筒对称的。于是,以柱坐标系表达热传导方程为

$$\rho C \frac{\partial T}{\partial t} = \kappa\left(\frac{1}{r}\frac{\partial}{\partial r}\left(r\frac{\partial}{\partial r}\right) + \frac{\partial^2}{\partial z^2}\right)T + Q(r, z) \tag{10.2.13}$$

于是,以离散差分法求解可得到温度场 $T(r, z)$。

下面是两个计算模型的主要参数值:

(1)人体组织典型的声学参数为 $\alpha_1 = 13.0$Neper/m, $c = 1570$m/s, $\beta = 4.5$, $\rho = 1070$kg/m^3,热特性 $\kappa = 0.6$W/(m·K), $C = 3500$J/(kg·K)。一个典型的超声照射条件是焦点距离 125mm,源直径 50mm,源表面声压 200kPa,脉冲宽度 3s,以 10s 重复周期照射 4 次。那么焦点处 SAR 可达 10^8W/m^3。

(2) 36℃水中加软性黏固物(不产生有意义的衰减也不使水产生声流引起热对流),声学参数为 $\alpha_1 = 0.23$dB/cm, $c = 1895$m/s, $\rho = 1249$kg/m^3,弹性率 $\mu = 22000$N/m^2,泊松系数 $\sigma = 0.5$,剪断弹性率 $\mu_\perp = 2(1 + \sigma)\mu$。热传导率为 $\kappa =$

0.292W/(m·K), $C=2410$J/(kg·K)。超声照射条件为 $f=1$MHz 源凹面曲率半径 100mm,开口半径 25mm,峰峰值 88V 电压驱动时表面振动速度 0.035m/s,连续波 180min 照射。那么,温度先指数上升,以后趋平达温度 55℃。如改变声波频率为 $f=2$MHz,Q 空间分布的峰值将增加到 1MHz 时的 3 倍。

10.2.2 细胞坏死的判断

使细胞蛋白质变性并坏死需要一定的能量,相应的指标叫热剂量,取决于温度和加热时间,具体由加温超过变性阈值温度(T_k)以上后温度的时间积分决定[129]。以统计学的概念,如组织在 t 秒中保持温度 $T(>T_k)$,则热剂量为

$$\Omega = At\mathrm{e}^{-\frac{E}{RT}} \tag{10.2.14}$$

其中,R 为气体常数(8.31J·mol^{-1}·K^{-1}),T 为绝对温度,A,E 为组织常数。细胞热伤害的实验结果知 $A=3.1\times10^{98}\mathrm{s}^{-1}$,$E=6.3\times10^{5}\mathrm{J\cdot mol}^{-1}$[130~131]。热剂量 Ω 积累到等于 1 时细胞坏死。这意味着如以 61.3℃ 的温度加热 1s 组织就会坏死。如温度随时间变化,一般热剂量为时间积分形式

$$\Omega = A\int_k^t \mathrm{e}^{-\frac{E}{RT}}\mathrm{d}t \tag{10.2.15}$$

t_k 为加温超过变性阈值温度 $T_k=323$K(50℃)的时刻。

10.3 有关的几个重要技术

与超声加热有关的其他几个重要问题列举如下。

10.3.1 温度监测

超声加热必须在温度监测下进行,至今为止有使用核磁共振成像(NMI 或 MR)[132,133]和使用反射式超声脉冲多普勒[134]的一些研究报告。但温度监测目前还没有简便有效的方法。

设声波往复一段距离所需的时间为

$$\Delta t = \frac{2L}{c(T)} - \frac{2L}{c(T_0)} \tag{10.3.1}$$

由于声传播介质的声速随温度变化,有

$$\frac{\partial \Delta t}{\partial T} = 2L\left(-\frac{1}{c^2(T_0)}\right) \tag{10.3.2}$$

反射法的测温精度可达 0.5℃以下。用超声波透过法测量声波到达时间可精确到 10^{-11}s,以此测定温度,肉厚 10mm 可达 0.001℃ 的精确度[135]。

实际应用的其他方面也常有测温的要求。如温室中的大范围温度监测也使用

超声测温的方法。在空气中声速为

$$c = 331.32\sqrt{1 + \frac{T(℃)}{273.15}} \tag{10.3.3}$$

或改写为

$$T(℃) = \frac{273.15}{331.32^2}c^2 - 273.15 \tag{10.3.4}$$

可以测量一点的温度，也可以多方向收集数据以CT重建算法得到一个区域的温度分布（约$7m^2$圆形区域的圆周上等距离放置32个声传感器的数据收集系统可使$0.5m^2$的高温区域可视化[136,137]）。这些实践可能也有助于启发得到人体组织内的温度监测方法。

10.3.2 源开口散焦以增大焦区横向宽度

超声加热中的大口径聚焦声源往往产生过细的波束截面宽度。即便是$1cm^3$的小患部加热也要反复移动焦点几十次。如每次加热2～3s，每次加热后需要等待被照射部位以血流的热传导时定数回复到平常温度，则整个照射可能要达10^4s[138～140]。

如凹面声源的振动面不是以同一相位发射声波，而是等角度分割成四个部分，使一、三象限的元同相，二、四象限的元反相振动则波束横向宽度会增大[141]。也有报告提到将开口直径57mm，曲率半径66mm，工作频率1.61MHz的振动面12分割，各元交互异相，也使振幅不一样（voltage-unbalanced checker 方法），则在横方向上中心平坦无明显峰值，声压的－6dB宽度比不分割的同相驱动扩大了5～6倍[142]。

用本书给出的数值计算方法可以计算得到这种声照射系统的声场（如声束特性）。

10.3.3 抑制空化效应的激励波形

高强度超声波对人体组织的作用除热效应引起细胞蛋白质的热变性外，还有声空化引起细胞构造的力学破坏。通常希望加热使温度上升而不希望引起声空化。为此有报告提出了声空化抑制照射法。这种方法考虑单一频率的连续照射容易使气泡反复膨胀、缩小，成长到一定大小后被压坏，于是提议调频驱动使信号带有多种频率成分，那么气泡就不易成长致发生声空化[143,144]。

用本书给出的声场和气泡振动的数值计算方法可以模拟这种声照射系统下气泡的举动。

第 11 章　声　流

声流也被称为声风、声超流。水中 100kPa 声压的行波能在声轴上产生流速 1cm/s 的水流，加大声波的振幅流速会达到 10cm/s 以上，在水里加细铝粉后肉眼可见。在医学超声图像系统中使用脉冲超声波临床中发现声照射使甲状腺囊胞和乳房囊胞中的液体产生每秒十数厘米速度的流动[145~147]。

很早就有关于声流的理论探讨[148]。声流理论分析的基础还是流体运动基本方程，只是讨论流体介质质点速度(声场量)的时间平均值(流场量)、时间平均值的变化率(流的加速度)和引起这种变化的有关项(流的驱动力)。

11.1　移流加速度的时间平均

在第 1 章中叙述了声场中所谓质点速度是在空间固定点的场量(Euler 体系)而不是质点坐标系中的量(拉格朗日体系)，后者才符合牛顿运动定律。设理想流体中有平面波传播使在空间固定位置 z_1 处看到质点们的运动速度为

$$v = v_0 \sin(\omega t - kz_1) \tag{11.1.1}$$

质点们的时间平均为

$$\langle v \rangle = 0 \tag{11.1.2}$$

$$\left\langle \frac{\mathrm{d}v}{\mathrm{d}t} \right\rangle = 0 \tag{11.1.3}$$

这是质点们的平均结果，并非就某个质点而言。一个质点的运动速度应写为

$$v = v_0 \sin(\omega t - kz) \tag{11.1.4}$$

是时间也是空间的函数。这个质点的瞬时加速度为

$$a = \frac{\partial v}{\partial t} + v\frac{\partial v}{\partial z} = v_0 \sin(\omega t - kz) + v_0^2 k \cos^2(\omega t - kz) \tag{11.1.5}$$

等号右边第二项的时间平均

$$\langle a \rangle = \frac{1}{T}\int_0^T v_0^2 k \cos^2(\omega t - kz)\mathrm{d}t \tag{11.1.6}$$

不等于零[149]。由牛顿运动定律，这意味着质点受到不为零的声辐射力的作用，使流体运动。这也就是为什么称式(11.1.5)等号右边第二项为“移流加速度”的缘故。

只是这种移流加速度起因的流动很小，水中 1 个大气压的声压也只产生 1μm/s大小的流速。通常所指的声流现象不是移流加速度项所能引起的。

11.2 声流方程

推导波形畸变的声波动方程时声场量 p, v 被分为一阶微小量和二阶微小量。推导声流方程时设在流体介质中 $p, \vec{v}, \rho$ 的时间平均值有直流成分和周期性成分

$$p = p_0 + p_1, \qquad \vec{v} = \vec{v}_0 + \vec{v}_1, \qquad \rho = \rho_0 + \rho_1 \tag{11.2.1}$$

其中

$$p_0 = \frac{1}{T}\int_0^T p\mathrm{d}t, \qquad \vec{v}_0 = \frac{1}{T}\int_0^T \vec{v}\,\mathrm{d}t, \qquad \rho_0 = \frac{1}{T}\int_0^T \rho\mathrm{d}t$$

$$\langle p_1\rangle = 0, \qquad \langle \vec{v}_1\rangle = 0, \qquad \langle \rho_1\rangle = 0 \tag{11.2.2}$$

p_0 可以含有声场作用以外的重力等保守力场的作用，$\vec{v}_0$ 含流体的宏观流动。声场中的一阶微小项产生周期性成分，二阶微小项提供直流成分。

11.2.1 质量守恒方程的时间平均

首先讨论流体运动基本方程中的质量守恒方程

$$\frac{\partial\rho}{\partial t} + \nabla\cdot(\rho\vec{v}) = 0 \tag{11.2.3}$$

的时间平均。由于仅直流项或两个周期项乘积的项不为零，式(11.2.3)的演变写为

$$\left\langle\frac{\partial\rho}{\partial t} + \nabla\cdot(\rho\vec{v})\right\rangle \Rightarrow \langle\nabla\cdot(\rho\vec{v})\rangle \Rightarrow \langle\nabla\cdot[(\rho_0+\rho_1)(\vec{v}_0+\vec{v}_1)]\rangle$$

$$\Rightarrow \langle\nabla\cdot(\rho_0\vec{v}_0+\rho_1\vec{v}_1)\rangle = 0 \tag{11.2.4}$$

以上最后一式给出

$$\nabla\cdot\left(\vec{v}_0 + \left\langle\frac{\rho_1\vec{v}_1}{\rho_0}\right\rangle\right) = 0 \tag{11.2.5}$$

定义括号内的函数为

$$\vec{U} = \vec{v}_0 + \left\langle\frac{\rho_1\vec{v}_1}{\rho_0}\right\rangle \tag{11.2.6}$$

则式(11.2.5)写为

$$\nabla\cdot\vec{U} = 0 \tag{11.2.7}$$

$\vec{U}$ 为流体介质质点速度的时间平均值，即为流体流速。这意味着除已存在的宏观流动 $\vec{v}_0$ 外，声场作用下的质点周期性往复运动也产生时间平均不为零的速度成

分。由式(11.2.6)知后者为声场扰动的二阶微小项。

水中声压幅度为1MPa的平面波产生的时间平均不为零的速度成分约为

$$\left\langle \frac{\rho_1 \vec{v}_1}{\rho_0} \right\rangle = \left\langle \frac{p_1 \vec{v}_1}{\rho_0 c_0^2} \right\rangle = \frac{|p_1|^2}{2\rho_0^2 c_0^3} \propto 0.15\text{mm/s} \tag{11.2.8}$$

这是很小的。不过,在初始静态的流体中正是它使流体开始流动并使流动逐渐发达。在流动进入定常状态后 $\vec{v}_0$ 占优势地位,所以定常状态后也取 $\vec{U} \approx \vec{v}_0$。

11.2.2 运动方程的时间平均

再讨论运动方程

$$\rho\left[\frac{\partial \vec{v}}{\partial t} + (\vec{v} \cdot \nabla)\vec{v}\right] = -\nabla p + \left(\zeta + \frac{4}{3}\eta\right)\nabla\nabla \cdot \vec{v} - \eta \nabla \times \nabla \times \vec{v} \tag{11.2.9}$$

的时间平均。

(1) 首先,式(11.2.9)等号左边的时间平均为

$$\begin{aligned}\left\langle \rho \frac{\partial \vec{v}}{\partial t} + \rho(\vec{v} \cdot \nabla)\vec{v} \right\rangle &\Rightarrow \Big\langle (\rho_0 + \rho_1) \frac{\partial(\vec{v}_0 + \vec{v}_1)}{\partial t} + (\rho_0 + \rho_1) \\ &\qquad [(\vec{v}_0 + \vec{v}_1) \cdot \nabla](\vec{v}_0 + \vec{v}_1) \Big\rangle \\ &\Rightarrow \Big\langle \rho_0 \frac{\partial \vec{v}_0}{\partial t} + \rho_1 \frac{\partial \vec{v}_1}{\partial t} + \rho_0(\vec{v}_0 \cdot \nabla)\vec{v}_0 \\ &\qquad + \rho_0(\vec{v}_1 \cdot \nabla)\vec{v}_1 + \rho_1(\vec{v}_0 \cdot \nabla)\vec{v}_1 \\ &\qquad + \rho_1(\vec{v}_1 \cdot \nabla)\vec{v}_0 \Big\rangle\end{aligned} \tag{11.2.10}$$

最后一式中计有六项。以水中 $f = 1.5/(2\pi)$MHz, $p_1 = 1$MPa 的平面波参数估算第二项的量级为

$$\left|\rho_1 \frac{\partial \vec{v}_1}{\partial t}\right| \approx \left|\frac{p_1}{c_0^2}\omega v_1\right| = \left|\frac{p_1}{c_0^2}\omega \frac{p_1}{\rho_0 c_0}\right| = \left|\frac{\omega p_1^2}{\rho_0 c_0^3}\right| \propto 10^6 \tag{11.2.11}$$

第四项

$$|\rho_0(\vec{v}_1 \cdot \nabla)\vec{v}_1| \approx \left|\rho_0 k \left(\frac{p_1}{\rho_0 c_0}\right)^2\right| = \left|\frac{\omega p_1^2}{\rho_0 c_0^3}\right| \propto 10^6 \tag{11.2.12}$$

第五项($\vec{v}_0$ 的大小很难达到1m/s的程度)

$$|\rho_1(\vec{v}_0 \cdot \nabla)\vec{v}_1| \approx |\rho_1 v_0 k v_1| = \left|\frac{p_1}{c_0^2} v_0 k \frac{p_1}{\rho_0 c_0}\right| = \left|\frac{\omega p_1^2}{\rho_0 c_0^4} v_0\right| < \left|\frac{\omega p_1^2}{\rho_0 c_0^4}\right| \propto 10^3 \tag{11.2.13}$$

第六项($\vec{v}_0$ 的空间分布是很平缓的)

$$\left|\rho_1(\vec{v}_1\cdot\nabla)\vec{v}_0\right|\approx\left|\frac{p_1}{c_0^2}\frac{p_1}{\rho_0 c_0}\frac{\partial v_0}{\partial z}\right|=\left|\frac{p_1^2}{\rho_0 c_0^3}\frac{\partial v_0}{\partial z}\right|\propto 10^3\left|\frac{\partial v_0}{\partial z}\right|\approx 0 \tag{11.2.14}$$

可见,与第二、四项相比第五、六项均为更低阶微小项。于是,忽略第五、六项后运动方程等式左边为

$$\left\langle\rho_0\frac{\partial\vec{v}_0}{\partial t}-\rho_1\frac{\partial\vec{v}_1}{\partial t}+\rho_0(\vec{v}_0\cdot\nabla)\vec{v}_0+\rho_0(\vec{v}_1\cdot\nabla)\vec{v}_1\right\rangle \tag{11.2.15}$$

进一步以

$$\vec{v}_0=\vec{U}-\left\langle\frac{\rho_1\vec{v}_1}{\rho_0}\right\rangle \tag{11.2.16}$$

代入式(11.2.15)中的第三项得

$$\begin{aligned}(\vec{v}_0\cdot\nabla)\vec{v}_0&\Rightarrow\left[\left(\vec{U}-\left\langle\frac{\rho_1\vec{v}_1}{\rho_0}\right\rangle\right)\cdot\nabla\right]\left(\vec{U}-\left\langle\frac{\rho_1\vec{v}_1}{\rho_0}\right\rangle\right)\\&\Rightarrow(\vec{U}\cdot\nabla)\vec{U}-\left(\left\langle\frac{\rho_1\vec{v}_1}{\rho_0}\right\rangle\cdot\nabla\right)\vec{U}\\&\quad-(\vec{U}\cdot\nabla)\left\langle\frac{\rho_1\vec{v}_1}{\rho_0}\right\rangle+\left(\left\langle\frac{\rho_1\vec{v}_1}{\rho_0}\right\rangle\cdot\nabla\right)\left\langle\frac{\rho_1\vec{v}_1}{\rho_0}\right\rangle\end{aligned} \tag{11.2.17}$$

在水中 $\vec{U}$ 很难达到1m/s的程度,其空间变化也不大;以式(11.2.8)的参数估计 $\langle\rho_1\vec{v}_1/\rho_0\rangle$ 不大(约为0.15mm/s),空间变化也不大。于是,式(11.2.17)只剩下第一项,近似写为

$$(\vec{v}_0\cdot\nabla)\vec{v}_0\approx(\vec{U}\cdot\nabla)\vec{U} \tag{11.2.18}$$

同样式(11.2.15)中的第一项可近似写为

$$\rho_0\frac{\partial\vec{v}_0}{\partial t}=\rho_0\frac{\partial\vec{U}}{\partial t}-\rho_0\frac{\partial}{\partial t}\left\langle\frac{\rho_1\vec{v}_1}{\rho_0}\right\rangle\approx\rho_0\frac{\partial\vec{U}}{\partial t} \tag{11.2.19}$$

另外,式(11.2.15)中的第二项可写为

$$-\rho_1\frac{\partial\vec{v}_1}{\partial t}\approx-\frac{p_1}{c_0^2}\left(-\frac{\nabla p_1}{\rho_0}\right)=\nabla\left(\frac{1}{2}\frac{p_1^2}{\rho_0 c_0^2}\right) \tag{11.2.20}$$

使用一般向量关系式

$$\nabla(\vec{A}\cdot\vec{B})=(\vec{B}\cdot\nabla)\vec{A}+(\vec{A}\cdot\nabla)\vec{B}+\vec{B}\times(\nabla\times\vec{A})+\vec{A}\times(\nabla\times\vec{B}) \tag{11.2.21}$$

于式(11.2.15)中的第四项有

$$\rho_0(\vec{v}_1\cdot\nabla)\vec{v}_1=\rho_0\vec{v}_1\times(\nabla\times\vec{v}_1)+\nabla\left(\frac{1}{2}\rho_0\vec{v}_1\cdot\vec{v}_1\right) \tag{11.2.22}$$

其中的$\nabla \times \vec{v}_1$与声场中的横波成分有关。流体中有黏性时才有横波，不过也仅在流体与其他物体的界面处存在。以物体表面开始的距离为 x，横波以指数函数 $e^{-\sqrt{\omega/2\nu}x}$（$\nu=\eta/\rho_0$ 为流体介质的动黏性系数）衰减。比如，对 20℃ 水中（剪断黏性 $\eta=1.002\times10^{-3}\text{Pa·s}, \nu=10^{-6}\text{m}^2/\text{s}$）100kHz 频率的声波，界面层厚度 $\delta=\sqrt{2v/\omega}=2\mu\text{m}$。所以，只要不是在境界层附近，通常认为没有横波成分（$\nabla\times\vec{v}_1=0$），而只讨论纵波（不过，对声作用于微小球的声辐射力问题，因为球的大小只有几个微米，就不能忽视横波成分了）。另外数学上由公式

$$\nabla\times\nabla\times\vec{A}=\nabla\nabla\cdot\vec{A}-\nabla^2\vec{A} \tag{11.2.23}$$

得

$$\nabla\times\nabla\times\vec{v}_1=\nabla\nabla\cdot\vec{v}_1-\nabla^2\vec{v}_1\approx(k^2\vec{v}_1-k^2\vec{v}_1)\propto 0 \tag{11.2.24}$$

也可知$\nabla\times\nabla\times\vec{v}_1$是很小的。

于是，式(11.2.15)成为

$$\left\langle\rho_0\frac{\partial\vec{U}}{\partial t}+\rho_0(\vec{U}\cdot\nabla)\vec{U}+\nabla\left[\frac{1}{2}\frac{p_1^2}{\rho_0c_0^2}+\frac{1}{2}\rho_0\vec{v}_1\cdot\vec{v}_1\right]\right\rangle$$

$$\Rightarrow\left\langle\rho_0\frac{\partial\vec{U}}{\partial t}+\rho_0(\vec{U}\cdot\nabla)\vec{U}+\nabla E\right\rangle \tag{11.2.25}$$

(2) 式(11.2.9)等号右边的时间平均为

$$\left\langle-\nabla p+\left(\zeta+\frac{4}{3}\eta\right)\nabla\nabla\cdot\vec{v}-\eta\nabla\times\nabla\times\vec{v}\right\rangle$$

$$\Rightarrow\left\langle-\nabla p+\left(\zeta+\frac{4}{3}\eta\right)\nabla\nabla\cdot(\vec{v}_0+\vec{v}_1)-\eta\nabla\times\nabla\times(\vec{v}_0+\vec{v}_1)\right\rangle \tag{11.2.26}$$

仅保留时间平均不为零的项后得

$$\left\langle-\nabla p_0+\left(\zeta+\frac{4}{3}\eta\right)\nabla\nabla\cdot\vec{v}_0-\eta\nabla\times\nabla\times\vec{v}_0\right\rangle \tag{11.2.27}$$

由于$\nabla\cdot\vec{U}=0$，式(11.2.27)中的第二项

$$\left(\zeta+\frac{4}{3}\eta\right)\nabla\nabla\cdot\vec{v}_0\approx 0 \tag{11.2.28}$$

另外，式(11.2.27)中的第三项近似有

$$\nabla\times\nabla\times\vec{v}_0=(\nabla\nabla\cdot\vec{v}_0-\nabla^2\vec{v}_0)\approx-\nabla^2\vec{v}_0\approx-\nabla^2\vec{U} \tag{11.2.29}$$

以上推导过程中未经讨论而省略的其他项如以前面式(11.2.8)的参数估算都证明是更高阶微小项。

于是，式(11.2.27)成为

$$-\nabla p_0+\langle\eta\nabla^2\vec{U}\rangle \tag{11.2.30}$$

(3) 等号左、右两边的结果式(11.2.25)和(11.2.30)合写为

$$\rho_0 \frac{\partial \vec{U}}{\partial t} + \rho_0(\vec{U} \cdot \nabla)\vec{U} + \nabla\left[\frac{1}{2}\frac{p_1^2}{\rho_0 c_0^2} + \frac{1}{2}\rho_0 \vec{v}_1 \cdot \vec{v}_1\right] = -\nabla p_0 + \eta\nabla^2\vec{U} \tag{11.2.31}$$

重新整理得

$$\frac{\partial \vec{U}}{\partial t} + (\vec{U} \cdot \nabla)\vec{U} - \frac{\eta}{\rho_0}\nabla^2\vec{U} = -\frac{\nabla p_0}{\rho_0} - \frac{\langle \nabla E\rangle}{\rho_0} \tag{11.2.32}$$

其中

$$E = \frac{1}{2}\frac{p_1^2}{\rho_0 c_0^2} + \frac{1}{2}\rho_0 \vec{v}_1 \cdot \vec{v}_1 \tag{11.2.33}$$

为空间单位体积的声场能量密度。这正是非压缩流体力学的 Navier-Stokes 流体方程。方程右方为作用于单位质量传播流体介质使之产生流动的驱动力。当除声场作用外无其他驱动力($\nabla p_0 = 0$)时,流动的驱动力

$$\vec{F} = -\langle \nabla E\rangle = -\nabla\langle E\rangle \tag{11.2.34}$$

等于空间声场的能量密度差;或者说,如果声场在空间存在能量密度差,就有作用于流体介质的力使流体流动。这个结论是在上面的推导中保留二阶微小项才得到的。所以,声流的发生与引起波形畸变的声传播介质的非线性效应同属二阶微小项问题。

11.2.3 声场能量密度差

那么,声场的能量密度差是怎样产生的呢?聚焦声场中存在能量密度差,平面波情况下考虑吸收衰减也产生能量密度差。

设 $+z$ 方向行进的声波中介质的质点速度为

$$v = v_0 e^{-\alpha z}\sin(\omega t - kz) \tag{11.2.35}$$

其中,α 为衰减系数。声压为

$$p = p_0 e^{-\alpha z}\sin(\omega t - kz) \tag{11.2.36}$$

时间平均后的能量密度为

$$\begin{aligned}\langle E\rangle &= \left\langle \frac{p^2}{2\rho_0 c_0^2} + \frac{\rho_0 v_0^2}{2}\right\rangle \\ &= \left\langle \frac{1}{2}\left[\frac{p_0^2 e^{-2\alpha z}\sin^2(\omega t - kz)}{\rho_0 c_0^2} + \rho_0 v_0^2 e^{-2\alpha z}\sin^2(\omega t - kz)\right]\right\rangle \\ &= E_0 e^{-2\alpha z}\end{aligned} \tag{11.2.37}$$

其中,E_0 为 $z=0$ 处的能量密度。于是,z 方向上的驱动力为

$$\vec{F}(z) = -\frac{\partial}{\partial z}\langle E\rangle = 2\alpha E_0 e^{-2\alpha z} = 2\alpha\langle E\rangle \tag{11.2.38}$$

吸收衰减系数 α 是一个与频率有关的量。如为脉冲波或非线性引起大的波形畸变,声波展开为各次谐波之和

$$p = \sum_{n=1}^{\infty} p_n \sin(n\omega t + \theta_n) \tag{11.2.39}$$

计算声波能量时必须分别计算各次谐波的能量$\langle E_n \rangle$,使用各自频率下的衰减系数$\alpha_n = n^2 \alpha_1$(设 α_1 为一次波的衰减系数,衰减与频率的平方成正比)。于是,声流的驱动力为[150]

$$\vec{F} = -\nabla \langle E_n \rangle = \sum_{n=1}^{\infty} 2\alpha_n \langle E_n \rangle = \frac{\alpha_1}{\rho_0 c_0^2} \sum_{n=1}^{\infty} (n^2 p_n)^2 \tag{11.2.40}$$

非线性波形畸变并不是产生声流的必要条件。但非线性波形畸变能将能量移送到高次谐波,而高次谐波的吸收衰减更大,使声波整体的能量损失更大,从而使声流的驱动力更大。

11.3 声流的计算问题

声流驱动力的定式化在十几年时间里由 Rudenko 和 Tjotta[151,152]等逐渐成形。以后,在抛物近似后得到 KZK 方程简化了声场衍射[153]问题的计算,Anason 等又开发了在频率域计算非线性波形畸变的方法,从而得以以数值计算方法讨论具体声场(比如聚焦声束)中的声流。

11.3.1 厄卡特流的数值计算

如图 11-1 所示,在容器下部设置的声源的声束照射下,声束内的流体产生上行流动。流动开始时是很慢的,但当声波振幅加大时逐渐加快。声束外的流动则是反向的。这种声流称为厄卡特流。由前可知,声流满足式(11.2.32),即

$$\begin{cases} \nabla \cdot \vec{U} = 0 \\ \dfrac{\partial \vec{U}}{\partial t} + (\vec{U} \cdot \nabla)\vec{U} - \dfrac{\eta}{\rho_0} \nabla^2 \vec{U} = -\dfrac{\nabla P}{\rho_0} + \dfrac{\vec{F}}{\rho_0} \end{cases} \tag{11.3.1}$$

在圆柱坐标系中写为

$$\begin{cases} \dfrac{\partial U_z}{\partial z} + \dfrac{1}{r}\dfrac{\partial}{\partial r}(rU_r) = 0 \\ \dfrac{\partial U_z}{\partial t} + U_r \dfrac{\partial U_z}{\partial r} + U_z \dfrac{\partial U_z}{\partial z} - \dfrac{\eta}{\rho_0}\left[\dfrac{\partial^2 U_z}{\partial z^2} + \dfrac{1}{r}\dfrac{\partial}{\partial r}\left(r\dfrac{\partial U_z}{\partial r}\right)\right] = -\dfrac{1}{\rho_0}\dfrac{\partial P}{\partial z} + \dfrac{F_z}{\rho_0} \\ \dfrac{\partial U_r}{\partial t} + U_r \dfrac{\partial U_r}{\partial r} + U_z \dfrac{\partial U_r}{\partial z} - \dfrac{\eta}{\rho_0}\left[\dfrac{\partial^2 U_r}{\partial z^2} + \dfrac{1}{r}\dfrac{\partial}{\partial r}\left(r\dfrac{\partial U_r}{\partial r}\right)\right] = -\dfrac{1}{\rho_0}\dfrac{\partial P}{\partial r} + \dfrac{F_r}{\rho_0} \end{cases} \tag{11.3.2}$$

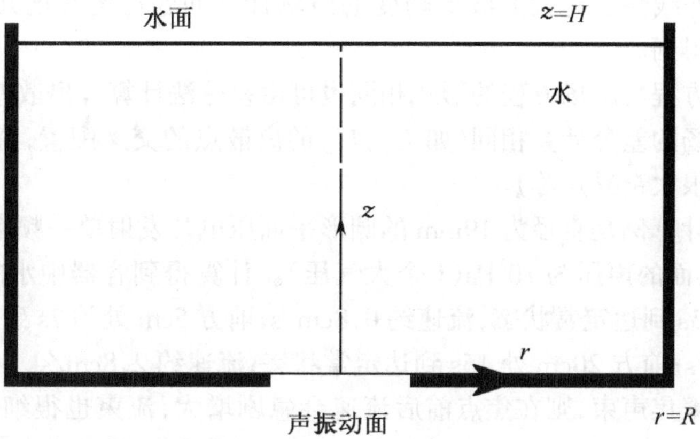

图 11-1 厄卡特流计算模型:容器内的流体在声束照射下有细束的上行流动

初始条件($t=0$)为

$$U_r = U_z = P = 0 \tag{11.3.3}$$

边界条件为:

(1) 底部($z=0$)流速为0

$$U_r = U_z = 0 \tag{11.3.4}$$

(2) 水面($z=H$)处

$$\frac{\partial U_r}{\partial z} = U_z = 0 \tag{11.3.5}$$

(3) 容器周边壁($r=r_0$)处流速为0

$$U_r = U_z = 0 \tag{11.3.6}$$

(4) 中心轴($r=0$)处流速无偏向且流速最大

$$U_r = \frac{\partial U_z}{\partial r} = 0 \tag{11.3.7}$$

平面圆形源声场在 r 方向的质点速度是 z 方向的质点速度的1%左右,可以忽略

$$\begin{cases} v_r \approx 0 \\ v_z \approx \dfrac{p}{\rho_0 c_0} \end{cases} \tag{11.3.8}$$

于是声辐射力为

$$\vec{F} = \begin{cases} F_r \approx 0 \\ F_z \approx \dfrac{\alpha}{\rho_0 c_0^2} \sum\limits_{n=1}^{\infty} (n^2 p_n)^2 \end{cases} \tag{11.3.9}$$

脉冲波或非线性引起大的波形畸变的声场计算问题已经在前几章中论及,故 F_z 可以计算得到。

声流方程与声场方程的形式相同也可由差分法计算。离散差分计算的具体方法也与声场的差分计算相同(如 U_r, U_z 的离散点的交叉配置,避免在柱坐标系中心轴的无限大奇异点等)。

一个计算例是直径为 19mm 的圆形平面压电片发射单一频率为 5MHz 的超声波,源振动面的声压为 10^5Pa(1 个大气压)。计算得到容器中水的流动为:源前方 2cm 处约 5s 到达定常状态,流速约 0.8cm/s;前方 5cm 处约 7s 到达定常状态,流速约 1.2cm/s;前方 20cm 处 15s 到达定常状态,流速约 2.8cm/s。

如为聚焦声束,则在焦点前后流速会急剧增大,流束也很细(当为直径 19mm 的圆形凹面开口,焦距 7.5cm,频率 2.8MHz 的聚焦声源时流束直径约为 3mm,流速达 4cm/s)。如液体中有微小气泡存在,由于声场的能量在气泡周围被大大吸收,驱动力增大使得声流流速增大。

11.3.2 液面隆起和喷雾现象

11.2.3 小节的讨论知 + z 方向行进的声波对流体的单位体积驱动力为

$$\vec{F} = 2\alpha E_0 e^{-2\alpha z} \tag{11.3.10}$$

如同重力场对空气的引力一样,这个驱动力对流体而言也是一种体积力。地面上单位面积受到的空气的压力是其上所有空气的重量之和。同样,在距声源距离 h 处的液体受到的单位面积声驱动力积分为

$$p|_{z=h} = \int_0^h \vec{F}\mathrm{d}z = \alpha E_0(1 - e^{-2\alpha h}) = \alpha E_0(1 - e^{-h/h_c}) \tag{11.3.11}$$

其中,$h_c = 1/2\alpha$(对水中频率 100MHz 的声波 $h_c = 2.3$mm)。通常 h_c 与 ω^{-2}成正比。如 + z 方向为水下指向水面的铅直向上方向(即声束由水下指向水面)时,这种声辐射力会使水克服重力而使水面隆起甚至于喷出水柱。如该声辐射力将液面抬高高度为 d,抬高部分的水的单位体积重量 $\rho g d$ 应等于声驱动力

$$\rho g d = \alpha E_0(1 - e^{-h/h_c}) \tag{11.3.12}$$

于是由声场初始强度可得到液面的抬高高度 d。当频率为 250MHz,声功率为 40mW 时,$d \approx 10$mm。通常频率越高衰减就越大,就更有利于抬高液面。

如果 $h \ll h_c$,则有

$$p|_{z=h} \approx \alpha E_0 \frac{h}{h_c} \tag{11.3.13}$$

由式(11.3.13)看似乎增加声源的深度 h,声辐射力将更大,会将水面抬得更高。不过,因为① 如声源距水面太远,声波 + z 方向传播的假设不再成立,实际上声场的扩散将在水下产生迴流将能量耗尽;② 如果,$h \gg h_c$,那么,声辐射压写为

$$p|_{z=h} = \alpha E_0 \tag{11.3.14}$$

再也不会随 h 增大而增大。所以，将声源放在水下比 h_c 更深的地方也无意义。另一方面如 h 太小，流体供应不足，液面流体就成粒状飞散成水雾（成为超声加湿器），上述关系也不能成立[154,155]。

第 12 章　声 辐 射 力

1992 年在航天飞机上进行了一项材料实验,在充满惰性气体的圆筒形容器内形成超声驻波场,声辐射压使试料浮起不接触容器壁溶解,合成了用于制造非可视域低损失光纤的高纯度玻璃材料[157]。设计这样的超声浮游系统,有必要调查浮扬力的大小、安定点、共振频率及其温度变化特性。

声流中的声辐射力是声波作用于均匀声传播介质的体积力。声辐射力则是声场中存在不同声传播介质时作用于界面的力。如声场中的物体足够微小,它对声场的影响可以忽略不计,声场仍是连续的,那么,声辐射力仍可以由声场的能量密度差求得。但是,如声场中的物体足够大,比如插入反射板形成驻波场,声辐射力就不能由声场的能量密度差求得。

12.1　微小物体的浮扬

声场中比波长小得多的微小球对声场的影响可以忽略不计,声场(不管行进波还是驻波)的能量密度在空间是连续的,于是,如同式(11.2.34),微小球受到的声辐射力等于声场的空间能量密度差

$$\vec{F} \approx -\nabla\langle E\rangle \tag{12.1.1}$$

如流体中有两个紧靠在一起的声源发出非聚焦声波,两个声源的振幅相等但相位相差 180°。那么两个源的中间线上声压为零而两边都不为零。这就造成了空间能量密度差,流体中的粒子受到声辐射力作用向两个声源的中线汇聚。如声波为行进波,由式(11.2.38)衰减产生的声辐射力为

$$\vec{F} = 2\alpha\langle E\rangle \tag{12.1.2}$$

行进波产生的声辐射力一般很小。聚焦波束也不能产生很大的空间能量密度差。但驻波的能量密度有较大的空间梯度,能产生较大的辐射力。

12.1.1　驻波中的浮扬

如图 12-1, 当平面波向上方垂直发射到 $z=0$ 的物体面上被全反射时,两列相同频率但以相反方向行进的平面波迭加。合成声场的质点速度(边界条件:$v|_{z=0}=0$)为

$$v = v_\mathrm{i} - v_\mathrm{r} = v_0\mathrm{e}^{\mathrm{j}(\omega t - kz)} - v_0\mathrm{e}^{\mathrm{j}(\omega t + kz)} = 2v_0\sin(kz)\mathrm{e}^{\mathrm{j}\omega t} \tag{12.1.3}$$

声压为

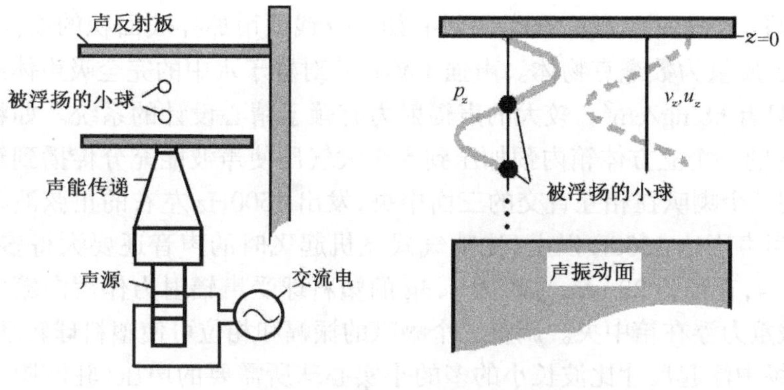

图 12-1 驻波场中的声辐射力使微小轻量的物体聚集浮扬在驻波的节或腹附近

$$p = p_i + p_r = p_0 e^{j(\omega t - kz)} + p_0 e^{j(\omega t + kz)} = 2p_0 \cos(kz) e^{j\omega t} \tag{12.1.4}$$

由

$$v = -\frac{1}{j\omega\rho_0}\frac{\partial p}{\partial z} \tag{12.1.5}$$

得到

$$v_0 = \frac{p_0}{j\rho_0 c_0} \tag{12.1.6}$$

于是,声辐射力为

$$\begin{aligned} F(z) &= -\nabla\langle E\rangle = -\left\langle \frac{\partial}{\partial z}\frac{1}{2}\left[\frac{4p_0^2\cos^2(kz)}{\rho_0 c_0^2} + \rho_0 4v_0^2\sin^2(kz)\right]\right\rangle \\ &= -\left\langle \frac{\partial}{\partial z}\frac{1}{2}\left[\frac{4p_0^2\cos(2kz)}{\rho_0 c_0^2}\right]\right\rangle \\ &= -4E_0\frac{\partial}{\partial z}\cos(2kz) = 8kE_0\sin(2kz) \end{aligned} \tag{12.1.7}$$

其中,E_0 为 $z=0$ 处的能量密度。

将比波长小的微小轻量的物体放进驻波场中时物体并不下落,而是聚集浮扬在驻波的节(声压最小值)或腹(声压的最大值)附近(聚集在节或腹取决于微小粒子和周围介质的密度和声速差)。严格地说,在式(12.1.7)所示的声辐射力作用下微小球的运动方程为

$$\frac{4}{3}\pi a^3 \frac{d^2 z}{dt^2} + 6\pi\eta\frac{dz}{dt} = \vec{F} \tag{12.1.8}$$

η 为声传播流体介质的黏性率。

通常声辐射压不大。在空气中声压振幅 100Pa(134dB*re*20μPa)的声场中,声辐射压只有约 0.1Pa(约 1mgf/cm^2)。对有如 1 分钱硬币那样表面积的物体来说,也只能浮扬起质量为数毫克物体。声强 1W/cm^2 对置于水中的完全吸声体或球的声辐射压也只有 68mg/cm^2。较大的声辐射力有赖于精心设计的系统。如将长宽高均为 12cm 的一个立方体箱内预加压到 5 个大气压使声波能充分传播到箱中的空气中,分装三个喇叭在相互直交的三面中央,发出 1500Hz 左右的正弦波在箱中产生驻波。当声压达 165dB 以上(比喷气式飞机起飞时的声音还要大得多)时箱中比重为 1.14,直径为 23mm,总重为 7.3g 的塑料球受声辐射力作用向箱中心移动,最终克服重力浮在箱中央。调整三个喇叭的振幅和相位可使塑料球转动。

在驻波场中浮起尺寸比波长小的多的小实心球所需要的声压(驻波腹的有效声压)为

$$\langle p\rangle \geqslant \sqrt{\frac{4}{5}\,\frac{\rho_0 c_0^2 g\rho}{k}} \tag{12.1.9}$$

与球的密度有关,与总重量无关。频率越高,所要的声压越小。

作用于驻波场中的气泡的声辐射力比较复杂,有关的讨论可参考文献[157~160]。

12.1.2 浮扬粒子的移动和分离

如图 12-2,在流体介质中当以单一频率连续波照射时粒子群集浮扬在驻波的节部。驻波节部与节部之间的距离为波长的一半,所以从反射板起算,第 n 个节部的距离在

$$l_n(f) = (2n-1)\frac{\lambda}{4} = (2n-1)\frac{c}{4f} \tag{12.1.10}$$

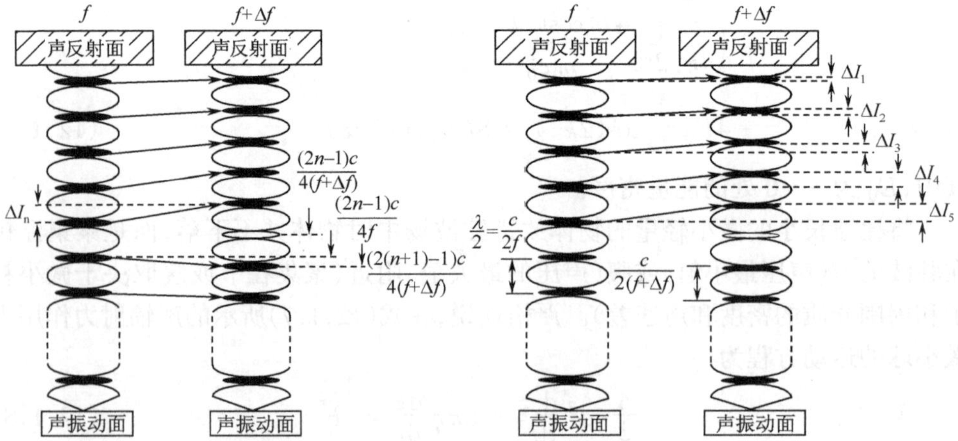

图 12-2 浮扬在驻波节部的粒子群由于声波频率的变化发生移动和(或)分离

改变声波频率，则节部间距离的变化量为

$$\Delta l_n = l_n(f) - l_n(f + \Delta f) = (2n - 1)\frac{c\Delta f}{4f(f + \Delta f)} \quad (12.1.11)$$

于是粒子随节部的移动而移动。n 越大，移动距离越大。

如瞬间变化的频率增量不大，使节部移动不进入到相邻节部的势力范围内，即

$$\Delta l_n < \frac{\lambda}{4} \quad (12.1.12)$$

这时的频率增量上限为

$$\Delta f < \frac{f}{2n - 1} \quad (12.1.13)$$

如粒子在流体中移动的迟滞时常数也足够小，则粒子会移向反射板的方向。但是，如频率增量太大，那么，原来在第 n 个节部的粒子跟不上第 n 个节部的移动就被第 $n+1$ 个节部俘获，粒子就会向远离反射板的方向移动。而且大于 n 的所有节部 $m(m>n)$ 的粒子都会如此。这样一来，粒子移动方向在第 n 个节部分为向反射板和向声源两个移动方向。如果同在第 n 个节部的粒子有不同的迟滞时常数，则它们也可能发生这种分向移动的现象。

浮扬物体移动和分离时不希望有声流发生引起扰动。声流的发达与声辐射的持续时间成正比，而声辐射压与声辐射的持续时间无关。由此可以采用断续的声波照射，如无声波的时段太长，则聚集的粒子从驻波的节部游离散开。所以，断续比和驱动电压之积形成对粒子固定的总驱动力，存在一个最佳值。

水中直径 20mm，焦距 40mm 声源在 20V(峰峰值)的电压驱动下发射单一频率 5.7MHz 声波，焦点处声压为 0. 7MPa。设置反射板使声场为驻波场，直径 15μm 的微小铝粒子注入水中后都逐渐群集到节部，也可见声流发生。如改用占空比 50%的断续声波则能有效压制声流。

12.2 作用于大物体上的声辐射力

如声场在空间的能量密度不连续，则空间梯度不可求，那就不能以能量密度差求声辐射力。如图 12-3，分析声反射物体(阴影区域)前方的一个微小体积 V。设左边 S^{E} 是一个固定不动的面，作用在这个面上的力是声压 p_1，通过该面的“质点们”的速度(欧拉体系意义上的“质点速度”)由声场 v_1 给出。右边 S^{L} 是以速度 v(拉格朗日体系意义上的质点速度)振动的反射面，F 是声波作用在这个面上的声辐射力。由牛顿定律关于力与运动量的关系(作用于某个体积的外力等于这个体积运动量的增加率)有

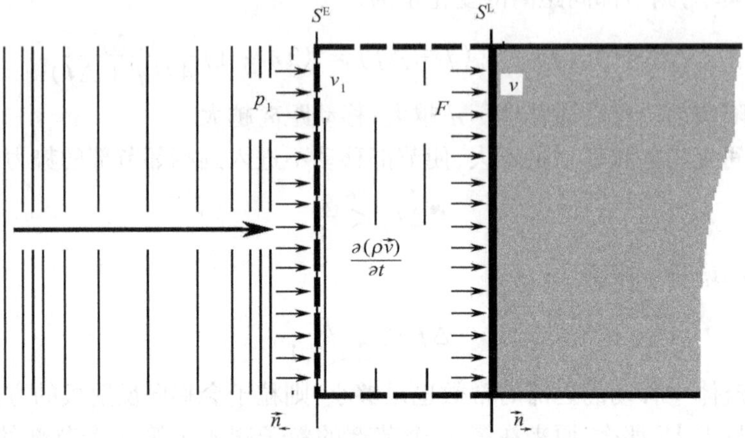

图 12-3 声反射物体(阴影区域)表面(运动面)
和前方一固定不动面形成的空间

$$-\iint\limits_{S^E}\langle p_1\rangle\vec{n}\,\mathrm{d}s+\iint\limits_{S^L}F\vec{n}\,\mathrm{d}s=\oiiint\limits_{V}\left\langle\frac{\partial(\rho\vec{v})}{\partial t}\right\rangle\mathrm{d}v \tag{12.2.1}$$

$\vec{n}$ 为体积 V 的外法线方向(即反射物体表面的外法线方向)。对行进波而言,在固定不动的面 S^E 处,有

$$\langle p_1\rangle=0 \tag{12.2.2}$$

即等式(12.2.1)左边第一项为零。但质点们的进进出出可能造成体积 V 内动量的变化。

将运动方程(设无外力作用)

$$\rho\left[\frac{\partial\vec{v}}{\partial t}+(\vec{v}\cdot\nabla)\vec{v}\right]=\left(\zeta+\frac{4}{3}\eta\right)\nabla\nabla\cdot\vec{v}-\eta\nabla\times\nabla\times\vec{v} \tag{12.2.3}$$

改写为动量形式为

$$\begin{aligned}\frac{\partial(\rho\vec{v})}{\partial t}&=-\rho(\vec{v}\cdot\nabla)\vec{v}-\rho\vec{v}(\nabla\cdot\vec{v})+\left(\zeta+\frac{4}{3}\eta\right)\nabla\nabla\cdot\vec{v}-\eta\nabla\times\nabla\times\vec{v}\\&\approx-\rho_0[(\vec{v}\cdot\nabla)\vec{v}+\vec{v}(\nabla\cdot\vec{v})]\end{aligned} \tag{12.2.4}$$

代入等式(12.2.1)右边的积分式内有

$$\oiiint\limits_{V}\left\langle\frac{\partial\rho\vec{v}}{\partial t}\right\rangle\mathrm{d}v=-\left\langle\rho_0\oiiint\limits_{V}[(\vec{v}\cdot\nabla)\vec{v}+\vec{v}(\nabla\cdot\vec{v})]\mathrm{d}v\right\rangle \tag{12.2.5}$$

由数学公式

$$\oiiint\limits_{V}[(\vec{A}\cdot\nabla)\vec{B}+\vec{B}(\nabla\cdot\vec{A})]\mathrm{d}v=\oiint\limits_{S}\vec{B}(\vec{A}\cdot\mathrm{d}\vec{s}) \tag{12.2.6}$$

得

$$\oiiint\limits_{V}\left\langle\frac{\partial(\rho\vec{v})}{\partial t}\right\rangle\mathrm{d}v=\left\langle\rho_0\oiint\limits_{S}\vec{v}(\vec{v}\cdot\vec{n})\mathrm{d}s\right\rangle$$

$$= \iint_{S^E} \langle \rho_0 \vec{v}(\vec{v} \cdot \vec{n}) \rangle \mathrm{d}s - \iint_{S^L} \langle \rho_0 \vec{v}(\vec{v} \cdot \vec{n}) \rangle \mathrm{d}s \tag{12.2.7}$$

在随质点振动的界面 S^L 处,压力的时间平均可能不为零,但由于没有质点的进出,不造成体积 V 内动量的变化,即

$$\iint_{S^L} \langle \rho_0 \vec{v}(\vec{v} \cdot \vec{n}) \rangle \mathrm{d}s = 0 \tag{12.2.8}$$

于是,重写式(12.2.1)为

$$\iint_{S^L} \vec{F} \mathrm{d}s = -\iint_{S^L} \langle \rho_0 \vec{v}(\vec{v} \cdot \vec{n}) \rangle \mathrm{d}s \tag{12.2.9}$$

对行进波而言,空间任何位置的声压和质点速度的时间平均值都是一样的,所以取 S^E 在任何位置都一样。既然讨论 S^L 面受到的力,让 S^E 趋进于振动面 S^L 的平均位置,从而式(12.2.9)两边面积分的积分区域趋于相等,有

$$\vec{F} = -\langle \rho_0 \vec{v}(\vec{v} \cdot \vec{n}) \rangle \tag{12.2.10}$$

由于分析中使用了平面波假设,式(12.2.10)仅对行进波成立。如声波在物体面有反射(如驻波),就不能使用入射波和反射波合成后的质点速度 $\vec{v}$ 直接由式(12.2.10)计算声辐射压。这时,必须将声波分解为入射行波和反射行波分别计算。

12.3 平面波入射到平面界面上的声辐射力

如图12-4,设入射平面波的方向和物体面的外向法线方向 $\vec{n}$ 的角度为 θ,入射波的质点速度为

$$\vec{v} = \vec{v}_x + \vec{v}_z = v_0 \mathrm{e}^{\mathrm{j}(\omega t - kx\sin\theta + kz\cos\theta)}(\sin\theta \vec{e}_x - \cos\theta \vec{e}_z) \tag{12.3.1}$$

如声波在物体表面被全部吸收,由式(12.2.10)单位面积上的声辐射力为

$$\vec{F} = -\rho_0 \langle \vec{v}(\vec{v} \cdot \vec{n}) \rangle = -\rho_0 \langle \vec{v}(-v_z) \rangle = E(-\vec{e}_x \cos\theta\sin\theta + \vec{e}_z \cos^2\theta) \tag{12.3.2}$$

设平面波以入射角 θ_i 倾斜入射在两种流体的界面(图12-5),入射波的质点速度为

$$\vec{v}_i = v_{i0} \mathrm{e}^{\mathrm{j}(\omega t - kx\sin\theta_i + kz\cos\theta_i)}(\sin\theta_i \vec{e}_x - \cos\theta_i \vec{e}_z) \tag{12.3.3}$$

对应的单位面积声辐射力为

$$\begin{aligned} \vec{F}_i &= -\rho_{i0} \langle \vec{v}_i(\vec{v}_i \cdot \vec{n}) \rangle = -\rho_{i0} \langle \vec{v}_i(-v_{iz}) \rangle \\ &= E_i(-\vec{e}_x \cos\theta_i \sin\theta_i + \vec{e}_z \cos^2\theta_i) \end{aligned} \tag{12.3.4}$$

反射波的质点速度为

$$\vec{v}_r = v_{r0} \mathrm{e}^{\mathrm{j}(\omega t - kx\sin\theta_i - kz\cos\theta_i)}(\sin\theta_i \vec{e}_x + \cos\theta_i \vec{e}_z) \tag{12.3.5}$$

对应的单位面积声辐射力为

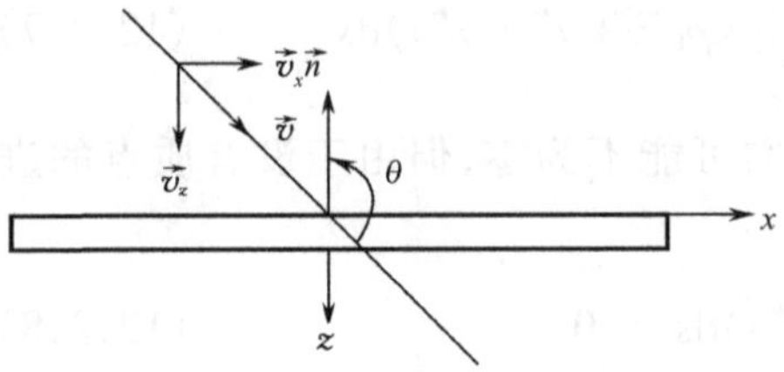

图 12-4 平面声波倾斜入射到平板面上的质点速度

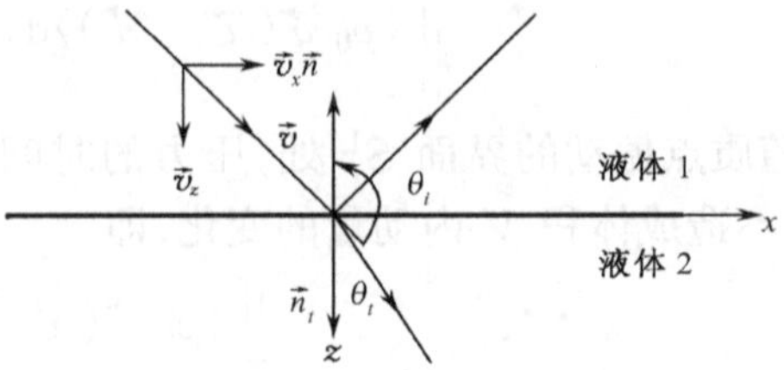

图 12-5 平面波倾斜入射到两种流体的界面上的质点速度

$$\vec{F}_{\mathrm{r}} = -\rho_{\mathrm{i}0}\langle \vec{v}_{\mathrm{r}}(\vec{v}_{\mathrm{r}}\cdot\vec{n})\rangle = -\rho_{\mathrm{i}0}\langle \vec{v}_{\mathrm{r}}(-v_{\mathrm{r}z})\rangle$$
$$= E_{\mathrm{r}}(\vec{e}_x\cos\theta_{\mathrm{i}}\sin\theta_{\mathrm{i}} + \vec{e}_z\cos^2\theta_{\mathrm{i}}) \quad (12.3.6)$$

透射波(折射角 θ_{t})的质点速度为

$$\vec{v}_{\mathrm{t}} = v_{\mathrm{t}0}\mathrm{e}^{\mathrm{j}(\omega t - kx\sin\theta_{\mathrm{t}} + kz\cos\theta_{\mathrm{t}})}(\sin\theta_{\mathrm{t}}\vec{e}_x - \cos\theta_{\mathrm{t}}\vec{e}_z) \quad (12.3.7)$$

对应的单位面积声辐射力为

$$\vec{F}_{\mathrm{t}} = -\rho_{\mathrm{t}0}\langle \vec{v}_{\mathrm{t}}(\vec{v}_{\mathrm{t}}\cdot\vec{n}_{\mathrm{t}})\rangle = -\rho_{\mathrm{i}0}\langle \vec{v}_{\mathrm{t}}v_{\mathrm{t}z}\rangle$$
$$= E_{\mathrm{t}}(\vec{e}_x\cos\theta_{\mathrm{t}}\sin\theta_{\mathrm{t}} - \vec{e}_z\cos^2\theta_{\mathrm{t}}) \quad (12.3.8)$$

其中,E_{i},E_{r},E_{t} 分别为入射波、反射波、透射波的平均能量密度。于是,声辐射力在流体界面垂直方向上的分量为

$$F_z = F_{\mathrm{i}z} + F_{\mathrm{r}z} + F_{\mathrm{t}z} = (E_{\mathrm{i}} + E_{\mathrm{r}})\cos^2\theta_{\mathrm{i}} - E_{\mathrm{t}}\cos^2\theta_{\mathrm{t}} \quad (12.3.9)$$

平行方向上的分量为

$$F_x = F_{\mathrm{i}x} + F_{\mathrm{r}x} + F_{\mathrm{t}x} = (-E_{\mathrm{i}} + E_{\mathrm{r}})\cos\theta_{\mathrm{i}}\sin\theta_{\mathrm{i}} + E_{\mathrm{t}}\cos\theta_{\mathrm{t}}\sin\theta_{\mathrm{t}} \quad (12.3.10)$$

当声波垂直于界面入射时($\theta_{\mathrm{i}}=180°$,$\theta_{\mathrm{t}}=0°$),有

$$F_z = E_{\mathrm{i}} + E_{\mathrm{r}} - E_{\mathrm{t}} \quad (12.3.11)$$
$$F_x = 0 \quad (12.3.12)$$

如界面为全反射面,则有

$$F_z = 2E_{\mathrm{i}} \quad (12.3.13)$$

可见全反射平面受到的声辐射力是全吸收平面的两倍,力的方向并不肯定与入射行进的方向相同,而是取决于 E_{i},E_{r},E_{t}的大小。如在水($c=1494$m/s)与 CCl_4($c=928$m/s)的界面,无论入射声波是由水向 CCl_4,还是由 CCl_4 向水,声辐射压都是由 CCl_4 指向水的。

12.4 作用于球和柱上的声辐射力

声场中足够大的球、柱等物体有比平板更复杂的界面条件和反射波,不过总可以在局部平面波近似下以面积分求总的声辐射力[161~164]。

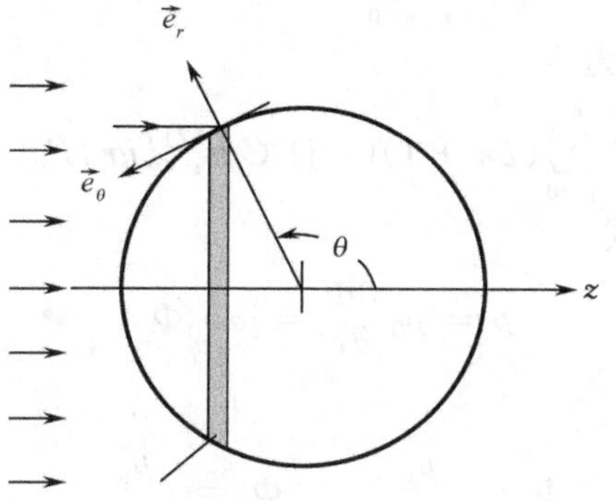

图 12-6 平面波照射在球上的质点速度

如图 12-6, 速度势 Φ 的平面波照射在全吸收球上。取球坐标系,由式(12.2.10)作用于球面上角度 θ 的圆环 $2\pi a^2\sin\theta\mathrm{d}\theta$ 上的声辐射压为

$$\Delta\vec{F}=-\rho_0\langle\vec{v}(\vec{v}\cdot\vec{n})\rangle=-\rho_0\langle\nabla\Phi(\nabla\Phi\cdot\vec{e}_r)\rangle|_{r=a}\cdot 2\pi a^2\sin\theta\mathrm{d}\theta$$
$$=-\rho_0\left\langle\left(\frac{\partial\Phi}{\partial r}\vec{e}_r+\frac{1}{r}\frac{\partial\Phi}{\partial\theta}\vec{e}_\theta+\frac{1}{r\sin\theta}\frac{\partial\Phi}{\partial\varphi}\vec{e}_\varphi\right)\frac{\partial\Phi}{\partial r}\right\rangle_{r=a}2\pi a^2\sin\theta\mathrm{d}\theta \tag{12.4.1}$$

在各正交方向的分量分别为

$$\Delta F_r=-\rho_0\left\langle\left(\frac{\partial\Phi}{\partial r}\right)^2\right\rangle_{r=a}2\pi a^2\sin\theta\mathrm{d}\theta \tag{12.4.2}$$

$$\Delta F_\theta=-\rho_0\left\langle\left(\frac{\partial\Phi}{\partial\theta}\frac{\partial\Phi}{\partial r}\right)\right\rangle_{r=a}2\pi a\sin\theta\mathrm{d}\theta \tag{12.4.3}$$

$$\Delta F_\varphi=-\rho_0\left\langle\left(\frac{\partial\Phi}{\partial\varphi}\frac{\partial\Phi}{\partial r}\right)\right\rangle_{r=a}2\pi a\mathrm{d}\theta=0 \tag{12.4.4}$$

$+z$ 方向上的合力为

$$\Delta F_z=\Delta F_r\cos\theta-\Delta F_\theta\sin\theta$$
$$=-2\pi\rho_0\left[a^2\left\langle\left(\frac{\partial\Phi}{\partial r}\right)^2\right\rangle_{r=a}\cos\theta\sin\theta-a\left\langle\frac{\partial\Phi}{\partial\theta}\frac{\partial\Phi}{\partial r}\right\rangle_{r=a}\sin^2\theta\right]\mathrm{d}\theta \tag{12.4.5}$$

如为刚性球,就要在分别代入入射平面波 Φ_{i} 到式(12.4.5)得 $F_{\mathrm{i}z}$,和代入散射波 Φ_{s}得到 $F_{\mathrm{s}z}$,然后,总的辐射力为[161]

$$F_z = F_{\mathrm{i}z} + F_{\mathrm{s}z} \tag{12.4.6}$$

单一频率 ω 的入射平面波由式(7.6.1)给出为

$$p_{\mathrm{i}} = P_0 \mathrm{e}^{\mathrm{j}(\omega t - kz)} = P_0 \mathrm{e}^{\mathrm{j}\omega t} \sum_{n=0}^{\infty} (2n+1)(-\mathrm{j})^n j_n(kr) P_n(\cos\theta) \tag{12.4.7}$$

散射波由式(7.6.2)给出为

$$p_{\mathrm{s}} = \mathrm{e}^{\mathrm{j}\omega t} \sum_{n=0}^{\infty} (2n+1)(-\mathrm{j})^n C_n h_n^{(2)}(kr) P_n(\cos\theta) \tag{12.4.8}$$

由声压和速度势的关系式

$$p = \rho_0 \frac{\partial \Phi}{\partial t} = \mathrm{j}\omega\rho_0 \Phi \tag{12.4.9}$$

有

$$\Phi_{\mathrm{i}} = \frac{p_{\mathrm{i}}}{\mathrm{j}\omega\rho_0}, \qquad \Phi_{\mathrm{s}} = \frac{p_{\mathrm{s}}}{\mathrm{j}\omega\rho_0} \tag{12.4.10}$$

由此,将第 7 章中关于球散射波的解析结果可以使用来计算作用于球的声辐射力。

实际上对弹性球还要考虑球体内的声波,也需要将球体内的声波分解为单一方向行进波,分别求取声辐射力[165~168]。详细过程和结论可参考有关研究报告[165~170]。

作用于小球体上的声辐射力的定量分析在有关医学超声安全性的声强度测定中有实际应用。如图 12-7,液体中以细线吊起一块压电片,其背面贴上轻量发泡塑料作为背衬材料以阻止压电片向背面发射声波。当给压电片加上电压驱动使之由正面发射声波时,压电片就会向声波发射相反的方向移动而使细线与原来的铅直位置形成一个偏角 θ_1。如果发射的声波在行进中照射到一个也是被细线吊着的小球体上,球也会移动而使细线与原来的铅直位置形成一个偏角 θ_2。在 $1\mathrm{W/cm^2}$的声强时,吊在长 100cm 细线上直径 10mm 的钢球的变位达 13mm。以这样的方法可以测量绝对声强。

平面波照射在刚性圆柱上的声辐射力的分析方法与球的情况同样。如图 12-8,取圆柱轴与 x 轴一致,由式(12.2.10)断面上角度 θ 的圆弧 $a\mathrm{d}\theta$ 上的声辐射压为[171]

$$\begin{aligned}\Delta \vec{F} &= -\rho_0 \langle \vec{v}(\vec{v}\cdot\vec{n})\rangle = -\rho_0 \langle \nabla\Phi(\nabla\Phi\cdot\vec{e}_r)\rangle|_{r=a}\cdot a\mathrm{d}\theta \\ &= -\rho_0 \left\langle \left(\frac{\partial \Phi}{\partial r}e_r + \frac{1}{r}\frac{\partial \Phi}{\partial \theta}e_\theta + \frac{\partial \Phi}{\partial x}e_x\right)\frac{\partial \Phi}{\partial r}\right\rangle_{r=a} a\mathrm{d}\theta \end{aligned} \tag{12.4.11}$$

在各正交方向的分量分别为

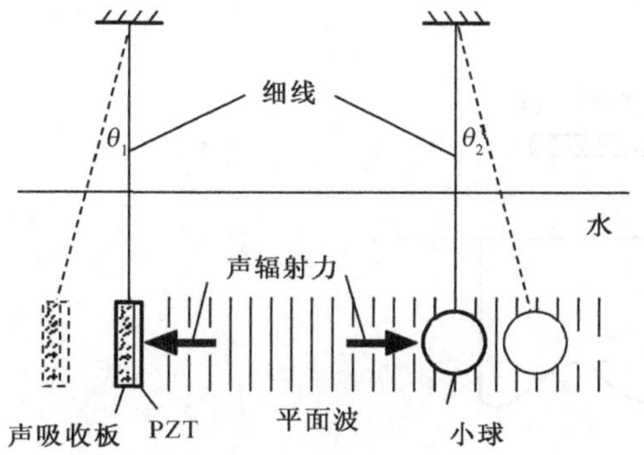

图 12-7 压电片发射声波时压电片和受照射小球的移动

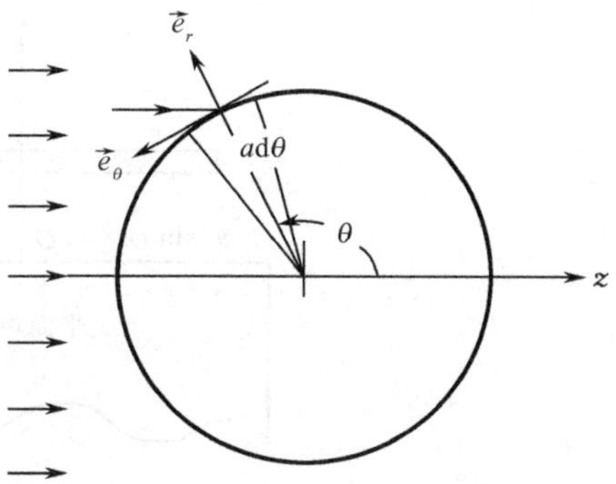

图 12-8 平面波照射在刚性圆柱上的质点速度

$$\Delta F_r = -\rho_0\left\langle\left(\frac{\partial\Phi}{\partial r}\right)^2\right\rangle_{r=a} a\mathrm{d}\theta \tag{12.4.12}$$

$$\Delta F_\theta = -\rho_0\left\langle\left(\frac{\partial\Phi}{\partial\theta}\frac{\partial\Phi}{\partial r}\right)\right\rangle_{r=a}\mathrm{d}\theta \tag{12.4.13}$$

$$\Delta F_\varphi = -\rho_0\left\langle\left(\frac{\partial\Phi}{\partial x}\frac{\partial\Phi}{\partial r}\right)\right\rangle_{r=a} a\mathrm{d}\theta = 0 \tag{12.4.14}$$

$+z$ 方向上的合力为

$$\begin{aligned}\Delta F_z &= \Delta F_r\cos\theta - \Delta F_\theta\sin\theta \\ &= -\rho_0\left[a\left\langle\left(\frac{\partial\Phi}{\partial r}\right)^2\right\rangle_{r=a}\cos\theta - \left\langle\frac{\partial\Phi}{\partial\theta}\frac{\partial\Phi}{\partial r}\right\rangle_{r=a}\sin\theta\right]\mathrm{d}\theta\end{aligned} \tag{12.4.15}$$

12.5 近源物体强力浮扬的声辐射力

声辐射力一般很小，不过，一个频率 20kHz，直径 74mm 的声源能在源表面上方将直径 50mm，厚 0.5mm 的黄铜圆板托举起一个微小高度(几十分之一波长)[172]。在表面扭曲振动的声源表面，几千克的物体被举起后能使之移动[173~176]。这种浮扬和前面驻波场中在波节处的浮扬不同，通常叫近距离声浮扬。

如图 12-9，空气中平面声源上部($+z$ 方向)托举起质量 m，半径 R 的圆板。设声频率不等于圆板振动的固有频率，圆板产生大的振动，可看成是刚性的。圆板是声波的反射板，在圆板和声源的空隙内形成驻波场。声源上方声介质振动的位移为

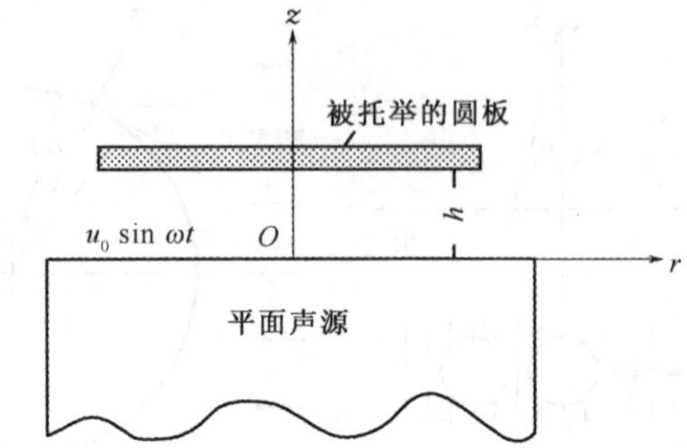

图 12-9 平面声源将较大质量的圆板托举起微小高度

$$u = u_0 e^{j[\omega t - k(z-h)]} - u_0 e^{j[\omega t + k(z-h)]} = 2u_0 \sin k(z-h) \cdot e^{j\omega t} \quad (12.5.1)$$

其中,$u_0 = |u|_{z=0}$为声源表面的位移幅度,于是有

$$u = u_0 \frac{\sin k(h-z)}{\sin kh} e^{j\omega t} \quad (12.5.2)$$

则空隙内声场的质点速度为

$$v = \frac{du}{dt} = \frac{j\omega u_0 \sin k(h-z)}{\sin kh} e^{j\omega t} \quad (12.5.3)$$

将质点速度分解为入射的上行行波成分和反射的下行行波成分

$$v = v_i + v_r = \frac{v_0}{2\sin kh}[e^{j(\omega t - kz + kh)} - e^{j(\omega t + kz - kh)}] \quad (12.5.4)$$

其中

$$v_0 = \omega u_0 \quad (12.5.5)$$

为声源表面振动速度的振幅。于是,由式(12.2.10)对圆板的声辐射力为

$$F = 2E_i \times \pi R^2 = 2 \times \frac{\rho_0}{2}\left(\frac{v_0}{2\sin kh}\right)^2 \times \pi R^2 = \pi\rho_0\left(\frac{\omega u_0}{2\sin kh}\right)^2 R^2 \quad (12.5.6)$$

F 应等于圆板的重量 mg,即有

$$\pi\rho_0\left(\frac{\omega u_0}{2\sin kh}\right)^2 R^2 = mg \quad (12.5.7)$$

该式是声源振动幅度 u_0 与浮扬高度 h 的一般关系式。如浮扬高度 h 很小,以近似 $\sin kh \approx kh$ 代入式(12.5.7)有

$$\pi\rho_0\left(\frac{\omega u_0 R}{2kh}\right)^2 = mg \quad (12.5.8)$$

得到浮扬高度 h 近似为

$$h = \frac{c_0 u_0}{2}\sqrt{\frac{\rho_0 \pi R^2}{mg}} = \frac{c_0 u_0}{2}\sqrt{\frac{\rho_0}{\rho d g}} \tag{12.5.9}$$

如以声源表面振动速度的振幅表达,则

$$h = \frac{v_0}{2k}\sqrt{\frac{\rho_0}{\rho d g}} \tag{12.5.10}$$

其中,ρ 为圆板材料的密度,d 为圆板的厚度,$m = \rho \pi R^2 d$。在物体重量一定时,浮扬高度与声源振动幅度成正比;声源振动幅度一定时与频率和圆板的半径无关。

一个典型的实验结果[173,174]是:空气中频率 19.5kHz,半径 20mm 的声源,当其速度振幅为 80cm/s 时能将半径 20mm,厚 2mm 的铝圆板从源表面托举起约 150μm 的高度。以空气参数 $\rho_0 = 0.00129\text{g/cm}^3$、$c_0 = 331\text{m/s}$ 和铝密度 2.7g/cm^3 代入式(12.5.10),计算得到浮扬高度为

$$h \approx \frac{0.8}{2\times 370}\sqrt{\frac{1.29}{2700\times 0.002\times 9.8}}\text{m} = 169\mu\text{m} \tag{12.5.11}$$

可见与实验结果大致相同。

如空隙中声场不是理想的平面波或存在黏性吸收等都将使实际托举高度低于 169μm。这时可由数值计算方法得到实际声源在空隙中和空隙边缘处声场,再分解成上行行波和下行行波

$$\begin{cases} p_k^n\big|_{+z} = \dfrac{p_k^n + Z v_k^n}{2} \\ v_k^n\big|_{+z} = \dfrac{p_k^n\big|_{+z}}{Z} \end{cases} \quad 和 \quad \begin{cases} p_k^n\big|_{-z} = \dfrac{p_k^n - Z v_k^n}{2} \\ v_k^n\big|_{-z} = -\dfrac{p_k^n\big|_{-z}}{Z} \end{cases} \tag{12.5.12}$$

然后,分别计算声辐射力后再合成为

$$F = 2E_{\mathrm{i}} = 2\left[\frac{\dfrac{1}{N}\displaystyle\sum_{n=l}^{l+N}(p_k^n\big|_{+z})^2}{2\rho_0 c_0^2} + \frac{\rho_0 \dfrac{1}{N}\displaystyle\sum_{n=l}^{l+N}(v_k^n\big|_{+z})^2}{2}\right] \tag{12.5.13}$$

其中,N 为一个周期时间抽样点的倍数。

正如 3.1.3 小节的讨论,如托举高度 h 不同则声源面处于驻波的不同位置,声源感受到反射行进波作用。外部声阻抗

$$Z_k^n = \frac{p_k^n}{v_k^n} \tag{12.5.14}$$

的变化势必会改变声源的振动条件。如需要在不同的辐射阻抗时保持同样的振动幅度,就要调整声源的电声驱动条件。于是,实际上近源强力浮扬的声辐射力计算需要结合声场的计算和声源的电声驱动条件。

参 考 文 献

1 J F Claerbout. Imaging the Earth Interior. Singapore:Scientific Publications, Inc. 1985

2 王承尧,王正华,扬晓辉.计算流体力学及其并行算法.长沙:国防科技大学出版社,2000

3 Higher harmonics of vibrating gas-filled microspheres. Ultrasonics,1994, 32(6)

4 Mur G. Absorbing boundary condition for the finite-difference approximation of the time-domain electromagnetic field equation. IEEE Trans. Electromagn. Compat., Nov,1981, EMC-23(4): 377~382

5 Berenger J P. Perfectly matched layer for the FDTD solution of wave-structure interaction problem. IEEE Trans. Antennas Propagat,1996, AP-44(1):110~117

6 D B Ge and Y B Yun. The finite-difference method of the time-domain electromagnetic field. (in Chinese), Press Xian E. Sci. Univ.,2002,32~65

7 Yee K S. Numerical solution of initial boundary value problems involving Maxwell equations in isotropic media. IEEE Trans. Antennas Propagat,1966, AP-14(3):302~307

8 M Sata and Y Takahata. Expression of the elastic wave fields by a scalar and a vector velocity potentials. J. Acoust. Soc. Jap,2000,56(11):741~745

9 J A G Temple. Diffraction coefficients for flat-bottomed holes from 3-D difference calculation. Ultrasonics,1993,31:3~12

10 L W Anson and R C Chivers. Ultrasonic scattering from spherical shells including viscous and thermal effects. J. Acoustic, Soc. Am,1993,93(4), Pt.1:1687~1699

11 J Durnin. Exact solutions for non-diffracting beams. 1. The scalar theory. J. Opt. Soc. Am, 1987,A4:651~654

12 D K Ksu, F J Margetan and D O Thompson. Bessel beam ultrasonic transducer: fabrication method and experimental results. Appl. Phys. Lett,1989,55:2066~2068

13 J Y Lu and J F Greenleaf. Ultrasonic nondiffracting transducer for medical imaging. IEEE Trans. Ultrason. Ferroelectr. Freq. Control,UFFC.1990,37:438~447

14 D R Dietz. Apodized conical focusing for ultrasound imaging. IEEE Trans. Sonics Ultrason, 1982, SU-29:128~138

15 K Yamada and H Shimizu. Conical and toroidal piezoelectric polymer transducers for long range focusing. Proc. 1982 IEEE Ultrason. Symp,1982,837~840

16 E G Williams. Fourier Acoustics:Sound Radiation and Nearfield Acoustical Holography. Washington D.C:Academic Press, 1999

17 R L Ochs Jr., J D Maynard, E G Williams, W J Hughes. The extreme nearfields of an acoustic diffraction grating. J. Acoust. Soc. Am., 1983,74(5):1572~1576

18 J D Maynard, E G Williams, Y Lee. Nearfield acoustic holography I: Theory of generalized holography and the development of NAH. J. Acoust. Soc. Am,1985,78:1397~1413

19 A Ederlyi et al. Tables of Integral Transforms, Vol. Ⅱ. Sec. 8.2, 23, MacGraw-Hill, 1954

20 R H Stolt. Migration by fourier transform. Geophisics, 1978,43-1:23～48
21 J Gazdag and P Sguazzero. Migration of seismic data. Proc. IEEE, 1984,72-10:1302～1315
22 K G Kostov and T J Jackson. Estimating profile soil moisture from surface layer measurement-A review. Proc. SPIE, 1993,1941:125～136
23 Graham P Collins. Physics Today,1994,17～20
24 A V Krasnoslobodtsev, G A Lyakhov, and K F Shipilov. Thermal self-action of sound beams: Biological applications. Acoust. Phys,1999, 45:750～761
25 R K Mueller, M Kaveh, and R D Iverson. A new approach to acoustic tomography using diffraction techniques. Acoustical Imaging, 1980,8:615～628
26 J F Greenleaf and R C Bahn. Clinical imaging with transmissive ultrasonic computerized tomography. IEEE Trans. Biomed. Eng,1981, BME-28.2:177～185
27 B S Robinson and J F Greenleaf. The scattering of ultrasound by cylinders: Implications for diffraction tomography. J. Acoust. Soc. Am,1986,80(1):40～49
28 N Sponheim and I Johansen. Experimental results in ultrasonic tomography using a filtered back-propagation algorithm. Ultrason Imaging, 1991,13:56～70
29 B S Robinson and J F Greenleaf. An experimental study of diffraction tomography under the Born approximation. Acoustical Imaging,1991,18:391～400
30 A Yamada and K Kurahashi. Experimental image quality estimation of ultrasonic diffraction tomography. Jpn. J. Appl. Phys. Suppl,1993,32(1):2507～2509
31 T Yokoyama, K Nagai and K Mizutani. Imaging properties of the diffraction tomography by compound-scanning transmitter-receiver pair transducers. Jpn. J. Appl. Phys,1993, 32(5B): 2510～2512
32 L A Chernov. Wave Propagation in a Random Medium. New York:McGraw-Hill, 1960
33 N P Chotiros and B V Smith. A theoretical and experimental study of the behaviour of a parametric array in a random medium. J. Sound Vib,1981, 74:395～410
34 M S Korman and R T Beyer. The scattering of sound by turbulence in water. J. Acoust. Soc. Am,1980,67:1980～1987
35 C L Morfey and F D Cotaras. Propagation inhomogeneous media. In: edited by M F Hamilton and D T Blackstock. New York:Academic, 1998
36 O V Rudenko, A K Sukhorukova, and A P Sukhorukov. Equations of high-frequency nonlinear acoustics for inhomogeneous media. Acoust. Phys,1994,40:264～268
37 W H Munk. Sound channel in an exponentially stratified ocean, with application to SOFAR, JASA,1974, 55(2):220～226
38 J J Faran Jr. Sound scattering by solid cylinders and spheres. J. Acoust. Soc. Am,1951,23(4): 405～418
39 R D Doolittle and H Uberall. Sound scattering by elastic cylindrical shells. J. Acoust. Soc. Am, 1966,39(2):13～16
40 C Q Lan and W W Xiong. IEEE Trans. on Medical Imaging,1994,13:419

41 C Q Lan. Theory and experiment of ultrasound imaging based on reflected echoes(in Chinese). Progress In Physics, 1996, 624～635

42 F Dune et al. IEEE Ultrason. Symp. 1981, 527; X F Gong et al J. Acoust. Soc. Am. 1984, 76:949

43 L Flax and W G Neubauer. Acoustic reflection from layered elastic absorptive cylinders. J. Acoust. Soc. Am, 1977, 61:307～312

44 H Überall, L R Dragonette, and L Flax. Relation between creeping waves and normal modes of vibration of a curved body. J. Acoust. Soc. Am, 1977, 61:711～715

45 J W Dickey and H Überall. Surface wave resonances in sound scattering from elastic cylinders. J. Acoust. Soc. Am, 1978, 63:319～320

46 L Flax, L R Dragonette, and H Überall. Theory of elastic resonance excitation by sound scattering. J. Acoust. Soc. Am, 1978, 63:723～731

47 Flax, V K Varadan and V V Varadan. Scattering of an obliquely incident acoustic wave by an infinite cylinder. J. Acoust. Soc. Am, 1980, 68:1832～1835

48 T Li and M Ueda. Sound scattering of a plane wave obliquely incident on a cylinder. J. Acoust. Soc. Am, 1989, 86:2363～2368; F. Honarvar and A. N. Sinclair. Acoustic wave scattering from transversely isotropic cylinders. J. Acoust. Soc. Am, 1996, 100:57～63

49 J D Achenbach. Wave Propagation in Elastic Solids Amsterdam: North-Holland, 1976

50 R D Doolittle and H Überall. Sound scattering by elastic cylindrical shells. J. Acoust. Soc. Am, 1966, 39:272～275

51 Fernand Léon, Florence Lecroq, Dominique Décultot, and Gérard Maze. Scattering of an obliquely incident acoustic wave by an infinite hollow cylindrical shell. J. Acoust. Soc. Am, 1992, 91:1388～1397

52 H Hasegawa, T Kamakura and Y Kumamoto. On the propagation of sound waves in a viscoelastic tube. J. Acoust. Soc. Jap. (in Japanese), 1992, 48(12):840～846

53 A W Nolle. Acoustic determination of the constants of rubber-like materials. J. Acoust. Soc. Am, 1947, 19. No. 1:194～201; G W Morgan and J P Kiely. Wave propagation in a viscous liquid contained in a flexible tube. J. Acoust. Soc. Am, 1954, 26(3):323～328

54 T C Lin and G W Morgan. Wave propagation through fluid contained in a cylindrical, elastic shell. J. Acoust. Soc. Am, 1956, 28(6):1165～1176

55 R P DeArmond and W T Rouleau. Wave propagation in viscous, compressible liquids confined in elastic tubes. Trans. AMSE, J. Bas. Eng, Series D, 1972, 94(4):811～817

56 A W Nolle. Acoustic determination of the physical constants of rubber-like materials. J. Acoust. Soc. Am, 1947, 19:194～201

57 J J Fredberg, M E B Wohl, G M Glass and H L Dorkin. Airway area by acoustic reflections measured at the mouth. J. Appl. Physiol.: Respir. Environ. Exercise Physiol, 1980, 48:749～758

58 R W Guelke and A E Bunn. Transmission line theory applied to sound wave propagation in tubes

with compliant walls. Acustica, 1981, 48: 101～106

59 A E Bunn and R W Guelke. The influence of wave-length on pressure wave characteristics in fluid-filled compliant tubes. Acoustica, 1986, 59: 247～254

60 R E Apfeland and C K Holland. Gauging the likelihood of cavitation from short-pulse, low-duty cycle diagnostic ultrasound. Ultrason. Med. Biol, 1991, 17(2)

61 H Hasegawa, M Takagashi, T Kamakura, and Y Kumamoto. Propagation of sound in a viscoelastic tube. US, 1991, 91-34: 9～13

62 McDonald D A. Blood Flow in Arteries. London: Edward Arnold, 1974

63 R R Goodman and R Stern. Reflection and transmission of sound by elastic spherical shells. J. Acoust. Soc. Am, 1962, 34: 338～344

64 R Hickling. Analysis of echoes from a hollow metric sphere in water. J. Acoust. Soc. Am, 1964, 36: 1124～1137

65 M Born and W Wolf. Principles of Optics. Pergamon, Oxford, 1964

66 A C Kak. Computerized Tomography with X-ray, Emission, and Ultrasound Sources. Proc. IEEE, 1979, 67: 1245～1272

67 K A Dines and R J Lytle. Computerized Geophysical Tomography. Proc. IEEE, 1979, 67: 1065～1073

68 R Breeuwer. Backward ray tracing for ultrasonic imaging. IEEE Ulrtasonics Symposium Proceeding, 1990

69 A M Smith, M Goldberg, and E S K Liu. Numerical ray tracing in media involving continuous and discrete refractive boundaries. Ultra. Imaging, 1980, 2: 291～301

70 Greenleaf J F, et al. Reconstruction of three dimensional velocity fields and other parameters by acoustic ray tracing. IEEE Ulrtasonics Symposium Proceeding, 1975

71 A H Anderson and A C Kak. Digital ray tracing in two-dimensional refractive fields. J. Acoust. Soc. Am, 1982, 72(5): 1593～1606

72 Hiroshi Yamamoto, Makoto Tabei and Mitsuhiro Ueda. Acoustic ray tracing in discrete wave velocity by deploied triangle. Trans. Inst. Electron. Inf. Commun. Eng. A, 1990, J73～A, No. 7: 1187～1195

73 M B Dobrin. Introduction to Geophysical Processing. New York: McGraw-Hill, 1983

74 E R Kanasewich. Time Sequence Analysis in Geophysics. The University of Alberta Press, 1981

75 D Silverman. The digital processing of seismic data. Geophysics, 1967, 32-6: 649～661

76 M T Taner et al. Complex seismic trace analysis. Geophysics, 1979, 44-6: 1041～1063

77 K Aki and P G Richards. Quantitative Seismology. San Francisco: Freeman and Company, 1980, 641～719

78 K E Bullen and R A Bolt, An Introduction to the Theory of Seismology. Cambridge: Cambridge University Press, 1985, 153～184

79 L E Johnson and F Gilbert. Inversion and inference for telesismic ray data. Methods Comput. Phys, 1972, 12: 231～266

80 B L N Kennett and J A Orcutt. A comparison of travel-time inversions for marine refraction profile. J. Geophys. Res,1976,81:4061～4070
81 M Bee and R S Jacobson. Linear inversion of body wave data-Part Ⅲ:Model parameterization. Geophysics, 1984,49:2088～2093
82 J H Justics. Layer-stripping direct travel time inversion for seismic data. Int. J. Imaging Sys. & Tech,1990,2:134～143
83 D P Hill, E Kissling, J h Luetgert and U Kradolfer. Constraints on the upper crustal structure of the Long Valley-Mono Craters volcanic complex, Eastern California, from seismic refraction measurements. J. Geophys. Res,1985, 90:11135～11150
84 S A D Bamford. Application of simulated data studies to crustal refraction seismology. Bull. Seismol. Soc. Am,1971,61:1013～1031
85 W H Wunk and C Wunsch. Ocean Acoustic tomography: a scheme for large scale monitoring. Deep Sea Res,1979,26:123～161
86 W H Munk, P Worcester and C Wunsch. Ocean Acoustic Tomography. New York:Cambridge Univ. Press, 1995
87 R J Urick. Principles of Underwater Sound. New York:McGraw-Hill
88 W Munk, A Forbes: J. Phys. Oceanography,1989,19:1765
89 R T Beyer. Nonlinear Acoustics. Dept. of the Navy, Sea System Company, 1974
90 钱祖文.非线性声学.北京:科学出版社,1992
91 V P Kuznetsov. Equations of nonlinear acoustics. Sov. Phys. Acoust,1971, 16: 467～470
92 B G Lucas and T G Muir. Field of a finite-amplitude focusing source. J. Acoust. Soc. Am,1983, 74:1522～1528
93 M F Hamilton. Sound Beams. In:Nonliear Acoustics, edited by M. F. Hamilton and D T Blackstock, New York:Academic Press,1997,233
94 B G Lucas and T G Muir. Field of a finite amplitude focused source. J. Acoust. Soc. Am,1983, 74:1522～1528
95 G Du and M A Breazeale. Theoretical description of a focused Gaussian ultrasonic beam in a nonlinear medium. J. Acoustic. Soc. Am,1987,81:51～57
96 L K Zarembo. Acoustic streaming. in High-Intensity Ultrasonic Fields, L. D. Rozemberg, Ed. Plenum, New York: 1971, Part Ⅲ,135～199
97 G Wojcik, J Mould, S Ayter, and L Carcious. A study of second harmonic generation by focused medical transducer pulses. Proc. IEEE Ultrason. Sympo,1998,1583～1588
98 T Kamakura, M Tani, and Y Kumamoto. Harmonic generation in finite amplitude sound beams from a rectangular aperture source. J. Acoust. Soc. Am,1992,91(6):3144～3151
99 Y Kagawa, T Tsuchiya, T Yamabuchi, H Kawabe, and T Fujii. Finite element simulation of non-linear sound wave propagation. J. Sound Vib,1992, 154:125～145
100 B G Lucas, J N Tjotta, and T G Muir. Field of a parametric focusing source. J. Acoust. Soc. Am,1983,73:1966～1971

101 S Saito and T G Muir. Simple analytical model for parametric focusing sources. J. Acoust. Soc. Jpn. (E), 1986, 7:113～120

102 H O Berktay. Possible exploitation of non-linear acoustics in underwater transmitting applications. J. Sound Vib, 1965, 2:435～461

103 M B Moffett, P J Westervelt, and R T Beyer. Large-amplitude pulse propagation-A transient effect Ⅱ. J. Acoust. Soc. Am, 1971, 49:339～343

104 M A Averkiou, Y Lee, and M F Hamilton. Self-demodulation of amplitude and frequency-modulated pulses in a thermoviscous. J. Acoust. Soc. Am, 1993, 94(5):2876～2883

105 C M Darvennes and M K Hamilton. Scattering of sound by sound from two Gaussian beams. J. Acoust, Soc. Am, 1990, 87(5):1955～1960

106 C J Diederich and K Hynynen. Ultrasound technology for hyperthermia. Ultrasound Med. Biol, 1999, 871～887

107 P J Benkeser, L A Frizzel, K B Ocheltree, C A Vain. A tapered phased array ultrasound transducer for hyperthermia treatment. IEEE Trans. Ultrason. Ferroelec. Freq. Control, 1987, 446～453

108 B E Billard, K Hynynen, R B Roemer, Effects of physical parameters on high temperature ultrasound hyperthermia. Ultrasound Med. Biol, 1990, 409～420

109 J Y Chapelon, M Plantier, D Cathignol, R Souchon, F Gorry, and A Gelet. The feasibility of tissue ablation using high intensity electronically focused ultrasound. Proc. IEEE Ultrason. Sympos, 1993, 1211～1214

110 R ben-yosef, D S Kapp. Direct clinical comparison of ultrasound and radiative electromagnetic hyperthermia application in the same tumours. Int. J. Hyperthermia11, 1995, 1～10

111 P Meaney, R Clarke, G Haar, and I Rivens. A 3-D finite-element model for computation of temperature profiles and regions of thermal damage during focused ultrasound surgery exposures. Ultrasound in Med. & Boil, 1998, 24-9:1498～1499

112 藤本等.医用电子和生体工学 32 卷.1994,125

113 C A Damianou, K Hynynen, and X Fan. Evaluation of accuracy of a theoretical model for predicting the necrosed tissue volume during focused ultrasound surgery. IEEE Trans. Ultrason. Ferroelec. Freq. Control, 1995, 182～187

114 T Kamakura, K Aoki and T Ishiwata. Nonlinear propagation of focused ultrasound beam from a wide-angle aperture. ACUSTICA, 2000, 86:446～456

115 T Kamakura, T Ishiwata and K Matsuda. Model equation for strongly focused finite-amplitude sound beam. J. Axoust. Soc. Am, 2000, 107:3035-3046

116 Johann Hoffelner, Hermann Lands, Manfred Kaltenbacher, and Reinhard Lerch. Finite element simulation of nonlinear wave propagation in thermoviscous fluids including dissipation. IEEE Trans. Ultrason., Ferroelec., Freq. Contr., 2001, 48(3):779～786

117 F Coulouvrat. Continuous field radiated by a geometrically focused transducer: Numerical investigation and comparison with an approximate model. J. Acous. Soc. Am, 1993, 94:1663～

1675
118 J Naze Tjøtta and S. Tjøtta. Nonlinear equations of acoustics with applications to parametric acoustic arrays. J. Acoust. Soc. Am, 1981, 69: 1644～1652
119 J Naze Tjøtta and S. Tjøtta. Model equation and boundary conditions for the sound field from a high-frequency, strongly curved and highly intense transducer. Acta Acustica, 1993, 1: 69～87
120 B Ystad and J Berntsen. Numerical solution of parabolic equation for strongly curved focusing sources. Acust. Acta, 1996, 82: 698～706
121 T Kamakura, T Ishiwata and K Matsuda. Model equation for strongly focused finite-amplitude sound beams. J. Acoust. Soc. Am, 2000, 107(6): 3035～3046
122 B G Lucas and T G Muir. The field of a focusing source. J. Acoust. Soc. Am, 1982, 72: 1289～1296
123 陆金甫,关治.偏微分方程数值解法.北京:清华大学出版社,1987
124 W K Law, L A Frizzell, and F Dunn. Determination of the nonlinearity parameter B/A of biological media. Ultrasound Med. Biol. 1985, 11: 307～318
125 W Swindell. A theoretical study of nonlinear effects with focused ultrasound in tissues: An acoustic Bragg peak. Ultrasound Med. Biol, 1985, 11: 121～130
126 S A Goss and F J Fry. Nonlinear acoustic behavior in focused ultrasonic field: Observations of intensity dependent absorption in biological tissues. IEEE Trans. Son. Ultrason, 1981, SU-28: 21～26
127 K Hynynen. Demonstration of enhanced temperature elevation due to nonlinear propagation of focused ultrasound in dog's thigh in vivo. Ultrasound Med. Biol, 1987, 13: 85～91
128 S I Aanosen, T Barkve, J N Tjotta, and S Tjotta. Distortion and harmonic generation in the nearfield of a finite amplitude sound beam. J. Acoust. Soc. Am, 1984, 75-3: 749～768
129 H H Pennes. Analysis of tissue and arterial blood temperatures I the resting human forearm. J. Appl. Physiol, 1948, 1: 93～122
130 K Hynynen. The threshold for thermally significant cavitation in dog's thigh muscle in vivo. Ultrasound Med. Biol, 1991, 17(2): 157～169
131 H E Cline, J F Schenck, K Hynynen, R D Watkins, S P Souza, and F A Jolesz. MR-guided focused ultrasound surgery. J. Comput. Assist. Tomog, 1992, 16-6: 956～965
132 L A Frizzell, C A Linke, E L Carstensen, and C W Fridd. Thresholds for local ultrasonic lesions in rabbit kidney liver, and testicle. IEEE Trans. Biomed. Eng, 1977, 24: 393～396
133 H E Cline, K Hynynen, C J Hardy, R D Watkins, J F Schenck, and F A Jolesz. MR temperature mapping of focused ultrasound surgery. Magn. Reson. Med, 1994, 628～636
134 T Fjield, X Fan, and K Hynynen. A parametric study of the concentric-ring transducer design for MRI guided ultrasound surgery. J. Acoust. Soc. Am, 1996, 100: 122～1230
135 M Roberto, C A Damianou, and N T Sanghvi. Tissue temperature estimation in-vivo pulsed-echo. Proc. IEEE Ultrason. Symp, 1995, 1225～1229
136 T Kimura, K Gotou, and K Sase. In vivo temperature measurement by ultrasound. Ultrason.

Techno,1996, U06-08:38～40

137 G Hofelmann, H O Luck and P Beckor, J Aerosol Soc,1992, 23. Suppl.1:S51～54

138 A Funakoshi, K Mizutani,K Nagai, K Harakawa, and T Yokoyama, Jpn. J. Appl. Phys, 2000,39:3107～3111

139 F L Lizzi, M astor, C Deng, A Rosado, D J Coleman, and R Silverman. Asymmetric focused arrays for ultrasonic tumor therapy. Proc. IEEE Ultrason. Symp,1996,1281～1284

140 S A Goss and F J Fry. Nonlinear acoustic behavior in focused ultrasound fields. Observations of intensity dependent absorption in biological tissues, IEEE Trans. Sonics Ultrason.,1981, SU-28:21～26

141 N A Watlin, G R ter Haar, and I Rivens. The intensity dependence of the site of maximal energy deposition in focused ultrasound surgery. Ultrasound Med. Biol,1996, 22:483～491

142 J Hoffelner, M Bechtold, B Granz,R Lerch, and K Newerla. Self-focusing HIFU source for large therapy volumes. Proc. IEEE Ultrason. Sympo,1995, 1563～1566

143 S Umemura, K Kawabata, and K Sasaki. Advaantages of split-focus approach in coagulation therapy. Proc. IEEE Ultrason. Symp,1998, 1431～1434

144 T C Robinson and P P Lele. An analysis of lesion development in the brain and in plastics by high-intensity focused ultrasound at low-megahertz frequency. J. Acoust. Soc. Am,1972,51-4 (part 2):1333～1351

145 C A Damianou, K Hynynen, and X Fan. Evaluation of accuracy of a theoretical model for predicting the necrosed tissue volume during focused ultrasound surgery. IEEE Trans. UFFC, 1995,42-2:182～187

146 C L Martin, H G Germmell, D J Watmough. A study of streaming in plant tissue induced by a Doppler fetal heart detector. Ultrasound Med. Biol,1978, 131～138

147 H C Starritt, F A Duck, V F Humphrey. An Experimental investigation of streaming in pulsed diagnostic ultrasound fields. Ultrasound Med. Biol,1989, 363～373

148 J Wu, A J Winkler, T P O'Niell. Effect of acoustic streaming on ultrasonic heating. Ultrasound Med. Biol,1994, 195～201

149 C Eckart. Vortices and streams caused by sound waves. Phys. Rev,1948,73:68～76

150 J Lighthill. Acoustic streaming. J. Sound Vib,1978, 61:391～418

151 L K Zarembo. Acoustic streaming. In: High-Intensity Ultrasonic Fields, L. D. Rozemberg, Ed. New York:Plenum, 1971, Part Ⅲ,135～199

152 O V Rudenko and S I Soluyan. Theoretical Foundations of Nonlinear Acoustics. New York: Plenum, 1977

153 S Tjotta and J N Tjotta. Acoustic Streaming in Ultrasound Beams. In: Advances in Nonlinear Acoustics: Proc. Of 13th ISNA, Bergen, H. Hobak, Ed. Singapore: World Scientific, 1993, 601

154 B K Noviko, O V Rudenko, and V I Timoshenko, Nonlinear Underwater Acoustics, New York:AIP, 1987,23

155 W L Nyborg. Acoustic Streaming, In: Physical Acoustics, W. P. Mason ed., Vol. 2B, Academic Press, 1965,265～331

156 Y Yamada, K Hashimoto, V Rajendran and M Yamaguchi. Ultrasonic transducers employing a ZnO/Pyrex-glass membrane on a Si substrate. Proc. IEEE Ultrason. Symp. 1990,587～591

157 H Hatano. IEEE Trans. UFFC, 1994,41(5):772～777

158 A Eller. Force on a bubble in a standing acoustic wave. J. Acoust. Soc. Am., 1968,43:170～171

159 L A Crum and A Prosperetti, Nonlinear oscillations of gas bubbles in liquids: An interpretation of some experimental results. J. Acoust. Soc. Am. 1983,73: 121～127

160 T J Asaki and P L Marston. Acoustic radiation force on a bubble driven above resonance. 1994, 96(5), Pt. 1: 3096～3099

161 W L Nyborg. Physical Principles of Ultrasound. in Ultrasound: Its Applications in Medicine and Biology, F. J. Fry. Ed., Amsterdam: Elsevier Scientific Publishing Company, 1978, 52

162 L V King. On the acoustic radiation pressure on sphere. Proc. R. Soc. Lond. 1934, A147: 212～240

163 K Yosioka and Y Kawasima. Acoustic radiation pressure on a compressible sphere. Acoustica, 1955, 5:167～173

164 A A Doinikov. Acoustic radiation pressure on a compressible sphere in a viscous fluid. J. Fluid Mech. 1994,267:1～21

165 L A Crum. Bjerknes force on bubbles in a stationary sound field. J. Acoust. Soc. Am., 1975, 57:1363～1370

166 A A Doinikov. Acoustic radiation pressure on a rigid sphere in a viscous fluid. Proc. R. Soc. Lond. 1994, A 447:447～466

167 A A Doinikov. Acoustic radiation pressure on a compressible sphere in a viscous fluid. J. Fluid Mech. 1994,267:1～21

168 K Yasuda and T Kamakura. Acoustic radiation force on micrometer-size particles. Appl. Phys. Lett. 1997,77:1771～1773

169 T Hasegawa and K. Yosioka. Acoustic-radiation force on a solid elastic sphere. J. Acoust. Soc. Am. 1969,46:1139～1143

170 T F W. Embleton. Mean force on a sphere in a spherical sound field, I. Theoretical. J. Acoust. Soc. Am. 1954, 26:40～45

171 T F W. Embleton. Mean force on a sphere in a spherical sound field, I. Experimental. J. Acoust. Soc. Am. 1954, 26:46～50

172 T Hasegawa, Y Hino, A Annou, H Noda, M Kato and N Inoue. Acoustic radiation pressure acting on spherical and cylindrical shell. J. Acoust. Soc. Am. 1993, 93(1):154～161

173 R R Waymark. Acoustic field position for containing processing. Ultrasonics, 1975, 12:251～261

174 Y Hashimoto, Y Koike and S Ueha. Transporting objects without contact using flexural travel-

ing waves. J. Acoustic. Soc. Am. ,1998, 103:3230～3233

175 Y Hashimoto, Y Koike and S Ueha. Near-field acoustic leviation of planar specimens using flexural vibration. J. Acoust. Soc. Am. 1996,100(4), Pt. 1:2057～2061

176 E Matsuo, Y Koike, K Nakamura, S Ueha, and Y Hashimoto. Hold characteristics of planar objects suspended by near-field acoustic leviation. Ultrasonics,2000, 38:60～63

177 H Nomura and T Kamakura. Effect of acoustic energy leakage on the near-field acoustic levitation. J. Acoust. Soc. Jap. 2001, 57(3):200～209

178 Keinosuke Nagai. Advances in Electronics and Electron Physics. 70, Ed. By Peter W Hawkes, New York: Academic Press, Inc. 1988

179 C Keeling, R Bacastow, A Carter, T Whorf, M Meinmann, W Mook, R Roeloffze. Aspects of Climate Variability in the Pacific and the Western Americas. Geophys. Monograph, 55. D. H. Peterson. Ed. , Am. Washington, D D: Geophys, Union, 1991

180 J D Achenbach. Wave Propagation in Elastic Solids. Amsterdam: North-Holland,1976

181 何祚镛,赵玉芳.声学理论基础.北京:国防工业出版社,1981

